THÉORIE DES FONCTIONS

DE

VARIABLES IMAGINAIRES

PAR

M. MAXIMILIEN MARIE

RÉPÉTITEUR A L'ÉCOLE POLYTECHNIQUE

TOME TROISIÈME

HISTOIRE DE CET OUVRAGE

Ne rien faire contre la conscience et philosopher sans souci des sots ni des méchants.

PARIS,

CHEZ TOUS LES LIBRAIRES.

1876

THÉORIE DES FONCTIONS

DE

VARIABLES IMAGINAIRES

Corbeil. — Typ. et stér. de Crété fils.

L'histoire d'un ouvrage scientifique original ne peut pas être entièrement indifférente ; c'est pourquoi j'ai écrit celle-ci. Mais l'histoire de ce livre est en quelque sorte mon histoire ; c'est pourquoi elle ressemblera un peu à des mémoires.

FAUTES A CORRIGER

TOME PREMIER

Page	30	ligne	10	au lieu de	x'^2	lisez	x^2
—	48	—	17	—	dans le chapitre précédent	—	précédemment.
—	99	—	3 en rem.	—	$p^2 = 1 \frac{b^4}{a^2}$	—	$\frac{b^4}{a^2}$
—	135	—	12	—	$\frac{z}{x}$	—	$\frac{x}{z}$
—	135	—	12	—	$\frac{z}{y}$	—	$\frac{y}{z}$
	146	—	5 en rem.	—	$x = a + \frac{''}{C}\sqrt{-1}$	—	$a + \frac{b''}{C}\sqrt{-1}$
—	181	—	3 en rem.	—	dépendante	—	dépendant
—	183	—	3	—	x	—	n
—	213	—	dernière	—	disparaissant	—	disparaissent

TOME DEUXIÈME

Page	91	ligne	16	au lieu de	M_1 et A'	lisez	M_0 et A'
—	94	—	25	—	$x_0 = \alpha_0 + \beta_0\sqrt{-1}$	—	$x_0 = \alpha_0$
—	94	—	29	—	$x_0 = \alpha_0 - \beta_0\sqrt{-1}$	—	$x_0 = \alpha_0$
—	111	—	9	—	$\frac{\beta}{\beta'}$	—	$\frac{\beta'}{\beta}$
—	111	—	dernière	—	$1 - \frac{\alpha^2}{a'^2} + \frac{y^2}{b'^2} > 0$	—	$1 - \frac{\alpha^2}{a'^2} - \frac{y^2}{b'^2} > 0$
—	115	—	12	—	p	—	p^2
—	136	—	6 en rem.	—	$\alpha' - \beta\sqrt{-1}$	—	$\alpha' - \beta'\sqrt{-1}$
—	167	—	21	—	T'''AMN	—	T''AMN
—	184	—	figure	—	M	—	M_2
—	190	—	3	—	$\int_{M}^{M_2}\frac{dx}{x}$	—	$\int_{M_2}^{M}\frac{dx}{x}$
—	190	—	5	—	$\left(2k + \frac{1}{2}\right)$	—	$\left(2k - \frac{1}{2}\right)$
—	196	—	15	—	$\int_0^{\frac{1}{k}}$	—	$4\int^{\frac{1}{k}}$
—	196	—	21	—	$\int_1^{\frac{1}{k}}$	—	$\int_0^{\frac{1}{k}}$
—	196	—	23	—	$-4\int_{\frac{1}{k}}^{1}$	—	$+4\int_{\frac{1}{k}}$
—	200	—	16	—	$\frac{-dx'}{k^2x'^2}$	—	$\frac{-dx'}{Kx'^2}$
—	203	—	11	—	$\int$	—	$\int_{\pm 1}^{v}$
—	203	—	dernière	—	$-\int_1$	—	$-\int_1^{v}$
—	211	—	9	—	$dy'\int^b z'dx'$	—	$\int_a^b z'dx'$

THÉORIE DES FONCTIONS

DE

VARIABLES IMAGINAIRES

TROISIÈME PARTIE

HISTOIRE DE CET OUVRAGE

Quelques recherches mathématiques que l'on entreprenne, on rencontre toujours les imaginaires, soit comme obstacle, soit comme appât.

Voici, quant à moi, comment, pendant l'hiver de 1841-42, j'ai été amené à m'en occuper.

Considérant qu'une même courbe est capable d'une infinité de définitions toutes différentes qui, par l'intermédiaire de calculs n'ayant pour ainsi dire pas de rapports entre eux, ramènent toujours à l'équation unique de cette courbe, je cherchais s'il ne serait pas possible, inversement, de découvrir, par l'analyse seule, dans l'équation d'une courbe complétement inconnue, toutes les propriétés géométriques capables de lui servir de définitions, ou, du moins, autant qu'on en voudrait.

Toute définition d'une courbe, considérée comme lieu géométrique, revient à la présenter comme formée de la suite des points d'intersection de deux courbes mobiles, définies, mais dépendant d'un paramètre arbitraire; et l'équation de la courbe en question résulte de l'élimination de ce paramètre entre les équations des deux courbes mobiles.

Ce que je cherchais était donc de déduire de l'équation donnée de la courbe autant de couples que l'on voudrait d'équations contenant un paramètre arbitraire et telles que l'élimination, entre elles, de ce paramètre reproduisît l'équation proposée.

Soient

$$F(x, y) = 0$$

l'équation du lieu, et

$$f(x, y, a) = 0, \qquad f_1(x, y, a) = 0,$$

deux équations telles qu'en éliminant entre elles a, on retrouve

$$F(x, y) = 0.$$

Si, avant de pratiquer l'élimination, on accentuait x et y, dans f_1 par exemple, et qu'on éliminât a entre

$$f(x, y, a) = 0 \quad \text{et} \quad f_1(x', y', a) = 0,$$

on obtiendrait une équation

$$F_1(x, y, x', y') = 0$$

qui reproduirait identiquement

$$F(x, y) = 0,$$

dès qu'on en effacerait les accents.

Réciproquement, si de l'équation

$$F(x, y) = 0,$$

en accentuant, de côtés et d'autres x et y, on déduisait à volonté une équation

$$F_1(x, y, x', y') = 0,$$

qui reproduisît $F(x, y) = 0$, dès qu'on en effacerait les accents, cette équation ne pourrait-elle pas être considérée comme le résultat de l'élimination du paramètre a entre deux équations

$$f(x, y, a) = 0, \qquad f_1(x', y' a) = 0 \quad ?$$

S'il en était ainsi, et que, connaissant F_1, on pût trouver f et f_1, on aurait obtenu un système de deux génératrices de la courbe proposée ; on connaîtrait une de ses définitions.

Or, la recherche des équations $f = 0$ et $f_1 = 0$ ne présente aucune difficulté. En effet, si l'on suppose que ces équations existent et qu'elles soient déterminées par la forme de l'équation $F_1 = 0$, il est clair que donner l'un des points de l'une des génératrices, reviendrait à faire connaître a et, par suite, l'autre génératrice, de sorte que si, dans

$$F_1(x, y, x', y') = 0,$$

on considère x' et y' comme fixes, l'équation restante en x et y ne pourra pas différer de $f = 0$; et que si, au contraire, on y considère x et y comme fixes, l'équation restante en x' et y' ne sera autre que $f_1 = 0$.

Les équations cherchées devraient donc rentrer dans les types

$$F_1(x, y, m, n) = 0, \qquad F_1(p, q, x', y') = 0.$$

Ces deux équations contiennent quatre constantes différentes, parce que, pour déterminer chacune des génératrices, on a supposé connu l'un quelconque des points de l'autre ; mais on atteindra le but proposé en supposant que les deux points $[m, n]$ et $[p, q]$ soient venus se confondre justement au point du lieu

$$F(x, y) = 0$$

où doivent se couper les deux génératrices $f = 0$ et $f_1 = 0$.

Ainsi soit

$$y = \varphi(x)$$

la valeur de y tirée de

$$F(x, y) = 0,$$

les équations cherchées $f = 0$ et $f_1 = 0$ pourront évidemment être formulées par

$$f(x, y, a) = F_1[x, y, a, \varphi(a)] = 0$$

et

$$f_1(x', y', a) = F_1[a, \varphi(a), x', y'] = 0,$$

qui remplissent effectivement les conditions du problème. Car les deux courbes

$$F_1[x, y, a, \varphi(a)] = 0,$$
$$F_1[a, \varphi(a), x, y] = 0$$

se coupent toujours au point

$$[a, \varphi(a)]$$

de la courbe proposée, quel que soit a.

Prenons pour exemple l'ellipse

$$(F) \qquad a^2y^2 + b^2(x^2 - a^2) = 0,$$

et transformons son équation en

$$(F_1) \qquad a^2yy' + b^2(x - a)(x' + a) = 0,$$

nous en tirerons pour $f = 0$ et $f_1 = 0$ les équations

$$(f) \qquad a\sqrt{\frac{a-m}{a+m}}\,y + b(x - a) = 0,$$

$$(f_1) \qquad a\sqrt{\frac{a+m}{a-m}}\,y - b(x + a) = 0,$$

m désignant l'abscisse d'un point quelconque de l'ellipse.

En remplaçant $\frac{a-m}{a+m}$ par α^2, on donne à ces équations la forme

$$y = -\frac{b\alpha}{a}(x-a) \quad \text{et} \quad y = \frac{b}{a\alpha}(x+a),$$

où l'on reconnaît les cordes supplémentaires.

Comme je faisais quelques essais de recherches pareilles, une remarque très-simple m'en a complétement distrait en me suggérant la notion des conjuguées, telles que je les ai définies dans cet ouvrage.

Soit une équation du second degré en y

$$F = [y - \varphi(x)]^2 - \psi(x) = 0,$$

Transformons-la en

$$F_1 = [y - \varphi_1(x, x')][y' - \varphi_2(x, x')] - \psi_1(x, x') = 0,$$

φ_1 et φ_2 étant séparément tels que, si on y effaçait les accents, on retrouverait $\varphi(x)$ et, de même, ψ_1 devant reproduire $\psi(x)$, par la suppression des accents : les génératrices correspondant à ce mode d'accentuation seront, m étant tel que $\psi(m)$ soit positif,

$$f = [y - \varphi_1(x, m)]\left[\varphi(m) + \sqrt{\psi(m)} - \varphi_2(x, m)\right] - \psi_1(x, m) = 0$$

et

$$f_1 = \left[\varphi(m) + \sqrt{\psi(m)} - \varphi_1(m, x')\right][y' - \varphi_2(m, x')] - \psi_1(m, x') = 0,$$

si l'on veut que ces deux génératrices se coupent sur la branche de la courbe qui est au-dessus de son diamètre; tandis qu'elles seraient, dans le cas contraire,

$$f' = [y - \varphi_1(x, m)]\left[\varphi(m) - \sqrt{\psi(m)} - \varphi_2(x, m)\right] - \psi_1(x, m) = 0$$

et

$$f'_1 = \left[\varphi(m) - \sqrt{\psi(m)} - \varphi_1(m, x')\right][y' - \varphi_2(m, x')] - \psi_1(m, x') = 0.$$

Cela posé, considérons les génératrices de systèmes différents qui émergent de deux points placés symétriquement par rapport au diamètre, sur la courbe proposée; il est facile de voir que ces génératrices seront celles de la courbe

$$[y - \varphi(x)]^2 + \psi(x) = 0.$$

En effet, en premier lieu, si l'équation $f = 0$ est satisfaite par $x = \alpha$, $y = \varphi(\alpha) - \sqrt{-\psi(\alpha)}$, α étant tel que $-\psi(\alpha)$ soit positif, en même temps $f_1 = 0$ le sera par $x = \alpha$, $y' = \varphi(\alpha) + \sqrt{-\psi(\alpha)}$; c'est-à-dire que les deux génératrices $f = 0$ et $f_1 = 0$ doivent couper la courbe $[y - \varphi(x)]^2 + \psi(x) = 0$ en deux points symétriquement placés par rapport au diamètre.

Pour le démontrer, il suffira évidemment de vérifier que l'équation $F_1 = 0$ est satisfaite par la substitution

$$x = \alpha, \quad y = \varphi(\alpha) - \sqrt{-\psi(\alpha)},$$

$$x' = \alpha, \quad y' = \varphi(\alpha) + \sqrt{-\psi(\alpha)},$$

car cette équation F_1 résultant de l'élimination de m entre $f(x, y, m) = 0$ et $f_1(x', y', m) = 0$, si $f = 0$ et $F_1 = 0$ sont satisfaites par la substitution, $f_1 = 0$ le sera aussi.

Or, la substitution dans $F_1 = 0$ donne

$$\left[\varphi(\alpha) - \sqrt{-\psi(\alpha)} - \varphi(\alpha)\right]\left[\varphi(\alpha) + \sqrt{-\psi(\alpha)} - \varphi(\alpha)\right] - \psi(\alpha) = 0,$$

c'est-à-dire une identité.

D'un autre côté, il est également clair que si l'équation $f = 0$ est satisfaite par $\left[x = \alpha, y = \varphi(\alpha) - \sqrt{-\psi(\alpha)}\right]$, l'équation $f' = 0$ le sera en même temps par $\left[x = \alpha, y = \varphi(\alpha) + \sqrt{-\psi(\alpha)}\right]$, car les deux résultats ne différeront que par les signes des radicaux.

Mais si la courbe $f' = 0$ passe au point

$$x = \alpha, \quad y = \varphi(\alpha) + \sqrt{-\psi(\alpha)},$$

d'après la première partie de la démonstration, la courbe $f'_1 = 0$ passera au point

$$x = \alpha, \quad y = \varphi(\alpha) - \sqrt{-\psi(\alpha)}.$$

Ainsi les deux courbes $f = 0$ et $f'_1 = 0$ se coupent toujours sur la courbe

$$[y - \varphi(x)]^2 + \psi(x) = 0.$$

C'est en raison de cette relation remarquable que j'avais nommé la courbe

$$y = \varphi(x) \pm \sqrt{-\psi(x)}$$

la *Conjuguée* de la courbe

$$y = \varphi(x) \pm \sqrt{\psi(x)}.$$

Les deux courbes n'ont pas tous les mêmes systèmes de génératrices, mais elles en ont une infinité communs.

Tandis que les quatre courbes f, f_1, f', f'_1, accouplées f, f_1, d'une part, et f', f_1, de l'autre, engendrent, par leurs points de rencontre, les deux branches de la première courbe, les mêmes courbes accouplées f, f'_1 et f_1, f' engendrent les deux branches de la seconde courbe.

D'ailleurs les quatre courbes f, f_1, f' f'_1, se réduisent à deux lorsqu'elles viennent couper les deux courbes conjuguées sur leur diamètre commun, et l'on peut imaginer que l'échange se fasse, dans le quadrige, à ce moment-là même, ce qui établit la continuité, au moins au premier ordre entre les deux Conjuguées.

Telle est la propriété qui m'avait frappé et dont je crus pouvoir faire l'objet d'une communication à l'Académie, le 15 avril 1842.

J'avais, dans ma lettre d'envoi, demandé à M. le secrétaire perpétuel, un résumé en deux mots, sans renvoi à une Commission et, pour obtenir ce que je désirais, j'avais choisi le jour du dépôt de façon que ce dût être M. Arago qui rendît compte de la correspondance. Mais il y eut une interversion ce jour-là, et mon mémoire tomba aux mains de M. Flourens, qui ne pouvait pas en prendre connaissance ; MM. Sturm et Liouville furent désignés pour l'examiner et en rendre compte à l'Académie.

Quoique contenant une idée originale, ce travail ne méritait pas, j'en conviens, les honneurs d'un rapport, aussi n'y avais-je pas songé, et c'était bien sincèrement que je demandais un résumé en quelques mots.

J'allai voir M. Sturm, qui me reçut bien, promit de me lire et me donna rendez-vous pour me faire connaître son avis.

Au jour dit, il n'avait pas ouvert mon manuscrit, mais, me mettant en main une plume et du papier, il me pria de lui expliquer mon travail.

J'aurais dû répondre bonnement à son invitation ; mais j'étais dominé par des opinions qui, quoique justes, resteront probablement encore longtemps en dehors des idées reçues. Il me semblait que si le devoir des jeunes gens était de travailler, celui des vieillards était de leur épargner le soin humiliant de se faire valoir eux-mêmes, et que la fonction d'académicien était précisément de découvrir ce qu'il pouvait y avoir de bon dans ce qu'on envoyait à l'Académie.

La seule société que je comprendrais est celle où chacun se trouverait naturellement porté à sa place par la voix publique ; tandis que, dans celle où nous sommes plongés, on en est réduit à se pousser soi-même, non pas seulement pour avancer, mais même pour n'être pas renversé et abîmé par la cohue des gens trop pressés pour observer bien rigoureusement les lois de la délicatesse.

La société ayant intérêt à utiliser ceux de ses membres qui peuvent lui rendre des services, on ne devrait pas être obligé à tant d'efforts pour se frayer un chemin.

Quoi qu'il en soit, tout ce que je pus faire vis-à-vis de M. Sturm, fut de supprimer l'expression de mon opinion.

Je me présentai quelques jours après chez M. Liouville, et comme il n'avait pas eu communication de mon mémoire, je crus pouvoir, sans tomber au rang de solliciteur, lui expliquer de vive voix ce qu'il contenait. M. Liouville me parut prendre intérêt à ce que je lui disais et m'offrit même, à défaut de rapport, la publication de mon mémoire dans son journal. J'eus la sottise de ne pas profiter d'une offre si obligeante, dont au reste je ne connaissais pas le prix.

J'autographiai mon mémoire (juillet 1842) et l'adressai à quelques amis.

Jusque-là, en nommant conjuguées l'une de l'autre les deux courbes

$$y = \varphi(x) \pm \sqrt{\psi(x)} \quad \text{et} \quad y = \varphi(x) \pm \sqrt{-\psi(x)},$$

je ne songeais qu'à l'analogie des définitions qu'on pouvait en donner, comme je viens de le montrer. Je ne regardais pas encore l'une comme représentée par les solutions imaginaires de l'équation de l'autre ; je les voyais encore moins simultanément représentées par une même équation. Ce n'est qu'à la fin de 1842 que je fis ce nouveau pas. Voici comment.

La remarque qui s'était présentée à moi ne se rapportait qu'aux équations du second degré, par rapport à l'ordonnée y. Mais la conclusion en devrait subsister si la courbe en question venait à subir une transformation quelconque de coordonnées. Seulement l'expression analytique du fait devrait alors changer plus ou moins. Que deviendrait cette expression? Comment la conjugaison des deux courbes se reconnaîtrait-elle dans leurs nouvelles équations et comment les coordonnées réelles des points de l'une se formeraient-elles des coordonnées imaginaires des points correspondants de l'autre?

Les solutions correspondantes des équations des deux courbes, dans l'ancien système, étaient

$$\begin{cases} x = \alpha \\ y = \alpha' + \beta'\sqrt{-1} \end{cases} \quad \text{et} \quad \begin{cases} x_1 = \alpha \\ y_1 = \alpha' + \beta' \end{cases}$$

si les formules de transformation, résolues par rapport aux nouvelles coordonnées, étaient

$$x' = mx + ny \quad \text{et} \quad y' = m'x + n'y,$$

les solutions correspondantes des équations des deux courbes, dans le nouveau système, seraient donc

$$x' = m\alpha + n\left(\alpha' + \beta'\sqrt{-1}\right),$$
$$y' = m'\alpha + n'\left(\alpha' + \beta'\sqrt{-1}\right)$$

et

$$x'_1 = m\alpha + n\,(\alpha' + \beta'),$$
$$y'_1 = m'\alpha + n'\,(\alpha' + \beta') :$$

les parties imaginaires de y et de x, tirées de l'équation transformée de la première courbe, seraient dans un rapport $\frac{n'}{n}$ endant exclusivement du choix du nouveau système d'axes et les coordonnées des points de la seconde courbe se formeraient encore en remplaçant $\sqrt{-1}$ par 1 dans les coordonnées des points correspondants de l'ancienne.

Ainsi, pour que deux courbes rapportées à un système quelconque d'axes fussent conjuguées l'une de l'autre, il faudrait que les coordonnées des points de l'une d'elles se formassent en remplaçant $\sqrt{-1}$ par 1 dans les solutions de l'équation de l'autre, où le rapport des parties imaginaires de y et de x aurait une valeur constante; et cette constante définirait le système d'axes par rapport auxquels la conjugaison reparaîtrait directement, si la transformation ramenait les deux équations au second degré par rapport à y.

Mais le premier membre d'une équation algébrique entre x et y pouvant toujours théoriquement être supposé décomposé en facteurs du second degré, par rapport à y, avec ou sans addition d'un facteur du premier, il n'était pas nécessaire, pour que la conjugaison géométrique existât entre deux courbes, que leurs équations redevinssent du second degré par rapport à y, à la suite du retour aux axes par rapport auxquels la conjugaison se présenterait le plus naturellement.

Dès lors, une courbe quelconque aurait toujours une infinité de conjuguées, dont chacune s'obtiendrait en cherchant d'abord toutes les solutions de l'équation de cette courbe où le rapport des parties imaginaires de y et de x aurait une valeur donnée et remplaçant ensuite $\sqrt{-1}$ par 1 dans chacune de ces solutions.

L'ensemble de ces remarques se compléta presque aussitôt par une autre plus importante que la marche que j'avais suivie devait naturellement me suggérer.

La manière purement géométrique dont j'avais d'abord conçu la conjugaison entre deux courbes, c'est-à-dire la génération simultanée de ces deux courbes par les intersections de quatre courbes mobiles, rattachait indissolublement à une même courbe tout le système de ses conjuguées. Ce système de conjuguées ne dépendrait en rien du choix des axes auxquels la courbe proposée serait rapportée. Si donc on changeait ces axes d'une manière quelconque, chaque conjuguée devrait se retrouver identiquement la même, en remplaçant toujours $\sqrt{-1}$ par 1 dans les solutions de l'équation transformée de la courbe primitive où les parties imaginaires de y et de x seraient entre elles dans un nouveau rapport constant.

En d'autres termes, si l'on considérait toutes les solutions d'une équation quelconque $f(x, y) = 0$, rentrant dans le type

$$x = \alpha + \beta\sqrt{-1}, \qquad y = \alpha' + \beta C\sqrt{-1},$$

qu'on fit subir à la courbe $f(x, y) = 0$, une transformation arbitraire de coordonnées, et qu'on recherchât dans la nouvelle équation les solutions transformées des premières :

1° On devrait les trouver de la forme

$$x_1 = \alpha_1 + \beta_1\sqrt{-1}, \qquad y_1 = \alpha'_1 + \beta_1 C_1\sqrt{-1},$$

et 2° la suite des points

$$x = \alpha + \beta, \qquad y = \alpha' + \beta C,$$

rapportés aux anciens axes, devrait coïncider avec celle des points

$$x_1 = \alpha_1 + \beta_1, \qquad y_1 = \alpha'_1 + \beta_1 C_1,$$

rapportés aux nouveaux.

La vérification de cette induction était bien aisée à obtenir. En effet, si les formules de transformation, résolues par rapport aux nouvelles coordonnées, étaient

$$x_1 = a + mx + ny, \qquad y_1 = b + m'x + n'y,$$

la solution $[x_1, y_1]$ correspondant à $\left[x = \alpha + \beta\sqrt{-1}, y = \alpha' + \beta C\sqrt{-1}\right]$, serait

$$x_1 = a + m\left(\alpha + \beta\sqrt{-1}\right) + n\left(\alpha' + \beta C\sqrt{-1}\right),$$
$$y_1 = b + m'\left(\alpha + \beta\sqrt{-1}\right) + n'\left(\alpha' + \beta C\sqrt{-1}\right);$$

or les deux points

$$x = \alpha + \beta, \qquad y = \alpha' + \beta C$$

et

$$x_1 = a + m(\alpha + \beta) + n(\alpha' + \beta C),$$
$$y_1 = b + m'(\alpha + \beta) + n'(\alpha' + \beta C)$$

coïncideraient bien effectivement.

Ainsi les solutions imaginaires d'une équation quelconque, $f(x, y) = 0$, rangées par groupes du type

$$x = \alpha + \beta\sqrt{-1}, \qquad y = \alpha' + \beta C\sqrt{-1},$$

et réalisées sous la forme

$$x = \alpha + \beta, \qquad y = \alpha' + \beta C,$$

fournissaient des lieux permanents, indissolublement liés à la courbe représentée par cette équation $f(x, y) = 0$, et qui, on devait s'y attendre, présenteraient avec elle les plus curieuses analogies.

Cette importante observation changea entièrement la direction de mes idées : j'étais tombé sur une des grandes lois de la nature, il s'agissait d'en tirer toutes les conséquences; ma vie dès lors était fixée. Toutes les conjuguées d'une courbe quelconque se trouvant représentées aussi réellement par les solutions imaginaires de son équation que cette courbe elle-même pouvait l'être par les solutions réelles, il s'agissait de tirer de cette équation unique, dont le champ se trouverait ainsi indéfiniment étendu, la solution de toute question quelconque se rapportant à l'une des conjuguées, au lieu de la courbe réelle. Il s'agissait de fonder la méthode à l'aide de laquelle tout calcul entrepris pour arriver à la solution d'une question relative à une courbe réelle s'appliquerait de lui-même à toutes les conjuguées de cette courbe et donnerait la solution propre à chacune d'elles de la même question.

En réalisant ce but, je devais parvenir indirectement à mettre en évidence les propriétés communes à toutes les courbes qui pourraient être considérées comme conjuguées les unes des autres, c'est-à-dire à créer les éléments d'une sorte de géométrie comparée.

Ainsi, l'ellipse et l'hyperbole, de mêmes axes, sont deux courbes conjuguées et l'analogie de leurs propriétés a été en effet remarquée de tout temps; mais la méthode que je cherchais à fonder devait les mettre bien plus complétement en évidence. On passe en effet ordinairement de l'une à l'autre en changeant le signe du carré de l'un des axes, mais les équations des deux courbes n'en restent pas moins distinctes, tandis que dans les applications de la méthode que je rêvais, les deux courbes n'auraient plus qu'une seule équation, où elles seraient, il est vrai, représentées de manières différentes, mais où on les étudierait simultanément, les résultats de chaque recherche devant s'appliquer indifférement à l'une ou à l'autre.

Il en serait de même d'une courbe quelconque et d'une quelconque de ses conjuguées.

Le grand problème que je me posais se compose d'autant de problèmes que l'on peut faire de questions par rapport à une courbe, il n'y avait donc pas à espérer de le résoudre d'un seul coup. J'y ai passé le temps que m'ont laissé les exigences de la vie matérielle, laissant là le travail commencé lorsque la question se trouvait trop difficile, mais y pensant toujours et y revenant lorsqu'une inspiration nouvelle permettait de l'attaquer d'autre manière. C'est ainsi que je suis arrivé non-seulement à accomplir la tâche que je m'étais proposée dans l'origine, mais encore à procurer à l'analyse pure, relativement à toutes les questions qui nécessitent la considération des imaginaires, les mêmes ressources que l'ancienne géométrie analytique fournissait pour l'étude des fonctions réelles de variables réelles.

La théorie des centres ne présente aucune difficulté : le centre d'une courbe quelconque est en même temps le centre de toutes ses conjuguées et, comme la proposée est conjuguée de chacune de ses conjuguées, les conjuguées d'une courbe ne peuvent pas avoir de centres si cette courbe n'en a pas.

Le point dont les coordonnées sont les demi-sommes des coordonnées de deux points imaginaires est au milieu de la droite qui joint ces deux points ; d'après cela on trouve aisément que si

$$\varphi(x, y, m) = 0$$

est l'équation générale des diamètres d'une courbe,

$$f(x, y) = 0,$$

m désignant le coefficient angulaire variable des cordes bissectées,

$$\varphi\left(x, y, m + n\sqrt{-1}\right) = 0$$

pourra être considérée comme l'équation générale des lieux des milieux des droites qui joindraient deux points quelconques de deux conjuguées quelconques,

Mais la méthode propre à permettre d'extraire de cette équation confuse $\left(\varphi\, x, y, m + n\sqrt{-1}\right) = 0$, l'équation d'un diamètre désigné d'une conjugée donnée par sa caractéristique C, cette méthode ne s'obtient pas aisément, je l'avais ébauchée dès 1842, je l'ai complétée plus tard.

Pour qu'une droite pût être mise en rapport avec une courbe imaginaire, pour qu'elle pût en être une sécante, une tangente, une asymptote, il fallait qu'elle fût représentée dans le même mode que cette courbe imaginaire, c'est-à-dire que les coordonnées de ses points fussent aussi imaginaires et que le rapport des parties imaginaires de y et de x fût le même pour les points de cette droite que pour ceux de la courbe.

Il fallait donc avant tout rechercher l'équation de la ligne droite en coordonnées imaginaires de même caractéristique, et, d'ailleurs, l'obtenir sous une forme telle qu'on pût ensuite assujettir cette droite à passer par deux points imaginaires donnés de la courbe à étudier.

La solution de cette question ne présenta heureusement aucune difficulté : les conjuguées de l'ellipse étant toutes les hyperboles qui ont avec elle un système de diamètres conjugués commun, les conjuguées d'une ellipse évanouissante devaient se réduire aux couples de droites dans lesquelles les hyperboles conjuguées de cette ellipse venaient elles-mêmes se confondre, c'est-à-dire aux couples de diamètres conjugués de l'ellipse évanouissante; d'un autre côté, l'équation de l'ellipse évanouissante

$$(y - mx - p)^2 + (nx + q)^2 = 0$$

pouvant se décomposer en deux

$$y = mx + p \pm (nx + q)\sqrt{-1}$$

ou

$$y = \left(m \pm n\sqrt{-1}\right) x + p \pm q\sqrt{-1},$$

chacune de ces équations devait représenter l'un des deux faisceaux de diamètres de l'ellipse évanouissante; enfin l'équation de chaque faisceau contenait bien les quatre constantes arbitraires dont la présence devait être exigée et, par surcroît, l'équation de la ligne droite restait du premier degré.

Un succès aussi complet était encourageant.

Je commençai par faire passer une droite par deux points donnés, imaginaires : x', y' et x'', y'' étant les coordonnées de ces deux points, l'équation du premier degré capable des deux solutions $x = x'$, $y = y'$ et $x = x''$, $y = y''$ était naturellement

$$y - y' = \frac{y' - y''}{x' - x''}(x - x').$$

Si les deux points $[x', y']$, $[x'', y'']$ étaient de caractéristiques différentes, ce seraient deux droites différentes du faisceau

$$y - y' = \frac{y' - y''}{x' - x''}(x - x')$$

qui passeraient par ces deux points; mais si les parties imaginaires de leurs coordonnées présentaient le même rapport, ce qui arriverait forcément s'ils étaient sur une même conjuguée d'un lieu quelconque, ils appartiendraient à une même droite du faisceau; on aurait donc effectivement joint ces deux points par une droite réelle, imaginairement représentée, on aurait une sécante de la conjuguée en question, et cette sécante serait désignée d'avance, au milieu des autres droites du faisceau, par sa caractéristique, qui serait celle-même de la conjuguée considérée.

La corde menée entre deux points $[x',y']$ et $[x'',y'']$ d'une même conjuguée, de caractéristique C, d'une courbe $f(x,y)=0$ étant représentée dans l'équation

$$y - y' = \frac{y' - y''}{x' - x''}(x - x')$$

par ses solutions de même caractéristique C, la droite de caractéristique C, que représenterait cette équation dans son état limite, lorsque y'' et x'' seraient venus se confondre avec y' et x', serait la tangente à la conjuguée au point $[x',y']$. Mais, d'un autre côté, la limite du rapport $\frac{y''-y'}{x''-x'}$, serait toujours la valeur de la dérivée de y par rapport à x, pour $x=x'$ et $y=y'$; par conséquent la tangente à une conjuguée C d'un lieu $f(x,y)=0$, en un point $[x',y']$ de cette conjuguée, devait être la conjuguée C du lieu

$$y - y' = -\frac{f'_x(x', y')}{f'_y(x', y')}(x - x').$$

Ainsi la tangente à une conjuguée quelconque d'une courbe, en un quelconque de ses points, serait représentée par la même équation que la tangente à cette courbe en un quelconque de ses points. — C'était là un résultat d'une importance considérable.

Il serait dès lors facile de résoudre dans telle condition que l'on voudrait le problème des tangentes à une conjuguée C d'un lieu donné, il n'y aurait pour cela qu'à introduire les données sous une forme imaginaire convenable.

Il était également facile de préjuger que si

$$y = mx + \varphi(m)$$

était l'équation générale des tangentes à une courbe $f(x,y)=0$,

$$y = \left(m + n\sqrt{-1}\right)x + \varphi\left(m + n\sqrt{-1}\right)$$

serait celle des tangentes à toutes les conjuguées de cette courbe, c'est-à-dire que parmi les droites du faisceau

$$y = \left(m + n\sqrt{-1}\right)x + \varphi\left(m + n\sqrt{-1}\right)$$

il y en aurait toujours une tangente à l'une des conjuguées de $f(x,y)=0$; les coordonnées du point de contact se calculeraient d'ailleurs au moyen des mêmes formules qui les donneraient si la tangente était réelle, et la caractéristique du point de contact ferait connaître la caractéristique commune de la conjuguée et de sa tangente.

Toutes ces inductions étant vérifiées et leur exactitude constatée par des démonstrations directes, je songeai de nouveau à l'Académie des sciences. Mon nouveau travail valait mieux que le précédent, les résultats obtenus étaient intéressants et la facilité avec laquelle ils avaient été obtenus promettait de nouveaux succès; j'avais ouvert une voie dans laquelle il n'y avait qu'à entrer pour récolter une abondante moisson de faits nouveaux, de vérités inattendues. La vieille géométrie analytique venait d'être rajeunie et sa puissance infiniment étendue ; j'avais bon espoir. Je demandai la parole pour une communication, voici ma lettre.

« Monsieur le Président, je viens vous prier de m'accorder la parole, si cela vous est possible, dans une des prochaines séances de l'Académie des sciences. Je me suis occupé depuis un an de chercher une interprétation des solutions imaginaires en géométrie. Un premier mémoire que j'adressai sur ce sujet, il y a environ six mois, à M. le secrétaire perpétuel n'ayant pas été rapporté, je désirerais, si cela se pouvait, dire en quelques mots les résultats auxquels je suis parvenu dans celui que je viens de terminer.

« J'ai l'honneur, etc. »

Mais j'avais complétement omis de songer à aucune démarche pour obtenir la prise en considération de ma demande. Je croyais qu'il devait suffire d'avoir trouvé quelque chose d'intéressant pour obtenir une minute d'attention; je croyais bien d'autres choses et j'en ignorais davantage encore.

J'attendis deux mois. Au bout de ce temps je rappelai timidement au Président que j'étais toujours là, attendant mon tour. Je lui écrivis :

« Monsieur le Président, j'ai eu l'honneur de vous écrire, il y a environ deux mois, pour vous demander la parole. Je désirais indiquer en quelques mots les résultats auxquels je suis parvenu relativement à la théorie des expressions imaginaires, considérées comme solutions indirectes des problèmes de géométrie dont les conditions se trouvaient incompatibles.

« Depuis cette époque, un grand nombre de personnes ont été appelées et je crains d'avoir été oublié sur la liste de celles qui demandaient comme moi à entretenir l'Académie de leurs travaux. »

Le président répondit en séance à ma lettre par une bonne parole, et je continuai mes stations; mais mon tour ne vint pas davantage et je finis par renoncer à le voir venir.

J'avais beaucoup réfléchi sur les principes du calcul algébrique des quantités négatives et imaginaires, et j'avais établi une théorie rationnelle de ce calcul; j'avais aussi une démonstration du principe de la correspondance entre le changement de signe en algèbre et le changement de sens en géométrie; j'avais mon ancien mémoire et le nouveau. Je fis du tout un ensemble que je donnai à l'impression.

C'était un livre fort mal fait : les parties en étaient mal soudées; le titre : *Discours sur la nature des grandeurs négatives et imaginaires*, semblait annoncer une mauvaise amplification de rhétorique. Les faits n'étaient pas mis en lumière comme il aurait convenu. Il fallait chercher ce qu'il y avait dans ce livre; la jeunesse y débordait et en avait fourragé toute l'ordonnance. Et puis il y avait une préface! cette préface était gaie, elle ne s'attaquait à personne nominativement; mais elle n'était pas précisément composée dans le style adulatoire.

Je fis donc paraître le livre avec sa préface. Me fussé-je mis une pierre au cou? comme dit Figaro.

Je vis d'abord fondre sur moi les quolibets d'un journaliste, qui, ayant perdu patience au milieu de la lecture de mon ouvrage, n'y avait pas vu l'énonciation des faits nouveaux qui eussent pu frapper son esprit, je veux dire la théorie des tangentes imaginaires, et déclarait n'y avoir rien trouvé. Puis je me sentis bientôt paralysé dans tous les mouvements que je tentais pour arriver à gagner ma vie ; j'étais entouré comme d'une glu que je ne pouvais percer. J'avais osé faire un total de la partie réelle et de la partie imaginaire d'une variable! Les chers camarades avaient fait ressortir la malhonnêteté de cette conduite, et toutes les portes se fermaient devant moi.

Fou, esprit confus, étaient les épithètes les plus modérées dont on m'affublât. On poussa même le zèle en faveur des saines doctrines jusqu'à aller me dénoncer à notre excellent camarade M. Lepennec, alors directeur de l'institution Bourdon, chez qui je gagnais bien six ou huit cents francs par an. M. Lepennec me conta le fait, je lui expliquai mes imaginaires, et nous restâmes bons amis.

Les conjuguées des courbes du second ordre ne sont autre chose que les courbes que le général Poncelet nommait ses supplémentaires, et dont il a tiré un si heureux parti dans sa théorie des propriétés *projectives* des figures.

Si j'avais connu cette coïncidence à l'époque de mes premiers travaux, j'aurais pu, en la signalant, éviter bien des critiques injustes ; mais je m'étonne qu'elle n'ait été aperçue par personne.

L'exposition du général Poncelet différait sans doute de la mienne à beaucoup d'égards.

Ainsi, le général avait bien reconnu que chaque supplémentaire d'une conique peut être fournie par les solutions imaginaires par rapport à y de l'équation de cette conique rapportée à une parallèle à la direction des sécantes *idéales* correspondantes, prise pour axe des y, et au diamètre conjugué de cette direction, pris pour axe des x ; mais, plus préoccupé de recherches géométriques, où son génie intuitif devait le guider dans la découverte de la supplémentaire qui jouerait le rôle important dans chaque question, il ne s'était préoccupé de savoir ni quel caractère présenteraient les solutions relatives à une supplémentaire désignée, les axes étant quelconques; ni, à plus forte raison, comment, pour retrouver cette supplémentaire, il faudrait construire ces solutions, lorsqu'elles auraient pris la forme générale

$$x = \alpha + \beta\sqrt{-1}, \quad y = \alpha' + \beta'\sqrt{-1},$$

au lieu de la forme particulière

$$x = h, \quad y = k\sqrt{-1},$$

qu'on pouvait toujours leur donner en choisissant convenablement les axes. Il s'est même défendu, dans sa seconde édition des Propriétés projectives, d'avoir songé à rien de pareil.

Toutefois, il était aisé d'apercevoir que si, par exemple, on construisait la première supplémentaire de l'ellipse

$$y = \pm \frac{b}{a}\sqrt{a^2 - x^2}$$

en effaçant simplement le signe $\sqrt{-1}$, qui affectait son ordonnée, il faudrait bien, pour retrouver la même supplémentaire dans l'équation nouvelle de la même ellipse, rapportée à des axes parallèles aux anciens, effacer encore le signe $\sqrt{-1}$ dans la valeur de son ordonnée parvenue à la forme

$$y = k\sqrt{-1} + \text{constante},$$

et ajouter, comme je l'avais fait, la partie réelle et la partie imaginaire de cette ordonnée.

L'étonnement qu'on a manifesté lorsqu'on m'a vu figurer la solution imaginaire

$$x = \alpha + \beta\sqrt{-1}, \quad y = \alpha' + \beta'\sqrt{-1}$$

par le point

$$x = \alpha + \beta, \quad y = \alpha' + \beta',$$

cet étonnement était donc tout gratuit.

Il montre sans doute combien l'indispensable perfectionnement que j'apportais était peu soupçonné, mais il témoigne aussi d'une bien grande légèreté de la part des personnes qui se sont hâtées de crier au scandale.

La moindre attention leur eût suffi pour apercevoir que je n'avais fait que suivre une tradition déjà consacrée par elles-mêmes.

Pour qu'un livre soit lu, il faut que les personnes réputées capable d'en juger le recommandent, ou que l'auteur soit très-connu. Ni l'une ni l'autre de ces deux conditions ne se trouvant remplie, mon livre ne parvint pas au vrai public.

Je dois dire que je n'en fus que médiocrement affecté. Je réfléchis en effet que le succès m'aurait aussitôt dépossédé ; que si mes essais avaient été appréciés, tout le monde se serait précipité dans la voie que j'avais ouverte, que mon champ aurait été dévasté en un instant, et que les semences que j'y avais jetées n'auraient germé que pour les autres.

Je fus même tellement frappé des inconvénients que pouvait avoir la publicité que j'avais donnée à ma méthode, que je me remis aussitôt au travail, pour prendre nettement possession de tout mon domaine.

La théorie des asymptotes était sans doute implicitement contenue dans celle des tangentes, mais il restait à l'en dégager.

Si, en appliquant à une courbe $f(x, y) = 0$ la méthode ordinaire des asymptotes, on trouve, entre autres résultats :

$$\lim \frac{y}{x} = m + n\sqrt{-1}$$

et

$$\lim \left[y - \left(m + n\sqrt{-1}\right)x\right] = p + q\sqrt{-1},$$

l'une des asymptotes se présente algébriquement sous la forme

$$y = \left(m + n\sqrt{-1}\right)x + p + q\sqrt{-1}.$$

Quel sens fallait-il attribuer à ce résultat? L'équation d'une tangente représente un faisceau de droites, mais une seulement de ces droites est tangente à l'une des conjuguées du lieu. Une seule des droites du faisceau

$$y = \left(m + n\sqrt{-1}\right)x + p + q\sqrt{-1}$$

serait-elle asymptote au lieu ; ou bien l'équation représenterait-elle un faisceau d'asymptotes à toutes les conjuguées? car aucune condition particulière ne viendrait plus alors caractériser une des conjuguées au milieu de toutes les autres. Je pus aisément m'assurer que chacune des droites du faisceau serait asymptote à la conjuguée de même caractéristique du lieu considéré.

Cette découverte me causa un mouvement de joie difficile à exprimer. « Ce moment est divin », a dit Proud'hon, j'ai éprouvé ce qu'il voulait dire.

Le fait tient, mais je n'y ai songé que beaucoup plus tard, à ce que l'infini est indéterminé de sa nature : c'est une grandeur dont le module est infini, mais dont l'argument est quelconque. De sorte que si un, deux, trois points d'intersection de deux lieux passent à l'infini, en même temps ces points s'étirent de manière à former à l'infini une, deux, trois lignes communes aux deux lieux.

La question des asymptotes étant résolue à ma satisfaction, je songeai à m'occuper des courbures. Mais il semblait que la considération d'angles imaginaires dût intervenir dans cette nouvelle recherche, mon attention se porta donc d'abord sur l'interprétation du coefficient angulaire d'un faisceau de droites.

L'équation d'une droite réelle

$$y = mx + p$$

n'est capable que de solutions imaginaires de la forme

$$x = \alpha + \beta\sqrt{-1},$$
$$y = \alpha' + m\beta\sqrt{-1}$$

et, du reste, le lieu des points correspondant à ces solutions n'est autre que la droite

$$y = mx + p$$

elle-même. Ainsi il n'y avait pas lieu de s'étonner qu'il ne correspondît qu'un angle à un coefficient angulaire réel.

Mais l'équation

$$y = (m + n\sqrt{-1})x + p + q\sqrt{-1}$$

représente un faisceau de droites émergeant dans toutes les directions du point

$$x = -\frac{q}{n}, \quad y = -\frac{mq}{n} + p;$$

le coefficient angulaire $m + n\sqrt{-1}$ correspondait donc à une infinité de directions. Cependant si l'on posait

$$\text{tang}\,(\varphi + \psi\sqrt{-1}) = m + n\sqrt{-1},$$

les axes des coordonnées étant supposés rectangulaires, on ne trouvait pour φ que deux valeurs qui sont les angles avec l'axe des x, des axes de l'ellipse évanouissante

$$(y - mx)^2 + (nx + q)^2 = 0;$$

et pour $\psi\sqrt{-1}$ que deux valeurs, dont les tangentes sont les produits par $\sqrt{-1}$ des rapports, dans les deux sens, des axes de cette même ellipse évanouissante. Si l'on prend pour valeur de φ l'angle avec l'axe des x du grand axe de l'ellipse évanouissante, $\frac{\text{tang}\,\psi\sqrt{-1}}{\sqrt{-1}}$ est le rapport du petit au grand axe.

Sans doute l'angle $(\varphi+\psi\sqrt{-1})$ déterminait parfaitement le faisceau, mais il ne paraissait se rapporter qu'à deux directions particulières, celles des asymptotes de la conjuguée de l'ellipse évanouissante, de mêmes axes qu'elle. Pourquoi les directions des autres droites du faisceau n'étaient-elles pas représentées dans la formule

$$\text{tang}\,(\varphi+\psi\sqrt{-1})=m+n\sqrt{-1}\,;$$

ou comment faudrait-il entendre l'angle $\varphi+\psi\sqrt{-1}$ pour les y trouver? Je retournai quelque temps ces deux questions dans mon esprit, mais sans y voir aucun jour. J'y fis à la vérité un petit progrès deux ans plus tard, en 1845, mais je ne les résolus entièrement qu'en 1861.

N'ayant pu parvenir à apercevoir l'indétermination de l'angle $(\varphi+\psi\sqrt{-1})$ défini par l'équation

$$\text{tang}\,(\varphi+\psi\sqrt{-1})=m+n\sqrt{-1},$$

je ne pouvais pas aborder directement la recherche des rayons de courbure des courbes imaginaires. Je cherchai donc à former une équation propre à représenter convenablement le cercle en coordonnées imaginaires, afin d'établir ensuite un contact du second ordre entre ce cercle et la conjuguée que je voudrais d'une courbe désignée.

Le cercle devait être fourni par des solutions de même caractéristique, et son équation, pour pouvoir se prêter à toutes les combinaisons, devait contenir six paramètres arbitraires, dont quatre se rapportassent au centre et deux au rayon. Je parvins assez aisément à former cette équation qui, dans le système $C=\infty$, est

$$[y+m(1-\sqrt{-1})x+b(k+(1-k)\sqrt{-1}]^2+[l+(1-l)\sqrt{-1})]^2(x-a)^2=[l+(1-l)\sqrt{-1}]^2R^2,$$

et qui, dans un système C quelconque, se déduirait de celle-ci en faisant tourner les axes autour de l'origine d'un angle égal à $-$ arc tang C; en sorte que la question des courbures aurait du moins pu être traitée dans chaque cas particulier. Mais j'aurais voulu arriver à une formule générale du rayon de courbure, et la méthode ne pouvait pas y conduire, en sorte que je me réservai de revenir plus tard sur la question.

Ce n'est qu'en 1861 que je parvins à me satisfaire sous ce rapport.

Il ne restait plus que la question des quadratures. Aucune difficulté ne se présentait dans la quadrature d'une conjuguée ramenée préalablement à avoir sa caractéristique infinie, mais je ne pensai pas alors à aller plus loin, à quarrer une conjuguée quelconque, sans transformation préalable d'axes. Si j'y avais pensé, je serais naturellement tombé, dès 1844, sur l'interprétation géométrique des périodes des intégrales.

Ayant ainsi parcouru tout le champ de la géométrie plane, je songeai à étendre ma méthode à la théorie des surfaces.

Les conjuguées d'une surface seraient évidemment fournies par les systèmes de solutions de son équation où les parties imaginaires des trois variables seraient comme des nombres constants, et que l'on réaliserait en y remplaçant $\sqrt{-1}$ par 1.

Chaque conjuguée serait définie par ses deux caractéristiques, c'est-à-dire par les rapports des parties imaginaires de z et de x, de z et de y.

La permanence des conjuguées résultait, comme en géométrie plane, de la linéarité des formules de transformation.

Les conjuguées d'une courbe la touchaient aux points de contact des tangentes menées à cette courbe parallèlement aux directions qu'il faudrait successivement donner à l'axe des y pour rendre réelles les abscisses de ces conjuguées; les conjuguées d'une surface la toucheraient suivant les courbes de contact des cylindres circonscrits à cette surface parallèlement aux directions qu'il faudrait donner à l'axe des z pour rendre réelles les coordonnées x et y de ces conjuguées.

On avait trouvé pour conjuguées d'une ellipse toutes les hyperboles ayant avec elle un système de diamètres conjugués commun; on trouvait de même pour conjuguées d'un ellipsoïde tous les hyperboloïdes à une nappe ayant avec cet ellipsoïde un système de trois diamètres conjugués commun, et les relations étaient aussi simples entre les autres surfaces du second ordre et leurs conjuguées.

Les conjuguées d'un cylindre de degré quelconque étaient tous les cylindres ayant leurs génératrices parallèles à celles du proposé et pour directrices planes les conjuguées, dans son plan, d'une section plane quelconque de ce cylindre.

De même les conjuguées d'un cône de degré quelconque étaient tous les cônes de même sommet ayant pour directrices planes les conjuguées, dans son plan, d'une section plane quelconque de ce cône.

Les conjuguées du lieu

$$(A + A'\sqrt{-1})x + (B + B'\sqrt{-1})y + (C + C'\sqrt{-1})z = D + D'\sqrt{-1}$$

se trouvaient être tous les plans passant par la droite réelle

$$Ax + By + Cz = D,$$
$$A'x + B'y + C'z = D'.$$

Enfin le plan tangent à une conjuguée [C, C'] d'une surface $f(x, y, z) = 0$, en un de ses points [x, y, z], était encore la conjuguée [C, C'] du lieu

$$(X - x) f'_x + (Y - y) f'_y + (Z - z) f'_z = 0.$$

Ainsi la méthode se complétait de la manière la plus satisfaisante sous tous les rapports.

J'avais achevé toutes ces recherches vers la fin de 1844. Je ne voyais pour le moment rien de plus à entreprendre. Je crus bien faire de compléter mon premier ouvrage en en supprimant la dernière feuille et raccordant le nouveau travail à l'ancien. Le second tirage, ainsi composé, parut en octobre 1844.

M. Terquem s'était moqué de moi dans ses Annales, je crus devoir lui répondre. Je n'ai pas eu d'autre relation avec lui. Il paraît que son injustice envers moi lui pesait encore à la fin de ses jours, car il chargea, le jour de sa mort, un de ses amis de me transmettre une parole de regret. Il aurait peut-être dû revenir sur son jugement, dans son journal, il en avait certes eu le temps de 1843 à 1865.

Quant à moi, j'aurais peut-être dû réprimer le mouvement de colère qui m'emporta, mais on conviendra que M. Terquem, à qui je ne demandais rien, à qui je n'avais pas même adressé mon ouvrage (c'est l'excellent M. Carilian-Gœury qui, pensant m'être utile, lui en avait remis un exemplaire), pouvait bien au moins se donner la peine de me lire avant d'essayer de me ridiculiser.

Au reste, je crois encore, comme en 1844, que le monde n'en irait que mieux si l'on s'aplatissait un peu moins. Les parvenus y regarderaient à deux fois avant de couper les routes et de faire sauter les ponts derrière eux, et les sciences en progresseraient davantage.

Il est certain qu'il faut avoir l'âme chevillée dans le corps pour continuer à travailler dans les conditions qui m'ont été faites.

Aussitôt mon nouveau travail publié, je me remis à l'ouvrage. L'idée m'était venue de chercher dans l'hyperbole équilatère une représentation de l'angle imaginaire sans partie réelle. La somme des carrés du sinus et du cosinus d'un angle quelconque étant toujours égale à 1, ce sinus et ce cosinus étaient l'ordonnée et l'abscisse d'un point de quelqu'une des conjuguées du cercle $x^2 + y^2 = 1$.

Si l'angle considéré était imaginaire sans partie réelle, son cosinus était réel et son sinus imaginaire sans partie réelle; ce cosinus et ce sinus devaient donc être l'abscisse et l'ordonnée d'un point de la conjuguée $C = \infty$ du cercle. Il restait à connaître la représentation géométrique de cet angle imaginaire. Or l'angle réel est la mesure du double du secteur circulaire compris entre ses côtés et je reconnus aisément que, abstraction faite du signe $\sqrt{-1}$, l'angle imaginaire est, de même, la mesure du double de l'aire du secteur hyperbolique compris entre le rayon origine, couché suivant l'axe des x et le rayon aboutissant au point dont les coordonnées sont le cosinus et le sinus de cet angle.

Le fait avait été signalé longtemps avant moi par Lhuilier, je l'ignorais. Je l'appris peu de temps après. Mais je reconnus, ce qui était nouveau, que pour construire l'angle, en partie réel et en partie imaginaire, correspondant à un sinus et à un cosinus donnés, savoir :

$$\cos\left(\varphi + \psi\sqrt{-1}\right) = \alpha + \beta\sqrt{-1}$$

et

$$\sin\left(\varphi + \psi\sqrt{-1}\right) = \alpha' + \beta C\sqrt{-1}$$

il n'y avait qu'à construire le point $x = \alpha + \beta$, $y = \alpha' + \beta C$, à le joindre au centre, à mener une tangente au cercle parallèlement à $y = Cx$, à joindre le point de contact au centre et à décrire la branche d'hyperbole équilatère passant par ce point de contact et par le premier point trouvé. φ était le double du secteur circulaire compris entre le rayon couché sur l'axe des x et le rayon mené au point de contact, et ψ le double du secteur hyperbolique compris entre le rayon mené au point de contact et le rayon mené au premier point trouvé.

De plus, si l'on marquait le point $x = \alpha$, $y = \alpha'$ qui fournirait un point de l'axe transverse de l'hyperbole construite, on avait relativement à l'angle $\varphi + \psi\sqrt{-1}$ la figure analogue à celle qui donne dans le cercle le sinus et le cosinus de la somme de deux angles.

La figure montre que l'angle imaginaire $\infty\sqrt{-1}$ ne correspond qu'à une inclinaison de 45°. Son cosinus et son sinus sont infinis, l'un réel et l'autre imaginaire sans partie réelle et la tangente est égale à $\sqrt{-1}$.

Il m'eût été dès lors très-facile de poursuivre et d'édifier toute la trigonométrie imaginaire, mais je n'y voyais pas grand intérêt. Je n'avais cherché à construire l'angle imaginaire que pour tâcher d'en découvrir l'indétermination, et au contraire je le trouvais plus précisément défini encore que par le passé. La question relative à l'angle indéterminé du faisceau

$$y = \left(m + n\sqrt{-1}\right)x$$

avec l'axe des x et par suite la question de la courbure des courbes imaginaires se trouvaient ainsi replongées dans le futur contingent. Je laissai là les angles imaginaires. Je n'y revins qu'en 1855, à propos de différentes questions que M. Babinet me fit l'honneur de m'adresser sur leur compte et sur celui des triangles imaginaires.

L'abbé de Ficquelmont s'étant fait lapider à Metz, en 1791, pour une escapade anti-révolutionnaire assez mal avisée, le comte de Ficquelmont fut arrêté quelque temps après dans son château de Paroy et emmené dans les prisons de Nancy. Il s'en échappa avec l'aide de Régnier et parvint à passer la frontière. Ses deux fils le rejoignirent. Ses filles furent recueillies par leur grand'mère maternelle, la comtesse de la Marche. Ma mère était l'une des plus jeunes. Le comte de Ficquelmont rentra en France dès qu'il le put. Le plus jeune de ses fils avait été tué à la bataille d'Ulm. L'aîné resta au service d'Autriche et n'est revenu depuis qu'une fois en France, en 1820. Ma mère se rappelait à peine l'avoir vu, mais ces deux esprits supérieurs s'étaient attachés l'un à l'autre. Le frère et la sœur, malgré la distance et malgré la différence des situations, ne cessèrent jamais de correspondre.

En 1846, le comte de Ficquelmont, qui avait été longtemps ambassadeur en Russie, venait de rentrer en Autriche, pour y occuper le poste de ministre de la guerre. Ma mère voulut lui envoyer mon ouvrage, espérant qu'il le ferait connaître en Allemagne. Voici ma lettre d'envoi, je la transcris parce qu'on pourra y voir comment je comprenais alors le but que je m'étais proposé dans mes recherches.

LETTRE D'ENVOI AU COMTE DE FICQUELMONT.

« Mon cher oncle,

« Je n'ai pas la présomption de croire que votre obligeance vous puisse engager à lire cet ouvrage. Nos infiniment petites ergoteries mathématiques sont trop au-dessous des grands problèmes sociaux que vous avez chaque jour à poser et à résoudre. C'est pourquoi je vous prie de me permettre quelques explications propres à vous faire prendre rapidement une idée de mon travail.

« La facilité avec laquelle, armés de la puissance déductive que nous donne l'algèbre, nous pouvons poursuivre jusque dans les plus petits détails l'étude particulière d'un phénomène géométrique ou mécanique peut être opposée à l'immense difficulté qui vous arrête dans l'analyse des phénomènes sociaux. Nous pouvons bien accumuler une infinité de petits faits secondaires autour d'un autre donné ou supposé, mais il nous est impossible de les réunir. Les ensembles nous manquent absolument. Dans les grands problèmes que vous agitez, au contraire, l'ensemble est fait, il est devant nos yeux, ce sont les rouages, c'est le mécanisme que vous cherchez, ce sont surtout les causes des effets ou des mouvements produits. Dans les deux sciences aussi, les points de départ étant opposés, les conditions de perfectionnement sont inverses : les hommes d'État supposeront les grandes lois historiquement découvertes du mouvement des sociétés humaines et chercheront à ramener ces lois à des principes plus élémentaires ; tandis que les géomètres partiront de quelques axiomes évidents pour rechercher les lois de plus en plus élevées qui régissent la coexistence des phénomènes qu'ils ont à étudier. On peut dire que non-seulement ce sont là des convenances, mais qu'il y a obligation majeure : car si en politique l'anarchie se produit par l'éclosion de systèmes *à priori*, elle naît aussi sûrement en mathématiques de l'introduction de nouveaux petits détails incohérents.

« Ce serait donc un travail utile que de chercher les moyens de réunir par des procédés assez simples l'étude de plusieurs phénomènes géométriques ou mécaniques suffisamment analogues ; de faire disparaître entre eux les différences, en reportant le point de vue assez haut pour que les analogies restassent seules. On aurait trouvé un chemin pour arriver à des relations plus générales que celles qui pouvaient être antérieurement formulées.

« Ce sont ces idées qui m'ont guidé dans le choix du sujet de mes recherches.

« Descartes avait fait faire un pas immense aux sciences mathématiques en enseignant à réduire une certaine différence très-embarrassante que l'on rencontrait souvent entre les diverses phases d'un phénomène toujours identique à lui-même, mais dont l'accomplissement avait subi une certaine modification particulière définie, dont une foule d'exemples sont devenus vulgaires. Ainsi le mouvement d'un corps lancé verticalement, aurait été sans lui décomposé toujours, pour les savants comme pour le vulgaire, dans ses deux parties ascendante et descendante. Les lois des deux mouvements auraient pu être rapprochées, comparées par les géomètres, mais jamais confondues, comme elles l'ont été depuis, dans une seule formule. Or, si une pareille réduction avait peu d'importance dans ce cas, à cause de son extrême simplicité, vous savez que quand on s'élève à l'étude d'un phénomène un peu complexe, elle acquiert une valeur immense, parce que la réduction porte alors sur des différences dont le nombre croît d'une manière extrêmement rapide, comme il arrive par exemple dans la moindre question trigonométrique.

« Descartes avait été conduit à la découverte de la belle loi dont il a doté la science mathématique, par de longues méditations sur un certain genre de réponses singulières que fournit l'algèbre aux questions qui n'en comportent pas d'immédiates, faute d'une suffisante concordance entre les données. Il reconnut d'abord que la réponse fournie, dénuée de sens relativement à la question proposée, pourrait toujours être transportée à une question voisine et analogue intimement liée à elle par une dépendance réciproque telle, que l'une ne devenait soluble que quand l'autre cessait de l'être ; il donna avec une certaine généralité, que d'ailleurs on a peu accrue depuis, le moyen de former l'énoncé de l'une des questions lorsque celui de l'autre était connu, et enfin prouva que le calcul algébrique propre à les résoudre étant identique, elles pouvaient être réduites en une seule, habituellement posées et résolues ensemble.

« Ce grand travail portait sur un seul des deux genres de réponses singulières que l'algèbre a jusqu'ici fournies aux questions impossibles ; on avait tenté plusieurs fois de faire pour la seconde espèce ce que Descartes avait fait pour la première, mais jusqu'ici ç'avait été sans succès. Cependant on avait tout lieu d'espérer qu'une découverte semblable serait féconde en grandes et importantes conséquences.

« Enthousiasmé moi-même par la beauté du problème, je l'ai entrepris. Voici ce à quoi je suis arrivé.

« Descartes avait enseigné à embrasser dans une même formule toutes les phases successives d'un même phénomène, quelles que fussent les modifications particulières (appartenant à une certaine classe définie) qu'eût dû subir, en passant de l'une à l'autre, le mode essentiel d'accomplissement. J'ai montré que de même qu'on avait pu réduire les différences accessoires qui séparaient les diverses phases d'un même phénomène, on pourrait de même réduire la différence encore accessoire, quoique plus tranchée, qui se trouverait entre deux phénomènes différents, mais suffisamment analogues, quand cette différence serait d'un certain genre.

« Descartes avait réuni toutes les branches d'une même courbe en un eul tout, j'ai fait voir que toute courbe a une infinité d'analogues, toujours aisées à découvrir, qui peuvent être fondues toutes dans la principale et traitées en même temps qu'elle pour les mêmes questions qui, une fois résolues pour la première, le sont dès lors pour les autres.

« Le résultat final de l'ouvrage consiste donc dans la possibilité nouvellement introduite d'une façon générale, de quitter l'étude isolée des phénomènes pour s'élever à celle de groupes définis, et qu'il sera toujours facile de former, où les analogies et les différences entre les individus, d'ailleurs indéfiniment multiples, seront suffisamment grandes pour permettre, d'une part, de trouver des propriétés communes, et de voir, de l'autre, dans l'énumération de ces propriétés, au moins des rudiments de lois, non plus seulement l'expression de faits isolés. Spécialement, pour la géométrie, le travail que j'ai achevé permettra d'étudier non plus une courbe isolée, mais simultanément tout un groupe de courbes, groupe composé d'une infinité d'individus considérés jusqu'alors comme nécessairement distincts.

« L'analogue de l'ellipse (cette courbe étant très-simple n'en a qu'une) est l'hyperbole; les propriétés connues de ces deux courbes les rapprochaient déjà l'une de l'autre, mais la fusion n'avait pas encore été tentée entre elles.

« Je crains de vous avoir ennuyé, mon cher oncle, par ce long bavardage, mais j'attache tant d'importance au service que vous voulez bien rendre à moi et à mon livre que je n'aurais pu m'empêcher d'entrer dans les détails que vous venez de lire. »

J'avais rapporté de Metz, en 1841, une lettre pour M. Bardin, que m'avait remise M. Blanc, rédacteur en chef du *Courrier de la Moselle*, pour qui j'avais conçu beaucoup d'affection. J'étais allé chez M. Bardin peu après mon retour et ayant trouvé en lui un excellent homme et un digne citoyen, j'avais continué à le voir de temps à autre. Nous causions politique et mathématiques. Nous n'aimions pas plus l'un que l'autre le roi ni son premier ministre. Quant aux mathématiques, M. Bardin me parlait reliefs et je lui répondais imaginaires. Je lui avais porté la première édition de mon ouvrage, il m'avait prêté la géométrie de position de Carnot et les propriétés projectives du général Poncelet.

J'avais lu avec d'autant plus d'intérêt la partie de la géométrie de position où Carnot traite de la correspondance entre le changement de signe en algèbre et le changement de sens en géométrie, que préoccupé moi-même depuis long-temps de cette grande question, je l'avais traitée à Metz, à mon point de vue, pour ce qui concerne la trigonométrie et la géométrie analytique et en avais fait l'objet d'un chapitre de mon livre.

La méthode dont je m'étais servi pour traiter la question différant totalement de celles de Carnot et de Poncelet, je reproduirai ici le petit travail dont je parle et qui me paraît encore intéressant.

THÉORIE DES SIGNES QU'ON DOIT ATTRIBUER AUX LIGNES TRIGONOMÉTRIQUES.

Lorsque l'on compare entre elles les lignes trigonométriques d'un même arc, on trouve

$$\sin^2 a + \cos^2 a = 1,$$
$$\operatorname{tang} a = \frac{\sin a}{\cos a}, \quad \operatorname{cotang} a = \frac{\cos a}{\sin a},$$
$$\sec a = \frac{1}{\cos a} \quad \text{et} \quad \operatorname{cosec} a = \frac{1}{\sin a},$$

formules qui restent invariables quelle que soit la grandeur de l'arc a. La généralité de la première tient à ce que les termes qui y entrent sont tous trois carrés ; celle des quatre dernières à ce que les membres en sont monômes, de sorte que la construction qu'on a faite pour les établir, reproduite dans tous les cas imaginables, conduira toujours aux mêmes résultats, la comparaison des mêmes triangles devant toujours fournir les mêmes proportions.

Au contraire les formules qui donnent le sinus et le cosinus de la somme ou de la différence de deux arcs, en fonction des sinus et cosinus de ces arcs, sont essentiellement variables. Si l'on refait dans des cas différents la même figure, en ayant soin de mener les mêmes lignes par les points qui ont la même définition, on trouvera bien que chacune des inconnues $\sin(a+b)$ et $\cos(a+b)$ se compose toujours des mêmes parties, définies de la même manière et exprimées par les mêmes formules, tirées de la comparaison des mêmes triangles semblables, mais, suivant les cas, ces parties devront être tantôt ajoutées, tantôt retranchées et, dans le second cas, la différence devra être prise tantôt dans un sens, tantôt dans l'autre.

Cette diversité de forme tient à ce que les seconds membres des formules sont binômes et se reproduira dans tous les cas analogues. En effet si la distance de deux points A et B est évaluée au moyen des distances de ces deux points à un troisième C, situé sur la ligne qui les joint, suivant la disposition relative des trois points on trouvera

$$AB = AC + CB$$

si le point C est entre A et B ;

$$AB = AC - CB$$

si le point B est entre A et C;

$$AB = CB - AC$$

si le point A est entre B et C ; il n'y a d'ailleurs pas d'autre combinaison possible.

Ainsi, la construction faite décomposant $\sin(a+b)$, par exemple, en deux parties, pour lesquelles la comparaison des mêmes triangles fournira toujours les mêmes valeurs $\sin a \cos b$ et $\cos a \sin b$, on trouvera nécessairement, suivant les cas,

$$\sin(a+b) = \sin a \cos b + \cos a \sin b,$$
$$\sin(a+b) = \sin a \cos b - \cos a \sin b,$$
$$\sin(a+b) = \cos a \sin b - \sin a \cos b,$$

les formules qui donnent $\sin(a+b)$ et $\cos(a+b)$, devant ainsi comporter chacune trois formes différentes, l'usage n'en serait possible qu'après une discussion préalable, lorsque les angles a et b seraient donnés et deviendrait impossible lorsque ces angles seraient inconnus, puisqu'on ne saurait alors à quelle forme recourir.

Mais la théorie algébrique du calcul des quantités négatives permet de lever cette difficulté à l'aide d'un artifice que suggérera l'étude des lois d'après lesquelles chaque formule change de forme.

Considérons par exemple la formule qui donne $\sin(a+b)$; supposons que a et b aient actuellement des valeurs telles, que la figure donne

$$\sin(a+b) = \sin a \cos b + \cos a \sin b$$

et faisons croître a, en laissant à b la valeur qu'il avait d'abord.

Soient A le pied du sinus de $(a+b)$ sur le diamètre origine, B l'extrémité de l'arc $(a+b)$ et C le pied de la perpendiculaire abaissée sur A B, du pied du sinus de b : la formule ne pourra changer de forme qu'aux instants où deux des trois points A, B et C, après s'être rapprochés, se croiseront ensuite, de façon que l'ordre s'intervertisse entre les trois : mais au moment où deux des trois points viendront se confondre, une des trois distances s'annulera ; les instants où la formule pourra changer de forme seront donc ceux où $\sin a$, $\cos a$ et $\sin(a+b)$ passeront par zéro, puisque $\sin b$ et $\cos b$ resteront fixes.

Sin $(a+b)$ étant actuellement une somme ne pourra pas s'annuler le premier ; supposons que ce soit $\cos a$ qui doive s'annuler d'abord et soit α la valeur qu'aura alors a, il est facile de voir que lorsque a aura dépassé la valeur α l'équation ne pourra pas conserver la même forme. En effet, depuis la valeur $(\alpha - 90°)$ jusqu'à la valeur α de a, $\sin(a+b)$ n'aura pas pu s'annuler, car pour qu'il en eût été ainsi, il eût fallu qu'après le passage $a = \alpha - 90°$, $\sin(a+b)$ fût devenu une différence ; mais cette différence n'eût pu que changer de sens, par l'effet du passage de $\sin(a+b)$ par la valeur zéro et ne se serait pas transformée en une somme que nous avons maintenant.

Cependant, $\sin(a+b)$ doit s'annuler une fois dans chaque intervalle de 180° et puisqu'il ne se sera pas annulé de $a=\alpha-90°$ à $a=\alpha$, il devra donc s'annuler de $a=\alpha$ à $a=\alpha+90$; mais il ne pourrait pas s'annuler dans ce dernier intervalle s'il n'avait préalablement pris la forme d'une différence, donc au moment où a prendra la valeur α il devra changer de forme. D'ailleurs il ne pourra pas alors devenir

$$\cos a \sin b - \sin a \cos b$$

puisque $\cos a \sin b$ sera d'abord moindre que $\sin a \cos b$, il deviendra donc

$$\sin a \cos b - \cos a \sin b;$$

ainsi le terme qui aura passé par zéro aura changé de signe dans la formule.

Lorsque $\sin(a+b)$ va devenir nul, la formule devra encore changer; car autrement, dans le second membre, la quantité à retrancher surpasserait celle dont elle devrait être retranchée, puisque $\cos a$ continuera à croître et $\sin a$ à décroître, elle deviendra donc

$$\sin(a+b) = \cos a \sin b - \sin a \cos b,$$

c'est-à-dire que le terme $\sin(a+b)$, qui vient de passer par zéro, aura dû changer de signe.

Enfin quand $\sin a$ passera par zéro, la formule devra encore changer de forme, sans quoi $\sin(a+b)$ s'annulerait encore une fois de $\alpha+90°$ à $\alpha+180°$; d'ailleurs elle ne pourra pas devenir

$$\sin(a+b) = \sin a \cos b - \cos a \sin b$$

puisque $\sin a \cos b$ sera d'abord moindre que $\cos a \sin b$, elle deviendra donc

$$\sin(a+b) = \sin a \cos b + \cos a \sin b,$$

c'est-à-dire que le terme $\sin a \cos b$ qui se sera annulé, aura changé de signe.

La formule étant alors revenue à son premier état, les mêmes permutations se reproduiront ensuite périodiquement, toujours dans le même ordre et conformément aux mêmes lois.

Ainsi l'arc a croissant, chaque fois que $\cos a$ passe par zéro, le terme $\cos a \sin b$ change de signe : chaque fois que $\sin a$ passe par zéro, le terme $\sin a \cos b$ change de signe, et chaque fois que $\sin(a+b)$ passe par zéro, ce terme change de signe.

On a supposé que a variât seul, mais il est clair que si a et b croissaient en même temps, chaque terme changerait de signe à la suite de l'annulation de l'un de ses facteurs. On a ainsi l'expression de la loi des variations de forme de l'équation qui donne $\sin(a+b)$.

Cela posé, si l'on attachait à tout sinus ou cosinus un signe qui changeât chaque fois que ce sinus ou cosinus passerait par zéro, l'arc continuant à croître dans le même sens, la forme primitive de l'équation, correspondant au cas où a, b et $a+b$ seraient moindres que 90°, comprendrait les deux autres formes puisque, sous la même forme apparente, les changements de signes convenables se produiraient effectivement.

Le même artifice servirait de même à rendre applicable à tous les arcs la formule qui donne $\cos(a+b)$.

Mais la méthode n'est pas encore complète. En effet le cosinus d'un arc est le sinus de son complément, mais que faudrait-il entendre par le complément d'un arc plus grand que 90°.

Si l'on veut étendre à tous les arcs la formule

$$\text{complément de } a = 90^\circ - a,$$

l'algèbre en donnera immédiatement le moyen en introduisant la notion des angles négatifs et le signe attribué au complément servira à indiquer si l'arc lui-même était inférieur ou supérieur à 90°.

Mais il reste à assigner les conséquences de l'adoption de ce nouvel artifice.

On y arrivera en étudiant concurremment les deux membres de l'équation

$$\cos a = \sin(90 - a),$$

dont le premier a maintenant une définition nette pour toutes les valeurs positives de a, et qui suffira par conséquent à définir $\sin(90^\circ - a)$, pour toutes les valeurs positives de a.

Or, de 90° à 270° $\cos a$ est négatif, par conséquent le sinus d'un arc compris entre 0 et -180° sera négatif. De 270° à 450° $\cos a$ est positif, par conséquent le sinus d'un arc compris entre -180° et -360° sera positif, et ainsi de suite.

Ces résultats se condensent dans une même formule

$$\sin(-a) = -\sin a.$$

On trouverait de même que la formule

$$\sin a = \cos(90^\circ - a),$$

dont le premier membre est défini pour toutes les valeurs positives de a, entraîne comme conséquence la formule

$$\cos(-a) = \cos a.$$

On voit que l'attribution de signes variables aux lignes trigonométriques obligeait à introduire la notion d'angles négatifs. Cette notion une fois acceptée, il est du reste facile de voir que les mêmes formules fondamentales

$$\sin (a + b) = \sin a \cos b + \cos a \sin b$$

et

$$\cos (a + b) = \cos a \cos b - \sin a \sin b,$$

sous leur forme primitive, comportent également l'attribution à a et à b de valeurs négatives, car les mêmes observations, présentées dans le cas où l'on supposait que l'arc a crût indéfiniment, pourraient être reproduites dans l'hypothèse où il décroîtrait indéfiniment. Les formules qui donnent $\sin (a + b)$ et $(\cos a + b)$ étant ainsi étendues même aux arcs négatifs, on pourra poser d'une manière générale les nouvelles formules

$$\sin (a - b) = \sin a \cos b - \cos a \sin b$$

et

$$\cos (a - b) = \cos a \cos b + \sin a \sin b.$$

Nous n'avons encore parlé que des sinus et cosinus, quant aux autres lignes, puisqu'on a attribué des signes aux premières, on devra leur en attribuer aussi pour conserver leur généralité première aux formules

$$\text{tang}\, a = \frac{\sin a}{\cos a}, \quad \text{cotang}\, a = \frac{\cos a}{\sin a}, \quad \text{séc}\, a = \frac{1}{\cos a} \quad \text{et} \quad \text{coséc}\, a = \frac{1}{\sin a};$$

mais les seconds membres de ces équations ayant maintenant une définition nette pour toutes les valeurs positives ou négatives de a, ils serviront à définir les premièrs.

Les règles obligatoires qu'a fournies la théorie précédente, seraient un peu confuses, mais on peut les résumer en un mot.

Si, en effet, on compte tous les arcs positifs dans le même sens à partir d'une même origine A et qu'on transporte tous les sinus parallèlement à eux-mêmes sur le diamètre OB perpendiculaire à OA et tous les cosinus sur le diamètre OA, on reconnaît aisément que les sinus qui doivent être positifs sont placés d'un côté de OA et les autres de l'autre, que les cosinus qui doivent être positifs sont placés d'un côté de OB et les autres de l'autre; de sorte qu'on peut résumer toutes les règles données précédemment en rattachant les changements de signes aux changements de sens.

D'ailleurs, si en se laissant guider par cette indication, on porte les arcs négatifs à partir de la même origine que les arcs positifs, mais en sens contraire, on reconnaît que la même règle convient encore à l'expression des lois suivant lesquelles varient les signes de leurs sinus et cosinus.

Cette théorie des signes attribués aux lignes trigonométriques était suivie d'une théorie analogue, et tout aussi indispensable, des signes attribués aux coordonnées en géométrie analytique, la voici.

Théorie des signes qu'on doit attribuer aux coordonnées en géométrie analytique.

Ce n'est rien que de *convenir* qu'on portera les valeurs négatives des coordonnées x et y en sens contraires de ceux dans lesquels on porterait leurs valeurs positives : la question est de savoir si par là on ne créera pas des rapprochements inacceptables entre des branches étrangères les unes aux autres, si la continuité géométrique n'est pas rompue, dans la courbe construite d'après la prétendue convention adoptée, lorsque l'on traverse l'un des axes. Ce n'est pas par *convention* qu'il y a, sous une infinité de rapports, continuité géométrique entre tous les points d'une même ellipse ; ce ne doit pas être par convention que l'on prolonge une courbe dont on a déjà construit une partie.

Considérons une courbe définie par une propriété commune à tous ses points et tracée à l'avance. Prenons deux axes quelconques de coordonnées et considérons la portion de la courbe comprise dans un même angle formé par ces axes : soit $f(x, y) = 0$ l'équation qui convienne à tous les points de cette portion, x et y désignant les coordonnées sans signes des points qui en font partie.

Si l'on faisait avancer l'axe des y, parallèlement à lui-même, d'une quantité a dans le sens des x, une nouvelle portion de la courbe passerait à la gauche de l'axe des y. Soient M un point de cette nouvelle portion, x et x' son ancienne et sa nouvelle abscisse, x' étant aussi bien positif que x, le point M étant maintenant rapporté aux côtés de l'angle où il se trouve.

Comme l'ordonnée du point M n'aura pas changé et qu'on aura entre son ancienne et sa nouvelle abscisse la relation

$$x = a - x',$$

les nouvelles coordonnées de ce point se trouveront parmi les solutions de l'équation

$$f(a - x', y) = 0.$$

Mais d'un autre côté les coordonnées nouvelles d'un point de la portion de la courbe qui sera restée à droite de l'axe des y, satisferont à l'équation

$$f(a+x', y)=0;$$

par conséquent on retrouverait les points de la portion de la courbe anciennement contenue dans le premier angle des axes et qui aurait passé à la gauche de l'axe des y, en cherchant les solutions négatives par rapport à x' et positives par rapport à y de la nouvelle équation de la portion restée à droite, et portant les valeurs négatives de x' en sens contraire des valeurs positives.

Les mêmes observations pouvant être reproduites dans l'hypothèse où ce serait l'axe des x qu'on aurait fait avancer dans le sens des y, et par suite dans celle où l'on transporterait l'origine des coordonnées en un point $[a, b]$ pris à volonté dans le premier angle des anciens axes, il en résulte que pour retrouver, dans la nouvelle équation

$$f(a+x', b+y')=0$$

de la portion de la courbe qui sera restée dans le premier angle des nouveaux axes, les points des portions qui auront passé à gauche de l'axe des y, au-dessous de l'axe des x, ou dans l'angle opposé par le sommet à celui des nouveaux axes, il suffira de rechercher dans la nouvelle équation

$$f(\alpha+x', b+y')=0.$$

les solutions négatives par rapport à x' seulement, à y' seulement ou à x' et à y', et de porter chaque fois les valeurs négatives trouvées en sens inverses des sens positifs.

Mais, quels que soient les axes choisis, on peut toujours supposer qu'ils aient été amenés à leurs positions actuelles par des transports analogues à ceux qu'on vient de supposer, l'ancienne origine se trouvant reculée à des distances telles des nouveaux axes, qu'une partie indéfinie de la courbe se trouvât comprise dans le premier angle des coordonnées, et quelque part que soient les axes, il faudra opérer comme s'ils avaient parcouru des distances infinies. On devra donc toujours joindre aux points dont les coordonnées seraient positives, ceux dont les coordonnées négatives auraient été construites d'après la règle. On ne courra par là aucun risque d'associer entre elles des branches disparates.

J'avais lu avec un intérêt bien vif les quelques pages que le général Poncelet a consacrées à sa théorie des supplémentaires des coniques, mais je m'étonnais qu'il n'en eût pas aperçu la définition abstraite, capable d'être étendue aux courbes de tous les degrés et de permettre de les déterminer toutes, par rapport à tous les systèmes d'axes, au moyen de leurs coordonnées imaginaires.

Je comprenais bien que le but que s'était proposé le général Poncelet avait été précisément de donner au langage et au raisonnement géométriques une extension nouvelle, sans rien leur enlever de leur rigueur ancienne et sans recourir au secours de l'algèbre. J'admettais que le but avait été atteint et j'en comprenais l'importance ; mais je ne me rendais pas compte que le général eût pu côtoyer de si près une méthode bien plus sûre, bien plus féconde, sans en faire la découverte. Je priai M. Bardin de lui demander de me permettre de venir causer avec lui.

Le général me reçut avec bienveillance et m'écouta avec intérêt. Je lui expliquai ma méthode et les résultats auxquels j'étais parvenu pour les tangentes, les asymptotes et les plans tangents; puis nous parlâmes des analogies et des différences de sa méthode et de la mienne. En le quittant, je le priai de m'obtenir de M. Lamé, pour qui j'avais conservé depuis l'école une grande vénération, la faveur d'un entretien comme celui dont il venait de m'honorer.

Le jour pris, à quelque distance, par M. Lamé, se trouva être celui de la fête du roi. M. Lamé n'y avait pas songé, mais il me fit l'honneur de s'esquiver des rangs de ses collègues, pour venir me recevoir. Le théorème relatif aux asymptotes le frappa beaucoup, il me remercia vivement et quelques jours après je recevais de lui, sans lui avoir rien demandé, d'abord une lettre de recommandation pour le directeur de l'institution Massin, puis sur une grande feuille aux nom et armes de l'Institut, la déclaration suivante :

« Je soussigné, membre de l'Académie des sciences, section de géométrie, après avoir étudié les travaux mathématiques de M. Marie, ancien élève de l'École polytechnique, et notamment son ouvrage intitulé : *Discours sur la nature des grandeurs négatives et imaginaires*, reconnais que ces travaux ont une valeur scientifique incontestable et qu'il serait à désirer que l'auteur fût en position d'y donner suite et de les faire connaître. G. LAMÉ.

Je joins volontiers le suffrage de mon opinion personnelle à celui émis ci-dessus par mon savant confrère, M. Lamé.

PONCELET.

Cet acte, entièrement spontané, fait, ce me semble, le plus grand honneur à ces deux illustres savants.

J'ai beaucoup regretté d'avoir fait de cette déclaration le mauvais usage que je vais dire.

Le comte de Ficquelmont avait répondu à ma mère : « J'ai attendu, pour te répondre, l'arrivée des livres ; ce paquet m'a été remis avant-hier, et déjà hier j'ai fait remettre trois exemplaires à trois savants, bons juges en cette matière. Dis à ton fils combien je le remercie de l'excellente lettre qui accompagnait cet envoi, elle expose le but de son travail de la manière la plus lucide ; j'y ai reconnu avec grand plaisir, pour lui et pour toi, l'élévation de la sphère dans laquelle son esprit se trouve placé. Je répondrai à sa lettre dans quelque temps. »

Sa réponse fut une offre indéfinie de services et d'aide pour tout ce que je tenterais. Elle était accompagnée d'une lettre d'introduction auprès de M. de Barante avec qui il avait vécu intimement à Saint-Pétersbourg pendant qu'ils y étaient tous deux ambassadeurs l'un d'Autriche, l'autre de France.

M. de Barante m'avait parfaitement reçu et m'avait promis son appui, quelque chose que je demandasse. Il m'avait seulement recommandé de trouver quelque chose de possible.

D'un autre côté M. de Brosse, un des descendants du président de Brosse, si vivement pris à partie par Voltaire, et un de nos cousins (il avait épousé une demoiselle de Villeneuve, petite-fille de madame de Montureux, sœur de ma mère), m'avait proposé de me recommander à M. le vicomte Benoist, député, qui m'avait d'autant mieux accueilli qu'il se trouvait qu'un élève de l'École polytechnique à qui j'avais donné des leçons tous les mercredis et quelquefois le dimanche, pendant près d'un an, était précisément son fils.

Je désirais ardemment propager ma méthode par la parole.

Sûr des appuis qui m'avaient été promis et après avoir demandé leur agrément à M. de Barante et à M. Benoît, j'écrivis à M. de Salvandy, alors grand maître de l'Université, pour le prier de m'accorder la faveur d'ouvrir dans une salle quelconque de la Sorbonne ou du Collége de France un cours de géométrie comparée.

Je disais au ministre :

« Mes travaux consignés dans un ouvrage intitulé *Discours sur la nature des grandeurs négatives et imaginaires*, m'ont conduit insensiblement à créer dans la géométrie une branche entièrement neuve et digne, je crois, par le degré de perfectionnement où elle est parvenue, de recevoir, dans un cours oral, une extension plus grande que ne peut le comporter une publication.

« Si vous en jugez ainsi, j'ai l'honneur de vous demander, à titre de mission scientifique temporaire, un petit traitement, que vous assigneriez, et une salle dont je puisse disposer soit au Collége de France, soit à la Sorbonne.

« Je n'ai pas la présomption de solliciter mon annexion à l'une de ces célèbres compagnies, j'en resterais naturellement tout à fait en dehors, et mon cours seul se ferait dans l'une des deux enceintes, de façon que personne n'en pourrait prendre ombrage.

« Je crois, monsieur le Ministre, qu'en m'investissant temporairement, pour dix ans par exemple, de la mission que j'ai l'honneur de vous demander, vous concilieriez à la fois et les raisons de prudence et celles qui peuvent vous engager à accorder votre faveur à une tentative qui peut avoir d'utiles résultats. »

Je remis la déclaration de M. Lamé et de M. Poncelet à M. Benoît, qui la donna à M. de Salvandy, en y joignant l'avis verbal conforme de M. Poinsot, car, avant de s'aventurer, M. Benoît m'avait donné une lettre d'introduction près de ce vénérable maître et était allé le voir ensuite, pour connaître ses impressions.

M. de Barante était parti pour ses terres, mais il m'avait permis de lui écrire pour le tenir au courant de mes démarches et il a dû écrire de son côté à M. de Salvandy.

Au bout de deux ou trois mois je reçus à Saint-Rémi près Chevreuse, où j'étais allé passer mes vacances de 1846, une lettre qui m'appelait au ministère de l'Instruction publique pour affaire me concernant; je devais demander M. X..., chef du personnel.

La lettre reçue à dix heures, j'étais à trois dans le cabinet de M. X... Il me dit : « Vous avez demandé au ministre une place de... — Pas une place, lui dis-je, une salle. — Une place de professeur de géométrie descriptive. — Pas descriptive, interrompis-je de nouveau, comparée. — Le ministre m'a chargé de vous faire savoir qu'il n'y en a pas de vacante. » J'essayai de dire encore quelques mots : mon interlocuteur était sourd.

Ainsi les efforts de deux pairs de France, un député, trois membres de l'Académie des sciences et un membre de l'Académie française avaient abouti en quatre ou cinq mois à me procurer trois minutes d'entretien avec un sourd.

M. de Barante revint un instant à Paris dans l'automne de 1846. Malheureusement, il perdit peu de temps après une fille qu'il idolâtrait et quitta Paris pour n'y plus revenir.

Le chemin de fer du Nord venait d'être concédé à M. de Rothschild. M. Emile Péreire était chargé du choix du personnel. J'adressai une demande d'emploi. Je reçus peu de temps après une invitation à me présenter devant le conseil. M. Péreire me demanda mes titres. Je lui répondis : Ancien élève de l'École polytechnique, et lui présentai mon livre. Le titre le fit sourire : « Imaginaires, » me dit-il. Je lui répondis : « Toutes les aptitudes se tiennent. » Il ne dit pas non, mais passa à l'examen d'un autre candidat.

Cependant M. Benoît, ne comptant peut-être pas beaucoup sur un coup de tête scientifique de la part de M. de Salvandy, m'avait adressé à un ancien chef d'institution, M. Mage, dont le fils, officier de marine d'un grand avenir, est venu mourir si malheureusement sur les côtes de France, après avoir tenté avec dix ou douze compagnons de route d'aller de Saint-Louis du Sénégal à Tombouctou. M. Mage me présenta à M. Blanchet, directeur de l'École préparatoire de Sainte-Barbe, qui, sans me donner encore une fonction permanente, me procura toutefois assez de leçons particulières pour que je pusse vivre, et je ne songeai plus au ministre.

Le comte de Ficquelmont était devenu premier ministre, après la mort du prince de Metternich. Lorsque survinrent les événements de 1848, l'intérêt de la France et son honneur exigeaient qu'elle intervînt auprès de l'Autriche pour obtenir sa neutralité dans les affaires de Pologne et le retrait de ses troupes en deçà des Alpes. Le terrain sur lequel l'entente pouvait se faire était tout trouvé : le gouvernement français, en s'employant à aplanir le différend hongrois, pouvait compter sur une compensation en Pologne et en Italie. Les intérêts de la France étaient du reste les vrais intérêts de l'Autriche et de la Hongrie. Il ne s'agissait que de le faire comprendre au comte de Ficquelmont et à Kossuth ; je proposai à M. Armand Marrast, dont j'avais l'honneur d'être connu, de faire une tentative près du comte de Ficquelmont. Je crois que j'aurais réussi. M. Marrast ne me dit pas non, mais il n'agit pas, puis survint le 15 mai qui changea la situation, en amoindrissant la France et la destinée s'accomplit impitoyablement.

Le comte de Ficquelmont montra dans la tourmente la plus grande noblesse. Une émeute venait de massacrer son cousin le comte de Latour et roulait vers le palais qu'habitait mon oncle. Il jeta à la multitude quelques paroles de mépris pour l'acte de férocité qu'elle venait d'accomplir, fit ouvrir les portes, sortit du ministère et traversa la foule haletante, mais dominée.

A sa mort, quelques mois après, le *National* rendit un respectueux hommage à son beau caractère.

Il avait publié sur la politique générale différents ouvrages, entre autres *Lord Palmerston, l'Angleterre et le Continent*, où l'on est étonné de rencontrer les sentiments d'une justice impartiale envers toutes les nations. Il a laissé en mourant les éléments d'un ouvrage beaucoup plus étendu et d'une portée tout autre, que M. de Barante a bien voulu disposer pour l'impression et qui porte le titre de *Pensées morales et politiques du comte de Ficquelmont*.

Ce recueil où l'on peut lire à livre ouvert dans l'une des plus belles âmes qui aient existé, est à la morale religieuse et à la politique d'un monde écroulé ce que sont les actes du concile de Trente au dogme catholique et à la méthode de gouvernement de la papauté ; ce que les œuvres de Joseph de Maistre sont à l'ensemble d'idées qui achevait de s'écrouler durant la Restauration. Mais ici l'auteur n'est plus un sectaire vaincu, dont la parole aboie, ce n'est plus le naufragé qui essaye de s'accrocher aux épaves de l'absurde ; c'est un philosophe dont les événements n'ont pu renverser la foi, mais qui se dégageant des liens étroits de ses affections féodales et religieuses, consent à se placer au point de vue général des hommes de son époque, cherche à sauver du naufrage les principes immortels de la morale et retrouve, dans les meilleures couches des opinions d'un temps qui n'est plus, le flambeau qui peut encore conduire l'humanité en gestation d'une nouvelle ère.

J'ai dit que M. Benoît m'avait donné une lettre pour M. Poinsot, il y en avait joint une autre quelques jours après pour M. Cauchy.

M. Poinsot était extrêmement affable et bienveillant, mais sa santé alors était tout à fait ruinée. Deux ou trois fois, à 3 et 4 heures de l'après-midi il m'a fait l'honneur de se lever pour me recevoir, mais c'était vraiment conscience de l'importuner.

M. Cauchy était tout aussi affable, mais plus actif et mieux portant. Je le vis plusieurs fois, nous causâmes imaginaires ; il était assez facile d'exciter son attention, mais non pas de la captiver. Quelque chose qu'on lui annonçât, il prenait la plume et essayait d'en faire la démonstration lui-même ; souvent il s'égarait et deux heures se passaient sans qu'on eût pu lui donner une démonstration qui eût duré deux minutes. Mes visites furent interrompues par son départ pour Sceaux. Nous avions beaucoup bavardé, et je ne lui avais pour ainsi dire rien montré de ce que j'avais fait. Cependant à force de parler d'imaginaires on y repense et je ne serais pas étonné que ce fussent nos causeries qui aient été l'occasion de son puissant retour sur ce terrain. C'est en effet pendant son temps de villégiature à Sceaux, cette année-là, qu'il mit le comble à sa gloire en donnant l'explication des périodes des intégrales simples.

Je ne suivais plus depuis longtemps les séances de l'Académie des sciences, aussi n'ai-je appris qu'en 1851, de M. Hermite, l'existence de ce beau travail. C'est chez M. Moutard que j'ai vu pour la première fois M. Hermite, vers le mois de mai 1851 ; nous nous y rencontrâmes ensuite de temps en temps. Naturellement, nous causions mathématiques. Je proposai un jour à ces Messieurs de leur expliquer ce que j'avais fait, et ma proposition ayant été acceptée, je leur fis, le jour convenu, une leçon sur les imaginaires.

M. Hermite était au courant de tout ce qu'avait fait Cauchy sur les résidus, la convergence de la série de Taylor et les périodes des intégrales ; il nous en dit quelques mots et nous étonna fort par l'énonciation de ces faits bien connus aujourd'hui que la valeur d'une intégrale prise entre deux limites identiques pourrait n'être pas nulle, si la variable pour revenir à son point de départ avait suivi un chemin convenable ; il me demanda malicieusement si je pourrais rendre compte de ces faits par ma méthode.

J'avais employé tout le temps que j'avais eu de libre, depuis ma sortie de l'école, d'abord à la résolution du problème du mouvement d'un corps solide libre, que je croyais alors entier et qui m'avait tenu un peu plus d'un an, car je m'en occupais déjà à l'école, et ensuite à ma théorie géométrique des imaginaires. Aussi étais-je très-peu au courant de tout ce qui ne nous avait pas été enseigné à l'école ; je me serais en conséquence jugé très-peu capable de relever le défi, si une idée qui me parut être celle qui devrait être mise en œuvre pour résoudre la question, ne m'avait subitementpassé par la tête.

La périodicité d'une intégrale, pensai-je, pouvait être prévue lorsque cette intégrale devait fournir un segment d'une grandeur limitée de toutes parts, comme la longueur d'une courbe fermée ou l'aire comprise dans son intérieur, le volume enveloppé par une surface fermée, etc. : la grandeur elle-même, dans son entier, devrait en effet être comprise un nombre quelconque de fois dans la valeur de l'intégrale définie propre à en donner un segment quelconque, parce qu'on n'aurait pas pu introduire la restriction que les variables ne dépassassent pas leurs limites. Un exemple de cette loi presque évidente se présentait du reste de lui-même : si l'idée était juste, l'intégrale

$$\int dx \sqrt{R^2 - x^2},$$

qui représente un segment du cercle

$$y^2 + x^2 = R^2,$$

devait avoir pour période πR^2, c'est-à-dire l'aire du cercle entier. Et en effet elle s'exprime par

$$\frac{x\sqrt{R^2 - x^2}}{2} + \frac{1}{2} R^2 \arcsin \frac{x}{R},$$

mais $\arcsin \frac{x}{R}$ désigne l'un quelconque des termes d'une progression arithmétique, dont la raison est 2π, de sorte que l'intégrale a effectivement une infinité de valeurs en progression arithmétique ayant pour raison πR^2.

Ce raisonnement s'était formulé dans ma tête en moins de temps que je n'en ai mis à l'écrire; il me paraissait valoir toutes les considérations abstraites imaginables; d'ailleurs je savais combien une idée concrète simple et juste simplifie les recherches quand elle a un caractère suffisant de généralité. Je ne voyais pas, il est vrai, comment celle qui venait de m'arriver pourrait être mise en œuvre pour l'explication des périodes imaginaires des intégrales, mais je savais quarrer les conjuguées d'une courbe et je pensais que ces conjuguées ne me cacheraient pas longtemps l'analogie qui restait à trouver; je répondis à M. Hermite plus qu'affirmativement; je ne lui demandai qu'un mois pour faire entièrement non-seulement la théorie des périodes des intégrales simples, que Cauchy avait seules considérées, mais encore celle des intégrales doubles. Le délai que j'avais demandé ne me fut pas même nécessaire.

L'intégrale $\int dx \sqrt{R^2 - x^2}$ n'avait plus rien à m'apprendre; je commençai par me demander pourquoi les intégrales

$$\int \frac{dx}{\sqrt{1-x^2}} \quad \text{et} \quad \int \frac{dx}{1+x^2},$$

qui ont pour valeurs

$$\text{arc sin}\, x \quad \text{et} \quad \text{arc tang}\, x,$$

avaient pour périodes l'une 2π, l'autre π, les courbes

$$y = \frac{1}{\sqrt{1-x^2}} \quad \text{et} \quad y = \frac{1}{1+x^2},$$

dont elles donnent les quadratures, n'étant pas fermées : je m'en rendis compte en observant que ces courbes limitaient des espaces finis; et que, bien que les points qui les terminaient fussent tout le contraire d'être en continuité, il ne manquait pas d'exemples qui permissent de raisonner comme s'ils se rejoignaient à l'infini.

Les périodes des deux intégrales devaient donc être

$$2\int_{-1}^{+1} \frac{dx}{\sqrt{1-x^2}} \quad \text{et} \quad \int_{-\infty}^{+\infty} \frac{dx}{1+x^2};$$

et en effet, il n'est pas difficile de voir que ces intégrales définies ont pour valeurs

$$2\pi \quad \text{et} \quad \pi,$$

qui sont les périodes de

$$\text{arc}\sin x \quad \text{et de} \quad \text{arc tang}\, x.$$

La démonstration n'était pas bien régulière, mais si l'on voulait renoncer au bénéfice de cette notion paradoxale, quoique si souvent vérifiée cependant, que les infinis contraires se rejoignent, ou plus exactement que les choses se passent comme s'ils étaient en continuité, parce qu'ils sont les inverses de 0 et de -0, on pourrait toujours relier les points situés à l'infini dans les deux sens opposés par un chemin imaginaire qui rétablirait la continuité, sans introduire que des parties nulles dans la valeur de l'intégrale.

Ainsi, pour engendrer d'une manière continue toute l'aire $2\int_{-1}^{+1}\frac{dx}{\sqrt{1-x^2}}$ de la courbe

$$y=\pm\frac{1}{\sqrt{1-x^2}},$$

on partirait, par exemple, du point $[x=-1,\ y=+\infty]$, on suivrait la branche

$$y=+\frac{1}{\sqrt{1-x^2}}$$

de la courbe, jusqu'au point $[x=+1, y=+\infty]$; on rejoindrait le point $[x=+1, y=+\infty]$ au point $[x=+1,\ y=-8]$ par un chemin imaginaire quelconque, au parcours duquel correspondrait une somme nulle des éléments

$$\frac{dx}{\sqrt{1-x^2}},$$

puis on suivrait la branche

$$y=-\frac{1}{\sqrt{1-x^2}},$$

du point $[x=+1,\ y=-\infty]$ au point $[x=-1,\ y=-\infty]$, enfin on rejoindrait le point $[x=-1, y=-\infty]$ au point $[x=-1, y=+\infty]$ par un nouveau chemin imaginaire auquel correspondrait encore une somme nulle des éléments de l'intégrale.

On agirait semblablement dans tous les cas analogues. Ainsi l'aire finie comprise entre les branches indéfinies d'une courbe devait encore être une des périodes de l'intégrale quadratrice de cette courbe.

Dans les exemples examinés jusqu'alors, les courbes considérées étaient symétriques par rapport à l'axe des x, mais l'absence de cette circonstance n'amènerait aucune difficulté, car lorsque le point $[x, y]$ décrirait, de gauche à droite, par exemple, la partie de la courbe supérieure à son diamètre, les éléments de l'intégrale ajoutés entre eux, fourniraient l'aire du diamètre, prise positivement, plus l'aire comprise entre la courbe et son diamètre, prise aussi positivement, tandis que quand le point $[x, y]$ décrirait de droite à gauche la partie inférieure de la courbe, les éléments de l'intégrale formeraient l'aire du diamètre, prise négativement, plus l'aire comprise entre la courbe et son diamètre, prise encore positivement, car la différentielle de x et l'ordonnée au diamètre auraient à la fois changé de signes. Le parcours de la courbe étant achevé, il ne resterait donc, pour somme totale des éléments de l'intégrale, que le double de l'aire comprise entre la courbe et son diamètre, soit au-dessus, soit au-dessous, c'est-à-dire l'aire enveloppée par la courbe.

Les périodes réelles étant ainsi expliquées d'une manière à peu près satisfaisante, bien qu'on ne vît pas encore comment elles s'engendreraient habituellement, puisqu'on n'avait fait parcourir au point mobile qu'un chemin tout particulier, il y avait avant tout à faire au moins l'équivalent pour les périodes imaginaires.

Ce n'était pas bien difficile : en effet, que l'on imaginât la conjuguée à abscisses réelles d'une courbe dont la quadratrice aurait une période réelle, et qu'on en prît l'équation en coordonnées réelles, sa conjuguée à abscisses réelles serait précisément la courbe primitive ; mais les ordonnées des deux courbes se déduisant l'une de l'autre en remplaçant $\sqrt{-1}$ par 1 dans celle qui était imaginaire, il en serait de même des éléments des deux intégrales, pour les mêmes valeurs réelles de x et de dx, de sorte que la première admettant une période ω, la seconde admettrait nécessairement la période $\omega\sqrt{-1}$.

Ainsi la quadratrice d'une courbe dont la conjuguée à abscisses réelles présenterait un anneau fermé ou deux branches infinies asymptotes à deux parallèles à l'axe des y et comprenant entre elles une aire finie, devrait admettre pour période le produit par $\sqrt{-1}$ de l'aire enveloppée par l'anneau, ou comprise entre les deux branches infinies considérées.

Ce raisonnement même était superflu, car rien n'empêchait, ayant affaire à la quadratrice de la seconde courbe, de faire parcourir au point $[xy]$ l'anneau de la première courbe imaginairement représenté dans l'équation de la seconde : x et dx restant réels, quand le point $[x, y]$ parcourrait de gauche à droite la partie supérieure de l'anneau, les éléments de l'intégrale, ajoutés entre eux, fourniraient l'aire réelle du diamètre, prise positivement, plus le produit par $\sqrt{-1}$ de l'aire comprise entre la courbe et son diamètre ; puis quand le point $[x, y]$ reviendrait au point de départ, en parcourant la branche inférieure de l'anneau, les éléments de l'intégrale reproduiraient l'aire du diamètre, affectée alors du signe —, parce que dx aurait changé de signe, plus l'aire comprise entre la courbe et son diamètre, multipliée encore par $+\sqrt{-1}$, parce que dx et l'ordonnée au diamètre auraient en même temps changé de signes,

Ainsi l'intégrale

$$\int \frac{b}{a}\sqrt{x^2-a^2}\,dx,$$

qui donne la quadrature de l'hyperbole

$$a^2y^2-b^2x^2=-a^2b^2,$$

devait avoir pour période $\pi ab\sqrt{-1}$, c'est-à-dire le produit par $\sqrt{-1}$ de l'aire de la conjuguée

$$a^2y^2+b^2x^2=a^2b^2$$

de cette courbe, ce qui a bien lieu en effet, car

$$\int \frac{b}{a}\sqrt{x^2-a^2}\,dx=\frac{bx\sqrt{x^2-a^2}}{2a}-\frac{ab}{2}\,\mathrm{L}\,\frac{x+\sqrt{x^2-a^2}}{a};$$

de même l'intégrale

$$\int \frac{dx}{\sqrt{x^2-1}}$$

devait avoir pour période

$$2\sqrt{-1}\int_{-1}^{+1}\frac{dx}{\sqrt{1-x^2}}$$

ou $2\pi\sqrt{-1}$, et en effet

$$\int \frac{dx}{\sqrt{x^2-1}}=\mathrm{L}\left(x+\sqrt{x^2-1}\right);$$

de même encore l'intégrale

$$\int dx\sqrt{\frac{1-e^2x^2}{1-x^2}},$$

qui donne la rectification de l'ellipse, ayant pour période réelle

$$4\int_0^1 dx\sqrt{\frac{1-e^2x^2}{1-x^2}}$$

et l'intégrale

$$\int dx \sqrt{\frac{1 - e^2x^2}{x^2 - 1}}$$

ayant pour période réelle

$$4\int_1^{\frac{1}{e}} dx \sqrt{\frac{1 - e^2x^2}{x^2 - 1}},$$

la première devait avoir pour période imaginaire

$$4\sqrt{-1}\int_1^{\frac{1}{e}} dx \sqrt{\frac{1 - e^2x^2}{x^2 - 1}}$$

et la seconde

$$4\sqrt{-1}\int_0^1 dx \sqrt{\frac{1 - e^2x^2}{1 - x^2}}.$$

Ainsi les périodes des intégrales elliptiques se trouvaient expliquées. Toutefois le principal restait à faire, puisque je n'arrivais à la notion des périodes imaginaires que d'une manière détournée, en les ramenant à des périodes réelles, par la comparaison des quadratrices de deux courbes conjuguées.

D'ailleurs, l'intégrale $\int \frac{dx}{x}$, qui admet pour période $2\pi\sqrt{-1}$, échappait entièrement à ce mode de réduction, et il devait sans doute en être de même de beaucoup d'autres.

Je sentais bien que pour résoudre complétement la question il faudrait trouver un moyen de quarrer les conjuguées d'une courbe quelconque sans rendre préalablement leurs abscisses réelles; mais on pouvait encore faire un pas important sans entamer cette recherche, qui paraissait difficile.

Si une courbe présentait un anneau fermé, l'aire enveloppée par cet anneau se représenterait toujours comme période de la quadratrice de cette courbe, quels que fussent les axes auxquels elle vînt à être rapportée.

La permanence de la période réelle n'avait pas le même degré d'évidence lorsque cette période était l'aire totale d'une courbe présentant des branches infinies asymptotes à des parallèles à l'axe primitif des y; mais on devait l'admettre, par analogie.

Ainsi les périodes réelles de la quadratrice d'une courbe resteraient invariables, quels que fussent les axes auxquels cette courbe vînt à être rapportée. Mais cette invariabilité ne devait pas tenir à la réalité des périodes en question, car les périodes de la quadratrice d'une courbe devaient être des fonctions déterminées des coefficients de l'équation de cette courbe; quelques valeurs que prissent ces coefficients, les mêmes expressions formées d'eux représenteraient toujours les périodes de la quadratrice et si ces coefficients pouvaient devenir tels qu'une période précédemment réelle devînt imaginaire, la fonction des coefficients propre à la représenter, qui resterait invariable dans un cas, le serait également dans l'autre.

Les périodes imaginaires des intégrales devaient donc aussi être invariables.

Cette induction en suggérait immédiatement d'autres : en effet, si la conjuguée à abscisses réelles d'une courbe quelconque présentait un anneau fermé, nécessairement compris entre deux branches de la courbe réelle et les touchant aux points de contact de deux tangentes parallèles à l'axe des y, deux autres tangentes parallèles, menées à la courbe réelle sous une inclinaison assez petite par rapport aux premières, comprendraient de même un anneau fermé de la conjuguée ayant pour caractéristique le coefficient angulaire de ces nouvelles tangentes.

Or le produit par $\sqrt{-1}$ de l'aire enveloppée par le premier anneau serait une période imaginaire de la quadratrice de la courbe proposée, rapportée aux premiers axes; et le produit par $\sqrt{-1}$ de l'aire enveloppée par le second anneau devrait de même être une période imaginaire de la quadratrice de la même courbe rapportée à un système d'axes dans lequel les ordonnées seraient parallèles aux nouvelles tangentes considérées. Mais si la période imaginaire de la quadratrice devait être la même dans les deux cas, les deux anneaux devaient donc entourer des aires égales.

Ainsi, quelque courbe algébrique que l'on considérât, si deux branches de cette courbe se tournaient mutuellement leurs convexités, les anneaux fermés de toutes ses conjuguées, qui se trouveraient compris entre ces deux branches, devraient embrasser des aires égales.

Ce serait là le plus beau théorème connu de géométrie analytique.

Cette vision allait-elle disparaître ?

Le raisonnement paraissait inattaquable.

Mais d'ailleurs, Apollonius n'avait-il pas, il y a deux mille ans, démontré le fait dans un cas particulier. Qu'est-ce en effet que le théorème de la constance du parallélogramme construit sur deux diamètres conjugués de l'hyperbole? En multipliant par π les deux membres de l'équation

$$a'b' \sin\theta = ab,$$

on lui fait précisément exprimer l'équivalence en surface de toutes les conjuguées d'une hyperbole, en y comprenant même celle qui se réduisant à l'une des asymptotes, présente une épaisseur nulle sur une base infinie.

Cette coïncidence était éblouissante.

Mais si le fait était vrai, la période de l'intégrale $\int \frac{dx}{x}$ devait être le produit par $\sqrt{-1}$ de l'aire d'une des conjuguées de l'hyperbole $xy = 1$. Or, le cercle conjugué de cette hyperbole équilatère a pour rayon $\sqrt{2}$, on aire est, par suite, 2π et $2\pi\sqrt{-1}$ est précisément la période de

$$\int \frac{dx}{x} = \mathrm{L}x.$$

Ainsi, toutes les vérifications arrivaient à souhait.

Bien plus, non-seulement les périodes imaginaires s'interprétaient plus aisément que les périodes réelles, en raison de la variété infinie de formes géométriques qu'elles pouvaient revêtir, mais l'interprétation qu'on venait d'en obtenir permettrait d'acquérir des périodes réelles une idée à la fois plus nette et plus générale, en recourant pour cela à la représentation sous forme imaginaire de la courbe réelle considérée, dans l'équation d'une quelconque de ses conjuguées, car l'ancienne période réelle, en devenant imaginaire, acquerrait par cela même une infinité de figures.

Ainsi, quand la période réelle était représentée géométriquement par une aire finie comprise entre des branches infinies, non-seulement elle ne se présentait pas très-naturellement, mais quand on l'avait aperçue, comme elle n'avait pas d'autre forme sensible, il fallait imaginer un moyen factice de l'engendrer.

Au contraire, une période imaginaire est représentée sous une infinité de formes et quelques-unes seulement ne sont plus celles d'aires d'anneaux fermés.

En d'autres termes, les conjuguées qui présentent des branches infinies comprises entre des asymptotes parallèles, ne sont que les limites de séries de conjuguées présentant des anneaux fermés compris entre des tangentes parallèles menées à la courbe réelle, tangentes qui se transforment à un moment donné en asymptotes; les aires finies comprises entre les branches infinies de ces conjugués limites et leurs asymptotes sont les limites d'aires d'anneaux fermés, variables de forme, mais constantes en étendue.

Or une courbe réelle étant conjuguée d'une quelconque de ses conjuguées, on pourrait maintenant trouver une infinité de formes géométriques à chacune des périodes réelles de sa quadratrice: si cette période se présentait d'abord sous la forme d'une aire finie comprise entre des branches infinies, elle serait reproduite sous forme d'anneaux fermés dans les conjuguées d'une quelconque de ses conjuguées.

A cette hauteur, on découvrait encore de nouveaux horizons : si l'on considérait une courbe quelconque et l'une de ses conjuguées, les périodes de la quadratrice de la première se retrouveraient, multipliées par $\sqrt{-1}$, dans les périodes de la quadratrice de la seconde; si l'on prenait une conjuguée quelconque de la seconde courbe, les périodes de la quadratrice redeviendraient celles de la première courbe ; si l'on prenait encore une conjuguée de la troisième courbe, les mêmes périodes reparaîtraient multipliées par $\sqrt{-1}$, et ainsi de suite. Les quadratrices de toutes les courbes conjuguées les unes des autres, à l'infini, devaient avoir les mêmes périodes multipliées par les puissances successives de $\sqrt{-1}$.

C'était magnifique.

Tout ce qui précède se rapporte aux intégrales de fonctions différentielles explicites ou implicites, à coefficients réels, ou plutôt définies par des équations à coefficients réels. Les périodes de ces intégrales ne peuvent être que réelles ou imaginaires sans parties réelles. En effet, si la somme des éléments ydx, le long d'un chemin imaginaire fermé, est $\omega + \omega' \sqrt{-1}$, le long du chemin formé des points imaginaires conjugués de ceux du premier, la somme sera $\omega - \omega' \sqrt{-1}$, de sorte que l'intégrale aura à la fois pour périodes

$$\omega + \omega' \sqrt{-1}$$

et

$$\omega - \omega' \sqrt{-1};$$

mais on pourra leur substituer

$$2\omega \quad \text{et} \quad 2\omega' \sqrt{-1}.$$

Il restait à considérer les intégrales de fonctions différentielles définies par des équations à coefficients imaginaires, mais on pouvait se dispenser d'en faire l'étude directe.

En effet les périodes d'une intégrale

$$\int ydx,$$

où y est défini par une équation

$$f(x, y) = 0$$

devant être des fonctions permanentes des coefficients de cette équation, il suffisait de les avoir reconnues dans l'équation à coefficients réels.

Par exemple la période de

$$\int y dx,$$

où y serait défini par l'équation

$$(x-a)^2+(y-b)^2=R^2,$$

étant πR^2, la période de la quadratrice du lieu

$$\left(x-a-a'\sqrt{-1}\right)^2+\left(y-b-b'\sqrt{-1}\right)^2=\left(R+R'\sqrt{-1}\right)^2$$

serait évidemment

$$\pi\left(R+R'\sqrt{-1}\right)^2.$$

Ainsi non-seulement toutes les questions relatives aux périodes se trouvaient résolues par des inductions très-simples, mais même la théorie allait bien au delà de ce qui était demandé d'abord, puisqu'elle permettait de déterminer les périodes des intégrales de fonctions implicites définies par des équations algébriques de tous les degrés. Une seule idée juste, mais bien appropriée à la question, avait fait évanouir des difficultés devant lesquelles les analystes les plus intrépides reculeraient cent fois et avait mis en évidence des faits géométriques du plus haut intérêt.

J'avais jusqu'alors reculé devant les transformations analytiques que je pensais devoir être nécessaires pour arriver à quarrer directement une conjuguée quelconque ; je n'ai pas en effet une foi bien grande dans l'analyse comme moyen de recherche.

L'histoire des mathématiques est pleine en effet d'exemples de théories que des analystes étaient parvenus à rendre inextricables, et que des géomètres ont pu réédifier en quelques mots procédant d'une idée simple.

M. Hermite me disait un jour, charitablement, de ma manière de procéder : *mathématiques de sentiment !*

Sentiment soit. Je n'en recommanderai pas moins ma méthode aux jeunes gens. Elle m'a servi, avec le même succès, dans des recherches encore plus difficiles où tous les analystes qui s'y étaient attelés avaient bravement commis les plus lourdes bévues, et ceux qui sauront s'en servir ne s'en trouveront pas plus mal que moi. Si en effet on compare la simplicité du raisonnement, dans toutes les parties achevées des mathématiques, à la complication habituelle des artifices des inventeurs, on reconnaîtra précisément que c'est le sentiment net des choses qui a manqué à ceux-ci et que la faculté de sentir n'a pas achevé son rôle dans les sciences.

L'analyse permet bien, il est vrai, de donner aux idées une précision à laquelle elles n'arriveraient pas sans son secours, mais elle ne fournit pas les idées. Dans toutes les questions difficiles, un examen en quelque sorte extérieur du sujet est toujours le premier moyen d'investigation à employer. Cet examen prépare l'induction, et quand elle s'est produite, quand les idées se sont bien enchaînées, les conséquences les plus imprévues se dégagent en foule, avec une facilité et une lucidité incomparables.

C'est arrivé à ce terme, mais alors seulement, qu'il convient de recourir à l'analyse pour vérifier les inductions et coordonner les faits.

Tous les segments trapézoïdaux que l'on peut former avec un même arc d'une courbe ne diffèrent les uns des autres que par des parties polygonales, triangles ou trapèzes, qui peuvent être évaluées directement, dont les expressions sont algébriques et dont l'introduction ou la suppression n'ajoutent ni ne retranchent rien aux propriétés essentielles de l'expression de cette aire. Il n'y avait donc pas lieu, dans le problème de la quadrature d'une conjuguée quelconque, de s'astreindre à évaluer l'aire du segment compris entre un arc de cette conjuguée, deux parallèles à l'axe actuel des ordonnées et l'axe des x; on pouvait se borner à évaluer l'aire du segment compris entre le même arc, deux parallèles aux cordes réelles de la conjuguée, c'est-à-dire à la direction qu'il faudrait donner à l'axe des y pour rendre ses abscisses réelles, et l'axe des x, qu'il n'y aurait aucun avantage à déplacer, à moins qu'il ne s'agît de la conjuguée dont les cordes réelles lui seraient parallèles.

Si la transformation de coordonnées avait été faite, c'est-à-dire si l'axe des y avait été rendu parallèle aux cordes réelles de la conjuguée à quarrer, $[x'_0, y'_0]$ et $[x'_1, y'_1]$ désignant les coordonnées nouvelles des extrémités de l'arc considéré, $[x', y']$ les coordonnées d'un quelconque de ses points, et θ' le nouvel angle des axes, l'intégrale

$$\sin\theta' \int_{x'_0 y'_0}^{x'_1 y'_1} y' dx'$$

représenterait l'aire du segment considéré. La question était donc d'obtenir en fonction de x et y l'équivalent arithmétique de cette intégrale.

Or s'il s'agissait d'un arc de la courbe réelle, on aurait

$$\sin\theta \int_{x_0 y_0}^{x_1 y_1} y dx = \sin\theta' \int_{x'_0 y'_0}^{x'_1 y'_1} y' dx' + \frac{1}{2} (y_0 y'_0 - y_1 y'_1) \sin \mathrm{Y'Y},$$

d'où

$$\sin\theta' \int_{x'_0 y'_0}^{x'_1 y'_1} y' dx' = \sin\theta \int_{x_0 y_0}^{x_1 y_1} y dx + \frac{1}{2} (y_1 y'_1 - y_0 y'_0) \sin \mathrm{Y'Y}.$$

Mais cette égalité permanente, pour tous les systèmes de valeurs réelles de x_0, y_0 et x_1, y_1, ne pouvant être qu'une identité absolue, elle conviendrait donc aussi bien au cas où les limites de l'intégration seraient imaginaires.

Ainsi le problème était résolu et l'était d'une façon bien plus satisfaisante qu'on n'aurait pu s'y attendre : une seule intégration suffirait pour quarrer une courbe réelle et toutes ses conjuguées.

Voilà pour la partie géométrique de la question.

Mais l'identité

$$\sin\theta \int_{x_0 y_0}^{x_1 y_1} y dx = \sin\theta' \int_{x'_0 y'_0}^{x'_1 y'_1} y' dx' + \frac{1}{2}(y_0 y'_0 - y_1 y'_1) \sin Y'Y,$$

dont le second membre aurait toujours un sens bien déterminé, allait permettre d'interpréter complétement dans tous les cas l'intégrale

$$\int y dx,$$

quelles qu'en fussent les limites : on saurait comment elle s'accroît lorsque la limite supérieure varie d'une manière continue, comment les périodes s'engendrent, etc.

En effet, d'abord, si les points limites $[x_0, y_0]$, $[x_1, y_1]$ appartenaient à une même conjuguée C, l'intégrale

$$\sin\theta \int y dx$$

représenterait, à la différence près de l'expression algébrique,

$$\frac{1}{2}(y_0 y'_0 - y_1 y'_1) \sin Y'Y$$

ou

$$\frac{1}{2} \frac{\sin\theta}{C} (y_0^2 - y_1^2),$$

l'aire de la conjuguée à laquelle appartiendraient les limites, comprise entre l'arc de cette conjuguée allant de l'une des limites à l'autre, deux parallèles à ses cordes réelles et l'axe des x.

Si au contraire les limites M_0, M_1 appartenaient à deux conjuguées différentes C_0, C_1, et que N_0 et N_1 désignassent les points de contact avec la courbe réelle des branches des conjuguées C_0 et C_1, issues de M_0 et M_1, parmi les valeurs de l'intégrale

$$\sin\theta \int_{M_0}^{M_1} y dx,$$

se trouverait la somme

$$\sin\theta \int_{M_0}^{N_0} y dx + \sin\theta \int_{N_0}^{N_1} y dx + \sin\theta \int_{N_1}^{M_1} y dx.$$

C'est-à-dire que, à la différence près des parties algébriques qui ne pourraient embarrasser dans aucun cas, une intégrale

$$\sin\theta \int y dx$$

se composerait de l'aire de la conjuguée à laquelle appartiendrait la limite inférieure, comprise entre la corde réelle menée par cette limite et la tangente menée à la courbe réelle parallèlement à cette corde, de l'aire de la courbe réelle comprise entre les ordonnées menées des points où elle serait touchée par les conjuguées passant par les deux limites, enfin de l'aire de la conjuguée à laquelle appartiendrait la limite supérieure, comprise entre la tangente commune à cette conjuguée et à la courbe réelle et la corde réelle menée par la limite supérieure.

Si la limite supérieure variait, les deux dernières parties seulement varieraient, de sorte qu'une intégrale prenant naissance et grandissant ensuite par la variation continue de la limite supérieure confondue d'abord avec la limite inférieure, l'intégrale s'accroîtrait d'instant en instant, à la différence près, toujours, des expressions variables des triangles introduits aux limites par suite du changement de direction des ordonnées, de l'aire correspondant à la partie de la courbe réelle décrite par le point de contact de cette courbe avec la conjuguée passant par la limite supérieure mobile et de l'accroissement de l'aire correspondant à l'arc de cette conjuguée mobile compris entre son point de contact avec la courbe réelle et la limite supérieure.

La notion du mode le plus général de formation des périodes réelles des intégrales résultait immédiatement de là, comme simple scholie. En effet, si, la limite inférieure de l'intégrale restant fixe, la limite supérieure se transportait successivement sur toutes les conjuguées tangentes à un anneau fermé de la courbe réelle et revenait se confondre avec la limite inférieure, la conjuguée mobile qui la contenait à chaque instant ayant ainsi achevé un tour complet autour de l'anneau, l'accroissement total de l'intégrale se réduirait à l'aire enveloppée par cet anneau.

Si la limite supérieure continuait à se mouvoir dans le même sens, une nouvelle période s'engendrerait à chaque tour ; et si les limites restaient séparées par un certain intervalle, il faudrait ajouter au nombre des périodes, calculé à raison de une par tour, la valeur de l'intégrale correspondant à cet intervalle.

La démonstration analytique du théorème général de l'équivalence des aires envelop. ées par les anneaux fermés de conjuguées compris entre les mêmes branches de la courbe réelle, se présentait aussi comme un simple corollaire de ce qui précède. En effet, si les limites de l'intégrale étaient prises sur la courbe réelle, la partie complémentaire $\frac{1}{2}\frac{\sin\theta}{C}(y_0^2 - y_1^2)$ serait réelle; de sorte que si les deux limites correspondaient aux points de contact d'un même anneau avec les deux branches de la courbe réelle, la partie imaginaire de l'intégrale serait la demi-aire de cet anneau. D'un autre côté, si M_0 et M_1, N_0 et N_1 désignaient les points de contact de deux conjuguées voisines avec les deux branches de la courbe réelle, on aurait identiquement

$$\sin\theta\int_{M_0}^{M_1} ydx = \sin\theta\int_{M_0}^{N_0} ydx + \sin\theta\int_{N_0}^{N_1} ydx + \sin\theta\int_{N_1}^{M_1} ydx.$$

Mais les parties

$$\sin\theta\int_{M_0}^{N_0} ydx \quad \text{et} \quad \sin\theta\int_{N_1}^{M_1} ydx$$

seraient réelles, par conséquent les parties imaginaires de

$$\sin\theta\int_{M_0}^{M_1} ydx \quad \text{et} \quad \sin\theta\int_{N_0}^{N_1} ydx$$

seraient égales. Or ces deux parties imaginaires seraient précisément les demi-aires des deux anneaux voisins, multipliées par $\sqrt{-1}$.

Enfin le mode le plus général de formation des périodes imaginaires se trouvait aussi mis en évidence : la limite supérieure de l'intégrale se déplaçant d'une manière continue entre deux branches de la courbe réelle, qui comprendraient des anneaux fermés de conjuguées, la partie imaginaire de l'intégrale s'accroîtrait d'une demi-période chaque fois que cette limite passerait sur une des branches, en venant de l'autre. Si après son passage sur une des branches de la courbe réelle, la limite supérieure continuait son chemin sans rebroussement, de manière à se transporter du côté opposé à celui où elle s'était trouvée d'abord, par rapport au point de contact de l'anneau qui la contenait avec la courbe réelle, une nouvelle demi-période commencerait à s'engendrer et s'achèverait lorsque la limite supérieure parviendrait à l'autre branche, et ainsi de suite.

Ces inductions se vérifient admirablement sur l'intégrale $\int \frac{dx}{x}$ et rendent compte de ce fait d'origine algébrique que le logarithme d'un nombre positif a est

$$\mathrm{L}a + 2k\pi\sqrt{-1},$$

tandis que celui d'un nombre négatif $-a$ est

$$\mathrm{L}a + (2k+1)\pi\sqrt{-1}:$$

en effet, si x est positif, les deux limites de $\int_1^x \frac{dx}{x}$ correspondent à des points de la branche de droite de l'hyperbole, et quel que soit le chemin intermédiaire qu'ait suivi la limite supérieure, il n'a pu s'engendrer qu'un nombre pair de demi-périodes imaginaires. Au contraire, si la limite supérieure est négative, elle correspond à un point de la branche de gauche et comme la limite inférieure correspond à un point de la branche de droite, quelque chemin qu'ait suivi x, il n'a pu s'engendrer qu'un nombre impair de demi-périodes.

Au reste $\int_1^{+a} \frac{dx}{x} = \int_1^{-1} \frac{dx}{x} + \int_{-1}^{-a} \frac{dx}{x}$; $\int_1^{-1} \frac{dx}{x}$ est $\pi\sqrt{-1}$ ou plus généralement $(2\mathrm{K}+1)\pi\sqrt{-1}$ et $\int_{-1}^{-a} \frac{dx}{x}$ est précisément égal à $\int_1^{+a} \frac{dx}{x}$, parce que dans les deux intégrales les éléments sont composés de facteurs dx et $\frac{1}{x}$ égaux au signe près ; ce qui explique pourquoi la partie réelle de L $(-a)$ est la même que la partie réelle de L $(+a)$.

Il restait toutefois, en ce qui concerne la dernière partie de la théorie, un cas d'exception qu'il faut signaler. La valeur d'une intégrale prise entre des limites imaginaires ne pouvait pas toujours recevoir l'interprétation qu'on en a donnée plus haut, parce que toutes les conjuguées d'une courbe réelle ne la touchent pas toujours. Cela arrive toutes les fois que la courbe n'a pas de tangentes parallèles aux droites comprises dans un certain secteur et que les parallèles à ces droites ne coupent cependant pas la courbe en autant de points réels qu'il y a d'unités dans son degré. Dans ce cas on ne peut naturellement plus décomposer l'intégrale dans les trois parties qui ont été énumérées plus haut.

Cette difficulté m'amena à examiner une question fort intéressante qui m'avait échappé jusque-là : les conjuguées d'une courbe réelle ont cette courbe pour enveloppe, mais elles peuvent en avoir une autre, imaginaire : par exemple, les conjuguées d'une hyperbole ont cette hyperbole pour enveloppe réelle et sa supplémentaire pour enveloppe imaginaire. Il y avait lieu de chercher à déterminer dans tous les cas l'enveloppe imaginaire.

Je reconnus aisément que l'enveloppe totale, composée de ses deux parties réelle et imaginaire, est le lieu des points réels ou imaginaires pour lesquels $\frac{dy}{dx}$ a une valeur réelle ; ce qui tient à ce que tous les éléments d'un lieu, en un point où $\frac{dy}{dx}$ est réel, se confondent géométriquement en un seul, car si

$$\frac{dy}{dx}=\frac{d\alpha'+d\beta'\sqrt{-1}}{d\alpha+d\beta\sqrt{-1}}=a,$$

il en résulte

$$\frac{d\alpha'}{d\alpha}=a \quad \text{et} \quad \frac{d\beta'}{d\beta}=a,$$

d'où

$$\frac{d\alpha'+d\beta'}{d\alpha+d\beta}=a,$$

quelles que soient les parties indépendantes $d\alpha$ et $d\beta$ qui entrent dans la composition de dx.

Quant à la valeur d'une intégrale prise entre des limites correspondant à des points situés sur des conjuguées non tangentes à la courbe réelle, elle se décomposerait bien en trois parties dont les limites intermédiaires correspondraient aux points de contact avec l'enveloppe imaginaire, des conjuguées passant par les limites assignées. Mais l'intégrale prise le long de l'enveloppe imaginaire n'aurait plus de rapport simple avec l'aire de cette courbe, et elle devrait être calculée à part, ce qui ne laisserait pas que de présenter souvent de grandes difficultés.

Cette question m'embarrassait beaucoup et de quelque manière que je la retournasse, la difficulté restait toujours la même. J'en étais tellement agacé que je finis par n'y vouloir plus croire et comme, dans les exemples que je connaissais, l'enveloppe imaginaire était fournie par des valeurs imaginaires sans parties réelles des deux coordonnées, auquel cas l'intégration le long de cette enveloppe était possible, je finis par me persuader qu'il en devait toujours être ainsi. C'était absurde, mais après une longue contention, l'esprit a de ces faiblesses. Lorsque, plus tard, je donnai mon manuscrit à M. Liouville, la disposition d'esprit où je m'étais trouvé n'avait pas encore changé et je laissai passer l'erreur. Voici en quels termes je la rectifiai, dans une note, lorsque je m'en aperçus.

« Je dois, en terminant cette troisième partie, signaler une erreur contenue au chapitre III.

« Lorsque j'écrivais ce chapitre, je croyais que l'enveloppe imaginaire des conjuguées aurait habituellement les parties réelles de ses coordonnées constantes ; et j'en concluais que l'évaluation approximative de l'intégrale $\int y dx$ prise le long de cette enveloppe pourrait se faire, *dans le plus grand nombre des cas*, par la quadrature approchée de l'enveloppe.

« J'avais évidemment pris l'exception pour la règle générale.

« Quant aux raisons que je donnais à l'appui de mon opinion, elles sont aussi mauvaises que possible. » Je cite cette note dans l'espoir qu'elle pourra tomber sous les yeux de M. Puiseux ou de M. Bouquet.

Quoi qu'il en soit, les considérations auxquelles je m'étais abandonné m'avaient conduit à trouver l'explication inattendue d'un fait intéressant : on sait que

$$L\left(a\sqrt{-1}\right) = La + \left(2k + \frac{1}{2}\right)\pi\sqrt{-1}$$

et que

$$L\left(-a\sqrt{-1}\right) = La + \left(2k + \frac{3}{2}\right)\pi\sqrt{-1}.$$

L'explication de ces faits résulte de ce que les coordonnées des points de l'enveloppe imaginaire des conjuguées de l'hyperbole $y = \frac{1}{x}$ sont imaginaires sans parties réelles et que les quatre points de contact de l'une des conjuguées avec les deux enveloppes la partagent en quatre parties auxquelles correspondent des aires égales et égales au quart de la période, ou à $\frac{\pi}{2}\sqrt{-1}$.

Les mêmes considérations m'avaient amené à envisager la question de la rectification de l'enveloppe imaginaire. C'est ainsi que je reconnus que la période imaginaire de la rectificatrice d'une hyperbole est le produit par $\sqrt{-1}$ de la différence entre la longueur totale de l'hyperbole supplémentaire, enveloppe imaginaire des conjuguées de la proposée, et la longueur totale des deux asymptotes. Je n'ai trouvé l'interprétation analogue de la période réelle qu'en écrivant, pour le journal de M. Liouville, le chapitre relatif aux intégrales d'ordre quelconque.

L'édification de la théorie que je viens de résumer m'avait coûté bien moins que le mois que j'avais demandé à M. Hermite et je ne doutais pas que celle des périodes des intégrales doubles ne fût encore plus simple, bien qu'elle eût arrêté M. Cauchy, sans doute parce que sa méthode purement analytique ne lui permettait pas, ce qui m'avait été si utile, de passer successivement du point de vue abstrait au point de vue concret, de m'aider de l'interprétation des faits pour en tirer les conséquences que des formules abstraites n'eussent pu suggérer.

La notion même des intégrales doubles présente des points assez difficiles lorsque les variables indépendantes peuvent recevoir des valeurs imaginaires. La décomposition de l'opération sommatoire en deux intégrations séparées n'est plus alors généralement possible et la fixation même des limites de la double somme peut présenter quelques embarras. Ces difficultés méritaient un examen attentif, mais je ne m'en occupai pas alors. Je voulais seulement définir les périodes d'une intégrale donnée et trouver les moyens de les déterminer.

La question réduite à ce point était bien simple : une intégrale

$$\int z dx dy,$$

où z serait défini par une équation

$$f(x, y, z) = 0,$$

devait évidemment admettre comme périodes réelles les volumes enveloppés par les nappes sphéroïdales de la surface réelle ou les volumes finis compris entre des nappes infinies, asymptotes à quelques cylindres parallèles aux z ; d'un autre côté la valeur de l'intégrale double relative au parcours par le point $[x, y, z]$, d'une nappe fermée de conjuguée, serait aussi une période de cette intégrale double.

Il ne s'agissait donc que de savoir ce que serait la valeur acquise par l'intégrale dans un pareil parcours.

Or la section d'un lieu à trois dimensions par un plan réel se compose des sections qu'il détermine dans la surface réelle et dans celles de ses conjuguées dont les cordes réelles lui sont parallèles, et ces dernières, d'ailleurs, sont les conjuguées de la première.

Si ces dernières sections présentaient des anneaux fermés, la quadratrice de la section aurait pour période le produit par $\sqrt{-1}$ de l'aire d'un de ces anneaux, et cette période serait le produit par $\sqrt{-1}$ de la section faite dans une des conjuguées fermées ; d'un autre côté, si l'on considérait deux plans parallèles infiniment voisins, le produit de la période imaginaire de la quadratrice de la section, comprise dans le premier, par la distance des deux, formerait un des éléments de l'intégrale double correspondant au parcours d'une de ces conjuguées fermées, et si le plan mobile se déplaçait entre celles de ses deux positions où il toucherait l'une d'elles, la valeur acquise par l'intégrale double se rapporterait au parcours de cette conjuguée par le point $[x, y, z]$; elle serait égale au produit par $\sqrt{-1}$ du volume enveloppé par cette conjuguée, et enfin ce serait une des périodes imaginaires de l'intégrale double.

Mais alors toutes les conjuguées fermées en question devraient envelopper des volumes égaux, sans quoi l'intégrale double aurait une infinité de périodes.

Et en effet, si l'on coupait la surface par deux plans parallèles infiniment voisins, les tranches découpées dans toutes les conjuguées fermées rencontrées par ces plans, présenteraient des volumes égaux, comme ayant bases équivalentes et même hauteur ; ces conjuguées envelopperaient donc des volumes égaux, si elles étaient limitées toutes aux mêmes plans extrêmes. Or ce dernier fait était évident, les sections conjuguées de la section réelle devenant en même temps toutes évanouissantes lorsque le plan sécant, en se mouvant parallèlement à lui-même, devenait tangent à la surface réelle.

Les conjuguées comparées jusque-là avaient leurs cordes réelles parallèles à un même plan ; mais chaque conjuguée d'une première série pourrait être comparée de même à celles qui auraient leurs cordes réelles parallèles à un plan quelconque passant par une de ses cordes réelles, par conséquent le théorème était entièrement général ; toutes les nappes fermées de toutes les conjuguées comprises dans l'intérieur de la même nappe de la surface réelle, enveloppaient des volumes égaux.

Ne désirant pas, pour le moment, en savoir plus long sur ce sujet, j'arrêtai mon travail à ce point et me hâtai de le rédiger, pour ne pas dépasser le terme assigné.

M. Hermite, que j'avais d'abord tenu au courant des résultats auxquels je parvenais, avait été, dans l'intervalle, nommé examinateur d'admission à l'École polytechnique et avait commencé sa tournée en province, je lui envoyai, avant le mois écoulé, ma réponse à son défi par M. Serret, son collègue.

Depuis que j'ai achevé ce travail j'ai souvent pensé que l'enseignement pourrait en profiter pour modifier les théories des fonctions circulaires et exponentielles et surtout le moyen de les raccorder.

La théorie des fonctions circulaires directes et inverses étant achevée par la méthode trigonométrique élémentaire, pour toute l'étendue des variations qu'elles peuvent subir en restant réelles, on pourrait, pour prolonger cette théorie, définir l'arc correspondant à un sinus imaginaire donné y, comme étant l'une des valeurs de l'intégrale définie

$$\int_0^y \frac{dy}{\sqrt{1-y^2}};$$

on établirait facilement que si y était imaginaire sans partie réelle,

$$\int_0^y \frac{dy}{\sqrt{1-y^2}},$$

ou *arc sin* y, serait un multiple pair de π augmenté du produit par $\sqrt{-1}$ du double du secteur de l'hyperbole équilatère

$$y^2 - x^2 = -1,$$

compris entre le rayon couché suivant la direction positive de l'axe des x et le rayon mené au point dont l'ordonnée serait le multiplicateur de $\sqrt{-1}$ dans la valeur de y; ou un multiple impair de π diminué de la même quantité.

On définirait de même l'arc correspondant à un cosinus donné x comme étant l'une des valeurs de l'intégrale définie

$$\int_1^x -\frac{dx}{\sqrt{1-x^2}},$$

et on démontrerait que si x était plus grand que 1,

$$\int_1^x -\frac{dx}{\sqrt{1-x^2}},$$

ou *arc cos* x, serait un multiple pair de π plus ou moins le produit par $\sqrt{-1}$ du double du secteur de l'hyperbole équilatère

$$y^2 - x^2 = -1,$$

compris entre le rayon couché suivant la direction positive de l'axe des x et le rayon mené au point dont l'abscisse serait x.

La somme des carrés du sinus et du cosinus d'un même arc imaginaire sans partie réelle serait évidemment 1, puisque ce sinus et ce cosinus seraient les coordonnées d'un point de la conjuguée à abscisses réelles du cercle $y^2 + x^2 = 1$.

La tangente et la cotangente d'un angle imaginaire sans partie réelle seraient, par définition, le rapport du sinus au cosinus et réciproquement.

On constaterait ensuite sur la figure que $x = \alpha + \beta\sqrt{-1}$ et $y = \alpha' + \beta C\sqrt{-1}$ désignant les coordonnées d'un point de la conjuguée C du cercle

$$y^2 + x^2 = 1,$$

si l'on joignait le centre au point de contact du cercle avec la conjuguée C et au point $[x, y]$, en désignant par φ le double du secteur circulaire et par ψ le double du secteur hyperbolique, on aurait

$$\alpha + \beta\sqrt{-1} = \cos\varphi\cos\psi\sqrt{-1} - \sin\varphi\sin\psi\sqrt{-1}$$

et

$$\alpha' + \beta C\sqrt{-1} = \sin\varphi\cos\psi\sqrt{-1} + \cos\varphi\sin\psi\sqrt{-1}.$$

D'un autre côté, on établirait que

$$\int_0^y \frac{dy}{\sqrt{1-y^2}} \quad \text{et} \quad \int_1^x -\frac{dx}{\sqrt{1-x^2}}$$

auraient précisément pour valeur commune $\varphi + \psi\sqrt{-1}$, ce qui compléterait la notion des fonctions circulaires directes et inverses.

Une simple substitution montrerait ensuite que

$$\sin(\varphi+\psi\sqrt{-1}+\varphi'+\psi'\sqrt{-1}) = \sin(\varphi+\psi\sqrt{-1})\cos(\varphi'+\psi'\sqrt{-1}) + \cos(\varphi+\psi\sqrt{-1})\sin(\varphi'+\psi'\sqrt{-1})$$

et

$$\cos(\varphi+\psi\sqrt{-1}+\varphi'+\psi'\sqrt{-1}) = \cos(\varphi+\psi\sqrt{-1})\cos(\varphi'+\psi'\sqrt{-1}) - \sin(\varphi+\psi\sqrt{-1})\sin(\varphi'+\psi'\sqrt{-1}).$$

Les formules relatives à l'addition des arcs étant ainsi généralisées, on étendrait alors, sans démonstrations nouvelles, aux arcs imaginaires, toutes les autres formules de trigonométrie qui s'en déduisent.

De même, la théorie élémentaire des fonctions exponentielle et logarithmique étant achevée par l'une et l'autre des méthodes arithmétique et algébrique que l'on emploie d'ordinaire concurremment pour les établir, il y aurait avantage à la prolonger en définissant le logarithme népérien d'un nombre donné imaginaire x, comme étant l'une des valeurs de l'intégrale définie

$$\int_1^x \frac{dx}{x},$$

ce qui ne laisserait prise à aucune équivoque.

La fonction e^x ne peut plus en effet être définie comme exponentielle, dès que x est imaginaire, puisque la notation n'indique plus d'opération, ou de série d'opérations pouvant conduire à la valeur de la fonction ; et, d'un autre côté, définir e^x par la série

$$1+\frac{x}{1}+\frac{x^2}{1.2}+\frac{x^3}{1.2.3}+\ldots$$

c'est enlever à cette fonction toutes ses relations avec les autres fonctions analytiques.

Il conviendrait donc de définir la fonction exponentielle comme l'inverse de la fonction logarithmique, en ayant soin de prévenir que si on continuait de l'exprimer par e^x, ce serait simplement pour conserver la notation légitimée dans le cas où x était réel.

e^x aurait ainsi un sens parfaitement déterminé.

On démontrerait alors, sur la figure, que la fonction inverse de Lx se reproduit identiquement par dérivation et, comme elle se réduit à 1 pour $x=0$ on en conclurait qu'elle se développe suivant la série

$$1+\frac{x}{1}+\frac{x^2}{1.2}+\frac{x^3}{1.2.3}+\ldots$$

On aurait ainsi évité de restreindre d'avance le sens de la fonction, en lui imposant l'identification avec une série toujours convergente et qui n'a jamais qu'une valeur, et l'on aurait au contraire le droit de conclure du théorème établi, que la fonction inverse de Lx n'a jamais qu'une valeur, identifiable à la série.

Dans ces conditions, lorsque la comparaison des séries qui donnent e^x, sin x et cos x conduirait à écrire la formule d'Euler

$$e^{x\sqrt{-1}}=\cos x+\sqrt{-1}\sin x,$$

cette formule aurait pour traduction l'énoncé d'un véritable théorème, elle signifierait que la fonction inverse de Lx est exprimable par $\cos x+\sqrt{-1}\sin x$, tandis que si on essaye de la traduire sans sortir de l'ordre d'idées qui y avait d'abord conduit, on n'y trouve aucun sens, le premier membre $e^{x\sqrt{-1}}$ n'ayant d'autre définition que le second ; on n'y voit qu'un rapprochement fortuit, singulier et remarquable, mais dont le commentaire n'existait pas.

Du reste il vaudrait encore mieux tirer de la figure la démonstration directe de la formule

$$\text{arc tang}\, x\sqrt{-1}=\frac{1}{2\sqrt{1}}\,\mathrm{L}\,\frac{1-x}{1+x},$$

d'où l'on conclurait inversement la formule d'Euler.

Je voyais de temps en temps M. Bonnet à l'institution Bourdon, devenue institution Lepennec et j'avais eu l'occasion de lui parler de mes recherches sur les périodes des intégrales simples et doubles. Il avait, quelque temps auparavant, adressé à l'Académie de Bruxelles plusieurs mémoires qui lui avaient valu un prix de cette société savante et comptait faire insérer ces mémoires dans le journal de l'École polytechnique, il me dit : « Pourquoi n'y fais-tu pas paraître ton mémoire? » Je lui répondis que je n'avais pour lors aucune relation à l'École, mais que s'il voulait se charger de remettre mon mémoire et de le suivre de l'œil, dans la filière, je le lui confierais volontiers et lui serais très-reconnaissant de ses bons offices ; il accepta, et je lui remis mon manuscrit quelques jours après.

J'étais impatient de faire connaître ce nouveau travail. Je songeai naturellement au général Poncelet et à M. Lamé. Ces deux messieurs me reçurent avec la même bienveillance que par le passé. Le général commençait à voir que mes travaux apportaient une force nouvelle aux idées dont il avait été le promoteur et tendaient à donner plus d'importance encore à sa belle théorie des supplémentaires ; d'un autre côté M. Lamé venait de s'occuper, à propos de la théorie de la chaleur, des propriétés des fonctions elliptiques : ils m'écoutèrent avec intérêt ; la simplicité de mes démonstrations les étonna ; le théorème de l'équivalence des aires des anneaux fermés de conjuguées les intéressa surtout très-vivement ; ils me félicitèrent cordialement.

Je rencontrai M. Bonnet quelque temps après, il me dit : « Le journal de l'École polytechnique va paraître, mes mémoires ont été admis, mais le tien a été refusé. » Je voulus savoir comment la chose s'était passée. M. Bonnet me dit : « Le rapport a été fait par Duhamel et Sturm. »

M. Sturm était déjà atteint de la maladie dont il allait mourir. Il devait être innocent : je demandai à M. Bonnet l'adresse de M. Duhamel et me rendis chez lui incontinent. Je le trouvai dans son salon, jouant tout seul une partie d'échecs. Voici notre conversation.

« J'avais, monsieur, envoyé à la direction des études un mémoire pour le journal de l'École polytechnique et je viens d'apprendre qu'il a été refusé. On me dit que vous étiez un des commissaires chargés de faire le rapport et je viens vous prier de me dire quels ont été les motifs qui ont déterminé le rejet. — Mais le journal de l'École polytechnique n'insère pas tous les mémoires que l'on envoie. — Sans doute, et c'est pour cela qu'une commission de professeurs prend connaissance des mémoires envoyés, mais pour qu'on les refuse, il faut qu'ils soient mauvais ou peu intéressants. Enfin les refus sont motivés et je viens vous demander le motif de celui qui m'atteint. — Mon Dieu ! je me suis borné à dire qu'il ne me paraissait pas utile que le journal de l'École polytechnique donnât de nouveau ce que vous aviez déjà publié en volume. — Comment! mais mon mémoire ne contient rien de ce qui était dans mon volume. — Ah! j'avais cru... — Mais vous ne l'avez donc pas lu? — Non. — Comment! vous n'avez pas lu mon mémoire, et vous en avez fait un rapport. — Oh! verbal. — Mais verbal ou non il n'en a pas moins été décisif. — Enfin! qu'est-ce qu'il contenait votre mémoire? — Il contenait l'interprétation géométrique des périodes des intégrales simples et doubles. — Hein! Comment dites-vous? — Je dis que mon mémoire contenait l'interprétation géométrique des périodes des intégrales simples et doubles. — Qu'est-ce que c'est que ça, les périodes des intégrales? — $\int \frac{dx}{x}$, par exemple, a une infinité de valeurs en progression arithmétique, on appelle période d'une intégrale la raison de la progression. — Et vous avez expliqué ces périodes? — Oui : $\int dx \sqrt{r^2 - x^2}$ a pour période πr^2 parce qu'on peut faire autant de fois qu'on le veut le tour de la circonférence entre les limites ; on explique de la même manière les périodes imaginaires. — Est-ce qu'on pourrait dégager ces démonstrations de considérations géométriques? — Oui, si on voulait leur enlever l'intérêt qu'elles présentent. »

Et je me levai.

Quelque temps après ce beau succès, je songeai à voir M. Hermite. Je n'ai pas su s'il avait lu mon mémoire, mais ma visite avait un but déterminé, je désirais que M. Cauchy présentât mon travail à l'Académie des sciences, et je voulais prier M. Hermite de lui parler en ma faveur. M. Hermite se prêta de bonne grâce à faire ce que je lui demandais, vit en effet M. Cauchy, peu de jours après, et obtint aisément de lui qu'il me reçût.

Je fis une ou deux visites à M. Cauchy, pour lui expliquer en gros mon travail et il m'accorda de faire ce que je désirais. Je lui remis quelques jours après mon mémoire accompagné du résumé suivant pour le compte rendu des séances.

MÉMOIRE SUR LES PÉRIODES DES INTÉGRALES.

« Les solutions réelles par rapport à x et imaginaires par rapport à y d'une équation $f(x, y) = 0$ peuvent être figurées par une courbe dont les ordonnées seraient les valeurs de y, abstraction faite du signe $\sqrt{-1}$. Cette courbe prendra le nom de *conjuguée de la courbe réelle.*

« Si l'on faisait subir à la courbe réelle une transformation quelconque de coordonnées, la conjuguée dont il vient d'être question se retrouverait aisément, car, dans les coordonnées nouvelles d'un quelconque de ses points, devenues toutes deux imaginaires, le rapport des parties imaginaires de y et de x serait constant et connu à l'avance ; cette condition suffit. On les construira, du reste, en y faisant encore abstraction du signe $\sqrt{-1}$, et la solution transformée fournira le même point que la solution ancienne. Réciproquement, les solutions d'une équation $f(x, y) = 0$, où le rapport des parties imaginaires de l'ordonnée et de l'abscisse serait constant, pourront devenir en même temps réelles par rapport à x, si l'on dirige convenablement l'axe des y. A chaque valeur du rapport il correspond donc une courbe, conjuguée de la courbe réelle au même titre que la première ; ce rapport sera son *coefficient caractéristique*.

« Le lieu fourni par les solutions de même coefficient caractéristique, de l'équation $y = (m + n\sqrt{-1})\,x + p + q\sqrt{-1}$ est une droite.

« La droite $y - y' = -\frac{f'_{x'}}{f'_{y'}}(x - x')$, qui passe au point imaginaire $[x', y']$, est tangente à la conjuguée de la courbe $f(x, y) = 0$, qui passe en ce point.

« Le faisceau de droites représentées par l'équation d'une asymptote imaginaire de la courbe réelle, renferme une asymptote de chacune de ses conjuguées.

La courbe réelle est l'enveloppe de toutes ses conjuguées ; elles en peuvent avoir une autre, imaginaire, que fournit l'équation $\frac{dy'}{dx'} =$ réel.

« L'aire de la conjuguée à abscisses réelles est représentée par la même intégrale que l'aire de la courbe réelle. Si cette intégrale, prise entre les limites assignées, est $A + B\sqrt{-1}$, A est l'aire du diamètre conjugué des cordes parallèles à l'axe des y, B l'aire de la conjuguée au-dessus ou au-dessous de son diamètre.

« L'aire d'une conjuguée quelconque serait représentée par l'intégrale $\int y'dx'$, y' étant l'ordonnée de la courbe rapportée à de nouveaux axes X et Y', dont le second fût dirigé de manière que les abscisses de la conjuguée considérée devinssent réelles; mais l'identité

$$\sin Y'X \int_{x'_0}^{x'} y'dx' = \int_{x_0}^{x} ydx + \left(\frac{yy'}{2} - \frac{y_0 y'_0}{2}\right) \sin Y'Y,$$

étendue au cas où les limites et les valeurs intermédiaires de x et de y seraient imaginaires, donne le moyen d'éviter la transformation de coordonnées.

« La partie algébrique qui forme la différence des deux intégrales disparaît lorsque, la conjuguée étant fermée, l'intégrale s'étend à son contour entier; cette intégrale représente alors l'aire intérieure. Il en résulte que si la conjuguée est fermée, son aire intérieure est une période de l'intégrale ; du reste, toutes les conjuguées fermées, comprises entre les mêmes branches de la courbe réelle, ont même aire. En effet, soient AMB, A'M'B' deux demi-conjuguées voisines qui touchent la courbe réelle aux points A et B, A' et B'; l'intégrale prise en suivant le contour AMB ou AA'M'B'B aura la même valeur : or la partie imaginaire de cette intégrale représentera, dans l'un des cas, l'aire comprise entre AMB et son diamètre AB, dans l'autre cas, l'aire comprise entre A'M'B' et son diamètre A'B'.

« L'intégrale prise entre deux limites imaginaires correspondant aux points B et B' représente, à la différence près de la partie algébrique, l'aire de la conjuguée à laquelle appartient le point B, limitée à ce point et au point C où elle touche la courbe réelle, plus l'aire de la courbe réelle limitée au point C et au point C' où elle touche la conjuguée à laquelle appartient le point B', plus l'aire de cette dernière conjuguée limitée aux points C' et B'.

« L'intégrale a autant de périodes réelles que la courbe a d'anneaux fermés ou de branches ayant une aire fermée. et autant de périodes imaginaires qu'il y a de catégories de conjuguées fermées.

« La période réelle s'engendre par le mouvement du point de contact de l'anneau réel fermé avec la conjuguée à laquelle appartient le point mobile ; autant de tours ce point fait sur l'anneau réel, autant il faut compter de périodes accomplies.

« La demi-période imaginaire est complète lorsque le point mobile parti de l'une des branches de la courbe réelle arrive par des valeurs imaginaires à l'autre branche ; autant de fois le chemin qu'il parcourt touche l'une et l'autre branche, alternativement, sans rebroussement, autant il faut compter de demi-périodes.

« Si $\varphi(\alpha, \beta, \alpha', \beta') = 0$ est la condition arbitraire choisie pour définir ce chemin, les points où il touche la courbe réelle sont ceux où la courbe $\varphi(x, 0, y, 0) = 0$ la rencontre; ces points trouvés, il reste seulement à voir si le point mobile passe alors d'une moitié à l'autre de la conjuguée sur laquelle il se trouve, du dessus au dessous du diamètre.

« Les solutions réelles par rapport à x et y, imaginaires par rapport à z d'une équation à trois variables $f(x, y, z) = 0$, fournissent une surface conjuguée de la proposée, toutes les autres s'obtiennent en établissant des rapports constants entre les parties imaginaires de z et de x, de z et de y, leurs points se construisent en faisant simplement abstraction du signe $\sqrt{-1}$ dans les valeurs de x, y, z.

« Les conjuguées d'une surface réelle la touchent chacune suivant la courbe de contact d'un cylindre parallèle à la direction qu'il faudrait donner à l'axe des z pour rendre réelles les abscisses et les ordonnées de chacune d'elles.

« Les résultats auxquels je suis parvenu dans l'étude des intégrales doubles sont tout aussi complets que ceux que je viens d'énoncer relativement aux intégrales simples; mais je me bornerai ici à démontrer que toutes les conjuguées fermées, comprises entre les mêmes nappes de la surface réelle, ont même volume intérieur. Ce volume commun sera une période imaginaire de l'intégrale double.

« Toutes les conjuguées qui ont leurs ordonnées y réelles en même temps, sont celles qui ont avec la surface réelle une surface diamétrale commune, conjuguée de cordes parallèles au plan des xz; si l'on change la direction de l'axe des z, elles entrent toutes successivement dans cette catégorie où se trouve toujours la conjuguée dont les abscisses et les ordonnées étaient primitivement réelles; il suffira donc d'établir le fait en question pour les conjuguées dont les ordonnées sont réelles, ou de comparer l'une d'elles à celle dont les abscisses et les ordonnées sont à la fois réelles.

« Or l'aire de la section faite dans l'une quelconque de ces conjuguées par un plan parallèle au plan des xz, est la période imaginaire A de l'intégrale $\int zdx$, calculée en supposant y constant; le segment compris entre deux plans parallèles au plan des xz est $\int Ady$, qui a la même valeur, quelle que soit la conjuguée dont il s'agisse.

« Si donc toutes ces conjuguées ont les mêmes limites parallèlement aux xz, tout sera démontré; or cela est évident, toutes ces conjuguées touchent en effet la surface réelle aux points où elle a son plan tangent parallèle aux xz. »

Le lundi suivant, 7 mars 1853, M. Cauchy eut l'obligeance, comme il s'y était engagé, de présenter mon mémoire à l'Académie et de remettre au président mon extrait pour le compte-rendu. Le président chargea MM. Cauchy et Sturm d'examiner mon travail et d'en faire un rapport à l'Académie.

Enfin !

Je traversai ce jour-là le pont des Arts de façon à ne pas inquiéter l'ingénieur sur la durée de son œuvre, s'il était là.

Tout n'était pas fini toutefois. Le jeudi suivant, j'allai à l'imprimerie Bachelier pour corriger l'épreuve, M. Bailleul me dit : « Votre extrait ne paraîtra pas. — Comment ! dis-je ; qui a donné cet ordre ? — C'est M. Arago. — Mais pour quel motif ? — Je n'en sais rien, je viens de recevoir l'ordre de décomposer, voilà tout ce que je puis vous dire. — Je verrai M. Arago, je vous prie d'attendre de nouveaux ordres. — Ah ! mais vous n'avez pas de temps à perdre, nous allons mettre en pages à cinq heures, pour tirer cette nuit. »

Il était trois heures, je dis : « Eh bien, je reviens de suite, je pense que je vous rapporterai l'ordre. » M. Bailleul me répondit en souriant : « Alors tout ira bien. » — On peut penser s'il croyait me revoir.

Je ne fis qu'un saut de la rue du Jardinet à l'Observatoire. Je demandai M. Arago, on m'indiqua son appartement, je sonnai. Un jeune astronome vint m'ouvrir, je le priai de m'introduire près de M. Arago. « Il est malade, au lit, et ne peut vous recevoir. — J'ai absolument besoin de le voir, pour le compte-rendu. — Veuillez écrire le motif de votre visite, je porterai votre billet à M. Arago. »

J'avais par bonheur un crayon et du papier, j'écrivis, en m'appuyant contre le mur : « M. Marie vient solliciter de M. Arago le retrait de l'ordre qui supprime du compte-rendu l'extrait de son mémoire. »

Le sens et la forme de cette phrase étaient calculés sur ce que je savais de l'esprit et du caractère de l'homme à qui elle allait être présentée. J'attendis avec confiance.

En effet, le jeune astronome revint me dire que M. Arago me priait d'entrer.

M. Arago venait à peine de s'aliter. Sa maladie n'était pas encore connue du public. L'Académie, la France devaient le perdre quelques jours plus tard. Je n'oublierai jamais la scène émouvante que j'eus sous les yeux.

M. Arago occupait une grande chambre dont les murs entièrement nus étaient seulement blanchis. Tout le mobilier se composait de trois ou quatre chaises et d'une couchette dans une alcôve sans rideaux. Deux jeunes gens attentifs et anxieux étaient là, occupés à soigner le vénérable malade.

A mon entrée, M. Arago se souleva brusquement sur un coude et prenant aussitôt la parole, après avoir rejeté de la main gauche en arrière ses longs cheveux, geste qui lui était habituel, il me dit en dardant sur moi son bel œil, encore brillant : « J'ai donné l'ordre de supprimer l'extrait de votre mémoire, parce que je n'y ai rien compris. C'est extraordinaire, M. Cauchy remplit le compte-rendu de choses qui étonnent l'Europe. Il est membre de l'Académie, il a le droit d'abuser du compte-rendu et ce qu'il y met le regarde ; mais je ne puis pas souffrir plus longtemps ce flux de choses de l'autre monde. Au reste je ne puis pas corriger l'épreuve de votre article, je ne le comprends pas. — Je viens, dis-je, de me présenter à l'imprimerie pour le corriger. — C'est très-bien, mais le secrétaire perpétuel de l'Académie doit savoir ce que contient le compte-rendu. — Eh bien ! il contiendra une communication faite par un jeune homme, sous la recommandation de M. Cauchy. — M. Cauchy a-t-il lu votre mémoire? est-ce qu'il le comprend ? — Je le lui ai expliqué et la matière lui est familière, il est question, comme vous avez pu le voir, des périodes des intégrales. Du reste, les intégrales pouvant avoir des périodes imaginaires, c'est dans les imaginaires qu'il faut en chercher l'interprétation. — Pourquoi n'êtes-vous pas venu m'expliquer votre travail? Je ne refuse mon appui à personne, quand ce qu'on m'apporte a de la valeur. — Je ne savais pas que vous eussiez pu prendre le temps de m'écouter. — Je prends le temps d'écouter tout le monde et j'entends souvent bien des sottises. »

S'il y avait eu là un tableau et de la craie, j'aurais sauté dessus ; un quart d'heure m'eût suffi avec un homme d'un esprit aussi pénétrant. Mais je vis qu'il n'aurait même pas été possible de placer utilement ce tableau, si je l'avais eu à ma disposition, car M. Arago, évidemment fatigué, était retombé sur son oreiller et une planche faisant office de rideau lui cachait l'intérieur de la chambre.

Je répondis que je regrettais de n'avoir pas osé demander une audience qu'il m'eût été très-agréable d'obtenir, mais qu'il y avait un moyen de résoudre la difficulté, qu'il ne s'agissait que de remettre à huitaine l'insertion de mon extrait.

Je pense que M. Arago avait été sincère. Cependant j'avais voulu en tout cas lui faire une réponse trop nette pour ne pas l'embarrasser, s'il avait eu l'intention de m'éconduire. Il réfléchit. Probablement il se sentait bien fatigué pour me donner une audience sérieuse. Je réfléchissais aussi de mon côté et je pensais d'une part que huit jours peuvent amener bien des changements, de l'autre que tirer M. Arago d'embarras, après l'y avoir mis, ce serait la victoire. Je lui dis: « Au reste, le général Poncelet et M. Lamé connaissent mes travaux et y donnent leur assentiment, en sorte que si vous ne pouviez pas m'entendre.... — Poncelet et Lamé connaissent vos travaux ? — Oui, je les leur ai expliqués longuement. — Alors je ne vois plus d'inconvénient à ce que votre extrait paraisse. » Puis s'adresssant à un des jeunes gens qui étaient là : « Donnez, dit-il, un mot pour Bailleul, » et il retomba sur son oreiller. Le mot écrit m'ayant été remis, M. Arago se souleva encore et dit : « Ah ! mettez qu'on ajoutera au titre : présenté par M. Cauchy. » — Je dis malicieusement : « Ce sera un nouvel honneur pour moi. » — Ce n'était peut-être pas l'avis de M. Arago qui détestait cordialement Cauchy et tout ce qu'il faisait. Cependant ma réponse le fit de nouveau réfléchir. Il ajouta: « Mettez ce que j'ai dit. Du reste, c'est une habitude qu'il faudra prendre. Je ne puis accepter la responsabilité de tout ce que les membres présentent. »

Je remerciai M. Arago, et dix minutes après, j'étais près de M. Bailleul qui fut bien étonné de me revoir. Après avoir lu le billet que je lui apportais, il se leva, fit trois fois le tour de son cabinet, les mains dans les poches de son pantalon, puis trois autres fois le même tour, les mains derrière le dos, puis il me regarda et se rassit en disant : « Alors tout ira bien...., si on n'a pas décomposé.» L'idée ne lui était pas venue de donner l'ordre de ne pas décomposer !

Je croyais que M. Cauchy avait compris ce que je lui avais dit en deux séances, je pensais d'ailleurs qu'il aurait lu le résumé que je venais d'avoir tant de peine à faire passer dans le compte-rendu, j'espérais en conséquence qu'il pourrait faire promptement son rapport. Je m'étais entièrement trompé. J'ai déjà dit plus haut, que M. Cauchy écoutait très-difficilement, je m'aperçus en retournant le voir qu'il n'avait rien retenu de ce que je lui avais dit et j'eus encore pendant longtemps l'occasion de reconnaître combien il est difficile de faire sortir un homme, même bienveillant, de ses idées. Pendant un an, M. Cauchy me reçut tous les mardis de trois heures à cinq, m'invitant chaque fois à revenir le mardi suivant, et, pendant un an, nous jacassâmes sur mon mémoire et les imaginaires en général, sans pour ainsi dire avancer d'un pas. La seule chose que je gagnai, c'est que s'étant un jour embarqué dans un calcul pour essayer de démontrer directement que les conjuguées fermées comprises entre les mêmes branches de la courbe réelle ont même aire, il me dit la semaine suivante qu'il n'avait pas achevé le calcul, mais qu'il voyait bien comment le faire et que le théorème devait être vrai.

A quelque temps de là, l'occasion d'une petite fonction à obtenir dans une institution me fit particulièrement désirer de voir M. Cauchy déposer son rapport. Je lui écrivis pour le prier de le faire, en lui expliquant mon motif. Le mardi suivant, quand j'allai le voir, il me dit qu'il venait d'écrire son rapport, aussitôt ma lettre reçue, et qu'il le déposerait à la prochaine séance. Le lundi suivant, il l'emporta en effet pour se rendre à la séance, je l'attendais dans la salle des Pas-Perdus, il me dit : « Je n'ai pas parlé des tangentes aux conjuguées; au moment d'écrire mon rapport, je ne me suis plus rappelé ce que vous m'en aviez dit. » Cela m'était indifférent, je n'insistai pas. Nous attendîmes M. Sturm qui devait signer le rapport, mais nous apprîmes qu'il ne venait plus à l'Académie ; nous convînmes que j'irais le lendemain faire ma visite à M. Sturm et que M. Cauchy enverrait ensuite le rapport à sa signature.

Le pauvre M. Sturm était bien malade, il me reçut pourtant et me dit qu'il signerait de tout cœur, s'en rapportant du reste entièrement à M. Cauchy.

Le lundi suivant, j'étais, comme on pense, à l'Académie des sciences. M. Cauchy me dit qu'il n'avait pas demandé l'insertion de mon mémoire dans le Journal des savants étrangers parce que j'en serais plus libre. La séance s'ouvrit et M. Cauchy lut le rapport suivant (8 mai 1854).

RAPPORT DE MM. CAUCHY ET STURM.

« L'Académie nous a chargés, M. Sturm et moi, d'examiner un Mémoire de M. Marie, relatif aux périodes des intégrales simples et doubles. Les intégrales simples considérées par l'auteur sont celles qui peuvent être présentées sous la forme

$$\int y \mathrm{D}_s x ds,$$

s désignant un arc de courbe, et x, y des fonctions réelles ou imaginaires de s, liées entre elles par une équation caractéristique, algébrique ou transcendante :

$$(1) \qquad f(x, y) = 0.$$

Considérons spécialement le cas où l'équation caractéristique est algébrique et de forme réelle ; alors, pour chaque valeur réelle de x, l'équation (1), résolue par rapport à y, fournira une ou plusieurs valeurs réelles ou imaginaires, par conséquent de la forme $y = u$, ou de la forme $y = v + wi$, u, v, w étant des fonctions réelles de x. Cela posé, concevons que, la variable x représentant une abscisse, on construise : 1° la courbe dont l'ordonnée serait représentée par la fonction u; 2° la courbe dont l'ordonnée serait représentée par la somme $v + w$, les axes coordonnés étant ou rectangulaires ou obliques. Ces deux courbes seront celles que M. Marie nomme la *courbe réelle* et la *conjuguée* de la courbe réelle. Si, avant de résoudre l'équation (1), on opère une transformation de coordonnées, en assignant une direction nouvelle à l'axe des y, on substituera ainsi aux variables x, y, deux nouvelles variables x_1, y_1 qui offriront toutes deux, pour une valeur réelle de x et pour une valeur imaginaire de y, des valeurs correspondantes imaginaires, dans lesquelles le rapport entre les coefficients de i sera constant. Réciproquement, si l'on attribue à x_1 une valeur réelle, et à y_1 une valeur imaginaire qui satisfasse, avec x_1, à l'équation caractéristique transformée, les valeurs correspondantes de x, y, seront généralement imaginaires ; mais le rapport entre les coefficients de i sera constant. De cette observation il résulte qu'à une même courbe réelle, représentée par l'équation (1), correspondent, en nombre infini, des *courbes conjuguées*, dont chacune a pour coordonnées variables des valeurs réelles de x, y, que l'on obtient en remplaçant i par 1, dans des valeurs imaginaires de x, y, assujetties à la double condition de vérifier l'équation (1), et d'offrir pour coefficients de i des quantités dont le rapport demeure constant.

« Les courbes conjuguées, définies comme on vient de le dire, jouissent de propriétés remarquables, qui sont exposées et démontrées dans le Mémoire de M. Marie. Citons-en quelques-unes.

« Chacune des courbes conjuguées est généralement tangente à la courbe réelle aux points où elle la rencontre. Par suite, la courbe réelle est une enveloppe des diverses conjuguées.

« Si une des conjuguées présente un anneau fermé, si, d'ailleurs, on nomme S l'aire comprise dans cet anneau, et s l'arc décrit sur le périmètre de cet anneau par un point qui se meut avec un mouvement de rotation direct autour de l'aire S, le produit de cette aire par i sera généralement la valeur de l'intégrale

$$\int_0^c y \mathrm{D}_s x ds,$$

c étant le périmètre entier de l'aire S, ou ce qu'on peut nommer la *période imaginaire* de l'intégrale

$$\int y \mathrm{D}_s x ds.$$

« Si l'on fait varier par degrés insensibles la forme d'un anneau fermé, appartenant à une courbe conjuguée, en faisant varier l'inclinaison de l'axe des y, l'aire S comprise dans cet anneau restera ordinairement invariable. Cette dernière proposition, dont la démonstration se déduit d'un théorème donné par l'un de nous et relatif aux intégrales curvilignes, suppose toutefois que, l'axe des y venant à changer de direction par degrés insensibles, la valeur de y tirée de l'équation (1) n'atteint pas une valeur pour laquelle la dérivée de $f(x, y)$ relative à y s'évanouisse avec $f(x, y)$.

« Dans la dernière partie de son Mémoire, M. Marie considère non plus une fonction y de x déterminée par l'équation (1), mais une fonction z de deux variables x, y, déterminée par une *équation caractéristique* de la forme $f(x, y, z) = 0$. A des valeurs réelles de x, y correspondent, en vertu de cette équation, des valeurs de z, réelles ou imaginaires, par conséquent de la forme $z = u$, ou de la forme $z = v + wi$, u, v, w étant des fonctions réelles de x, y, z. Cela posé, concevons que les variables x, y représentant deux coordonnées réelles, on construise : 1° la surface courbe dont l'ordonnée serait représentée par la fonction u; 2° la surface courbe dont l'ordonnée serait représentée par la somme $v + w$, les axes coordonnés étant ou rectangulaires ou obliques.

Ces deux surfaces seront celles que M. Marie nomme la *surface réelle* et la *conjuguée de la surface réelle.* Si, avant de résoudre l'équation caractéristique, on opère une transformation de coordonnées, en assignant une direction nouvelle à l'axe des z, on substituera ainsi aux variables x, y, z, trois nouvelles variables x_1, y_1, z_1 qui offriront toutes trois, pour des valeurs réelles de x, y et pour une valeur imaginaire de z, des valeurs correspondantes imaginaires, dans lesquelles les rapports entre les coefficients de i seront constants. Réciproquement, si l'on attribue à x_1, y_1 des valeurs réelles, et à z_1 une valeur imaginaire qui satisfasse, avec x_1, y_1, à l'équation caractéristique transformée, les valeurs correspondantes de x, y, z seront généralement imaginaires, mais les rapports entre les coefficients de i dans ces dernières valeurs seront constants. De cette observation il résulte qu'à une même surface réelle correspondent, en nombre infini, des *surfaces conjuguées*, dont chacune a pour coordonnées variables des valeurs réelles de x, y, z que l'on obtient en remplaçant i par 1, dans des valeurs imaginaires de x, y, z assujetties à la double condition de vérifier l'équation caractéristique, et d'offrir pour coefficients de i des quantités dont les rapports demeurent constants.

« Les surfaces conjuguées, définies comme on vient de le dire, jouissent de propriétés remarquables, analogues à celles des courbes conjuguées. Ainsi, en particulier, comme l'observe M. Marie, lorsqu'une surface conjuguée est fermée et limitée en tous sens, le volume V compris dans cette surface et représenté par une intégrale double reste généralement invariable, tandis que l'on fait varier par degrés insensibles, entre des limites quelconques, ou du moins entre certaines limites, l'inclinaison de l'axe des z sur l'axe des x ou sur l'axe des y. D'ailleurs, le produit de ce volume V par i est ce qu'on peut nommer la *période imaginaire* d'une certaine intégrale double.

« En résumé, les Commissaires jugent que le Mémoire de M. Marie présente, sur les périodes des intégrales simples et doubles, des recherches intéressantes qui ont conduit l'auteur à des résultats nouveaux, et qu'en conséquence ce Mémoire mérite d'être approuvé par l'Académie. »

Les conclusions de ce Rapport furent adoptées par l'Académie.

L'audition de ce rapport me fit un plaisir tempéré par des piqûres assez sensibles. Plusieurs phrases m'étaient, comme on dit, restées sur le cœur ; je voulus, avant de revoir M. Cauchy, lire attentivement ce que je venais d'entendre.

La lecture ne fit que confirmer ma première impression.

Le rapport était incontestablement bien fait, eu égard à ce que sont en général ces sortes de comptes-rendus, il faisait assez bien comprendre ce que contenait mon mémoire, et était certainement bienveillant ; la conclusion en était ce que je pouvais désirer de mieux ; mais trois choses m'offusquaient dans ce rapport.

M. Cauchy avait introduit dans l'énoncé du théorème de l'équivalence des aires des conjuguées fermées une restriction absurde. Il est vrai que la faute si elle était aperçue, ce qui était douteux, ne retomberait que sur lui. Mais il avait dit une grosse naïveté dont je pourrais paraître complice ; et puis il y avait cette phrase : « *Cette dernière proposition, dont la démonstration se déduit d'un théorème donné par l'un de nous,...* » — « SE DÉDUIT » m'a été d'une digestion difficile.

Deux théories relatives à une même question peuvent, en principe, toujours se déduire l'une de l'autre et j'ai en effet montré dernièrement (1872) que l'on pouvait déduire de ma théorie des intégrales doubles une théorie instituée sur le modèle de celle qu'avait donnée Cauchy pour les intégrales simples.

Mais en disant que le théorème de l'équivalence des aires des conjuguées fermées comprises entre les mêmes branches de la courbe réelle, pouvait se déduire d'un théorème donné par lui, M. Cauchy me parut excéder les limites de ce qui est permis. Durant nos longues entrevues je l'avais vu plusieurs fois essayer cette déduction, mais non pas y réussir. Il m'avait bien à peu près dit ensuite qu'il y était parvenu, mais il ne m'avait pas montré sa démonstration et je doute toujours, si elle a réellement pris corps, qu'elle ait pu être mise en état d'être présentée, parce que pour l'établir il aurait fallu commencer par donner une interprétation géométrique de l'intégrale $\int y dx$ prise le long d'un contour défini, ce dont M. Cauchy ne paraît pas s'être jamais préoccupé.

J'ai effectué en 1872, dans ma nouvelle théorie des intégrales, le rapprochement désiré entre les deux méthodes, mais, jusqu'à preuve du contraire, je me crois en droit de penser que M. Cauchy s'est permis, à mes dépens, dans le passage que je relève, une gasconnade un peu forte.

Quant à cette observation que la démonstration de la constance de l'aire S d'un anneau *suppose que, l'axe des y venant à changer de direction par degrés insensibles, la valeur de y tirée de l'équation $f(x, y) = 0$ n'atteigne pas une valeur pour laquelle la dérivée de $f(x, y)$, relative à y, s'évanouisse avec $f(x, y)$*, elle n'avait sans doute pas été faite à mauvaise intention, quoiqu'elle paraisse tendre à faire croire à un certain rapport entre mes conclusions et celles de M. Cauchy, à une certaine dépendance de ma théorie envers la sienne ; mais elle constitue un *lapsus* un peu fort. En effet la conjuguée à abscisses réelles, qui passe par les points critiques réels du lieu, est précisément celle qui me sert ordinairement de type ; de telle sorte que, même, si je voulais quarrer une autre conjuguée, je commencerais habituellement par en rendre les abscisses réelles, sans me préoccuper de ce qu'elle passerait alors par les nouveaux points critiques du lieu.

En fait l'observation de M. Cauchy, appliquée par exemple à l'hyperbole

$$a^2y^2 - b^2x^2 = - a^2b^2,$$

signifierait que les conjuguées dont les cordes réelles feraient un angle aigu avec l'axe des x, n'auraient pas même aire que celles dont les cordes réelles font un angle obtus avec le même axe, parce que les deux groupes seraient séparés l'un de l'autre par la conjuguée

$$a^2y^2 + b^2x^2 = a^2b^2$$

qui passe par les points du lieu où $\frac{dy}{dx}$ est infini.

Nous aurions de la sorte deux théorèmes d'Apollonius, le théorème d'Apollonius de gauche et le théorème d'Apollonius de droite !

Quand l'intégrale $\int ydx$ a plusieurs périodes imaginaires, le lieu $f(x, y) = 0$ comprend bien plusieurs groupes de conjuguées, présentant des aires différentes dans les différents groupes, mais les conjuguées qui ont même aire et qui appartiennent à un même groupe ne sont pas séparées les unes des autres par des points critiques : elles sont comprises entre des branches différentes de la courbe réelle. C'est sans doute parce qu'il n'avait pas bien compris ce point que M. Cauchy, pour traduire ce que je lui avais dit des différents groupes de conjuguées, a imaginé de faire intervenir ses points critiques comme points de séparation.

Quant à cette idée, fondamentale dans la théorie de Cauchy, que la fonction y ne puisse pas prendre une valeur pour laquelle sa dérivée soit infinie, sans que l'intégrale $\int ydx$ devienne indéterminée, cette idée n'est que bizarre. M. Cauchy a fini par se persuader à lui-même que l'expression

$$\int_{-a}^{+a} \sqrt{a^2 - x^2}\, dx$$

n'a pas de sens ; libre à lui, mais cela prouve seulement jusqu'où peut aller le parti pris.

Enfin le rapport se terminait par une excentricité dans le genre naïf.

Après avoir énoncé le théorème de l'équivalence en volume des conjuguées fermées d'une même surface, comprises entre les mêmes nappes de cette surface, M. Cauchy ajoutait : *D'ailleurs le produit de ce volume par* i *est ce qu'on peut nommer la période imaginaire d'une certaine intégrale double.*

Cette intégrale n'est autre que $\int\int z dx dy$ et il n'était pas difficile de la désigner exactement. Mais après avoir imaginé le symbole bizarre

$$\int y \mathrm{D}_s x ds$$

pour représenter $\int y\, dx$, M. Cauchy était resté court, quand il s'était agi de $\int\int z dx dy$, et n'ayant rien trouvé pour défigurer cette antique notation, il s'était tiré d'affaire en écrivant « UNE CERTAINE INTÉGRALE » au risque de faire retomber sur moi la responsabilité d'une naïveté un peu forte, car je ne sache pas que quoi que ce soit ne puisse pas être considéré comme la période d'une « certaine intégrale ».

Je ne pourrais pas supporter l'idée que qui que ce fût pensât que je n'aie pas été juste, délicat même envers lui. Aussi me suis-je toujours appliqué, vis-à-vis de tout le monde, à rester en deçà de mes droits. Mais, par contre, je suis ainsi fait qu'il m'est impossible de revoir les gens qui, à mon sens, m'ont fait une injustice. J'essayai de retourner rue Serpente, jamais je ne pus franchir de nouveau le seuil de la porte de M. Cauchy. Je ne sais s'il fut fâché de ne pas me revoir, je le regretterais aujourd'hui, mais je ne pus pas me vaincre alors ; je dirai plus, son rapport me donna dès lors une envie irrésistible de faire une charge à fond de train sur ses théories et de les culbuter s'il était possible.

Il y a bien longtemps de cela et je suis bien éloigné d'aucune idée de vengeance envers un savant que j'admire, malgré son manque absolu d'esprit philosophique et que je considère comme un excellent homme, malgré ses habitudes d'accaparement. Si j'ai poursuivi depuis, sans m'arrêter jamais, mon projet de destruction, le mobile premier de mes efforts a été sans doute son injustice à mon égard et celle encore plus grande de quelques-uns de ses disciples, mais j'étais mû aussi par la conscience de rendre service, en essayant de débarrasser l'enseignement de conceptions factices et de méthodes entortillées.

J'ai appris il y a quelques années seulement que M. Cauchy avait, peu de temps avant sa mort, donné sans me citer, une démonstration analytique de ce fait évident, d'après ma théorie, que la quadratrice d'une même courbe conserve les mêmes périodes, quels que soient les axes de coordonnées auxquels on la rapporte. Je lui pardonne bien volontiers la pauvre soustraction de ce méchant théorème dont l'arrangement lui a peut-être coûté beaucoup de travail.

M. Hermite m'avait prêté le mémoire de M. Puiseux, intitulé *Recherches sur les fonctions algébriques*, qui a paru dans le tome XV du journal de M. Liouville.

J'ai toujours eu beaucoup de peine à lire les ouvrages de mathématiques : presque tous sont rédigés comme des traités définitifs, dans la forme euclidienne. Or cette méthode, qui a peut-être ses avantages pour les auteurs, en ce qu'elle les dispense d'exposer leurs idées, de les discuter, est absolument insupportable pour les lecteurs qui, sachant bien qu'ils ont sous les yeux une ébauche plus ou moins imparfaite, désireraient bien, avant de s'abandonner, savoir au juste où on veut les conduire et par quel chemin; car encore y a-t-il plusieurs chemins pour conduire à un même but et bien souvent, si le lecteur avait été averti, aurait-il préféré fausser compagnie à l'auteur et ouvrir une nouvelle route, plutôt que d'essuyer une poussière d'x inutiles et le bavardage du guide.

Mais le supplice est encore plus grand lorsque le lecteur rencontre à chaque page des affirmations qui choquent son bon sens, sans que la fausseté, toutefois, en puisse être immédiatement démontrée, et dont le mélange confus avec des vérités neuves et utiles jette l'esprit dans une continuelle et insupportable perplexité. On essaye de lire et au bout de quelques instants on jette le livre de colère, on le reprend pour tâcher d'arriver à y découvrir celles des erreurs qui ne nuiront pas au résultat définitif et on le laisse de nouveau lorsqu'on rencontre quelque nouvelle énormité.

J'ai eu je ne sais combien de temps le mémoire de M. Puiseux sous les yeux, je l'ai feuilleté je ne sais combien de fois, pour comparer les énoncés et en rechercher les erreurs, mais je n'ai jamais pu le lire, bien que j'y fisse tous mes efforts.

Voici les obstacles contre lesquels je venais buter chaque fois que je reprenais la lecture de cet ouvrage.

Comment se faisait-il qu'il pût suffire de représenter la marche de la variable, sans se préoccuper autrement de celle de la fonction qu'en l'assujettissant mentalement à la loi de continuité? celle de ses valeurs correspondant à la valeur finale de la variable, que devrait prendre la fonction, partie de sa valeur initiale donnée, serait donc indifférente à connaître?

En quoi une valeur de la variable pouvait-elle être critique si la fonction assujettie à la continuité, à partir de la valeur initiale donnée, ne devait pas atteindre une de ses valeurs singulières au moment où la variable atteindrait cette valeur prétendue critique?

Poser la question de déterminer la région de convergence de la série suivant laquelle se développe une fonction, connaissant la valeur initiale de la variable et ses valeurs critiques, c'était supposer que la nature de la fonction fût indifférente à connaître. Mais pourquoi toutes les fonctions imaginables qui deviendraient en même temps infinies ou multiples seraient-elles en même temps développables ou non développables?

L'une de ces fonctions deviendrait infinie pour une des valeurs critiques de la variable, une autre prendrait deux valeurs égales, une troisième trois, une quatrième cinq valeurs infinies, ce ne serait rien! critique répondrait à tout!

Comment admettre que la définition de la fonction fût, d'elle-même, assez peu importante pour qu'il pût suffire, pour savoir dans quelles limites elle serait développable en série convergente, de connaître ces valeurs *singulières*, *critiques* ou *dangereuses* de la variable, qui lui feraient prendre, ou à sa dérivée, des valeurs infinies ou indéterminées? Comment se figurer, par exemple, que les deux séries suivant lesquelles se développeraient, à partir d'une même valeur quelconque de x, les fonctions y définies par les équations

$$y^3 - a^2y + a^2x = 0,$$

$$Ky^2 + x^2 = \frac{4a^2}{27},$$

dussent nécessairement, absolument et sans même qu'il y eût lieu à discussion, rester en même temps convergentes ou divergentes, simplement parce que les dérivées de ces deux fonctions, si complétement différentes, deviennent, par hasard, en même temps, infinies, pour les mêmes valeurs $\pm\frac{2a}{3\sqrt{3}}$ de la variable x.

Bien plus! une des valeurs d'une même fonction deviendrait infinie pour une valeur particulière de la variable, une autre double, une troisième simple, elles seraient développables dans les mêmes limites, la valeur critique de la variable empêcherait de passer aussi bien l'une que les autres!

Soit x_0 une valeur de x à laquelle correspondent m valeurs y_1, y_2,..., y_m de y, toutes différentes les unes des autres, et telle aussi que toutes les dérivées de y par rapport à x, aux points $[x_0, y_1]$, $[x_0, y_2]$,..., $[x_0, y_m]$ de la courbe $f(x, y) = 0$, restent finies, quelque loin qu'on les pousse : les séries

$$y_1 + \left(\frac{dy}{dx}\right)_{1,0} \frac{x - x_0}{1} + \left(\frac{d^2y}{dx^2}\right)_{1,0} \frac{(x - x_0)^2}{1.2} + \ldots$$

$$y_2 + \left(\frac{dy}{dx}\right)_{2,0} \frac{x - x_0}{1} + \left(\frac{d^2y}{dx^2}\right)_{2,0} \frac{(x - x_0)^2}{1.2} + \ldots$$

....

$$y_m + \left(\frac{dy}{dx}\right)_{m,0} \frac{x - x_0}{1} + \left(\frac{d^2y}{dx^2}\right)_{m,0} \frac{(x - x_0)^2}{1.2} + \ldots$$

seront convergentes dans de certaines limites : mais quelle apparence y avait-il, puisqu'elles avaient des coefficients tout différents, que la limite fut la même pour toutes.

N'était-il pas plus probable que chacune de ces séries aurait sa limite propre de convergence, ou que, du moins, elles se rangeraient en quelques groupes dans chacun desquels la condition de convergence resterait la même, tout en variant d'un groupe à l'autre?

D'un autre côté, en quoi au fond consistait la criticité? Pour quelques valeurs de la variable, elle consistait en ce qu'une des valeurs correspondantes de la fonction devenait infinie, pour d'autres, en ce que deux valeurs de la fonction devenaient égales avec la condition que la dérivée de cette fonction fut infinie, enfin pour d'autres en ce que deux ou plusieurs valeurs de la fonction devenaient égales, sans autre condition particulière. En d'autres termes les valeurs critiques de la variable correspondaient aux abscisses des asymptotes parallèles à l'axe des y, des tangentes parallèles à l'axe des y et des points multiples. Quels rapports pouvait-il y avoir entre ces trois classes de valeurs ?

Pour les deux premières, on comprenait bien qu'elles fussent rapprochées l'une de l'autre, une asymptote parallèle à l'axe des y étant naturellement comprise parmi les tangentes parallèles à la même direction. Mais en quoi le point double de la strophoïde, par exemple, serait-il assimilable au sommet de cette courbe ou aux points indéfiniment éloignés sur les branches infinies?

Eu quoi consistait en définitive l'obstacle au développement? La série devenait divergente tantôt parce que la fonction devenait infinie, tantôt parce qu'elle prenait plusieurs valeurs égales. Dans cette catégorie se trouvaient les points de contact des tangentes parallèles à l'axe des y? Était-ce parce que la dérivée de la fonction y devenait infinie qu'ils ne pouvaient pas être franchis, ou parce que la fonction y prenait deux valeurs égales?

Comment la convergence pouvait-elle être arrêtée par la présence d'un point double, puisque la fonction y gardait des valeurs finies? C'était donc comme capricante que la série devenait alors divergente? Illusoire on l'aurait compris: mais pourquoi divergente?

Chacune de ces questions était grosse de difficultés de tous genres, et je ne les résolus qu'à mesure et avec le temps. Cependant elles n'étaient pas même posées dans les ouvrages de MM. Puiseux, Briot et Bouquet, il n'y en avait pas une qui parût y faire l'objet du moindre doute, elles se trouvaient résolues sans même avoir été discutées.

Avec un peu de condescendance pour le lecteur ces messieurs lui eussent facilement évité toutes ces perplexités ; si du reste ils avaient pris la peine de chercher à traduire leurs idées en langage ordinaire, s'ils s'étaient astreints à donner, comme cela devrait toujours se faire, une analyse raisonnée de leurs ouvrages, il est probable que les difficultés de l'exposition leur eussent montré les lacunes, les imperfections de la méthode.

Voici, il me semble, comment on aurait pu présenter la méthode de Cauchy, sans risquer aucune affirmation douteuse.

« Le but final à atteindre est la détermination des périodes des intégrales.

« Une période d'une intégrale ne peut être qu'une valeur différente de zéro, que puisse acquérir la somme des éléments de cette intégrale, le long d'un chemin fermé convenablement choisi, s'il en existe de tels.

« Un pareil reste ou résidu se rencontre, dans des circonstances particulières, dans l'intégrale

$$\int \frac{dx}{x-a}$$

et dans toutes celles qui peuvent s'y ramener par transformation, ou qui la contiennent par décomposition.

« Cette intégrale atteint la valeur finie $2\pi\sqrt{-1}$, sans qu'on soit obligé de donner à x que des valeurs infiniment peu différentes de a, et il suffit pour la lui faire acquérir de donner à x toutes les valeurs de la forme $a+\alpha+\beta\sqrt{-1}$ dont les parties α et β soient les coordonnées d'un petit contour fermé, de forme quelconque, embrassant l'origine, ou, si on laisse $\alpha^2 + \beta^2$ constant, de donner à x toutes les valeurs que prend

$$a + \rho(\cos\varphi + \sqrt{-1}\sin\varphi),$$

lorsque φ varie de 0 à 2π, ρ restant constant et aussi petit qu'on le voudra.

« Cette propriété de l'intégrale

$$\int \frac{dx}{x-a}$$

rend compte de la période de la fonction logarithmique.

« L'intégrale

$$\int \frac{\varphi(x)\,dx}{x-a},$$

en supposant que $\varphi(a)$ ne soit ni nul ni infini, jouit de la même propriété et donne pour résidu

$$2\pi\sqrt{-1}\,\varphi(a),$$

lorsque l'on fait passer $x = a + \rho(\cos\varphi + \sqrt{-1}\sin\varphi)$ par toutes les valeurs qu'il prend de $\varphi = 0$ à $\varphi = 2\pi$, parce que, durant l'évolution de x, $\varphi(x)$ ne varie qu'infiniment peu et peut, par conséquent, être rejeté en avant du signe d'intégration.

« De même une intégrale

$$\int \frac{\varphi(x)\,dx}{(x-a)(x-b)\ldots(x-l)}$$

admettra pour périodes fes produits par $\sqrt{-1}$ de

$$\frac{\varphi(a)}{(a-b)\ldots(a-l)},\quad \frac{\varphi(b)}{(b-a)\ldots(b-l)},\quad \frac{\varphi(l)}{(l-a)\ldots(l-k)}.$$

« Au contraire, une intégrale dont la dérivée ne deviendrait pas infinie pour une valeur a de x ne pourrait évidemment pas donner de résidu fini, si x ne s'écartait qu'infiniment peu de a, puisque les éléments de l'intégrale seraient tous infiniment petits.

« D'un autre côté, une intégrale dont la dérivée contiendrait à son dénominateur une puissance différente de 1, d'un facteur du premier degré, $x-a$, donnerait un résidu infini ou nul, suivant que l'exposant de cette puissance serait inférieur ou supérieur à 1.

« Les périodes des intégrales qui ne rentreraient pas dans le type

$$\int \frac{dx}{(x-a)(x-b)\dots(x-l)} \varphi(x),$$

$\varphi(x)$ ne devenant ni nul ni infini pour aucune des valeurs a, b .... l de x, ne pourraient donc être que les résidus de ces intégrales relatifs à des contours fermés finis. Par conséquent, la théorie des périodes des intégrales exigerait en général d'abord la détermination des contours pouvant donner lieu à des résidus finis, en second lieu le calcul de ces résidus.

« Mais, outre que la seconde question devrait être provisoirement écartée, elle pourrait en définitive être supprimée, car chaque contour réduit servirait de définition au résidu correspondant, comme les limites d'une intégrale définissent une valeur particulière de cette intégrale.

« La question générale des périodes des intégrales se réduirait donc à une classification des contours fermés donnant lieu à des résidus différents.

« Or, la cause fondamentale de la nullité ordinaire de la somme des éléments d'une intégrale, le long d'un contour fermé quelconque, devait être que la fonction explicite ou implicite dont le produit par dx constituait un élément de l'intégrale, revenait à sa valeur initiale, en même temps que la variable, sans repasser, il est vrai, par les mêmes valeurs, puisque la variable elle-même ne repassait pas par les mêmes valeurs, mais sans avoir subi de modifications assez profondes pour que les écarts des valeurs prises par la fonction et la variable, dans l'aller et dans le retour, ne se fissent pas compensation.

« Si la fonction ne reprenait pas sa valeur initiale en même temps que la variable, ou la reprenait après s'être permutée un nombre pair de fois avec d'autres valeurs de cette même fonction, il n'y avait plus de raison pour que la somme des éléments de l'intégrale se trouvât nulle.

« Les contours fermés, par rapport à la variable, auxquels correspondraient des résidus finis, seraient donc ceux le long desquels la fonction changerait de forme.

« D'un autre côté, quel que fût le résidu relatif à un contour fermé, par rapport à la variable, une infinité d'autres contours voisins du premier, plus étendus ou plus rétrécis, donneraient le même résidu, précisément parce qu'en général la somme des éléments d'une intégrale le long d'un contour fermé, suffisamment rétréci, est identiquement nulle et qu'ajouter ou retrancher un contour additionnel au contour primitif, pourrait toujours revenir à ajouter au résidu primitif le résidu correspondant à ce contour additionnel.

« Mais deux contours fermés, par rapport à la variable indépendante, donneraient lieu à des résidus différents si la fonction partant de la même valeur dans les deux cas, pour la même valeur initiale de la variable, ne parvenait pas à la même valeur finale, après l'un et l'autre parcours.

« Les permutations des valeurs de la fonction les unes dans les autres s'opéreraient naturellement, et tout d'une pièce, aux points où la fonction prendrait des valeurs égales, mais elles pourraient aussi se produire le long d'un contour fermé par rapport à la variable, une partie de la fonction s'annulant ici et changeant de signe, une autre s'annulant un peu plus loin et changeant à son tour de signe, etc.

« Or, pour que de pareilles permutations pussent se produire le long d'un parcours fermé donné, il faudrait que ce parcours enveloppât quelques valeurs critiques, c'est-à-dire auxquelles correspondissent des valeurs égales de la fonction, sans quoi on pourrait réduire à rien le contour considéré, par retranchements successifs infiniment petits, sans traverser un point où un changement brusque pût se produire, ce qui supprimerait toute possibilité d'échange entre deux valeurs de la fonction.

En d'autres termes, chaque valeur $\alpha + \beta\sqrt{-1}$ de la variable x étant figurée par le point dont les coordonnées seraient α et β, et, par conséquent, le parcours $\varphi(\alpha, \beta) = 0$ étant figuré par la courbe $\varphi(\alpha, \beta) = 0$, pour qu'une permutation entre les valeurs de la fonction y pût se produire le long de ce parcours fermé $\varphi(\alpha, \beta) = 0$, il faudrait que la courbe $\varphi(\alpha, \beta) = 0$ enveloppât quelques points $[a, b]$, $[a_1, b_1]$... correspondant aux valeurs critiques de x.

« On démontrerait au reste : 1° que si deux contours fermés, partant d'un même point, comprenaient dans leurs intérieurs les mêmes points critiques, la fonction, partant dans les deux cas de la même valeur initiale, arriverait après chaque parcours à la même valeur finale; 2° qu'aucune permutation ne pourrait se produire entre les valeurs de la fonction le long d'un contour fermé ne renfermant aucun point critique; 3° que la valeur d'une intégrale $\int y dx$ serait identiquement nulle le long de tout contour ne comprenant aucun point critique; 4° que les résidus de l'intégrale $\int y dx$ correspondant à deux contours comprenant les mêmes points critiques seraient identiquement égaux.

« Ces théorèmes permettraient de réduire tout contour à un groupe de petits cercles enveloppant les différents points critiques compris dans le contour primitif, reliés entre eux par des droites qui seraient successivement parcourues dans les deux sens.

« Ainsi, un contour MNP enfermant trois points critiques A, B, C pourrait être remplacé par le contour MQ — QQ'Q — QR — RR'R — RS

—SS′S — SR — RQ — QM, soit pour la détermination de la valeur finale de y, après le parcours, soit pour le calcul du résidu de l'intégrale $\int y dx$, le long de ce contour.

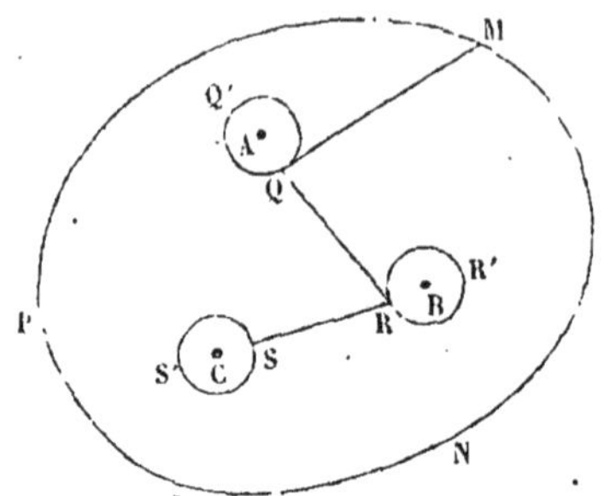

« Les sommes des éléments de l'intégrale dans les deux parcours d'une même droite en sens contraires ne seraient pas nécessairement égales et de signes contraires, puisqu'en général la fonction y n'aurait pas la même valeur dans le parcours direct et dans le parcours inverse.

« Quant aux résidus relatifs aux différents petits cercles, ils seraient infinis pour ceux qui comprendraient des points tels que le produit de y par le binôme formé de x moins l'abscisse critique tendît vers l'infini, finis pour ceux où le même produit tendrait vers une valeur finie, nuls pour ceux où ce produit tendrait vers zéro.

« Le résidu relatif à un contour fermé par rapport à la variable indépendante et le long duquel la fonction reprendrait finalement sa valeur initiale, sans cependant que la somme des éléments de l'intégrale fût nulle, serait évidemment une des périodes de cette intégrale, puisqu'on pourrait reprendre un nombre quelconque de fois ce même parcours et que, chaque fois, l'intégrale s'augmenterait de la même quantité.

« La question des périodes dépendait donc des suivantes : 1° la valeur avec laquelle une fonction multiple part de son état initial, en même temps que la variable, étant donnée, trouver celle qu'elle acquerra, en variant d'une manière continue, lorsque la variable aura suivi un chemin rectiligne donné; 2° la valeur initiale de la fonction en un point du petit cercle qui entoure un point critique étant donnée, trouver sa valeur finale après un tour sur ce petit cercle; 3° trouver le résidu relatif à chaque petit cercle.

« La troisième question étant déjà résolue et les éléments du calcul différentiel devant aisément fournir la solution de la seconde, il ne resterait donc que la première.

« Pour résoudre celle-ci, on recourrait à la méthode suivante : En supposant, ce qui serait toujours permis, qu'aucun des chemins rectilignes qu'il faudrait faire intervenir, ne passât par un point critique, comme la série de Taylor doit rester convergente tant que le module de la différence entre la variable et sa valeur initiale ne dépasse pas le module de la différence entre cette valeur initiale et l'abscisse d'un point critique, inconnu il est vrai, mais qui, dans le cas le plus défavorable, serait le plus proche du point de départ, on diviserait le chemin rectiligne considéré en parties telles que la différence des abscisses des points extrêmes de chaque partie eût toujours un module inférieur à celui de la différence des abscisses de la première extrémité de cette partie et du point critique le plus voisin de cette première extrémité; et on se servirait de la série de Taylor pour calculer, de proche en proche, la valeur de la fonction en chacun des points de division du chemin rectiligne considéré. »

Il n'y a pas de mauvaises méthodes d'invention, ou, du moins, la première est toujours bonne. On aurait donc pu suivre avec intérêt un auteur qui se fût exprimé à peu près comme nous venons de le supposer.

On aurait compris sa réserve relativement aux points délicats, et on aurait senti cependant qu'appliquée à des exemples particuliers la méthode, quelque imparfaite qu'elle fût, quelles que fussent les lacunes qui subsistassent, pourrait cependant permettre d'arriver à des résultats précis et concluants.

Mais passer avec l'auteur par-dessus toutes les difficultés signalées plus haut, n'était possible qu'à la condition de se réduire préalablement à un rôle absolument passif.

La méthode dont nous avons essayé l'exposition n'est pas sortie tout d'une pièce, un beau jour, de la tête de M. Cauchy; elle ne s'est au contraire formée que petit à petit; le but final même ne s'est présenté que fort tard à l'esprit de l'auteur, et sa méthode n'est que le produit de la fusion artificielle de procédés imaginés successivement dans différents buts distincts.

M. Cauchy avait d'abord étudié séparément les deux questions des résidus et de la convergence de la série de Taylor. Ses recherches sur les résidus lui avaient fait découvrir la période de $\int\frac{dx}{x}$ et celles des intégrales de la forme

$$\int\frac{\varphi(x)\,dx}{(x-a)\ldots(x-l)}.$$

Il n'avait alors aucun moyen de déterminer les périodes d'une intégrale non préparée.

D'un autre côté, il avait sinon trouvé exactement la condition de convergence de la série de Taylor, du moins déterminé une limite en deçà de laquelle elle resterait convergente et, dans les deux questions, se rencontrait la considération des mêmes points critiques, ou à peu près. Ce semblant d'accord pouvait bien suggérer l'idée heureuse de faire concourir les deux théories au but définitif. Mais quoiqu'il n'y ait naturellement qu'à applaudir à de tels efforts, couronnés en définitive d'un véritable et plein succès, malgré de légères erreurs inévitables dans une première ébauche, cependant, à moins que l'admiration, pour être suffisante, ne doive nécessairement dégénérer en féticbisme, il doit être permis de montrer ce qu'il y a de peu philosophique dans le choix d'une méthode si détournée.

L'histoire des sciences comprend de nombreux exemples de théories importantes ayant pris naissance dans l'observation de faits singuliers et anormaux, mais on y voit aussi que ces théories ont continué de végéter à l'état rudimentaire, tant qu'elles ne constituèrent que de simples prolongements des principes puisés dans l'étude de ces faits exceptionnels : elles n'ont pris une véritable importance que lorsqu'une conception plus étendue a permis de faire rentrer l'explication des faits singuliers, observés les premiers, dans la théorie générale de faits vulgaires et qui, à cause de leur vulgarité même, n'avaient pas d'abord attiré l'attention.

Or il est bien facile de voir que la théorie de Cauchy, née, au début, de l'observation de faits singuliers, n'est ensuite organisée qu'en vue de donner à ces faits singuliers une importance de plus en plus envahissante, qui ne leur appartenait pas naturellement.

La loi suivant laquelle s'accomplit un phénomène, ne peut comporter une expression analytique capable d'une formule algébrique qu'autant qu'on a fait choix d'un système particulier de repères. Ainsi l'attribution d'une équation particulière à une courbe suppose le choix préalable d'un système d'axes. Mais ce qu'il y a de fondamental dans un phénomène ne saurait avoir de rapport nécessaire avec ce qu'a de particulier, eu égard au système des repères, le mode actuel de représentation des lois de ce phénomène; et si l'on reconnaissait que la loi du phénomène, rapporté à de certains repères, présente quelques particularités singulières, le procédé d'étude de ce phénomène, pour être judicieux, devrait consister non pas à reproduire, dans le cas général, l'emploi des artifices qui avaient réussi dans le cas singulier, mais au contraire à chercher dans la solution générale du problème, l'explication qui convenait au cas singulier.

Dans l'espèce, l'hypothèse d'une courbe rapportée à deux axes dont l'un, l'axe des y, par exemple, se trouvât exceptionnellement parallèle à l'une des asymptotes de cette courbe, avait donné l'idée de rechercher si l'intégrale $\int y dx$, dont l'élément $y dx$ se présentait sous la forme $\infty \times 0$, pour une valeur de x infiniment peu différente de l'abscisse de l'asymptote en question, n'acquerrait pas une valeur finie dans un parcours infiniment petit autour de cette abscisse, et il était résulté de cette recherche la notion, sous une certaine forme, des périodes des intégrales. C'était bien. Mais il n'y avait pas là motif de rechercher la solution générale du problème dans l'artifice de petites évolutions autour de valeurs de la variable, qui n'avaient plus de rapports avec les abscisses d'asymptotes parallèles à l'axe des y. Au contraire, il fallait chercher à s'affranchir des conditions particulières dans lesquelles le fait avait été observé d'abord pour en chercher une explication propre à tous les cas.

D'un autre côté, si quelques états particuliers d'un phénomène rapporté à certains repères ne devaient leur manifestation qu'au choix de ces repères, s'il s'en présentait toujours d'analogues, quel que fût le système de repères adopté, s'ils variaient d'un système à l'autre, bien plus, si tous les états consécutifs du phénomène pouvaient devenir à leur tour singuliers, pourvu qu'on choisît un système convenable de repères, ce serait assurément une singulière méthode d'étude du phénomène en question que de prendre justement pour éléments de la discussion ce que chaque système de repères présenterait de particulier.

C'est cependant, et d'une façon exclusive, ce qu'a fait M. Cauchy.

Les points critiques autour desquels tout tourne dans sa théorie, se distinguent des autres par un caractère analytique saillant, à la vérité, mais actuel et subjectif. Par eux-mêmes, ils n'ont rien de remarquable, ils correspondent seulement à quelques états du phénomène étudié qui, en raison de la position du point où l'on s'est placé pour voir, appartiennent, en général, au contour apparent du spectacle. Le point de vue venant à changer, ces points, si remarquables à l'instant même, autour desquels tout allait pivoter, viendraient se confondre dans la masse des autres, il n'en serait plus question ; d'autres points viendraient se substituer à eux dans toutes leurs propriétés, et c'est autour de ces nouveaux points qu'on ferait de nouveaux petits tours.

Il y a plus : M. Cauchy confond dans la masse des points critiques tous ceux où la fonction prend des valeurs infinies ou des valeurs égales ; c'est-à-dire tous ceux qui correspondent aux abscisses des asymptotes ou des tangentes parallèles à l'axe des y, des points multiples, de rebroussement, etc.

Or, parmi ces points, les premiers s'évanouissent quand on change la direction de l'axe des y ; ceux de la seconde espèce se déplacent d'une manière continue sur la courbe ; et ceux de la troisième persistent, et c'est justement dans la considération des points de la première espèce, absolument éphémères, que la théorie a pris naissance.

Aussi, par une juste réciprocité, cette théorie a-t-elle été impuissante à relier la période de l'intégrale

$$\int \frac{dx}{x}$$

à celle de l'intégrale

$$\int dx\sqrt{x^2-2},$$

quoiqu'il s'agît, dans l'un et l'autre cas, de la quadrature de la même hyperbole.

Le point critique éphémère, $x=0$, d'ailleurs double, avait glissé le long de la courbe, de ses extrémités à ses sommets, et cela avait suffi pour rompre toute possibilité d'assimilation.

Assurément il faudrait bien se servir d'une pareille méthode tant qu'on n'en aurait pas de meilleure, mais il semble qu'il soit permis de dire qu'un esprit tant soit peu philosophique ne s'y serait pas arrêté.

Dès en ouvrant le mémoire de M. Puiseux, on tombe sur l'énoncé de ce principe, considéré comme évident, qu'il faut bien se garder de faire passer la variable par un de ses points critiques, sans quoi la fonction deviendrait indéterminée, en ce sens qu'on ne pourrait plus savoir ce qu'elle serait devenue, c'est-à-dire quelle valeur elle aurait prise, lorsque la variable aurait atteint ensuite une valeur déterminée quelconque.

Ces points ne seraient pas seulement critiques, ce seraient de vrais précipices.

Pour les points où la fonction ou sa dérivée deviennent infinies, encore passe. On ne voit pas en effet tout d'abord comment on pourrait suivre la marche de cette fonction au delà d'un pareil point, mais comment la fonction y serait-elle affectée d'indétermination parce que le point $[x, y]$ aurait traversé un point multiple du lieu $f(x, y)=0$, si les tangentes à la courbe en ce point étaient distinctes?

Comment la continuité était-elle donc entendue dans l'école de Cauchy? un contour polygonal serait donc une ligne continue? un arc de cercle et un arc d'ellipse raccordés par une tangente commune formeraient une ligne continue! le mouvement d'un corps qui recevrait des chocs brusques successifs serait continu!

La continuité n'exige pas une, deux, trois, quatre conditions, elle en exige une infinité. Pour qu'une fonction varie d'une manière continue, il ne suffit pas qu'elle prenne toutes les valeurs intermédiaires entre deux quelconques de ses valeurs, il faut qu'il en soit de même de toutes ses dérivées à l'infini. Autrement, on a affaire à plusieurs fonctions.

La fonction y étant donc assujettie à la continuité, comme on l'a supposé: quand elle passera par une de ses valeurs multiples, si les valeurs de $\frac{dy}{dx}$ sont alors distinctes, elle ressortira avec celle de ses valeurs qui aura sa dérivée en continuité avec la valeur qu'avait cette dérivée au moment où le passage a eu lieu. L'indétermination apparente ne tenait qu'à ce qu'on avait négligé toutes les conditions de continuité, en nombre infini, moins une seule.

Il en serait de même si, en un point multiple, les valeurs de la première dérivée de la fonction étaient égales, mais que celles de la dérivée seconde fussent différentes, et ainsi de suite. La fonction ressortirait toujours du prétendu point dangereux avec celle de ses valeurs dont les dérivées d'ordres assez élevés seraient en continuité avec les valeurs qu'avaient ces dérivées au moment du passage.

Il n'y aurait quelque difficulté que pour celles des valeurs de la fonction dont les dérivées, après être restées confondues jusqu'à l'ordre n, deviendraient en même temps infinies à l'ordre $(n + 1)$. Mais difficulté n'est pas plus indétermination que question n'est solution ; et, d'ailleurs, il est de notion commune en mathématiques que l'indétermination n'affecte jamais que les questions mal posées : on peut toujours la faire disparaître en précisant davantage.

On devait, au reste, s'attacher encore plus à lever l'indétermination, dans ce cas, que dans le cas précédent ; car la laisser subsister alors devait équivaloir à l'introduire partout, ou, du moins, en tous les points où $\frac{dy}{dx}$ serait réel. En effet, pour la faire naître en un pareil point, il eût suffi de donner d'avance à l'axe des y une direction parallèle à la tangente au lieu en ce point, d'où résulterait qu'une question déjà traitée, dont on aurait la solution complète, aurait été indéterminée si on avait placé autrement le point de vue ! C'est là de la philosophie de l'autre monde et qui répugne un peu trop.

La difficulté que présente le cas dont il est question n'est du reste pas bien considérable.

Les points dont il s'agit correspondent aux points du contour apparent, par rapport à l'axe des x, du lieu dont l'ordonnée serait la dernière dérivée dont les valeurs restent confondues ; la question est donc la même, soit que ce soit $\frac{d^ny}{dx^n}$ dont deux ou plusieurs valeurs deviennent en même temps infinies, les valeurs correspondantes de $\frac{d^{n-1}y}{dx^{n-1}}$ restant finies, mais égales, ou que ce soit simplement $\frac{dy}{dx}$ dont plusieurs valeurs deviennent en même temps infinies, les valeurs correspondantes de y restant finies, mais égales.

Or, si la fonction doit passer par une de ses valeurs multiples où les valeurs correspondantes de $\frac{dy}{dx}$ deviennent infinies, la difficulté de savoir ce qu'elle devient ensuite, tenant simplement à ce que l'axe des y avait une direction telle que la vue se trouvât gênée, ce qu'il y avait à faire devait être simplement de changer cette direction et de recommencer le calcul. Le premier exemple venu montre en effet que l'indétermination disparaît alors complétement.

Le cas où y prend une valeur infinie ne devait pas être plus difficile à traiter que les deux précédents.

En effet, lorsqu'une question concrète aura donné lieu à considérer une des variables dénommées, dans un état de grandeur dépassant toute limite, cette même question, si elle est bien posée, fournira toujours un moyen de savoir comment la variable considérée revient de l'infini.

L'infini n'est jamais que relatif, il ne se présente que quand on ne veut pas l'éviter : à telle variable qui devient infinie dans les équations qu'on a posées pour traiter la question, il en correspond des milliers d'autres qui auraient pris des valeurs correspondantes finies; c'est à l'opérateur à substituer à propos l'une d'elles à celle qui tombe dans un cas singulier.

Si y devient infini, on étudiera la marche d'une autre variable qui ne devienne pas infinie en même temps que y : par exemple, on étudiera la marche de $\frac{1}{y}$, les variations de $\frac{1}{y}$ feront connaître sans difficulté celles de y.

Ce que je viens de dire de la continuité des fonctions suggérait naturellement un doute fort grave relativement à l'exactitude de la règle de convergence donnée par M. Cauchy : n'était-ce pas à tort qu'on avait compris les points multiples parmi les points critiques capables d'arrêter le développement? Comme la fonction restait finie, si la série devenait divergente, ce ne pouvait être que pour échapper, sous une forme illusoire, à l'obligation de fournir les différentes valeurs que pourrait prendre la fonction au delà du point multiple.

Mais si cette prétendue obligation pour la série, dans le cas où elle serait restée convergente, de représenter simultanément les ordonnées des différentes branches émergeant du point multiple, n'était qu'une conception chimérique, on ne verrait plus pourquoi la série serait tenue de devenir divergente au delà du point multiple.

Or, si la série restait convergente, elle resterait continue, sa dérivée le resterait également, la fonction représentée par la série ressortirait donc du point multiple avec le coefficient différentiel sous lequel elle y était entrée, par conséquent la série continuerait de ne représenter qu'une seule des valeurs de la fonction.

Ainsi un motif sérieux de doute venait s'ajouter aux invraisemblances que j'ai signalées plus haut.

Mais il n'y avait pas lieu de songer encore à essayer de résoudre toutes les difficultés que devait présenter la série de Taylor. Car si la règle de convergence de la série était par hasard inexacte, on n'aurait de moyen de le savoir qu'autant qu'on serait en possession d'une méthode directe pour suivre la fonction dans ses variations continues, de manière à pouvoir assigner la valeur à laquelle elle serait parvenue lorsqu'on aurait fait suivre à la variable un chemin donné.

En effet, j'ai bien consenti, dans ce qui précède, à appeler, avec M. Puiseux, point critique, un point ayant pour coordonnées les parties réelle et imaginaire d'une valeur de la variable pour laquelle une des formes de la fonction prendrait une valeur infinie, ou pour laquelle quelques formes de la fonction prendraient des valeurs égales. Mais le passage de la variable par un pareil point ne saurait bien évidemment, malgré le signal d'alarme élevé par le maître, offrir aucune particularité critique, qu'autant que la fonction, partie de sa valeur initiale donnée, et assujettie jusque-là à la condition de continuité, parviendrait alors effectivement à une valeur infinie ou multiple et non pas à une valeur finie et simple répondant à la même valeur de la variable.

C'est seulement en effet le passage de la fonction par une de ses valeurs infinies ou multiples qu'on peut qualifier de critique et non pas le passage de la variable par sa valeur correspondante.

Or pour savoir si un entre autres des points critiques pourrait arrêter le développement, il faudrait savoir si la fonction arriverait à sa valeur critique correspondante, lorsque la variable passerait, par le chemin assigné, de sa valeur initiale à sa valeur critique considérée.

En essayant de fonder d'abord la théorie de la série de Taylor, afin de pouvoir ensuite confier à cette série le soin de fournir de proche en proche les valeurs successivement prises par la fonction, M. Puiseux avait tenté l'impossible, et cela expliquait les erreurs où il paraissait être tombé. Ainsi, par exemple, admettre que la série devînt nécessairement divergente au point critique le plus voisin du point de départ revenait implicitement à proclamer que bien que la fonction eût en général, pour la valeur de la variable correspondant à ce point critique, des valeurs simples et finies, en même temps que des valeurs infinies ou multiples, ce serait toujours à une de ces dernières que la série viendrait aboutir. Le fait, quoique singulier, pouvait être vrai, mais il fallait le contrôler, surtout à cause de son invraisemblance. Or M. Puiseux s'était ôté les moyens de le faire.

En résumé, l'ordre des questions avait évidemment été renversé, et pour remettre toute la théorie en équilibre, il fallait d'abord essayer de résoudre directement cette question : Étant données la suite des valeurs de la variable et la valeur initiale de la fonction, trouver la valeur finale de cette fonction.

Je n'entrerai ici dans aucun développement au sujet de la méthode que j'ai employée pour résoudre cette dernière question. Cette méthode se réduit au fond à substituer à la discussion de la marche de la fonction imaginaire y, celle de la marche de la caractéristique du point mobile.

Le lieu correspondant à l'équation $f(x,y)=0$ qui définit la fonction y, étant déjà décomposé en conjuguées de toutes caractéristiques, ayant pour enveloppes réelle et imaginaire deux courbes connues, et aussi faciles à construire que la courbe réelle, au moyen de leurs tangentes, de leurs asymptotes, de leurs cercles osculateurs, etc., pour savoir ce que serait devenu $y = \alpha' + \beta' \sqrt{-1}$, lorsque $x = \alpha + \beta \sqrt{-1}$ aurait passé de sa valeur initiale $x_0 = \alpha_0 + \beta_0 \sqrt{-1}$, à une quelconque de ses valeurs, en suivant un chemin donné $\varphi(\alpha, \beta) = 0$, il suffirait de savoir à chaque instant sur quelle conjuguée se trouvait celui des points $[x, y]$ qui était parti du point de départ, sur quelle branche de cette conjuguée il se trouvait et de quel côté il était placé par rapport au point de contact de cette branche avec l'une ou l'autre enveloppe.

Or la question ne comporte jamais de difficultés d'un autre ordre que celles qu'on rencontre dans la discussion des courbes. Toute la différence consiste en ce qu'au lieu d'une seule courbe, la question, par sa nature même, en embrasse une infinité, mais la discussion s'en fait, pour toutes, par l'étude des mêmes questions, l'emploi des mêmes moyens, la résolution, s'il y a lieu, des mêmes équations.

La question ne sort en réalité pas des bornes de la géométrie analytique élémentaire. Inabordable pour M. Puiseux, qui ne se servait d'aucune classification des solutions imaginaires, elle était au contraire, pour ainsi dire, résolue d'avance dès qu'on faisait usage de la classification que j'ai adoptée.

La méthode se compose seulement de quelques règles très-simples pour reconnaître les passages du point mobile, des conjuguées qui touchent la courbe réelle sur celles qui touchent l'enveloppe imaginaire, des conjuguées qui touchent une branche de l'une des enveloppes sur celles qui touchent une autre branche, d'une branche d'une conjuguée particulière sur une branche différente d'une conjuguée infiniment voisine, enfin d'un côté à l'autre d'une branche de conjuguée par rapport au point où cette branche touche l'une ou l'autre enveloppe.

Toutes ces règles étant très-faciles à découvrir, il n'est pas nécessaire d'en parler ici, mais je crois utile de signaler, à propos de la question dont il s'agit, un fait qui prendra peut-être une grande importance au point de vue algébrique.

Deux quelconques des m points réels ou imaginaires, construits comme je les construis, ayant même abscisse et pour ordonnées les m valeurs de y tirées d'une équation algébrique

$$f(x, y) = 0,$$

de degré m par rapport à y, seraient toujours séparés l'un de l'autre, au moins par une conjuguée issue d'un des points critiques, c'est-à-dire d'un point où les dérivées de y par rapport à x deviennent infinies à partir d'un certain ordre. (On verra plus tard que ce sont les seuls points vraiment critiques.)

Cette remarque s'est présentée à moi, d'elle-même, dans la discussion de la marche simultanée des diverses valeurs de y déterminées par les équations que j'ai traitées.

Je n'ai pas de démonstration directe du fait, mais la théorie de Cauchy en fournit une très-simple, dont je lui fais hommage. En effet, d'après cette théorie, pour qu'une permutation puisse s'effectuer entre deux valeurs de y, il faut que le point $[\alpha, \beta]$ correspondant à une valeur $\alpha + \beta\sqrt{-1}$ de x, aille faire quelques tours autour de l'un des points $[a, b]$, $[a_1, b_1]$, etc., qui correspondent aux valeurs critiques $a + b\sqrt{-1}$, $a_1 + b_1\sqrt{-1}$, etc., de x, et, bien entendu, que la valeur de y qui doit venir à la fin occuper la place d'une autre, ait pris, aux environs du point critique utile, la valeur d'une des formes de la fonction dont les dérivées y deviennent infinies à partir d'un certain ordre. Or pendant les évolutions autour du point critique, nécessaires pour permettre la permutation future de deux valeurs de y, le point $[x, y]$, construit comme je le construis, aura passé sur la conjuguée qui contient le point qui, dans mon système, correspond au point critique de M. Cauchy. Le théorème de M. Cauchy revient donc à dire que les m points d'un même lieu $f(x, y) = 0$, qui ont même abscisse, sont à chaque instant séparés les uns des autres par une ou plusieurs des conjuguées qui passent par les points critiques. Cette démonstration n'est sans doute pas assez positive pour qu'il soit certain que l'énoncé du fait ne doive subir aucune modification. Mais le fait restera certainement.

J'avais consacré au travail que je viens d'analyser une partie de l'année 1856. J'étais déjà d'ailleurs en possession de plusieurs rectifications à faire à l'énoncé de la condition de convergence de la série de Taylor, et je pensais pouvoir résoudre les autres questions qui me préoccupaient à son sujet. Je me préparai à ouvrir une nouvelle campagne.

Mais il me fallait d'abord revenir en arrière, car j'ai toujours tenu à ce que l'ordre de mes publications restât conforme à l'ordre naturel des questions traitées et j'ai souvent différé la publication d'un mémoire que d'autres devaient précéder, mais où je me trouvais arrêté.

Je n'avais dans mon mémoire de 1853, envisagé, au point de vue de leurs périodes, que les intégrales simples et doubles. Mais le procédé qui m'avait réussi pour passer des intégrales simples aux intégrales doubles était de nature à pouvoir servir d'une manière générale à passer des intégrales d'ordre m aux intégrales d'ordre $(m+1)$; il n'y avait qu'à le mettre en œuvre et je sentais que j'y réussirais.

Mais je crus bon, pour remettre mon esprit à une allure convenable, de commencer par compléter la théorie des intégrales doubles.

La difficulté était plus considérable que je ne l'avais cru d'abord, et je ne la levai pas encore entièrement cette fois.

La première question qui se présentait était de définir une intégrale double d'une façon applicable à tous les cas et d'en assigner les limites. Celle-là pouvait se résoudre de la manière suivante à laquelle je m'arrêtai alors.

Les limites de l'intégrale pourraient être deux courbes fermées, tracées sur la surface dont z serait la fonction de x et de y, explicite ou implicite, placée sous le signe $\int$, ou, plutôt, deux courbes fermées dont les coordonnées, réelles ou imaginaires, satisferaient à l'équation de cette surface ; et le mode de génération de l'intégrale serait réglé par le mouvement d'une courbe mobile qui se déplacerait, en se déformant suivant une certaine loi, de manière à passer de la courbe formant la limite inférieure à la courbe formant la limite supérieure.

Soit $f(x, y, z)=0$ l'équation qui définit la fonction z placée sous le signe d'intégration, les parties α et β, α' et β', α'' et β'' de x, y et z étant assujetties aux conditions dans lesquelles se décompose

$$f\left(\alpha+\beta\sqrt{-1},\ \alpha'+\beta'\sqrt{-1},\ \alpha''+\beta''\sqrt{-1}\right)=0,$$

pour définir une courbe tracée sur le lieu, il faudrait ajouter trois équations à ces deux-là. Si ces trois équations contenaient un paramètre arbitraire a, les cinq équations, pour chaque valeur de a, représenteraient une courbe tracée sur la surface, et si a variait d'une manière continue, la courbe en question décrirait une partie du lieu, partie dont les limites, et par suite celles de l'intégrale, correspondraient aux valeurs extrêmes de a.

Dans cette hypothèse, on pouvait supposer successivement que la courbe mobile parcourût la surface réelle, une seule conjuguée, des conjuguées ayant leurs cordes réelles parallèles à un même plan et sur lesquelles elle passerait successivement, des conjuguées ayant leurs cordes réelles parallèles à toutes sortes de directions, mais sur lesquelles elle passerait encore successivement, sans cesser jamais de se trouver entièrement contenue sur une d'elles; enfin on devait examiner le cas où la courbe mobile se trouverait à chaque instant composée de points appartenant à toutes sortes de conjuguées dont les caractéristiques varieraient d'une manière continue avec les positions de ces points.

Dans le premier cas, l'intégrale représentait naturellement le volume compris entre le plan des xy, la portion de la surface réelle décrite par la courbe mobile et le cylindre projetant cette courbe sur le plan des xy.

Dans le second cas, l'intégrale s'interprétait tout aussi aisément par rapport à la conjuguée contenant la courbe mobile; seulement le cylindre enveloppant le volume considéré ayant alors ses génératrices parallèles aux cordes réelles de la conjuguée en question, il faudrait ajouter à ce volume la valeur de l'intégrale simple construite de manière à représenter, si la courbe mobile était réelle, la différence entre les volumes du cylindre précédent et de celui qui projetterait la courbe mobile sur le plan des xy, parallèlement à l'axe des z.

Dans le troisième cas, l'intégrale se compose à chaque instant, sauf des parties complémentaires, représentées par des intégrales simples, analogues à celle dont il vient d'être question, du volume correspondant à la portion de l'aire de la conjuguée à laquelle appartient la limite inférieure, comprise entre cette limite inférieure et la courbe de contact de cette conjuguée avec la surface réelle; du volume correspondant à la portion de la surface réelle comprise entre la courbe de contact dont il vient d'être parlé et la courbe de contact de la même surface réelle avec la conjuguée à laquelle appartient la limite supérieure mobile; enfin du volume correspondant à la portion de la conjuguée à laquelle appartient la limite supérieure comprise entre la courbe de contact de cette conjuguée avec la surface réelle et la limite supérieure. C'est du moins l'interprétation qu'on peut donner de l'intégrale lorsque la figure s'y prête, car si les courbes de contact de la surface réelle avec ses conjuguées étaient illimitées, ce mode d'interprétation ne conviendrait plus et il en serait à plus forte raison de même, si les conjuguées sur lesquelles se mouvrait la courbe mobile ne touchaient plus la surface réelle.

Quant au dernier cas, qui à la vérité ne présente aucun intérêt au point de vue géométrique, l'interprétation que l'intégrale eût pu alors comporter était trop compliquée pour être d'une utilité pratique.

La question n'était donc pas complétement résolue. D'ailleurs je ne m'étais pas même préoccupé d'étendre aux intégrales doubles le théorème de l'indépendance de l'intégrale envers le chemin, les limites restant les mêmes, théorème que j'avais jusque-là admis, d'après Cauchy, pour les intégrales simples.

Toutefois l'interprétation de l'intégrale double, dans les cas simples énoncés plus haut, permettait de concevoir la génération des périodes réelles ou imaginaires dans des conditions bien plus générales que celles que j'avais considérées d'abord, et cela me suffisait pour le moment.

La théorie des intégrales doubles étant ainsi à peu près complétée, je me mis immédiatement à celle des intégrales d'ordre quelconque, mais sans autre but que d'en déterminer les périodes.

Je reconnus aisément que les sommes d'éléments compris dans la formule

$$\Sigma_n F(x, y, \ldots)\, dxdy \ldots$$

resteraient les mêmes, pour tous les systèmes fermés de toutes parts, de valeurs de x, y..., F, dans lesquels les parties imaginaires de x, y..., F seraient comme des nombres donnés C_1, C_2... C_{n+1}, quelles que fussent ces constantes. C'était tout ce que je voulais savoir.

Si l'ensemble des solutions réelles de l'équation qui déterminait F était limité de toutes parts, l'intégrale aurait pour période réelle sa valeur définie correspondant à cet ensemble de valeurs réelles, et si la même équation comportait des systèmes fermés de toutes parts, de solutions imaginaires ayant leurs caractéristiques variables entre certaines limites, la valeur constante de l'intégrale définie, correspondant à un de ces systèmes, serait une période imaginaire de cette intégrale.

Il s'agissait d'abord de produire ce dernier travail.

J'avais été pendant quelque temps chargé de la direction du journal *la Science*, après la retraite de M. Blum, et j'avais eu alors le plaisir de rendre quelques services à M. Boutigny d'Évreux, dont les recherches sur les corps à l'état sphéroïdal m'avaient séduit et me paraissent encore donner la seule explication admissible des explosions foudroyantes des chaudières à vapeur. J'étais resté en relations avec ce savant aussi modeste que distingué, et comme il voyait souvent M. Babinet, il me mena chez lui. Je n'ai pas besoin de dire que je trouvai le plus grand charme à la conversation de cet homme d'esprit. Je retournai le voir de temps en temps et je fus ainsi amené à le prier de se charger de présenter à l'Académie des sciences mon mémoire sur les périodes des intégrales d'ordre quelconque..

M. Babinet était curieux de toutes choses, même d'imaginaires. Avant de se faire à moi, il voulut m'éprouver et me proposa quelques petites questions, assez intéressantes du reste, dont il avait en vain cherché et demandé la solution. En voici quelques-unes :

On fait glisser un cercle dans un autre fixe, de moindre rayon, de manière que le plan du cercle mobile se déplace parallèlement à lui-même et que les deux cercles se rencontrent toujours en deux points. On engendre ainsi une surface qui semblerait devoir être comprise entre les plans qui contiennent le cercle mobile dans celles de ses positions où il est tangent au cercle fixe. Cependant, si on cherche l'équation du lieu engendré, on trouve que la surface est illimitée et que le cercle mobile a continué son mouvement d'une façon régulière, après avoir perdu ses guides. M. Babinet voulait d'abord savoir comment la chose se pouvait, et en second lieu comment le cercle était dirigé dans son mouvement, lorsqu'il ne rencontrait plus le cercle fixe. — Je lui montrai aisément qu'après que les deux cercles sont devenus tangents, celles de leurs hyperboles conjuguées dont les cordes réelles sont parallèles à la corde jusque-là commune, glissent ensuite l'une dans l'autre, dans les mêmes conditions que les deux cercles, dans la période précédente, et que c'est la conjuguée du cercle mobile qui guide alors le mouvement de ce cercle. Je généralisai ensuite la question en substituant aux deux cercles des courbes quelconques, et je fis voir à M. Babinet que l'explication du fait restait la même dans tous les cas.

Si on donne deux côtés a et b d'un triangle avec l'angle A opposé à l'un d'eux a, et que le triangle soit impossible ; ou si l'on donne les trois côtés d'un triangle et que l'un d'eux soit plus grand que la somme des deux autres, on n'en peut pas moins résoudre le triangle en appliquant les formules de trigonométrie. M. Babinet demandait à quoi se rapportaient les résultats. Je lui montrai qu'ils se rapportaient aux triangles qui auraient pour troisième sommet, dans le premier cas, le point de rencontre du second côté de l'angle A avec celle des hyperboles conjuguées du cercle décrit en vain de l'extrémité de b, qui avait ses cordes réelles parallèles à ce second côté de l'angle A, et, dans le second cas, le point de rencontre des hyperboles conjuguées des deux cercles décrits en vain, qui avaient leurs cordes réelles perpendiculaires à la ligne de leurs centres. Et je lui fis voir par surcroît que si l'on calculait dans l'un ou dans l'autre cas, à l'aide des formules trigonométriques, la surface du triangle proposé, on obtiendrait au facteur $\sqrt{-1}$ près la surface même du triangle construit par les intersections hyperboliques.

Là-dessus M. Babinet prit mon manuscrit et le porta à l'Académie des sciences. La présentation eut lieu dans la séance du 12 avril 1858.

Voici l'extrait qui parut dans le *Compte rendu*. J'en ai seulement retranché quelques longueurs.

NOTE RELATIVE AUX PÉRIODES D'UNE INTÉGRALE D'ORDRE QUELCONQUE.

« MM. Cauchy et Sturm ont présenté à l'Académie des Sciences, dans la séance du 8 mai 1854, un Rapport d'où il résulte que, dans un Mémoire déposé par moi le 7 mars 1853, j'ai démontré entre autres choses les théorèmes suivants :

« 1° Si l'on réunit en un seul groupe toutes les solutions imaginaires d'une même équation $f(x, y) = 0$, où le rapport des parties imaginaires de y et de x serait constant, C, et qu'on construise la courbe dont les points auraient pour coordonnées les valeurs trouvées pour y et x, mais dans lesquelles $\sqrt{-1}$ aurait été remplacé par 1 : cette courbe variera de position et de forme avec C, mais si, outre d'autres branches, elle présente un anneau fermé, compris entre deux branches de la courbe réelle, la surface comprise dans cet anneau ne dépendra pas de C, et multipliée par $\sqrt{-1}$ elle donnera l'une des périodes imaginaires de l'intégrale $\sum y dx$.

« 2° Si l'on réunit toutes les solutions imaginaires d'une même équation $f(x, y, z) = 0$, où les rapports des parties imaginaires de z et de x, de z et de y, seraient constants, C et C', et qu'on construise la surface dont les points auraient pour coordonnées les valeurs trouvées pour x, y et z, mais dans lesquelles $\sqrt{-1}$ aurait été remplacé par 1, cette surface variera de position et de forme avec C et C', mais si, outre d'autres nappes, elle se compose d'une surface fermée de toutes parts, le volume enveloppé par cette surface sera constant, c'est-à-dire ne dépendra de C ni de C', et le produit de ce volume par $\sqrt{-1}$ sera l'une des périodes imaginaires de l'intégrale $\sum z\, dx\, dy$.

« Des considérations géométriques simples rendent raison de ces faits. Mais les démonstrations que j'ai proposées ne pourraient pas être reproduites pour les intégrales d'ordre supérieur au second, intégrales dont je ne m'étais en effet pas occupé.

« Je me propose, dans cette Note, d'établir, relativement à une intégrale de l'ordre n d'une fonction d'autant de variables $x, y, z, \ldots, u, t$,

$$\int_n \mathrm{F}(x, y, z, \ldots u, t)\, dx.dy.dz\ldots du.dt,$$

que si l'on groupe les solutions imaginaires de l'équation qui donne implicitement la fonction F, en réunissant toutes celles où les parties imaginaires de $x, y, z, \ldots, u, t$, F seraient comme des nombres constants $C_1, C_2, \ldots, C_n, C_{n+1}$, et que dans chaque système il existe un ensemble de solutions continues, fermé de toutes parts, qui sera d'ailleurs limité par des solutions réelles, la valeur de l'intégrale prise dans l'intérieur de ces limites sera une quantité constante, qui fournira l'une des périodes imaginaires de l'intégrale générale.

« La recherche d'une intégrale composée, lorsque les variables dont elle dépend ne doivent prendre que des valeurs réelles, peut se ramener à des intégrations successives sans préparation préalable ; mais il n'en est plus de même lorsque ces variables doivent passer par des valeurs imaginaires.

« Dans ce cas, pour définir l'intégrale dont on veut s'occuper, comme chaque variable imaginaire en représente en réalité deux, il faut d'abord réduire le nombre des variables vraiment distinctes à l'ordre de l'intégrale qu'on veut former, c'est-à-dire lier entre elles les parties réelles et imaginaires des variables dont dépend la fonction placée sous le signe sommatoire, par des relations en nombre suffisant pour que celles de ces parties, qu'on pourra alors considérer comme indépendantes, soient en nombre égal à celui qui représente l'ordre de l'intégrale.

« Ces dispositions prises, on ne pourrait généralement plus faire varier séparément et successivement entre leurs limites respectives les variables dont dépendait l'intégrale. Les éléments qu'on engendrerait ainsi n'appartiendraient plus à la somme qu'on voulait former.

« Pour ramener à des intégrations successives la formation de l'intégrale proposée, il faudra substituer des variables réelles aux variables imaginaires dont elle dépendait d'abord.

« Une pareille transformation est toujours possible, puisqu'on pourrait en tout cas prendre pour nouvelles variables les parties réelles ou affectées du signe $\sqrt{-1}$ des variables primitives; mais dans le cas qui nous occupe, le changement de variables se fera plus aisément.

« Si les parties imaginaires de $x, y, z, \dots, u, t$, F doivent être comme $C_1, C_2, \dots, C_{n-1}, C_n, C_{n+1}$: en posant

$$x' = x - \frac{C_1}{C_2} y, \quad y' = y - \frac{C_2}{C_3} z \dots, \quad u' = u - \frac{C_{n-1}}{C_n} t, \quad t' = t - \frac{C_n}{C_{n+1}} F,$$

les nouvelles variables indépendantes $x', y', z', \dots, u', t'$ seront devenues toutes réelles, et l'intégrale proposée pourra s'écrire

$$\int dx' \int dy' \int dz', \dots \int du' \int F_1(x', y', z', \dots u', t') dt,$$

les limites de chaque intégration devant être déterminées par ces conditions que la variable indépendante et la variable dépendante y soient réelles.

« Cela posé, nous avons à démontrer que l'intégrale resterait la même, quelques valeurs qu'on donnât à C_1, C_2..., C_n, C_{n+1}. Il suffira pour cela de faire voir qu'on pourrait faire varier arbitrairement l'un de ces coefficients caractéristiques, C_n par exemple.

« Or, le premier des théorèmes que nous avons rappelés ne signifie autre chose, si ce n'est que la valeur d'une intégrale simple prise entre des limites où la variable et la fonction sont réelles, a sa partie imaginaire formée par addition ou soustraction des termes de progressions par différence dont les raisons seraient les moitiés des diverses périodes imaginaires de cette intégrale; de telle sorte que si les limites varient infiniment peu, ainsi que les valeurs intermédiaires des variables, pourvu que la fonction et la variable à leurs limites restent réelles, la partie imaginaire de l'intégrale ne varie pas.

« Imaginons donc que nous ayons remplacé les variables x, y, z,..., u, seulement, par leurs correspondantes x', y', z',..., u', et que nous ayons donné à x', y', z',..., u' des valeurs fixes : l'intégrale $\sum \mathrm{F}dt$, prise entre des limites réelles, d'ailleurs quelconques, par rapport à t et à F, aura pour partie imaginaire une quantité indépendante de $\frac{C_n}{C_{n+1}}$, qui sera par conséquent toujours la même fonction de x', y', z',..., u'. Cela posé, cette fonction G étant trouvée, l'intégrale cherchée,

$$2\int\int dx'dy'\int dz'\ldots\int \mathrm{G}du',$$

que l'on obtiendra en prenant pour limites de chaque intégration les valeurs de la variable dont la différentielle entre sous le signe $\int$, pour lesquelles l'intégrale précédente serait nulle, ne dépendra évidemment pas de $\frac{C_n}{C_{n+1}}$. »

Ce furent MM. Lamé et Hermite qui furent nommés commissaires pour examiner mon travail, mais je ne comptais pas leur demander de rapport, je me réservais pour la série de Taylor.

Aussitôt cette affaire terminée, je me mis à la rédaction de ma méthode pour suivre dans leurs variations les valeurs d'une fonction multiple définie par une équation algébrique entière.

Lorsque ce fut fait, craignant d'abuser de la complaisance de M. Babinet, j'écrivis au président de l'Académie pour demander la parole pour une communication. M. de Sénarmont, qui était alors président, me l'accorda gracieusement dès la séance suivante, le 26 juillet 1858.

Voici l'extrait que je remis pour le compte rendu. J'en ai, comme du précédent, retranché quelques longueurs.

NOTE SUR LA MARCHE DES VALEURS D'UNE FONCTION IMPLICITE DÉFINIE PAR UNE ÉQUATION ALGÉBRIQUE.

« Lorsqu'une fonction peut prendre plusieurs valeurs pour une même valeur de la variable dont elle dépend, mais que cependant il ne correspond à chaque couple de valeurs de la variable et de la fonction qu'une seule valeur de la dérivée de la fonction, les deux variables partant de valeurs initiales déterminées, si elles sont d'ailleurs assujetties à varier d'une manière continue, deviennent des fonctions bien déterminées l'une de l'autre ; en sorte que, si la marche de la variable a été fixée, on peut se proposer de rechercher ce que sera devenue la fonction, lorsque la variable aura passé de sa valeur initiale à une autre valeur quelconque, en suivant le chemin convenu.

« Cette question, qui a été d'abord posée et traitée par M. Cauchy, n'a jamais, depuis, été soumise à une autre méthode que celle qu'avait proposée l'illustre maître.

« Cette méthode, cependant, ne paraît pas pouvoir s'adapter à l'étude des fonctions de plusieurs variables, elle ne conduit qu'à une solution très-imparfaite de la question lorsque le chemin décrit par la variable indépendante n'est pas fermé; enfin elle paraît attribuer une importance trop considérable aux points qui ont pour *affixes* les valeurs de la variable pour lesquelles la dérivée de la fonction devient infinie. Ces points se distinguent des autres par un caractère analytique saillant, mais actuel et subjectif ; ils n'ont de remarquable que d'appartenir, en raison de la position du point où l'on s'est placé pour voir, au contour apparent du phénomène dont l'équation qu'on étudie traduit la loi. Je me suis proposé d'étudier la question par une méthode plus directe : j'ai traité d'abord le cas où l'équation proposée ne serait que du second degré par rapport à la fonction, parce que ce cas se rencontre le plus fréquemment dans la pratique, qu'il ne présente aucune difficulté d'aucun genre et que la solution qu'il comporte permet de préjuger celle qui convient aux autres cas.

« Soit la fonction $y = P \pm \sqrt{Q}$, P et Q étant des fonctions rationnelles de x : il est évident que les deux valeurs de y ne pourront se permuter que lorsque les deux parties réelle et imaginaire de $y - P$ auront successivement changé de signe en passant par zéro, puisqu'on ne donne pas à x de valeur qui annulerait Q ou le rendrait infini. Or la partie réelle de $y - P$ ne peut s'annuler que lorsque x prend une valeur réelle qui rende Q négatif, et sa partie imaginaire ne peut s'annuler que lorsque x prend une valeur réelle ou imaginaire qui rende Q positif ; on ne peut donc avoir à se préoccuper que des passages de x par ces trois genres de valeurs.

« On discute ainsi, sans recourir au développement de la fonction en série, toutes les équations qui ne la contiennent qu'au second degré.

« La même méthode pourrait être étendue aux équations de degré supérieur, car deux valeurs conjuguées de y ne pourront se permuter l'une dans l'autre qu'autant que les parties réelle et imaginaire de leur demi-différence auront successivement changé de signe en passant par zéro, c'est-à-dire, en désignant par z cette demi-différence, qu'autant que le point $[x,z]$ aura successivement, d'une part, traversé la conjuguée $C = \infty$ de la courbe dont l'ordonnée serait z, et de l'autre, soit passé sur cette courbe en la rasant, soit traversé sa conjuguée $C = 0$.

« Les passages des deux premiers genres correspondent à des passages du point $[x,y]$ sur la conjuguée $C = \infty$ de la courbe proposée ou sur cette courbe elle-même, mais les passages du point $[x,z]$ sur la conjuguée $C = 0$ de la courbe dont l'ordonnée serait z, ne pourraient être observés qu'autant qu'on connaîtrait l'équation en z, et il serait illusoire, dans la plupart des cas, de proposer de rechercher cette équation.

« Pour lever les dernières difficultés que comporte la question, on suivra de proche en proche la marche de chacun des points $[x,y]$ sur les conjuguées de la courbe représentée par l'équation proposée.

« Les conjuguées qui touchent la courbe en ses points singuliers sont habituellement les limites de portions du plan occupées par des catégories différentes de conjuguées ; les passages du point mobile $[x,y]$ sur ces conjuguées devront donc être relevés avec soin, pour qu'on sache toujours à quelle catégorie appartiennent les conjuguées sur lesquelles le point $[x, y]$ s'est transporté.

« Les points de contact des diverses conjuguées avec leurs deux enveloppes réelle et imaginaire les séparent en branches différentes; les passages du point mobile $[x,y]$ sur l'une ou l'autre enveloppe devront donc aussi être observés avec attention, pour qu'on sache toujours sur quelle branche de la conjuguée à laquelle il appartient, se trouve le point mobile. Je montre qu'il sera toujours facile à chaque passage de savoir s'il a changé ou non de branche.

« J'ai discuté de cette manière l'équation $y^3 - a^2y + a^2x = 0$. »

M. de Sénarmont désigna comme commissaires MM. Liouville, Lamé et Hermite.

Je commençais à y voir un peu plus clair dans la théorie de la série de Taylor. J'étais déjà certain que la convergence de cette série ne pouvait pas être arrêtée par un point multiple où les dérivées des diverses valeurs momentanément égales de la fonction se sépareraient à un ordre suffisamment élevé.

J'étais arrivé à cette conclusion en remarquant qu'une série ordonnée suivant les puissances croissantes de la variable est convergente ou divergente en même temps que toutes ses dérivées et intégrales, sauf, bien entendu, le cas douteux où le rapport des modules de deux termes consécutifs tendrait vers 1.

Il en résultait immédiatement en effet que, si le développement de la fonction était arrêté en un point où ses dérivées se séparassent à partir d'un certain ordre, les dérivées d'ordres supérieurs de cette fonction cesseraient d'être développables alors qu'on n'aurait rencontré aucun point critique relativement à elles, ce qui eût renversé toute la théorie.

Au reste l'hypothèse était encore plus absurde à un autre point de vue : car en admettant que le développement de l'ordonnée fût arrêté par un point multiple où les tangentes se trouvassent distinctes, le périmètre de la région de convergence passerait par ce point, et quelle que fût celle des branches qui s'y rejoindraient à laquelle on le supposât tangent, il couperait toutes les autres de sorte que chacune de ces autres branches aurait, comme la première, un arc plus ou moins étendu compris dans la région de convergence, et qu'ainsi la série, qui n'a jamais qu'une valeur, représenterait à la fois les ordonnées de toutes les branches qui iraient concourir au point multiple.

Ainsi l'empêchement qu'on supposait devoir exister au delà du point multiple se présenterait déjà en deçà. L'hypothèse était donc absurde : les points multiples où les dérivées de la fonction finiraient par se séparer ne devaient pas être conservés au nombre des points critiques, la série les traverserait sans embarras, comme j'avais déjà été amené à le supposer, en rétablissant la notion vraie de la continuité, et la fonction représentée par la série ressortirait du point multiple avec une valeur dont les dérivées d'ordres assez élevés fussent en continuité avec celles qu'elles avaient auparavant.

D'un autre côté, en suivant la marche des fonctions y définies par les équations

$$- \text{[illegible]}^2 y + a^2 x =$$

et

$$y^3 - 3axy + x^3 = 0,$$

j'avais eu plusieurs occasions de constater que, pour pouvoir se rendre d'un point de départ

$$x_0 = \alpha_0 + \beta_0 \sqrt{-1}$$
$$y_0 = \alpha'_0 + \beta'_0 \sqrt{-1}$$

à un point critique

$$x_n = a_n + b_n \sqrt{-1}$$
$$y_n = a'_n + b'_n \sqrt{-1},$$

il était souvent nécessaire que le point mobile $[x, y]$ allât prendre son passage au delà d'un autre point critique

$$x_p = a_p + b_p \sqrt{-1}$$
$$y_p = a'_p + b'_p \sqrt{-1},$$

tel que le module de

$$(a_p - \alpha_0) + (b_p - \beta_0) \sqrt{-1}$$

dépassât celui de

$$(a_n - \alpha_0) + (b_n - \beta_0) \sqrt{-1};$$

et j'en concluais d'une façon certaine que la convergence du développement, à partir du point $[x_0, y_0]$, ne pouvait pas être arrêtée par le point $[x_n, y_n]$, puisque pour pouvoir conduire près de ce point il eût fallu que la série pût conduire au delà du point $[x_p, y_p]$, ce qui était impossible. Cela étant, la règle de Cauchy était fausse, le développement n'était pas toujours arrêté par le point critique le plus voisin du point de départ.

Je ne savais pas encore si je pourrais déterminer dans chaque exemple la véritable limite de la région de convergence ; je ne savais pas davantage si je pourrais caractériser la valeur de y que donnerait la série, autrement qu'en disant avec M. Puiseux que c'était celle qui était partie du point de départ, mais j'entrevoyais déjà la possibilité de résoudre ces deux questions, au moins dans quelques cas particuliers.

Cela étant, je songeai à publier ce qui était fait déjà et ce que je pourrais faire encore.

Trouver un éditeur, ce problème ne promettait que des solutions imaginaires. Faire moi-même les frais de l'impression, il y avait incompatibilité. D'un autre côté, je ne voulais plus rien demander au journal de l'École polytechnique. Je m'adressai à M. Liouville par un petit mot dont je n'ai pas gardé copie.

M. Liouville fit mieux que de me répondre, il me fit l'honneur de venir chez moi, la veille de son départ pour Toul, et, ne m'ayant pas trouvé, dit à ma femme de me dire de préparer mon travail pendant les vacances et qu'il l'insérerait dans son journal après la rentrée (1857).

Je prenais moi-même des vacances pour la première fois cette année.

A la rentrée, j'avais d'avance trois articles pour M. Liouville. Le premier contenant un résumé succinct de mon premier ouvrage, résumé indispensable à l'intelligence de ce qui suivrait; le second relatif aux périodes des intégrales simples, et le troisième à la théorie des intégrales doubles. Pendant le temps nécessaire à leur publication, je préparerais les suivants.

La publication de mes mémoires dans le journal de M. Liouville continua effectivement à raison d'un par mois ou par couple de mois.

Bour fut appelé à l'École polytechnique, en qualité de répétiteur de géométrie descriptive, au commencement de 1858. Il suivait mes travaux avec intérêt. Lorsqu'il fut nommé, l'année suivante, professeur de mécanique, il fallut le remplacer comme répétiteur de géométrie descriptive. Il me proposa la candidature à cette place et m'appuya chaleureusement dans le Conseil des études, ainsi que M. Lamé, mais je ne fus pas choisi. Du reste, mon concurrent, M. Rouché, s'était plus occupé que moi de géométrie descriptive.

Cette affaire présenta une particularité singulière : les habiles, pour me faire évincer, imaginèrent que j'étais trop âgé pour la fonction de répétiteur : et c'étaient eux-mêmes qui avaient tout fait pour m'empêcher d'arriver plus tôt ! Bour était furieux, il disait : « Au moins, on invente une raison à laquelle on puisse répondre. » — De fait, deux ans après, j'étais encore assez jeune.

C'est en 1859 que parut la Théorie des fonctions *doublement périodiques* de MM. Briot et Bouquet.

J'attendais cet ouvrage avec impatience, depuis qu'il était annoncé, non-seulement pour savoir si les erreurs de méthode et de doctrine que j'avais constatées dans le mémoire de M. Puiseux seraient maintenues, mais aussi dans l'espérance de pouvoir découvrir, dans une exposition probablement plus complète de la théorie du maître, l'origine de ces erreurs.

J'éprouvai sous les deux rapports une déception complète.

Les erreurs restaient bien les mêmes, mais elles n'étaient plus exprimées dans les mêmes termes précis dont s'était servi M. Puiseux. De simple, qu'il était auparavant, le galimatias était devenu double. Si le langage de MM. Briot et Bouquet n'avait été picard, on aurait juré que l'intention était normande.

J'étais depuis quelque temps déjà, comme je l'ai dit, certain que les points multiples où les dérivés de la fonction finissent par se séparer, avaient été rangés à tort parmi les points critiques. Mais j'en avais trouvé une nouvelle preuve : en supposant que les dérivées de tous les ordres de l'ordonnée de la courbe, au point multiple considéré, restassent toutes finies, les séries qui donneraient les ordonnées des diverses branches de cette courbe, développées à partir du point multiple, seraient toutes convergentes dans de certaines limites, or les intervalles correspondant à ces limites ne pourraient pas instantanément se réduire à rien, lorsqu'on déplacerait infiniment peu le point de départ, lorsqu'on changerait infiniment peu la valeur initiale de la variable, le point multiple se trouverait donc au beau milieu de la nouvelle région de convergence.

Prenons par exemple l'équation

$$y = x\sqrt{1+x};$$

l'origine est un point double, les tangentes à la courbe y sont dirigées suivant les bissectrices des angles des axes; l'équation donne

$$\frac{dy}{dx} = \frac{2+3x}{2\sqrt{1+x}},$$

les dérivées suivantes ne contiendront à leurs dénominateurs que le facteur $1+x$, aucune d'elles ne sera donc infinie pour $x=0$; elles auront d'ailleurs chacune deux valeurs égales et de signes contraires.

Pour $x=0$, $\frac{dy}{dx} = \pm 1$, désignons par $\pm A_2$, $\pm A_3$.... les valeurs des autres dérivées au même point, aucune des quantités A_2, A_3... n'étant infinie, il existera pour x des valeurs d'un module assez petit pour que la série

$$y = \pm\left(x + A_2\frac{x^2}{1.2} + A_3\frac{x^3}{1.2.3} + \ldots\right)$$

soit convergente, et l'on peut, dès lors, affirmer que la limite supérieure du module de x sera 1, parce que, l'origine étant écartée, il ne reste d'autre point critique que $x=-1$, $y=0$.

Ainsi, le centre même de la région de convergence pourrait être un point multiple : il serait tout aussi facile de mettre le point multiple dans la région de convergence, partout ailleurs qu'au centre :

En effet, reprenons la même équation

$$y = x\sqrt{1+x}$$

et transportons l'origine des coordonnées en un point $y = 0$, $x = -h$, h étant réel, positif et aussi petit qu'on le voudra : l'équation deviendra

$$y = (x-h)\sqrt{1-h+x},$$

les dérivées de la fonction, prises à la nouvelle origine, auront toujours chacune deux valeurs égales et de signes contraires; elles différeront infiniment peu de ce qu'elles étaient à l'ancienne origine; elles seront donc restées toutes finies, ce qui, au reste, est évident, puisqu'elles ne contiendront à leurs dénominateurs que le facteur $1 - h + x$; par conséquent, la série

$$\pm\left(-h\sqrt{1-h} + B_1 x + B_2 \frac{x^2}{1.2} + \ldots\right),$$

suivant laquelle se développera y, sera convergente dans une certaine limite; mais, d'un autre côté, les coefficients

$$B_1, \quad B_2, \quad B_3, \quad \text{etc.},$$

différant infiniment peu de

$$A_1, \quad A_2, \quad A_3, \quad \text{etc.},$$

les régions de convergence des deux séries ne pourront non plus différer qu'infiniment peu : en fait, la région de convergence, dans le second cas, sera limitée au point correspondant à $x = 1 - h$, parce que ce sera le seul point critique.

Ainsi, la fonction sera développable dans un intervalle comprenant un point multiple.

Il était du reste facile de vérifier que la marche du point $[x, y]$, réglée par la série de Taylor, obéirait, au moment du passage par le point double, aux conditions de continuité, telles que je les concevais.

En effet, la dérivée de la série

$$-h\sqrt{1-h} + B_1 x + B_2 \frac{x_2}{1.2} + \ldots$$

étant représentée, dans l'intérieur de la région de convergence, par

$$B_1 + B_2 x + B_3 \frac{x_2}{1.2} + \ldots,$$

elle se réduirait sensiblement à B_1, pour $x = h$, si h était suffisamment petit, mais B_1 lui-même différerait infiniment peu de $+1$, et comme cette dérivée ne pourrait être que $+1$, ou -1, elle serait donc rigoureusement égale à $+1$.

Ainsi, en traversant sa valeur multiple, la fonction obéirait à la loi de continuité, dans ses dérivées de tous les ordres.

J'avais également fait, et du reste par des considérations analogues aux précédentes, un progrès important dans la question de savoir si la région de convergence était véritablement bornée au point critique le plus proche du point origine, c'est-à-dire à celui des points critiques dont l'abscisse, retranchée de celle du point de départ, donnerait la différence de moindre module.

Pour mettre l'erreur en évidence, il suffisait de supposer une courbe qu'une de ses tangentes parallèles à l'axe des y coupât ailleurs en un point simple, et de prendre ce point simple pour point de départ : la fonction et ses dérivées restant toutes finies en ce point simple, la série représentative de la fonction resterait convergente dans une certaine limite, et le point critique serait au centre de la région de convergence. Si on déplaçait ensuite infiniment peu le point de départ, la région de convergence se déformerait insensiblement, et le point critique en question viendrait prendre une place quelconque dans l'intérieur de cette région.

La règle de Cauchy était donc fausse.

Je fis à cette occasion une curieuse découverte dans le mémoire de M. Puiseux. Il avait justement considéré le cas que je viens de supposer, à propos de l'équation

$$y^3 - y + x = 0,$$

en prenant pour x la valeur initiale 2, à laquelle correspondent deux valeurs égales de y et une valeur simple. Il avait naturellement trouvé que la valeur simple était développable, et cependant il avait maintenu la règle de Cauchy !

Cela s'explique, ou parce que ne représentant jamais la fonction et n'en étudiant pas la marche, M. Puiseux n'avait aucun moyen de savoir si x partant de $2 + h$, h étant aussi petit qu'on le voudrait, pour revenir à 2, y parti de sa valeur voisine de -2, qui est la racine simple correspondant à $x = 2$, ne parviendrait pas à $+1$, qui est la racine double; ou en supposant qu'il n'eût pas conscience de la continuité nécessaire de la région de convergence, le point de départ se déplaçant lui-même d'une manière continue, hypothèse du reste assez plausible, car M. Puiseux n'eût pas été seul, à cette époque, à penser ainsi.

Enfin, je commençais à me rendre nettement compte du caractère commun de tous les points vraiment critiques et de la raison pour laquelle la série devenait divergente en l'un d'eux.

L'incertitude devait nécessairement subsister à l'un et à l'autre égard aussi longtemps qu'on aurait regardé les points simplement multiples, où aucune dérivée de la fonction ne devenait infinie, comme pouvant éventuellement, selon la place qu'ils occuperaient par rapport aux autres points critiques et au point de départ, limiter, dans certains cas, la région de convergence.

En effet, si l'on pouvait, comme l'avait fait M. Puiseux, assigner pour caractère commun à tous les points critiques, la circonstance de l'égalité entre plusieurs valeurs de la fonction, car enfin fallait-il bien caractériser la criticité d'une façon uniforme, d'un autre côté il était impossible d'apercevoir aucune raison pour que la somme des termes de la série dépassât toute limite en un point multiple, tandis qu'il y en avait d'évidentes pour que cela arrivât en tous les autres points critiques.

Au contraire, les points multiples étant écartés, l'explication, en ce qui concernait les autres, se présentait d'elle-même à l'esprit.

En effet, s'il s'agissait d'un point où la fonction elle-même devînt infinie, la série y deviendrait naturellement divergente pour continuer de représenter encore cette fonction.

Et s'il s'agissait d'un point simple ou multiple, où les dérivées de la fonction devinssent infinies à partir d'un certain ordre, comme une série ordonnée suivant les puissances croissantes de la variable est convergente ou divergente en même temps que toutes ses dérivées et intégrales, la série propre à représenter la fonction deviendrait divergente par raison collatérale, parce que l'une de ses dérivées devrait cesser d'être développable.

Il convient de remarquer à ce propos, pour expliquer comment la série qui donne y devient divergente en un point où $\frac{dy}{dx}$ est infini, quoique y reste fini, que par série divergente il faut seulement entendre une série où le rapport des modules de deux termes consécutifs reste plus grand que 1, et non pas une série dont les termes donneraient une somme infinie ; de sorte que ce que la théorie constate, c'est que, en un point où $\frac{dy}{dx}$ devient infini, la série suivant laquelle se développe y, présente ce caractère de divergence que le rapport des modules de deux termes consécutifs reste plus grand que 1, mais non pas que les termes indéfiniment prolongés donneraient une somme infinie.

Il est donc raisonnable d'admettre que, dans le cas où y doit rester fini, quand $\frac{dy}{dx}$ devient infini, la série qui donne y reste finie tout en étant divergente, le mot divergence n'ayant pas d'ailleurs d'autre sens que celui de non-convergence, puisque c'est déjà une condition de divergence que le module du terme général ne tende pas vers zéro, quoique, par suite des variations de signes d'un terme à l'autre, la somme dans ce cas puisse parfaitement ne jamais devenir infinie.

Ainsi les points vraiment critiques étaient seulement ceux où les dérivées de la fonction, à partir d'un certain ordre, devenaient infinies, l'ordre zéro correspondant à la fonction elle-même; et la série y devenait divergente soit parce qu'elle eût eu à représenter une grandeur infinie, soit parce qu'une de ses dérivées eût dû dépasser toute limite.

On retombait ainsi sur la règle admise quarante ans auparavant, et dont les travaux de M. Cauchy n'avaient eu d'autre effet que d'obscurcir l'évidence ; le terrain était déblayé, et il ne restait plus qu'à traiter les deux seules questions intéressantes que comportât la théorie de la série de Taylor, et dont M. Cauchy n'avait rien dit : 1° déterminer, pour chaque système de valeurs initiales de la variable et de la fonction, celui des points critiques où serait véritablement limitée la région de convergence ; 2° caractériser assez nettement celle des valeurs de la fonction qui aurait été développée, pour qu'on pût, pour chaque valeur de la variable, la discerner au milieu des autres, parmi les racines de l'équation qui définirait implicitement la fonction proposée.

J'étais assuré de pouvoir résoudre ces deux questions, mais pour pouvoir seulement les poser, il fallait avant tout renverser l'opinion accréditée de la coïncidence nécessaire entre le point d'arrêt de la convergence et le point critique le plus proche du point origine, puisque, dans cette opinion, la question même qu'il s'agissait de traiter n'aurait pas existé.

Je rédigeai donc un premier mémoire contenant la réfutation des erreurs dans lesquelles étaient tombés MM. Puiseux, Briot et Bouquet et la définition exacte des points critiques. J'adressai ce mémoire à l'Académie des sciences, mais sans donner de note pour les Comptes rendus.

Je désirais que M. Liouville voulût bien prendre connaissance de ce travail, et je lui écrivis le 7 novembre 1859.

« Monsieur, le théorème de M. Cauchy, que MM. Briot et Bouquet énoncent, page 26 de leur Théorie des fonctions doublement périodiques :

« *Pour qu'une fonction soit développable en une série ordonnée suivant les puissances entières et croissantes de la variable et convergente dans un cercle décrit de l'origine comme centre, il faut et il suffit que la fonction soit synectique, c'est-à-dire soit finie, continue, monodrome et monogène dans ce cercle.* »

« Ce théorème est complétement inexact.

« Les méthodes de M. Cauchy me sont tellement antipathiques, que je ne lis jamais des ouvrages de ses disciples que les énoncés.

« Mais celui que je viens de transcrire contredisait plusieurs faits que j'avais observés moi-même, et j'ai voulu savoir quelle était l'idée fausse qui avait égaré M. Cauchy.

« Le galimatias était au moins double, en sorte que j'ai eu de la peine à m'en tirer, mais je crois y être parvenu.

« La lecture de mon mémoire vous sera tellement facile que je ne crois pas, en vous priant d'en prendre connaissance, abuser de votre bonté. »

J'allai voir M. Liouville quelques jours après, et je commençais à lui donner mes preuves de la fausseté du théorème, lorsqu'il me dit : « Mais il est bien certain que rien ne prouve *à priori* que la convergence soit arrêtée au point critique le plus proche du point origine. On n'en sait rien; il faudrait faire une discussion pour le savoir. Je ne sais pas comment ces messieurs entendent le théorème, mais je n'y vois que la fixation d'une limite en deçà de laquelle on est sûr que la série est convergente ; au delà, il y a doute. »

Puis il me dit quelques mots des mémoires de M. Lamarle sur la question, mémoires dont je n'avais jamais entendu parler.

Par suite de cette indication, je crus devoir attendre, avant d'insister pour l'examen de mon dernier mémoire, que j'eusse vu ceux de M. Lamarle.

J'écrivis à ce savant :

« Monsieur, M. Liouville a bien voulu accepter, pour le *Journal de mathématiques*, un mémoire de moi, dont quatre articles, qui ont déjà paru, contiennent l'exposition d'une théorie nouvelle des périodes des intégrales simples, doubles et d'ordre quelconque.

« Dans le cinquième article, qui est sous presse, j'étudie la marche d'une fonction implicite d'une variable $x = \alpha + \beta\sqrt{-1}$, dont la marche est elle-même assignée par une équation $\varphi(\alpha, \beta) = 0$.

« La question avait été indiquée par M. Cauchy et traitée par M. Puiseux, mais ces messieurs se servaient, pour la résoudre, du développement de la fonction, suivant la série de Taylor.

« Cette méthode m'a paru mauvaise par deux raisons, la première, que l'usage pratique de la série de Taylor serait tellement compliqué que ce n'est en quelque sorte qu'un leurre; la seconde, que beaucoup de questions douteuses restaient à traiter relativement à la série elle-même.

« MM. Cauchy et Puiseux se sont en effet trompés en plusieurs points sur les conditions de convergence de cette série; j'ai pu m'en assurer en traitant directement la question de la marche d'une fonction implicite.

« J'ai donc fait dépendre la discussion des conditions de convergence de la série de Taylor, de l'étude préalable de la marche de la fonction à développer.

« Comme je parlais à M. Liouville de ces nouvelles recherches, il m'a fort engagé à lire les mémoires que vous avez publiés sur le même sujet ; je n'ai pas besoin de vous dire que j'en ai une grande envie, mais je les cherche depuis trois semaines sans les trouver, et comme M. Liouville a eu la bonté de m'autoriser à me servir de son nom près de vous, je viens, ainsi présenté, vous prier d'avoir l'obligeance de me donner les indications qui me manquent.

« M. Liouville m'a bien dit que vos mémoires ont paru en partie dans son journal et en partie dans les *Comptes rendus*, mais je craindrais, en faisant les recherches moi-même, d'en laisser échapper quelques-uns. »

Je reçus presque aussitôt après la réponse suivante :

« Monsieur, en réponse à la demande que vous m'avez fait l'honneur de m'adresser, je vous expédie en même temps que cette lettre les trois notes auxquelles M. Liouville a pu faire allusion, et dont voici les titres :

« Note sur l'emploi d'un symbole susceptible d'être introduit dans les éléments du calcul différentiel.

« Note sur le théorème de M. Cauchy relatif au développement des fonctions en série.

« Note sur la continuité considérée dans ses rapports avec la convergence des séries de Taylor et de Maclaurin.

« C'est sans doute la dernière de ces notes que M. Liouville a eue particulièrement en vue. Néanmoins, comme les deux autres s'y rattachent par quelques points, j'ai cru opportun de vous les envoyer toutes trois. Les deux premières ont été insérées dans le tome XI du *Journal de mathématiques pures et appliquées*, la troisième dans le tome suivant.

« Si vous rencontrez quelque chose à reprendre dans ceux de mes écrits sur lesquels votre attention va se porter, ne craignez pas de le faire. Je suis partisan de la devise : *Amicus Plato, sed magis amica veritas*. Je l'applique quelquefois, estimant d'ailleurs que j'ai plus à gagner qu'à perdre en la voyant retournée contre moi.

« Puissiez-vous, Monsieur, trouver dans mes diverses notes quelque chose qui vous soit utile ou qui du moins vous intéresse.

« Dans l'attente des relations nouvelles qui pourront s'établir entre nous, veuillez agréer, Monsieur et camarade, l'expression de ma considération très-distinguée. »

Gand, ce 31 janvier 1860.

Je parcourus avec empressement les notes que venait de m'envoyer M. Lamarle, mais ce n'est guère que six mois après que j'y découvris ce qui les rendait intéressantes, en lisant le Mémoire de M. Bonnet sur le même sujet.

Pour bien comprendre ce que je vais dire, il faut tenir compte de l'ordre des dates des publications de M. Lamarle, de M. Bonnet et de M. Puiseux et de ce que le Mémoire de M. Bonnet, sans qu'il le dît était évidemment destiné à clore la discussion qui avait eu lieu entre MM. Cauchy et Lamarle et à donner la solution du différend.

M. Cauchy avait assigné pour limite à la région de convergence le point critique le plus voisin du point de départ. M. Lamarle ne contredisait pas précisément la proposition de M. Cauchy, mais il demandait, comme supplément d'instruction, qu'on s'assurât que deux au moins des valeurs de la fonction (il ne disait ni ne pouvait dire lesquelles) se permuteraient autour de ce premier point critique. Il n'établissait pas, du reste, que la condition pût n'être pas remplie.

Tout cela était tellement vague, que je n'y avais d'abord pas fait grande attention; d'ailleurs, n'ayant pas sous les yeux les réponses de M. Cauchy, je n'avais pas bien vu le point sur lequel ces messieurs étaient en discussion.

Quant aux raisons que donnait M. Lamarle de l'introduction de la condition nouvelle dont il s'agit, elles étaient nécessairement fort peu claires, parce qu'il ne savait pas et ne pouvait pas savoir autour de quels points critiques les permutations des valeurs momentanément égales de la fonction pourraient se produire, en sorte qu'il n'y avait en apparence rien d'utile à tirer de son observation. J'ignore ce que lui répondait M. Cauchy, mais je suppose qu'il devait se borner à répondre que les valeurs égales de la fonction se permuteraient toujours autour du point critique correspondant.

Je n'avais donc rien tiré de la lecture des Mémoires de M. Lamarle, lorsque, rencontrant M. Bonnet, comme je lui contais mes recherches et mes perplexités à propos de la série de Taylor, il m'offrit de me donner son Mémoire de 1849 sur la question. J'acceptai avec empressement et je lus ce travail avec la même avidité que celui de M. Lamarle.

M. Bonnet ne nommait ni M. Cauchy ni M. Lamarle et ne faisait aucune allusion à leur discussion, mais il reproduisait pour les discutes les deux conditions que M. Lamarle avait imposées au point d'arrêt, d'être le plus proche des points critiques autour desquels deux valeurs de la fonction pourraient se permuter, de sorte qu'on voyait bien l'à-propos de son mémoire.

M. Bonnet supposait deux points critiques autour de l'un desquels aucune permutation ne pourrait se produire, tandis qu'il s'en produirait une autour de l'autre ; il reproduisait les démonstrations de M. Cauchy et de M. Lamarle pour établir que le développement ne pourrait pas, en tout cas, se prolonger à la fois au delà de l'un et de l'autre de ces deux points, puis, arrivé au moment de décider lequel serait le point d'arrêt, il terminait en disant qu'*évidemment* le second serait toujours plus proche du point de départ que le premier. M. Bonnet donnait ainsi implicitement raison à M. Cauchy, en déclarant superflue la condition introduite par M. Lamarle.

Comme je ne comprenais pas du tout, je me mis à réfléchir.

Je savais bien qu'on avait rangé à tort parmi les points critiques, les points multiples où les dérivées de la fonction se sépareraient à un certain ordre, mais j'étais arrivé à cette conclusion par les raisons de continuité que j'ai rapportées plus haut; je ne m'étais jamais demandé autour de quels points critiques les valeurs momentanément égales de la fonction se permuteraient ou ne se permuteraient pas, je n'avais d'ailleurs pas lu la partie du travail de M. Puiseux qui se rapporte à cette question. La lecture des Mémoires de M. Lamarle et de M. Bonnet fixa mon attention sur ce point.

Je reconnus tout d'abord que les ordonnées des différentes branches partant d'un point multiple où les dérivées de y se sépareraient à un certain ordre, ne pourraient pas se permuter autour de ce point, dans un intervalle infiniment petit par rapport à x, puisque si les valeurs de la fonction se permutaient, celles de ses dérivées se permuteraient aussi, ce qui ne pourrait arriver, celles d'ordres suffisamment élevés étant séparées par des intervalles finis.

J'arrivai du reste en même temps à la solution de la question si longuement traitée par M. Puiseux : les formes de la fonction qui pouvaient se permuter entre elles, dans un parcours infiniment petit autour d'un point critique étaient évidemment celles dont les dérivées devenaient infinies au même ordre, car celles dont les dérivées finiraient par se séparer ne pourraient pas se permuter entre elles et celles dont les dérivées seraient devenues infinies avant les autres seraient séparées par cela même. Or, il n'y avait pour les dérivées de ces différentes formes de la fonction que deux issues, se séparer ou devenir infinies, car pour qu'un certain nombre d'entre elles restassent indéfiniment confondues, il faudrait que la courbe contînt autant de branches superposées, c'est-à-dire que le lieu fût réductible.

C'est par ces considérations que j'arrivai à voir ce qu'il pouvait y avoir de juste dans l'observation de M. Lamarle et à lui donner un sens qu'au reste elle n'avait peut-être pas dans sa pensée : l'observation était juste si elle s'appliquait aux points prétendus critiques, qui ne l'étaient pas réellement, c'est-à-dire aux points multiples où les dérivées de la fonction finissaient par se séparer, sans devenir infinies.

J'écrivis à M. Lamarle le 26 juillet 1860 :

« Monsieur, je dois d'abord vous remercier de l'obligeance que vous avez mise à m'envoyer les articles sur la série de Taylor que vous avez publiés dans le journal de M. Liouville.

« Je les ai lus aussitôt avec avidité, mais je dois vous avouer que je n'y avais rien vu à la première lecture.

« Depuis, mon camarade M. Bonnet m'a communiqué son Mémoire sur la théorie générale des séries, qui a été couronné par l'Académie de Belgique en 1849, et qui contient un travail sur le même sujet.

« La lecture de ce dernier travail m'a engagé à reprendre celle des notes que vous aviez eu l'obligeance de m'envoyer, et j'y ai trouvé alors ce que je n'avais pas su y découvrir du premier coup.

« Jusqu'à présent on a toujours cru que la fonction y définie par une équation $F(x, y) = 0$ ne serait plus développable dès que le module de $(x - x_0)$ dépasserait la distance du point initial x_0 au point critique le plus voisin.

« Le fait est complétement inexact, mais l'erreur est universelle.

« Au moins fallait-il s'entendre sur les caractères des points critiques.

« Or ce que j'ai trouvé dans vos Mémoires et ce qui résulte de la comparaison que j'en ai faite aux autres travaux publiés sur le même sujet, c'est que vous seul avez bien vu les conditions pour qu'un point fût véritablement critique.

« Vous imposez à l'amplitude du module de $(x - x_0)$ les deux conditions de ne pas dépasser soit le premier point où la fonction y deviendrait infinie, soit le premier de ceux où elle cesserait de reprendre la même valeur lorsque, dans x, représenté par

$$r(\cos\theta + \sqrt{-1}\sin\theta),$$

θ varierait de zéro à 2π.

« Je n'avais pas aperçu d'abord ce que la seconde condition a de profond.

« Ce n'est qu'en lisant le Mémoire de M. Bonnet et en constatant un désaccord évident, que j'ai voulu savoir comment une chose se trouvait affirmée par vous et niée par d'autres.

« M. Bonnet, après avoir énoncé le théorème de M. Cauchy à peu près comme vous, dit à la page 101 de son Mémoire.

Admettons maintenant que r (c'est le module de $x - x_0$) *atteigne le plus petit des deux nombres* R *et* R′ (ce sont les modules des différences à x_0 des premiers points où la première et la seconde condition de votre énoncé cessent d'être remplies), *c'est-à-dire le nombre* R, CAR ÉVIDEMMENT R NE PEUT SURPASSER R′, etc. (Il y a dans le texte R′ pour R et R pour R′, mais la faute d'impression est évidente.)

« Cette singularité attira mon attention parce que je ne voyais pas pourquoi on eût imposé à x une condition qui n'eût pas pu ne pas être remplie, ou pourquoi, l'ayant énoncée, on s'en débarrassait ainsi d'un trait de plume.

« C'est ce qui me ramena à vos Mémoires.

« Vous savez comment MM. Briot et Bouquet énoncent le théorème, et je crois que les adversaires de M. Cauchy peuvent s'en tenir à cette dernière édition d'une formule tant de fois remaniée.

« Cet énoncé exige que la fonction reste finie, continue, monodrome et monogène.

« Je ne dirai rien des premières conditions. La dernière signifie que $\frac{dF}{dx}$ et $\frac{dF}{dy}$ ne doivent pas s'annuler en même temps. C'est sur cette condition qu'il y a désaccord.

« Or, en fait, cette condition n'est aucunement nécessaire, elle est complétement étrangère à la question.

« Il y a des cas où la série reste convergente au delà d'un point de polygénéité, d'autres où, sans que la polygénéité soit la cause de la divergence, elle coïncide cependant avec elle, ce qui a fait qu'on l'a prise pour cause.

« Or, votre seconde condition fournit justement (sous une forme qu'à la vérité je ne crois pas la meilleure) un moyen de distinguer les deux cas.

« Je crois en conséquence, Monsieur, que vous avez trop généreusement abandonné vos droits devant la réclamation de M. Cauchy, dont vous reproduisez les termes dans votre second Mémoire.

« M. Cauchy pouvait bien réclamer votre condition pour les points où $\frac{dy}{dx}$ devient infini ; mais il n'y avait pas droit pour ceux où $\frac{dF}{dx}$ et $\frac{dF}{dy}$ s'annulent en même temps.

« Les faits au reste le prouvent *à posteriori* d'une façon bien évidente, puisque votre condition a été si peu comprise qu'on l'a supprimée des énoncés les plus récents, pour lui en substituer une autre fausse.

« Je vous prie, Monsieur, d'excuser ce qu'il y a en apparence de tranchant dans mes affirmations; je ne pourrais vous détailler ici mes preuves, mais j'espère qu'elles vous plairont lorsque vous les verrez. »

M. Lamarle me répondit aussitôt :

Calais, ce 29 juillet 1860.

« Monsieur et cher camarade,

« Absent de Gand pour plusieurs mois, je reçois à Calais la lettre que vous m'avez adressée au lieu de ma résidence ordinaire. Je vois avec une vive satisfaction qu'une lecture répétée de mes deux notes sur le théorème de M. Cauchy vous a conduit à reconnaître l'erreur où l'on est tombé généralement, en ce qui concerne la détermination précise des conditions à la fois nécessaires et suffisantes pour la convergence d'un développement en série effectué suivant la formule de Taylor. Je crois saisir assez bien les détails que vous me donnez. Malheureusement je n'ai ici sous les yeux ni mes deux notes, ni les mémoires que vous citez, et mes souvenirs ne sont pas assez précis pour me permettre de hasarder aucune observation sur vos propres remarques. Elles me paraissent exactes et très-bien motivées, voilà tout ce que j'en puis dire. Vous me dites quelques mots d'une concession que j'aurais faite à M. Cauchy. Il me semblait avoir entouré cette concession d'une réserve suffisante pour lui ôter toute portée dangereuse. S'il en est autrement, c'est que l'expression a trahi ma pensée.

« L'intention que vous manifestez de discuter les questions relatives à l'objet dont il s'agit ne peut qu'être encouragée par moi. Je ne doute pas que votre travail n'offre un intérêt réel, et il me sera particulièrement agréable, si, comme je l'espère, il éclaircit un point resté douteux, malgré mes efforts pour le mettre en lumière.

« Je compte aller à Paris avant le mois d'octobre. Si je réalise ce projet, je tenterai de vous voir. Ce sera une excellente occasion d'entrer en rapport plus intime avec vous, et je ferai ce qui dépendra de moi pour la mettre à profit.

« Veuillez agréer, Monsieur et cher camarade, l'expression affectueuse de mes sentiments les plus distingués.

Pour tenir à M. Lamarle la promesse que je lui avais faite, j'insérai le paragraphe suivant dans mon mémoire, qu'allait publier M. Liouville :

« Ce que nous venons de dire démontre une fois de plus que le développement de la fonction ne peut être limité qu'à l'un des points où soit la fonction, soit ses dérivées, à partir d'un certain ordre, deviennent infinies.

« Ce nouvel énoncé du théorème de M. Cauchy s'accorde avec celui qu'avait donné M. Lamarle dès 1846.

« D'après M. Lamarle :

« *Toute fonction est développable en série convergente suivant la formule de Maclaurin, tant que le module de la variable reste moindre que la plus petite des valeurs pour laquelle la fonction cesse d'être continue ou de prendre même valeur aux deux limites* $\theta = 0$, $\theta = 2\pi$. *Hors de là la série devient divergente.*

« Lorsqu'en un point multiple du lieu considéré les dérivées de la fonction finissent par se séparer sans devenir infinies, cette fonction ne saurait, sans violer la loi de continuité, prendre indifféremment une quelconque des valeurs voisines de l'ordonnée du point multiple : elle n'en peut recevoir qu'une pour chaque valeur de la variable, de sorte qu'elle reprend la même valeur aux limites $\theta = 0$, $\theta = 2\pi$.

« A la vérité la condition qu'aucune dérivée de la fonction ne devienne infinie, me paraît offrir un sens plus net et devoir être d'un usage pratique plus commode que celle que la fonction reprenne la même valeur aux limites $\theta = 0$, $\theta = 2\pi$. Mais les deux énoncés s'accordent au fond.

« Celui de M. Lamarle tenait donc compte, dans la mesure convenable, de la présence des points multiples du lieu en question.

« J'ignore pourquoi dans les énoncés plus récents qu'on a proposés du théorème de M. Cauchy, la distinction n'a pas été maintenue. »

Je ferai remarquer en terminant l'historique de cet épisode de la science toutes les singularités qu'on y rencontre.

M. Lamarle présentait une observation juste, mais sans pouvoir en faire une application précise, n'ayant pas étudié les cas dans lesquels pouvaient se produire les permutations dont il parlait.

M. Cauchy repoussait énergiquement les perfectionnements qu'on apportait à sa théorie.

M. Bonnet niait le perfectionnement.

M. Lamarle faisait décerner un prix à M. Bonnet, pour sa négation, par l'Académie de Belgique.

Enfin, pour combler la mesure, M. Puiseux, peu après, constatait qu'aucune permutation ne pouvait se produire entre les valeurs momentanément égales de la fonction, autour d'un point multiple où les dérivées de cette fonction finissent par se séparer, et il maintenait ces points parmi les points critiques! MM. Briot et Bouquet emboitaient ensuite le pas à M. Puiseux, sans sourciller.

Quant à moi, je n'ai pu faire rendre les armes à mes adversaires qu'en 1872, à l'occasion du rapport de M. Puiseux sur mon mémoire relatif à la détermination du point d'arrêt, parmi les points critiques.

En résumé, mon mémoire se composait de ces remarques que quand une fonction devient infinie, toutes ses dérivées deviennent en même temps infinies : car cette fonction est l'ordonnée d'une courbe qui a une asymptote parallèle à l'axe des y, asymptote dont le coefficient angulaire infini, est la valeur de $\frac{dy}{dx}$, correspondant à la valeur considérée de x ; et, de même $\frac{dy}{dx}$ étant infini, $\frac{d^2y}{dx^2}$ l'est aussi et ainsi de suite ; qu'une dérivée d'ordre quelconque d'une fonction, ne peut devenir infinie que pour une valeur de la variable qui fasse acquérir au moins deux valeurs égales à la dérivée précédente : car la dérivée qui devient infinie est le coefficient angulaire de la tangente à la courbe qui a pour ordonnée la dérivée précédente ;

Enfin que si une même valeur de x attribue plusieurs valeurs égales à l'ordonnée, en général les valeurs correspondantes de la dérivée sont infinies, que si ces valeurs de la dérivée restent finies, mais égales, en général les valeurs correspondantes de la dérivée seconde sont infinies et ainsi de suite; mais que si la dérivée d'un ordre suffisamment élevé d'une des formes de la fonction se sépare des autres, avec une valeur finie, les dérivées suivantes de la même forme resteront finies et le développement de cette forme de la fonction ne sera pas arrêté par le point multiple considéré, puisque ce point ne serait pas critique pour les dérivées devenues simples et finies de la fonction développée.

C'est ainsi que l'origine des coordonnées est un point critique par rapport à la branche du folium

$$y^3 + x^3 - 3axy = 0$$

tangente à l'axe des y, et ne l'est pas par rapport à la branche tangente à l'axe des x : de sorte que si l'on plaçait le point de départ à gauche de l'origine, sur la branche tangente à l'axe des x, le point d'arrêt ne serait pas l'origine.

Soient en général n valeurs $y_1, y_2, \ldots y_n$ de y, qui deviennent égales pour $x = a$. Si p des formes correspondantes de la fonction ont leurs dérivées finies et inégales, le point $x = a$ n'arrêtera le développement d'aucune des p valeurs de y qui, assujetties à la continuité, atteindront, pour $x = a$, la valeur commune, sous une de ces p formes, c'est-à-dire avec des valeurs finies et différentes, pour leurs dérivées.

Si q formes de la fonction ont leurs dérivées infinies, le point considéré limitera la convergence de la série pour celles des valeurs de y qui atteindront pour $x = a$, la valeur commune, sous une de ces q formes; enfin si r valeurs de y ont leurs dérivées confondues il y aura doute, pour les formes correspondantes, et il faudra recourir aux dérivées secondes pour lesquelles on fera les mêmes distinctions et ainsi de suite.

Peu de temps après la publication de ce Mémoire, dans le *Journal de mathématiques pures et appliquées*, comme j'en causais avec M. Liouville, il me dit que M. Tchebycheff avait avant moi réduit les points critiques aux seuls points où la fonction ou ses dérivées deviennent infinies et m'indiqua le recueil (*Journal de Crelle*, 1844), où je trouverais la note de M. Tchebycheff à ce sujet. Voici comment je reconnus les droits de M. Tchebycheff, dans une note placée à la suite d'un autre chapitre.

« Je n'avais pas connaissance, lorsque j'écrivais le chapitre VII de mon Mémoire, d'une Note fort courte, mais très-importante, que M. Tchebycheff a insérée en 1844 dans le *Journal de Crelle* (t. XXVIII, pages 279 à 283).

« Cette *Note sur la convergence de la série de Taylor* contient à certains égards la bonne solution de la question.

« Le dernier énoncé, fourni à cette époque par M. Cauchy, de la condition de convergence, était ainsi conçu :

« x désignant une variable réelle ou imaginaire, une fonction réelle « ou imaginaire de x sera développable en série convergente ordonnée « suivant les puissances ascendantes de x, tant que le module de x « conservera une valeur inférieure à la plus petite de celles pour les- « quelles la fonction ou sa dérivée cesse d'être finie et continue. »

« M. Tchebycheff propose de dire :

« La série de Taylor

$$f(a) + \frac{z}{1} f'(a) + \frac{z^2}{1.2} f''(a) + \ldots$$

« est divergente ou convergente suivant que le module de z est plus « grand ou plus petit que celui de la valeur imaginaire x qui rendrait « infinie ou discontinue une des fonctions

$$f(a+x), \quad f'(a+x), \quad f''(a+x) \ldots$$

« En supprimant de cet énoncé l'assertion que la série deviendrait divergente au delà du premier point critique, on trouve la règle que j'ai proposée moi-même et dont je croyais la formule nouvelle.

« Les deux énoncés de M. Tchebycheff et de M. Lamarle sont vicieux, il est vrai, sous un rapport, mais tous ceux qu'on a donnés depuis sont entachés du même défaut ; au contraire ce qu'ils contenaient de rigoureusement exact a été compliqué depuis de conditions qui n'ont, ni de près, ni de loin, le moindre rapport à la convergence de la série.

« Même on en est venu jusqu'à ne plus caractériser les points où le développement peut être arrêté, que par la seule qualité commune, qui, justement, n'apporte par elle-même aucun obstacle au développement.

« Car s'il faut bien, il est vrai, qu'un point soit multiple, pour être dangereux, ce n'est en aucune façon comme point multiple qu'il est dangereux, mais parce que, suivant M. Tchebycheff, les dérivées de la fonction y deviennent infinies, à partir d'un certain ordre, ou, suivant M. Lamarle, parce que des valeurs de la fonction peuvent se permuter autour de ce point.

« Pour qu'on ait cru devoir changer les énoncés proposés par M. Tchebycheff et par M. Lamarle, il faut qu'ils n'aient été bien compris ni l'un ni l'autre.

« C'est pourquoi je pense qu'il ne sera pas inutile de revenir sur la démonstration de leur entière identité, démonstration que je n'ai qu'indiquée dans le chapitre VII.

« Ce qui est en question est de savoir si les valeurs de la fonction y, qui diffèrent infiniment peu de l'ordonnée d'un point multiple du lieu $f(x, y) = 0$, peuvent se permuter entre elles, la variable x ne prenant elle-même que des valeurs infiniment voisines de l'abscisse de ce point multiple, sans qu'aucune des dérivées de la fonction, quel qu'en soit d'ailleurs l'ordre, soit infinie en ce point.

« Il me semble qu'il suffit pour cela d'observer que pour que deux valeurs de y se permutent, il faut que toutes leurs dérivées se permutent aussi. Cette remarque est bien concluante en effet; car, de même qu'on ne saurait admettre que deux valeurs de y, correspondant à une même abscisse, mais séparées par un intervalle fini, se permutassent sans que la variable x se fût écartée de sa valeur initiale d'une quantité finie, on n'admettra pas davantage que les dérivées d'ordres supérieurs à celui où a lieu la séparation définitive, se permutent, sans cette condition; or si elles ne peuvent se permuter, les valeurs de la fonction ne se permuteront pas non plus.

« On peut pousser plus loin cette analyse :

« Si en un point multiple du lieu $f(x, y) = 0$ quelques dérivées, d'ordre n, se séparent des autres, en prenant d'ailleurs des valeurs distinctes, ces dérivées ne pouvant se permuter, ni entre elles, ni avec les autres, dans un parcours infiniment petit de la variable, il en sera de même des formes correspondantes de la fonction.

« Si, parmi les dérivées d'ordre n', on en trouve plusieurs ayant une même valeur k, d'autres ayant une même valeur k', etc., évidemment, sans pouvoir encore rien affirmer de la permutabilité ou de l'impermutabilité entre elles, de celles des dérivées qui, pour une valeur de x infiniment voisine de l'abscisse du point multiple, prennent des valeurs infiniment peu différentes de k, on pourra du moins affirmer qu'elles ne se permuteront pas avec les autres, et par suite conclure dans le même sens et avec les mêmes restrictions pour les formes correspondantes de la fonction.

« Enfin, si quelques dérivées de la fonction restent confondues jusqu'à l'ordre n'', et qu'au lieu de se séparer à l'ordre $n'' + 1$ elles y deviennent toutes infinies, les formes correspondantes de la fonction seront permutables entre elles, mais non avec les autres.

« Ainsi les formes de la fonction, qui peuvent se permuter entre elles, autour d'un point multiple, sont celles dont les dérivées deviennent infinies au même ordre, après être restées confondues jusqu'à l'ordre précédent.

« Ce sont là sans doute les groupes circulaires que le calcul direct avait révélés à M. Puiseux; en les définissant comme on vient de le faire, il devient superflu de les déterminer à l'avance. Que l'équation soit d'ailleurs algébrique ou transcendante, on les retrouvera toujours sans difficulté. »

Je ne demande aucun prix de vertu pour une restitution si naturelle : je demande seulement la conversion de deux pécheurs. S'ils lisent la note de M. Tchebycheff, ils y verront, je crois, que, dans la crainte de rester en deçà de la justice vis-à-vis de ce savant, j'avais peut-être beaucoup exagéré ses droits, en attribuant à son énoncé le sens littéral qu'il eût dû comporter, si on avait pu l'isoler d'une démonstration qui en réduisait singulièrement la généralité.

En effet, la notation employée par M. Tchebycheff suffirait déjà à indiquer qu'il n'a dû avoir en vue, dans sa note, qu'une fonction uniforme ou bien déterminée, c'est-à-dire n'ayant jamais qu'une valeur pour chaque valeur de la variable. Car si M. Tchebycheff avait pu entendre par $f(z)$ une racine d'une équation $F(y, z) = 0$, $f(a)$, $f'(a)$, $f''(a)$..... auraient bien pu avoir chacune une définition nette, parce qu'on aurait pu considérer à part une valeur $f(a)$ de y, correspondant à $z = a$, et désigner par $f'(a)$, $f''(a)$,... les valeurs des dérivées de y au même point $[z = a, y = f(a)]$ du lieu $F(y, z) = 0$, mais il n'en eût plus été de même de $f(a + x)$, $f'(a + x)$, $f''(a + x)$,..... qui entrent dans les calculs de M. Tchebycheff, et qui, pour chaque valeur de x auraient chacune m valeurs, si $F(y, z) = 0$ était de degré m en y; et la démonstration ne marcherait plus du tout : de sorte que pour que la démonstration de M. Tchebycheff soit acceptable, il faut qu'elle se rapporte exclusivement à une fonction uniforme; mais une fonction uniforme étant l'ordonnée d'une courbe incapable de points multiples, la remarque de M. Tchebycheff ne s'appliquerait alors aucunement à la question qui m'avait donné tant de tracas.

Mais la conclusion de M. Tchebicheff montre encore mieux qu'il n'a eu en vue que des fonctions explicites : il termine en effet son article par ces mots :

« Ce théorème n'est qu'une très-simple conclusion des découvertes « remarquables de M. Cauchy ; mais il est en partie contraire à la règle « de convergence des séries donné par cet illustre géomètre, dont l'é- « noncé est le suivant :

« x *désignant une variable réelle ou imaginaire, une fonction réelle ou* « *imaginaire de* x *sera développable en série convergente ordonnée suivant* « *les puissances ascendantes de* x, *tant que le module de* x *conserve une va-*

« *leur inférieure à la plus petite de celles pour lesquelles la fonction ou sa dé-* « *rivée cesse d'être finie et continue.*

« L'insuffisance de cette règle provient, ce me semble, de ce que « M. Cauchy suppose la valeur de l'intégrale définie être développable « en série convergente, lorsque la différentielle, entre les limites de « l'intégration, peut être développée en série convergente ; ce qui n'a « lieu que dans des cas particuliers. »

Il est bien évident par là que ce qui avait choqué M. Tchebycheff était cette idée, singulière en effet, de M. Cauchy de vouloir condenser tous les caractères de criticité dans la fonction et dans sa première dérivée seulement ; et il est tout aussi clair que ce n'est qu'à cette partialité qu'il s'en prend.

Cette hypothèse est d'autant plus probable que Cauchy lui-même, dans l'énoncé que critiquait M. Tchebycheff, n'envisageait non plus que des fonctions uniformes, sans quoi il eût dit, comme il l'a fait plus tard, « tant que le module de x conserve une valeur inférieure à la plus petite de celles pour lesquelles la fonction ou sa dérivée cesse d'être finie et continue, *ou pour lesquelles la fonction acquiert des valeurs égales.* »

M. Tchebycheff, pour mettre en évidence l'erreur de Cauchy, prend l'exemple de la série

$$(1+z^2)^{\frac{3}{2}} = 1 + \frac{3}{2}z^2 + \frac{3}{8}z^4 + \ldots$$

qui « est convergente ou divergente suivant que le module de la va- « leur de z est plus petit ou plus grand que l'unité, qui est le module « de la valeur $x = \sqrt{-1}$, pour laquelle la seconde dérivée et les sui- « vantes de $(1+x^2)^{\frac{3}{2}}$ deviennent infinies. »

Le choix de cet exemple semblerait contredire ce que j'ai supposé plus haut, puisque $(1+z^2)^{\frac{3}{2}}$ est racine de l'équation

$$y^2 - (1+z^2)^3 = 0.$$

Mais il convient de remarquer que les deux racines de cette équation ne se distinguant que par le signe, elles ont pu être confondues parce qu'elles sont naturellement développables entre les mêmes limites. Au reste, il eût été difficile de trouver un exemple d'une fonction uniforme qui restât finie, tandis que ses dérivées deviendraient infinies à partir d'un certain ordre ; et M. Tchebycheff était bien obligé de prendre son exemple parmi les fonctions multiples, quoique la démonstration de son théorème ne s'y appliquât plus.

Si au lieu d'un cas si simple, M. Tchebycheff avait considéré seulement celui d'une équation du troisième degré en y, non-seulement $f(a+x)$ n'aurait plus eu un sens déterminé, de sorte que la démonstration eût été vicieuse, mais le théorème lui-même eût été faux; il n'eût plus été vrai de dire que « la série de Taylor $f(a+z)=f(a)+\ldots$ « est divergente ou convergente suivant que le module de z est plus « grand ou plus petit que celui de la valeur imaginaire de x qui ren- « drait infinie ou discontinue au moins une des fonctions $f(a+x)$, « $f'(a+x)\ldots.$ »

Il vaut donc bien mieux, pour le théorème de M. Tchebycheff, que dans la pensée de son auteur, il ne s'applique qu'aux fonctions explicites, auquel cas il est exact, mais auquel cas, aussi, il n'a aucun rapport aux points multiples où les dérivées de la fonction finissent par se séparer sans devenir infinies.

On remarquera encore que la phrase : « Suivant que le module de z est « plus grand ou plus petit que celui de la valeur imaginaire de x qui « rendrait infinie ou discontinue, AU MOINS une des fonctions $f(a+x)$, « $f'(a+x)\ldots$ », montre que M. Tchebycheff n'avait pas remarqué que lorsqu'une fonction devient infinie, pour une valeur finie de la variable dont elle dépend, toutes ses dérivées deviennent en même temps infinies : or cette remarque peut seule donner la clef de la solution en ce qui concerne les points multiples.

Quant à la phrase qui termine l'article de M. Tchebycheff : « l'insuffi- « sance de cette règle provient, ce me semble, de ce que M. Cauchy sup- « pose la valeur de l'intégrale définie être développable en série con- « vergente, lorsque la différentielle (pour dérivée), entre les limites de « l'intégration, peut être développée en série convergente ; ce qui n'a « lieu que dans des cas particuliers », elle appelle une observation : l'opinion exprimée par M. Tchebycheff est inexacte : toutes les séries qui expriment une fonction, ses dérivées et ses intégrales sont en même temps convergentes ou divergentes, sauf le cas douteux, ou limite, où le rapport des modules de deux termes consécutifs tend vers 1. Mais rien n'indique que Cauchy ait fait la remarque juste que M. Tchebycheff lui attribue en la critiquant.

En résumé, si le théorème de M. Tchebycheff a le sens que je lui avais attribué en 1861, d'après ce que m'avait dit M. Liouville, il est inexact, comme je l'ai dit alors, parce que le développement d'une fonction implicite ne devient pas nécessairement divergent dès que le module de la variable dépasse le plus petit de ceux des valeurs de cette variable qui rendent infinies les dérivées d'ordre assez élevé de la fonction.

Si au contraire ce théorème a le sens que je serais porté à lui attribuer aujourd'hui, il gagne en exactitude ce qu'il perd en étendue, mais il ne se rapporte plus aux points multiples et en conséquence je reprends mon droit à la propriété exclusive de ce théorème que les points multiples d'un lieu où les dérivés de la fonction finissent par se séparer, sans devenir infinies, ne sont pas des points d'arrêt éventuel de la convergence du développement de la fonction.

Il serait peut-être désirable que M. Tchebycheff voulût bien éclairer lui-même ce point douteux de l'histoire de la série de Taylor.

Il restait à résoudre les deux questions de la détermination du point d'arrêt, parmi les points critiques, et de la construction de la région de convergence, ou, ce qui revient au même, de la fixation des caractères auxquels on pourrait reconnaître, pour chaque valeur de la variable, celle des valeurs de la fonction qui serait représentée par la série.

Lorsqu'une question est trop difficile, je commence par discuter des exemples qui s'y rapportent.

Mathématiques expérimentales! dirait peut-être M. Hermite. — Je ne dis pas non, mais c'est une bonne méthode de recherche. Les figures ont un langage très-saisissant, il n'est que de savoir l'entendre.

Les exemples que je pris présentaient tous les genres de difficultés sauf celles qui tiendraient à l'élévation du degré. Je réussis, pour chacun d'eux, non-seulement à déterminer, quel que fût le point de départ, celui des points critiques qui devait arrêter la convergence, mais encore les caractères distinctifs de celle des valeurs de la fonction qui se trouvait représentée par la série, de manière à pouvoir construire points par points la limite de la région de convergence, c'est-à-dire l'ensemble des points du lieu qui auraient pour abscisses les valeurs de x correspondant aux différents points du cercle de convergence de M. Cauchy, et pour ordonnées les dernières valeurs de y fournies par la série au moment où elle allait devenir divergente.

Ces exemples se rapportent aux lieux représentés par les équations

$$\begin{gathered}
y^2 = 2px \\
a^2y^2 + b^2x^2 = \pm a^2b^2 \\
a^2y^2 - b^2x^2 = - a^2b^2 \\
y^n = (1 + x)^m \\
y = \mathrm{L}(1 + x) \\
y^3 - a^2y + a^2x = 0 \\
y^3 - 3axy + x^3 = 0.
\end{gathered}$$

On s'occupait beaucoup à cette époque de la série de Lagrange. Bour, qui suivait toujours mes travaux, me dit un jour : « Pourquoi ne traitez-vous pas la question ? » Je lui répondis : « Mais, parce qu'elle n'existe pas. Lagrange a donné une nouvelle forme algébrique aux coefficients de la série de Taylor, mais la condition de convergence de cette série ne dépend pas de la forme algébrique de ses coefficients, elle ne dépend que de leurs valeurs. Si l'Académie s'occupe de cette affaire, elle a tort.

Tout en causant de cela et d'autres choses, Bour me fit sur ma manière de construire le point correspondant à une solution imaginaire, une observation intéressante qui me donna lieu de compléter utilement l'exposition des premiers principes de ma méthode.

Pour moi, la solution $x = \alpha + \beta\sqrt{-1}$, $y = \alpha' + \beta'\sqrt{-1}$ représente le point

$$[x = \alpha + \beta, \quad y = \alpha' + \beta'];$$

on parvient de l'origine à ce point en décrivant la diagonale du chemin brisé dont les côtés parallèles aux axes seraient α et α' et ensuite celle du chemin brisé dont les côtés seraient β et β'.

D'ailleurs quelque transformation qu'on fasse subir au système des axes, la construction du point répondant à la même solution transformée, se fait toujours en décrivant les deux mêmes lignes.

Bour me demandait comment il ne m'était pas venu à l'esprit de construire la solution $x = \alpha + \beta\sqrt{-1}$, $y = \alpha' + \beta'\sqrt{-1}$ en traçant la première diagonale dans le plan, puisqu'elle était réelle, et la seconde perpendiculairement au plan, puisqu'elle était imaginaire. Il me faisait remarquer que, par là, une équation à deux variables représenterait une courbe réelle dans le plan et une surface imaginaire hors du plan; mais que, d'ailleurs, cette surface serait formée des conjuguées dont je me suis occupé, redressées perpendiculairement au plan de la figure et appliquées sur les cylindres droits ayant pour bases les diamètres correspondant à leurs cordes réelles.

Tout cela est vrai, mais je lui opposais des objections qu'il ne sera pas inutile d'indiquer pour prévenir des tentatives qui pourraient paraître fructueuses, parce qu'elles conduiraient à des théorèmes, mais qui, je pense, devraient ensuite être abandonnées comme faites en violation de règles obligatoires.

La première, qui me paraît déterminante, et que met immédiatement en évidence l'embarras où l'on se trouverait d'opérer d'une manière analogue en géométrie à trois dimensions, consiste en ce que rien ne peut autoriser à changer l'espace dont on dispose, à mettre hors du plan ce que l'on demandait de construire dans le plan.

La seconde consiste en ce que le projet proposé violerait la loi de continuité : en effet, les cordes de la courbe réelle, auxquelles font suite les cordes réelles d'une conjuguée, dans mon système, font avec les éléments du diamètre commun, à leurs pieds sur ce diamètre, des angles variables, mais assujettis à la continuité, tandis que, dans l'autre système, l'angle resterait variable jusqu'au point où la corde deviendrait tangente à la courbe réelle et serait, à partir de là, invariablement droit. Néanmoins, il faut bien convenir que tous les faits se conserveraient jusqu'à un certain point dans le système que Bour me proposait.

Par exemple, si l'équation d'une droite réelle a des solutions imaginaires communes avec l'équation d'une courbe, les points correspondant à ces solutions, construits comme je les construis, fournissent les intersections effectives de la droite réelle et de la conjuguée de la courbe proposée dont la caractéristique est le coefficient angulaire de cette droite.

Dans l'autre système, l'équation du premier degré, $y = ax + b$, représenterait le plan perpendiculaire au tableau, mené par cette droite; de sorte que les solutions communes à deux équations

$$y = ax + b \quad \text{et} \quad f(x, y) = 0$$

fourniraient les points de rencontre du plan $y = ax + b$ avec la conjuguée $C = a$ du lieu $f(x, y) = 0$, redressée.

Tous les résultats pourraient sans aucun doute être transportés, d'une manière analogue, d'un des systèmes à l'autre ; mais leur traduction, dans le nouveau système, ne conduirait pas à des énoncés aussi simples qu'on pourrait s'y attendre à première vue.

Ainsi la surface imaginaire représentée par une équation du second degré à deux variables ne serait pas du second degré. Car les sections faites par des plans perpendiculaires au plan du tableau, menés par le centre de la courbe réelle, n'auraient pas même axe dans la direction perpendiculaire à ce plan du tableau.

Quant à l'objection que je faisais à Bour relativement à l'impossibilité d'étendre son système à la géométrie à trois dimensions, il me répondait gaiement : « Eh bien ! n'avez-vous pas l'hyperspace ? »

Tout cela, bien entendu, n'était que matière à causeries; mais ces causeries me suggérèrent l'idée, qui ne m'était pas encore venue, de démontrer directement que le mode de construction des solutions imaginaires, que j'avais adopté, jouissait exclusivement de la propriété de garantir la permanence des points représentatifs de ces solutions, quelques changements qu'on pût faire subir aux axes.

Cette démonstration se trouve dans le premier chapitre du premier volume de cet ouvrage.

Sauf un aperçu, dont il va être question, contenu dans le *Traité des fonctions doublement périodiques*, de MM. Briot et Bouquet, on n'avait, avant que je m'en occupasse, rien proposé relativement à la marche d'une fonction implicite de plusieurs variables ni aux conditions de convergence de la série de Taylor appliquée au développement de cette fonction.

Ces deux questions se rattachant de très-près aux précédentes, je n'en dirai ici que très-peu de mots :

La première se décompose en trois autres, si du moins, comme nous le supposerons, il s'agit d'une fonction de deux variables seulement, car dans le cas d'un plus grand nombre de variables indépendantes les questions à étudier seraient bien plus nombreuses.

Soit $f(x, y, z) = 0$ l'équation qui définit une fonction z de deux variables indépendantes x et y : posons, comme toujours,

$$x = \alpha + \beta\sqrt{-1}, \quad y = \alpha' + \beta'\sqrt{-1}, \quad z = \alpha'' + \beta''\sqrt{-1} :$$

les six variables α, β, α', β', α'', β'' ne seront jusqu'alors liées entre elles que par deux équations.

Si à ces deux équations on en joint trois autres, il ne restera qu'une variable indépendante, α, par exemple, et l'on pourra demander ce que sera devenue chacune des valeurs de z, assujettie à la condition de continuité, lorsque α aura passé d'une valeur initiale α_0 à une valeur finale α_1. — C'est la première question.

Si les trois équations complémentaires contiennent une constante arbitraire, l'ensemble des solutions des cinq équations représentera, pour chaque valeur de cette constante, un lieu curviligne composé de points pris sur la surface réelle et sur ses conjuguées, et cette ligne se déformera quand la constante variera. On pourra donc demander ce que chaque branche de cette ligne, assujettie à la continuité, sera devenue lorsque la constante aura passé d'une valeur à une autre. — C'est la seconde question.

Enfin, si les équations introduites se réduisent à deux, contenant une constante arbitraire, l'ensemble des solutions des quatre équations représentera, pour chaque valeur de cette constante, une surface formée de points pris sur la surface réelle et sur ses différentes conjuguées. Cette surface se déformera quand la constante variera et l'on pourra demander ce que chacune de ses nappes sera devenue lorsque la constante aura passé d'une valeur à une autre. — C'est la troisième question.

Les mêmes principes qui m'avaient servi à traiter la question de la marche des valeurs d'une fonction d'une seule variable permettent de traiter d'une manière analogue les trois questions ; je n'ai donc rien à dire de la méthode dont je me suis servi pour les résoudre dans quelques cas simples.

Quant à la question de la série de Taylor, il fallait d'abord la rétablir, MM. Briot et Bouquet l'ayant posée dans des termes par trop vagues et résolue par trop légèrement. Le développement de la fonction z de deux variables x et y est

$$
\begin{aligned}
z = z_0 &+ \left(\frac{dz}{dx}\right)_0 \frac{x-x_0}{1} + \left(\frac{d^2z}{dx^2}\right)_0 \frac{(x-x_0)^2}{1.2} + \dots \\
&+ \left(\frac{dz}{dy}\right)_0 \frac{y-y_0}{1} + \left(\frac{d^2z}{dxdy}\right)_0 \frac{(x-x_0)(y-y_0)}{1} + \dots \\
&\qquad + \left(\frac{d^2z}{dy^2}\right)_0 \frac{(y-y_0)^2}{1.2} + \dots \\
&\qquad\qquad + \dots
\end{aligned}
$$

Cette suite, comme étant indéfinie, constitue bien une série, si l'on prend le mot dans son acception la plus générale, mais en réalité elle en fournira autant qu'on voudra imaginer de modes d'en grouper les termes; et non-seulement les conditions de convergence de toutes ces séries ne seraient pas identiques, mais même elles ne porteraient pas sur les mêmes groupes de coefficients différentiels.

Ainsi on pourrait regarder le développement comme représentant la somme des valeurs des séries formulées dans les lignes horizontales; on pourrait grouper les termes suivant les lignes diagonales, etc.

Dans chaque cas la condition, ou plutôt les conditions de convergence dépendraient du mode de groupement des termes.

Il était donc indispensable de poser avant tout la question qu'on avait en vue et de définir la série dont la convergence était mise en question, ou la série des séries dont la convergence était en question.

MM. Briot et Bouquet, en ne faisant à cet égard aucune distinction, cherchaient en réalité la réponse à une question inconnue.

Quant à la solution qu'ils en donnent, elle n'a aucune valeur. Ces messieurs, dans leur théorie des fonctions doublement périodiques, disent, sans autre préambule, ni explication :

« Il est facile d'étendre les théorèmes précédents aux fonctions de plusieurs variables indépendantes. Soit $f(x, y, z)$ une fonction de trois variables imaginaires x, y, z, finie, continue, monodrome et monogène, quand chacune des variables reste comprise dans une certaine portion du plan. Donnons à x, y, z des accroissements h, k, l; la fonction $f(x+h, y+k, z+l)$ est finie, continue, monodrome et monogène, tant que les variables h, k, l restent comprises respectivement dans des cercles de rayons R, R′, R″, décrits des points x, y, z comme centres.

« Posons

$$u = x + th, \quad v = y + tk, \quad w = z + tl,$$

t désignant une variable dont le module est plus petit que l'unité. La fonction $f(u, v, w)$ est une fonction synectique de t, quand la variable t se meut dans le cercle de rayon 1, décrit de l'origine comme centre ; elle est donc développable, dans cette étendue, en une série convergente ordonnée suivant les puissances croissantes de t, et l'on a, en désignant par F (t) cette fonction,

$$\mathrm{F}(t) = \mathrm{F}(0) + \mathrm{F}'(0)\frac{t}{1} + \mathrm{F}''(0)\frac{t^2}{1.2} + \ldots$$

Mais on a symboliquement

$$\mathrm{F}^n(t) = (h\mathrm{D}_u f + k\mathrm{D}_v f + l\mathrm{D}_w f)^n,$$

d'où

$$\mathrm{F}^n(0) = (h\mathrm{D}_x f + k\mathrm{D}_y f + l\mathrm{D}_z f)^n.$$

Si l'on remplace $\mathrm{F}^n(0)$ par sa valeur et que l'on fasse $t = 1$, on obtient la série

$$(9) \qquad \left\{ \begin{array}{l} f(x+h, y+k, z+l) = f(x, y, z) \\ + \sum_1^\infty \dfrac{(h\mathrm{D}_x f + k\mathrm{D}_y f + l\mathrm{D}_z f)^n}{1.2\ldots n}, \end{array} \right.$$

ordonnée suivant les puissances croissantes de h, k, l, et convergente dans les cercles de rayons R, R', R''. »

Ainsi, il y aurait deux conditions de convergence, l'une relative à x, indépendamment de y et l'autre relative à y, indépendamment de x.

Cependant, si l'on considérait, par exemple, la fonction z, définie par l'équation

$$\frac{x^2}{a^2} + \frac{y^2}{b^2} + \frac{z^2}{c^2} = 1$$

et que l'on supposât y constant, la convergence du développement de z serait évidemment limitée à l'un des points

$$x = \pm a\sqrt{1 - \frac{y^2}{b^2}},$$

dépendant de la valeur attribuée à y; et si c'était x qui restât constant, la convergence serait limitée à l'un des points

$$y = \pm b \sqrt{1 - \frac{x^2}{a^2}},$$

dépendant de la valeur attribuée à x.

Bien mieux ! si x et y étaient assujettis à la condition

$$\frac{x^2}{a^2} + \frac{y^2}{b^2} = 0,$$

il n'y aurait plus de condition de convergence : la série resterait convergente même pour des valeurs infinies de x et de y, car z, alors, serait une constante et tous les termes du développement s'évanouiraient d'eux-mêmes, à partir du second.

La solution proposée par MM. Briot et Bouquet était donc absurde.

La série qu'il est utile de considérer, dans la pratique, est celle dont les termes sont les sommes des termes homogènes, par rapport à $(x - x_0)$ et à $(y - y_0)$, du développement général, et c'est celle dont je cherchai la condition de convergence.

La question était facile à résoudre par les considérations suivantes, qui heureusement se présentèrent d'elles-mêmes à mon esprit :

Dès que x et y étaient donnés, la série coïncidait identiquement avec le développement par la formule de Maclaurin, de la fonction de $x - x_0$, composée des fonctions $x - x_0$ et $y - y_0 = \text{K}(x - x_0)$, K désignant le rapport des différences connues $y - y_0$ et $x - x_0$.

D'un autre côté la relation entre $z - z_0$ et $x - x_0$ n'était autre que l'équation de la projection sur le plan des xz de la section de la surface $[x, y, z]$ par le plan réel ou imaginaire

$$y - y_0 = \text{K}(x - x_0);$$

mais les points critiques de cette projection n'étaient autres que les projections sur le plan des xz des points critiques de la section dans son son plan et ceux-ci n'étaient eux-mêmes autres que les points de rencontre du plan

$$y - y_0 = \text{K}(x - x)$$

avec la courbe de contact du cylindre circonscrit à la surface parallèlement à l'axe des z.

Si donc on avait l'intention de donner à K les valeurs comprises dans la formule

$$\text{K} = m + \sqrt{-1}\,\varphi(m),$$

m étant la tangente d'un angle qu'on ferait varier de 0 à π, les valeurs extrêmes de x et de y seraient les coordonnées du lieu fourni par les solutions de l'équation du contour apparent de la surface $[x, y, z]$ par rapport au plan des xy, qui satisferaient à la condition

$$y - y_0 = \left[m + \sqrt{-1}\,\varphi(m)\right](x - x_0).$$

Ainsi la question de la convergence du développement d'une fonction de deux variables se ramenait immédiatement à celle de la convergence du développement d'une fonction d'une seule variable. Le point d'arrêt, dans chaque plan

$$y - y_0 = \left[m + \sqrt{-1}\,\varphi(m)\right](x - x_0),$$

se déterminerait comme le point d'arrêt de la convergence du développement de l'ordonnée d'une courbe plane et la ligne d'arrêt du développement de l'ordonnée z de la surface considérée serait le lieu des points d'arrêt correspondant à la suite des plans

$$y - y_0 = \left[m + \sqrt{-1}\,\varphi(m)\right](x - x_0).$$

Les différentes branches du contour apparent, par rapport au plan des xy, de la surface $[x, y, z]$ joueraient, dans la question du développement de z, le rôle que jouaient, dans celle du développement de l'ordonnée y d'une courbe plane, les points critiques de cette courbe.

On passerait ensuite, du reste, aussi facilement, du cas d'une fonction de deux variables à ceux d'une fonction de trois, puis de quatre, etc., variables.

Une place d'examinateur d'admission à l'École polytechnique devint vacante à la fin de 1861. MM. Haton et Mannheim étaient candidats désignés. Je le devins sans y avoir songé. Voici comment.

Je venais de rendre à M. Bailleul l'épreuve corrigée d'un de mes articles pour le journal de M. Liouville ; le général Poncelet survint, et quand nous eûmes fini avec M. Bailleul, nous sortîmes ensemble. Il m'annonça la vacance et m'offrit la candidature. Cependant comme à cette époque les éléments de mécanique étaient encore demandés aux examens d'admission, il voulut savoir si mes idées s'accordaient avec les siennes sur cette matière et me donna rendez-vous chez lui pour le soir. J'y allai, naturellement, pour avoir le plaisir de causer avec lui, mais sans être encore décidé à rien. J'avais toujours eu en horreur toutes les démonstrations du parallélogramme des forces autres que celle de Galilée ; d'un autre côté je n'avais aucune répugnance pour la théorie du travail et si j'avais des objections à faire à un enseignement spécial de la cinématique précédant la dynamique, ce n'était qu'au point de vue pédagogique.

Nous étions donc à peu près d'accord et le général me promit un appui énergique. Dans ces conditions-là j'acceptai et me décidai à faire les démarches nécessaires.

J'écrivis au général Coffinières, qui commandait alors l'École polytechnique, pour poser ma candidature.

J'écrivis à M. Lamarle pour le prier de me recommander à M. Bommard, qui faisait partie du conseil de perfectionnement de l'École.

Je vis aussi M. Reynaud, professeur d'architecture à l'École et directeur des phares. Je lui décrivis le gros œuvre de l'édifice que j'ai élevé et il parut me comprendre.

Je vis encore M. Delaunay, qui me permit de lui expliquer en détail ma théorie et qui en parut satisfait.

Le général Poncelet fit ce qu'il put en faveur de ma candidature et donna même à mon intention un grand dîner, où il réunit, pour leur parler de moi, la plupart des membres du conseil de perfectionnement de l'École. Mais je fus violemment desservi, dans cette réunion, dont naturellement j'étais absent, par MM. Serret et Hermite, et le général, ne pouvant m'assurer un assez grand nombre de voix, reporta tous ses efforts sur la candidature de M. Mannheim.

Les ennemis de M. Haton voulaient conserver mon nom sur la liste de présentation, pour tâcher d'écarter le candidat dont ils ne voulaient à aucun prix, mais on ne m'offrait plus que la seconde place.

Or, cette place ne me paraissait pas enviable, et d'ailleurs je ne voulais pas que mon nom servit à une intrigue. Je retirai ma candidature.

M. Haton, nommé examinateur, donna sa démission des fonctions de répétiteur de mécanique qu'il exerçait depuis quelques années. Le général voulut me faire nommer à sa place et réussit cette fois. Mais Bour était furieux contre moi. Il prétendait que ma retraite avait déterminé la nomination de M. Haton.

La veille de la nomination, je dis au général que je voudrais voir Bour en sa présence. Le général porta chez lui sa carte avec un mot par lequel il le priait de le venir voir le soir. Bour ne s'attendait pas à me voir, et d'un autre côté il est assez difficile de donner de mauvaises raisons pour faire étrangler un homme, quand il est là. Ce pauvre Bour fut pris au piége et n'ayant pas d'objection avouable à faire contre moi, il fut obligé de nous donner sa parole d'agir en ma faveur. Il le fit du reste en homme d'honneur, sans arrière-pensée, et réussit. Jusqu'à sa mort qui arriva malheureusement bien peu de temps après, nous vécûmes toujours dans la meilleure intelligence. Il me chargea même de le suppléer à l'École polytechnique, pendant six semaines environ, durant sa dernière maladie.

J'ai dit comment j'avais échoué autrefois dans la recherche des courbures des conjuguées. Voici comment je parvins à résoudre cette importante question.

C'est à l'occasion de mes recherches sur la marche continue d'une fonction implicite et sur les conditions de la convergence de son développement que je fis le premier pas dans cette découverte.

Pour mieux me rendre compte de la figure d'une des conjuguées du lieu

$$y^3 - a^2y + a^2x = 0,$$

j'en avais calculé directement la courbure au point où elle touchait la courbe réelle et je l'avais trouvée égale à celle de cette courbe au même point.

Comme la conjuguée, ni par conséquent son point de contact avec la courbe réelle n'avaient rien de remarquable, cette coïncidence me frappa. Je refis l'expérience sur un autre point, le résultat fut le même; je calculai en un point de la courbe

$$y^4 + x^4 = a^4$$

le rayon de courbure de cette courbe et celui de sa conjuguée, ils se trouvèrent encore égaux. Il était évident que ce devait être là une règle générale : quelle pouvait en être la cause première? Je réfléchis que la vérification du fait, pour le cercle et l'hyperbole équilatère, sa conjuguée, en entraînerait la démonstration générale; car si un cercle avait un contact du second ordre avec une courbe quelconque, leurs conjuguées, issues du point de contact, devant avoir entre elles un contact du même ordre, si les courbures du cercle et de l'hyperbole sa conjuguée étaient les mêmes, celles de la courbe considérée et de sa conjuguée seraient aussi les mêmes.

Les rayons de courbure du cercle et de sa conjuguée, en leur point de contact étant donc effectivement égaux, comme il est facile de le vérifier, j'en conclus ce théorème général que les conjuguées d'une courbe quelconque ont toujours mêmes courbures qu'elle aux points où elles la touchent.

La facilité de ce premier succès m'engagea naturellement à tenter de nouvelles recherches dans la même voie. La considération de l'une des enveloppes appelait naturellement celle de l'autre, car les courbures des conjuguées en leurs points de contact avec l'enveloppe réelle donnant lieu à une relation si remarquable, il y avait lieu d'espérer que leurs courbures, en leurs points de contact avec l'enveloppe imaginaire, fourniraient aussi quelque relation intéressante.

Mais la nouvelle question que je me posais, outre qu'elle était bien plus difficile à résoudre, était double en réalité : car il s'agissait d'abord d'obtenir la courbure de l'enveloppe imaginaire des conjuguées d'un lieu quelconque, en un quelconque de ses points, et ensuite la courbure d'une quelconque des conjuguées du lieu, en son point de contact avec cette enveloppe imaginaire. Et il fallait créer des méthodes pour aborder ces deux questions.

Je songeai que si les enveloppes imaginaires de deux lieux avaient mêmes coordonnées en un de leurs points de rencontre et que les deux premières dérivées de y par rapport à x, données par les équations de ces deux lieux, eussent aussi mêmes valeurs en ce point, ces deux enveloppes devraient y avoir même courbure et je m'assurai qu'en effet la condition que $\frac{dy}{dx}$ restât réel, c'est-à-dire la condition de cheminer sur l'une ou l'autre enveloppe, complétait bien les conditions nécessaires pour que les deux enveloppes eussent effectivement un contact du second ordre.

Ce point établi, la méthode à employer pouvait consister à établir un contact analytique du second ordre entre le lieu proposé en un point de l'enveloppe de ce lieu et un cercle imaginaire, sauf à rechercher ensuite directement le rayon de courbure de l'enveloppe imaginaire des conjuguées du cercle imaginaire en un de ses points : car si on déterminait les coefficients de l'équation

$$(x-a)^2+(y-b)^2=R^2$$

de façon que cette équation donnât, pour une valeur de x égale à l'abscisse d'un point de l'enveloppe imaginaire d'un lieu, les mêmes valeurs pour y, $\frac{dy}{dx}$ et $\frac{d^2y}{dx^2}$, que donnait déjà l'équation de ce lieu, d'abord le lieu

$$(x-a)^2+(y-b)^2=R^2$$

passerait par le point considéré de l'enveloppe en question; en outre ce point appartiendrait bien à l'enveloppe imaginaire des conjuguées du lieu

$$(x-a)^2+(y-b)^2=R^2,$$

puisque cette équation donnerait en ce point, pour $\frac{dy}{dx}$, une valeur réelle, enfin les enveloppes des deux lieux auraient bien même courbure, $\frac{d^2y}{dx^2}$ ayant aussi même valeur dans l'un et l'autre cas.

Les paramètres a, b, R devant être déterminés par les mêmes formules qui donnent le centre et le rayon du cercle osculateur à une courbe quelconque en un point réel, il n'y avait pas à s'en occuper.

Il ne restait donc qu'à trouver le rayon de courbure, en un quelconque de ses points, de l'enveloppe imaginaire des conjuguées du cercle imaginaire

$$(x-a-a'\sqrt{-1})^2+(y-b-b'\sqrt{-1})^2=(r+r'\sqrt{-1})^2.$$

Je cherchai d'abord l'équation en coordonnées réelles de cette enveloppe et je trouvai, à mon grand étonnement,

$$(x-a-a')^2+(y-b-b')^2=(r+r')^2.$$

L'enveloppe imaginaire des conjuguées d'un cercle imaginaire était donc un cercle et son équation s'obtenait en remplaçant $\sqrt{-1}$ par 1 dans l'équation du cercle imaginaire. Alors la question, effrayante de loin, de la recherche du rayon de courbure de cette enveloppe en un quelconque de ses points, tombait d'elle-même. Ce rayon était trouvé d'avance, il était constant et égal à $r+r'$.

Ainsi pour avoir le rayon de courbure de l'enveloppe imaginaire des conjuguées d'un lieu quelconque, en un quelconque de ses points, il n'y aurait qu'à prendre la valeur de l'expression

$$\frac{\left[1+\left(\frac{dy}{dx}\right)^2\right]^{\frac{3}{2}}}{\frac{d^2y}{dx^2}}$$

au point considéré.

Le calcul de cette expression donnerait un résultat de la forme $r+r\sqrt{-1}$ et le rayon de courbure cherché serait $r+r'$.

C'était magnifique.

Mais il restait à trouver le rayon de courbure d'une conjuguée en son point de contact avec l'enveloppe imaginaire.

Toutefois, la question se réduisait à trouver le rayon de courbure d'une conjuguée du cercle imaginaire en son point de contact avec l'enveloppe des conjuguées de ce cercle. Le calcul est un peu long, mais le résultat devait m'en dédommager : on trouve que ce rayon est constant, c'est-à-dire que toutes les conjuguées du cercle imaginaire, quoique très-différentes de forme, ont même courbure aux points où elles touchent leur enveloppe circulaire. Le rayon de cette courbure est

$$\frac{r^2+r'^2}{r-r'}.$$

Ce qui précède forme le chapitre IX de mon mémoire, qui parut dans le tome VI de la deuxième série du *Journal de mathématiques* de M. Liouville.

Je n'en étais encore que là en 1861. Je n'avais pas encore trouvé un moyen d'aborder la recherche du rayon de courbure d'une conjuguée quelconque en un quelconque de ses points. Il est facile d'apprécier les difficultés que comportait cette question : la formule du rayon de courbure d'une courbe en un point réel ne contient pas les coordonnées du point parce que $\frac{dy}{dx}$ ni $\frac{d^2y}{dx^2}$ ne changent pas de valeurs quand on transporte les axes parallèlement à eux-mêmes en un point quelconque et que l'on aurait pu d'avance transporter l'origine au point considéré de la courbe. Mais si dans une équation $f(x, y) = 0$ on remplace x par $x + h + k\sqrt{-1}$ et y par $y + h' + k'\sqrt{-1}$, toutes les conjuguées changent excepté celle dont la caractéristique est $\frac{k}{k'}$, et cependant $\frac{dy}{dx}$ et $\frac{d^2y}{dx^2}$ conservent les mêmes valeurs aux points correspondants. Les coordonnées du point de la conjuguée entreraient-elles donc dans la formule du rayon de courbure ? Cela paraissait d'autant plus à craindre que la caractéristique certainement devrait y entrer et que la caractéristique était liée au moins aux parties imaginaires des coordonnées du point.

Cette incertitude m'arrêtait depuis un certain temps lorsque l'idée me vint de généraliser la question et, sans plus m'occuper des coordonnées du point du lieu, de considérer à partir de ce point tous les lieux des points dont les coordonnées, satisfaisant toujours bien entendu à l'équation proposée, varieraient de façon que les accroissements des parties imaginaires de leurs coordonnées restassent dans un rapport constant, et de chercher l'expression générale des rayons de courbure, au point de départ de ces lieux, parmi lesquels serait naturellement comprise la conjuguée qui en émergerait.

Ainsi soient $x_0 = \alpha_0 + \beta_0\sqrt{-1}$ et $y_0 = \alpha'_0 + \beta'_0\sqrt{-1}$ les coordonnées d'un point quelconque d'un lieu et que l'on conçoive toutes les solutions de l'équation du lieu rentrant dans le type

$$x = \alpha_0 + \beta_0\sqrt{-1} + \alpha + \beta\sqrt{-1}$$
$$y = \alpha'_0 + \beta'_0\sqrt{-1} + \alpha' + \beta C\sqrt{-1}$$

C étant une constante, la suite des points correspondant à ces solutions formera un lieu, qui variera avec C, mais qui se confondra avec la conjuguée issue du point $[x_0, y_0]$ lorsque C sera égal à $\frac{\beta'_0}{\beta_0}$; de sorte que si l'on pouvait exprimer le rayon de courbure du lieu défini par une valeur quelconque de C, il n'y aurait ensuite qu'à supposer que C devînt la caractéristique de la conjuguée considérée, pour avoir le rayon de courbure de cette conjuguée; or dans cette manière d'embrasser la question x_0 et y_0 se trouvaient d'avance éliminés.

En désignant par n le rapport du petit au grand axe de l'ellipse évanouissante

$$Y = \frac{dy}{dx} X$$

et par $r + r'\sqrt{-1}$ la valeur de

$$\frac{\left[1 + \left(\frac{dy}{dx}\right)^2\right]^{\frac{3}{2}}}{\frac{d^2y}{dx^2}},$$

on trouve pour le rayon de courbure du lieu défini comme plus haut, par la valeur de C,

$$R = \left[\frac{(n + C)^2 + n^2(n - C)^2}{1 - n^2}\right]^{\frac{3}{2}} \frac{r^2 + r'^2}{(r - r')(C^3 - 3Cn^2) + (r + r')(3C^2n - n^3)}.$$

On arrive à une formule plus simple si l'on prend pour donnée, au lieu de C, la tangente a de l'angle que la tangente au lieu C fait avec le grand axe de l'ellipse évanouissante

$$Y = \frac{dy}{dx} X.$$

On trouve alors

$$R = \left(\frac{1 + a^2}{1 - n^2}\right)^{\frac{3}{2}} \frac{2n^2(r^2 + r'^2)}{a^3r + 3na^2r' - 3n^2ar - n^3r}.$$

Cette théorie a été publiée en 1862 dans le tome VII de la deuxième série du journal de M. Liouville.

La solution générale du problème des courbures des courbes imaginaires, bien que complétée de cette manière, ne me satisfaisait toutefois pas entièrement. Je sentais qu'on pourrait en obtenir une meilleure, tirée de la considération directe des angles imaginaires ; mais d'ailleurs je voulais fonder, par rapport aux coordonnées polaires, l'équivalent de ce qui avait été fait par rapport aux coordonnées rectilignes, ou du moins retrouver dans l'équation d'un lieu en coordonnées polaires, les conjuguées de ce lieu, et cette question me ramenait à la question des angles imaginaires.

Je rédigeai d'abord ce que je savais depuis longtemps de la théorie des angles imaginaires considérés comme secteurs d'hyperbole équilatère et des triangles imaginaires définis par des données réelles. Cette théorie parut au commencement de 1862 dans le tome VII de la deuxième série du journal de M. Liouville, avant la théorie générale des courbures que j'espérais pouvoir améliorer.

Après avoir constitué la trigonométrie imaginaire sur laquelle je ne reviendrai pas ici, je me trouvai en face de cette question capitale: pourquoi un seul coefficient angulaire, $m + n\sqrt{-1}$, qu'on pouvait faire égal à la tangente d'un angle imaginaire, $\varphi + \psi\sqrt{-1}$, correspondait-il à une infinité de directions?

La réponse à cette question, quoiqu'elle soit loin de se présenter d'elle-même à l'esprit, est pourtant bien simple.

Si au lieu de l'équation

$$x^2 + y^2 = R^2,$$

dans laquelle on fait ordinairement $R = 1$, ce qui est un tort, parce que R aurait pu être imaginaire, on considère l'équation

$$x^2 + y^2 = \left(r + r'\sqrt{-1}\right)^2,$$

les rapports à $r + r'\sqrt{-1}$ des coordonnées d'un point du lieu correspondant, sont encore le sinus et le cosinus d'un même angle, mais cet angle, placé au centre du cercle imaginaire dont le rayon est $r + r'\sqrt{-1}$, ne correspond plus à la même inclinaison sur l'axe des x que le même angle, au centre du cercle réel; cela tient à ce que les cercles imaginaires ne sont pas semblables au cercle réel et ne sont semblables entre eux qu'autant que le rapport des parties réelles de leurs rayons soit égal à celui de leurs parties imaginaires.

Il en résulte que si on donne un angle $\varphi + \psi\sqrt{-1}$, sans donner le rapport des parties réelle et imaginaire du rayon du cercle au centre duquel cet angle doit être construit, on ne donne qu'un des éléments de la direction correspondante.

Pour avoir toutes les directions qui correspondent à l'angle donné, il faut considérer cet angle comme devant être successivement placé aux centres de tous les cercles imaginaires.

Quant à la représentation géométrique d'un angle $\varphi + \psi\sqrt{-1}$, placé au centre d'un cercle

$$x^2 + y^2 = \left(r + r'\sqrt{-1}\right)^2,$$

on trouve que si l'on construit le point $[x, y]$ dont les coordonnées, divisées par $r + r'\sqrt{-1}$, seraient le sinus et le cosinus de l'angle $\varphi + \psi\sqrt{-1}$, qu'on le joigne à l'origine, c'est-à-dire au centre du cercle, et qu'on joigne aussi à l'origine le point de contact de la conjuguée à laquelle appartient ce point avec l'enveloppe imaginaire de toutes les conjuguées, c'est-à-dire avec le cercle

$$x^2 + y^2 = (r + r')^2,$$

l'angle $\varphi + \psi\sqrt{-1}$ est le double du rapport à $(r + r'\sqrt{-1})^2$ de la somme des aires du secteur circulaire, compris entre le rayon couché suivant la direction positive de l'axe des x et le rayon dirigé au point de contact dont il vient d'être parlé, et du secteur de la conjuguée à laquelle appartient le point $[x, y]$ compris entre le rayon précédent et le rayon dirigé au point $[x, y]$, chacun de ces secteurs étant représenté par la formule intégrale qui conviendrait à son expression s'il était réel.

Cela posé, si l'on considère simultanément les deux équations

$$y = \left(m + n\sqrt{-1}\right)x = \operatorname{tang}\left(\varphi + \psi\sqrt{-1}\right)x$$

et

$$y^2 + x^2 = \left(r + r'\sqrt{-1}\right)^2,$$

pour chaque valeur du rapport $\frac{r'}{r}$, les deux lieux se couperont en deux points symétriques par rapport à l'origine ; mais si $\frac{r'}{r}$ varie, ce seront successivement toutes les droites du faisceau

$$y = \left(m + n\sqrt{-1}\right)x$$

qui contiendront les deux intersections ; le rayon mené à l'un des points de rencontre, le rayon mené au point de contact de l'enveloppe des conjuguées du cercle et de la conjuguée passant par le point de rencontre, enfin le rayon couché suivant l'axe des x détermineront pour chaque valeur de $\frac{r'}{r}$ deux secteurs, et à chaque instant le double du rapport de la somme de ces secteurs à $(r + r'\sqrt{-1})^2$ sera fourni par la constante $\varphi + \psi\sqrt{-1}$. Ainsi la même expression numérique de l'angle d'un faisceau de droites avec l'axe des x correspondait effectivement à une infinité d'angles.

Il devenait dès lors facile de donner aux équations en coordonnées polaires la même extension qu'ont reçue les équations en coordonnées rectilignes :

En effet, si dans une équation

$$f(x, y) = 0$$

on remplace x par $\rho \cos \omega$ et y par $\rho \sin \omega$, pour retrouver ensuite dans l'équation

$$f(\rho \cos \omega, \rho \sin \omega) = 0$$

tous les points réels ou imaginaires du lieu $f(x, y) = 0$, il suffirait pour chaque système de valeurs de ρ et de ω, de concevoir le cercle imaginaire de rayon ρ et de construire au centre de ce cercle le secteur dont le produit par $\frac{2}{\rho^2}$ serait le nombre ω.

D'ailleurs les solutions de l'équation

$$f(\rho \cos \omega, \rho \sin \omega) = 0$$

qui donneraient tous les points de la conjuguée C du lieu $f(x, y) = 0$ devraient satisfaire à une condition facile à exprimer entre les parties du rayon ρ égal à $r + r'\sqrt{-1}$ et de l'angle ω égal à $\varphi + \psi\sqrt{-1}$.

Ainsi par exemple pour retrouver dans l'équation

$$\rho = \frac{p}{1 - e \cos \omega}$$

la conjuguée à abscisses réelles de la conique fournie par les solutions réelles de l'équation, il faudrait faire ρ réel et ω imaginaire sans partie réelle. Les angles seraient comptés dans des cercles réels; mais ce seraient les doubles de secteurs d'hyperbole équilatère, de rayon 1.

C'est là que se terminait la série de mes Mémoires qui parurent de 1858 à 1862, dans le journal de M. Liouville.

M. Lamarle fit paraître en 1863 une nouvelle édition de son *Exposé géométrique du calcul différentiel et intégral,* j'y remarquai les passages suivants :

Page 66.

« *Théorème.* — Toute fonction est développable en série convergente suivant la formule de Taylor ou de Maclaurin, tant que le module de la variable reste moindre que la plus petite des valeurs pour lesquelles la fonction cesse d'être continue ou de prendre *mêmes valeurs* (au pluriel) aux deux limites $\theta = 0$, $\theta = 2\pi$. »

Même page, en note.

« Ce théorème a été donné, pour la première fois, par M. Cauchy, sous une forme qui laissait prise à quelque incertitude. Nous avons cru devoir en modifier l'énoncé, pour lui restituer toute la rigueur et toute la *généralité* qu'il comporte (voir *Journal de mathématiques*, tome XI, 1846, et tome XII, 1847). M. Maximilien Marie a rencontré cette même question dans sa *Nouvelle Théorie des fonctions de variables imaginaires*. Il rectifie ce que les énoncés antérieurs avaient de vicieux et s'accorde avec M. Tchébycheff et moi sur le point principal. »

Page 70.

« Toute fonction est développable en série convergente suivant la formule de Taylor ou de Maclaurin, tant que le module de la variable reste moindre que la plus petite des valeurs pour lesquelles la fonction cesse d'être continue ou de prendre *même valeur* (au singulier) aux deux limites $= 0$, $\theta = 2\pi$. Lorsqu'on dépasse la plus petite de ces valeurs, la série devient divergente. »

Même page, en note :

« Il est bien entendu que la fonction considérée est censée n'admettre pour chaque valeur de la variable qu'une valeur unique, correspondante à une branche distincte et isolée. C'est cette valeur qui, par hypothèse, concourt exclusivement à la formation de tous les coefficients de la série. »

Page 114, en note :

« On peut varier à l'infini les différents modes que comporte la représentation géométrique des imaginaires. Nous ne nous occupons ici que d'un seul mode choisi parmi les plus simples et les plus élémentaires ; le lecteur qui voudrait étendre et poursuivre ces recherches peut consulter avec fruit les travaux de Mr M. Marie, déjà cités en note, page 66. »

Page 124 :

« M. Tchebycheff a proposé en 1844 un autre énoncé dont je n'avais pas connaissance, et qui se trouve reproduit dans le mémoire déjà cité de M. Marie. Voici cet énoncé. (Suivait l'énoncé que j'ai donné plus haut.) »

Désirant remercier M. Lamarle et en même temps l'avertir des erreurs que contenaient les passages que je viens de citer, je lui écrivis :

8 août 1863.

« Monsieur, on vient de me montrer le second volume de votre *Exposé géométrique du calcul différentiel et intégral*, et je m'empresse de vous adresser mes sincères remercîments au sujet des choses flatteuses que vous voulez bien dire de moi et de mes ouvrages.

« Votre bienveillante recommandation ne saurait manquer d'être très-utile aux idées que je défends.

« Voulez-vous me permettre une observation sur un point qui m'a paru laisser prise au doute ?

« Vous avez évidemment destiné la note qui termine la page 70 : « Il est bien entendu que la fonction considérée, etc., » à renier l'erreur que j'ai principalement combattue dans le préambule de mon mémoire sur la série de Taylor, savoir, que la série devenait divergente dès que le module de $x - x_0$ dépassait le moindre des modules de $a - x_0$, $b - x_0$, etc., a, b, etc., désignant les valeurs de x correspondant aux points dangereux.

« Mais cette note ajoutée après coup, peut-être dans un moment de fatigue d'esprit ou de précipitation, jure avec ce qui précède immédiatement, car la fonction ne pourrait pas manquer de reprendre même valeur aux limites 0 et 2π, si elle n'en avait jamais qu'une pour chaque valeur de x.

« Je vous avais, dans mon Mémoire, imputé l'erreur commune à tous mes devanciers, parce que précisément votre énoncé contenait implicitement l'hypothèse que la fonction considérée fût capable de plusieurs valeurs pour une même valeur de la variable.

« C'est par un motif analogue que j'avais compris M. Tchébycheff dans le même procès, bien que son énoncé ne comportât pas une interprétation aussi précise que le vôtre, parce qu'il a donné prise à la critique, en faisant application de son théorème à une fonction radicale.

« J'ai vivement regretté, Monsieur, que vos occupations ou votre état de santé, ne vous aient pas laissé le loisir d'entrer dans une discussion plus approfondie de la matière ; si peu de personnes la connaissent et tant de gens en parlent, que c'est un véritable malheur que les personnes vraiment compétentes ne puissent pas aider le public à se guider au milieu d'assertions toutes contraires les unes aux autres.

« Permettez-moi, Monsieur, de vous renouveler mes remercîments et de vous assurer de nouveau de mon profond respect. »

Voici la réponse de M. Lamarle :

Calais, ce 14 août 1863.

« Monsieur, je reçois à Calais, où je suis pour deux mois encore, la lettre que vous m'avez adressée à Gand. Je suis fort embarrassé d'y répondre pertinemment, m'étant défait du seul exemplaire que j'eusse ici, et n'ayant sous les yeux ni mon manuscrit ni votre travail. La confusion que vous me signalez me paraît provenir de ce que, *dans la note*, je n'avais probablement en vue que les valeurs réelles de la variable, tandis qu'en *la* rapprochant du texte, il semblerait qu'il s'agît de part et d'autre des valeurs imaginaires. Quoi qu'il en soit, je vous sais grand gré de vos observations ; je vous en remercie et vous prie, au besoin, de ne pas me les épargner ; j'en tiendrai bonne note.

« Il n'a pas dépendu de moi d'approfondir et de développer davantage les parties purement analytiques. Le temps et l'espace me manquaient. J'attachais aussi plus d'importance à la partie géométrique, et comme elle exigeait une assez grande extension, j'ai dû me restreindre ailleurs. Recevez, Monsieur et cher camarade, l'assurance affectueuse de mes sentiments les plus distingués.

Une place d'examinateur d'admission étant de nouveau devenue vacante, j'écrivis à M. Liouville :

26 avril 1864.

« Monsieur, une nouvelle vacance de la place d'examinateur d'admission à l'École polytechnique, me laisse l'espoir d'arriver enfin cette fois et de sortir du provisoire où je végète depuis vingt-cinq ans.

« J'ai pu me faire connaître à l'École, ces deux dernières années, comme répétiteur, et je crois y être apprécié ; le général et le directeur des études, j'ai lieu de le penser, me seront favorables.

« Mais, pour ne laisser à leur bienveillance aucun scrupule, je voudrais qu'ils me connussent un peu mieux comme géomètre, s'il m'est permis de prendre ce titre.

« La justice que vous m'avez rendue en me faisant l'honneur d'admettre dans votre journal le résumé de mes travaux, a eu déjà pour moi l'avantage inappréciable d'imposer silence à d'injustes préventions. Certes je vous en conserverai une reconnaissance éternelle.

« Mais cette distinction, à laquelle j'attache le plus haut prix, n'est peut-être pas d'une nature assez significative auprès d'administrateurs purs.

« J'ai donc pensé à vous prier non pas de prendre parti pour moi, ni de faire aucune comparaison entre moi et les autres candidats, mais simplement de vouloir bien me définir comme mathématicien, dans un mot adressé au général Coffinières.

« Le général Poncelet, dont l'avis favorable m'a encouragé à vous adresser cette demande, compte joindre ses prières aux miennes pour vous la rendre agréable. »

M. Liouville écrivit bien en ma faveur au général Coffinières, mais en laissant à sa recommandation une forme trop modeste pour sa valeur réelle.

M. Liouville aurait pu exercer utilement un empire légitime sur le monde savant ; il est regrettable que sa timidité ait laissé la place libre à de moins dignes.

Les honnêtes gens, malheureusement, sont trop souvent disposés à se désintéresser de ce qui se fait autour d'eux. Il leur répugne de se mêler à des tripotages, et l'habitude du droit chemin, en ce qui les touche, les dégoûte de suivre les intrigants dans leurs voies tortueuses. Mais il faudrait surmonter ce dégoût. Les hommes faits pour exercer un empire salutaire doivent leurs services à la société.

Tous les travaux que j'avais projetés étant terminés, je me porta. d'un autre côté. J'avais durant dix années de professorat à Auteuil écrit, récrit et parachevé un traité d'algèbre élémentaire qui contenait toute ma doctrine sur le calcul abstrait des grandeurs négatives et imaginaires. Je tenais à faire paraître cet ouvrage, je le proposai à M. Mallet-Bachelier par la lettre suivante :

« Monsieur, je viens vous proposer l'édition d'un cours d'algèbre élémentaire pour les candidats aux Écoles centrale, forestière, etc. Le manuscrit est prêt et l'impression pourrait être terminée pour la rentrée.

« L'ouvrage que je vous propose n'est pas une reproduction de traités déjà trop nombreux et trop semblables les uns aux autres ; ce n'est pas un manuel, c'est un traité entièrement neuf, où je me suis attaché à expliquer ce qu'il y a de plus difficile dans la science, ce qu'on ne sait comment dire aux élèves et qu'ils ne parviennent ordinairement à découvrir qu'avec les plus grands efforts et seulement lorsqu'ils sont très-intelligents.

« Les autres ouvrages dont je m'occupe et notamment celui que je publie dans le journal de M. Liouville, doivent vous prouver que je ne songerais pas à publier un traité d'algèbre élémentaire si je n'avais rien d'utile à dire.

« Je suis à votre disposition pour les nouveaux renseignements que vous auriez à me demander.»

M. Mallet agréa ma proposition, de sorte que je cessai toutes nouvelles recherches pendant quelque temps.

Mais je ne délaissais pas pour cela mes études favorites, puisqu'il s'agissait de fonder la théorie du calcul abstrait des grandeurs négatives et imaginaires, théorie qui devait être la première base d'une méthode d'interprétation des solutions singulières des équations algébriques. D'un autre côté, je ne faisais que poursuivre sur un autre terrain la lutte que j'avais entreprise contre la fatale influence de l'école de M. Cauchy.

Cependant je commençais à apercevoir dans le lointain deux nouveaux buts à atteindre.

J'avais traité sur des exemples assez nombreux la question de la détermination, parmi les points critiques, du point d'arrêt de la convergence de la série de Taylor; ne serait-il pas possible de parvenir à une solution générale de la question?

D'un autre côté, je savais depuis longtemps que les périodes de la quadratrice de la courbe la plus générale de degré *m* disparaissent une à une en devenant nulles ou infinies quand il se forme dans cette courbe des points doubles à distance finie, ou quand ses asymptotes vont à l'infini par couples de deux : ne serait-il pas possible d'assigner le nombre maximum des périodes en déterminant le nombre de celles qui auraient persisté dans une courbe devenue plus simple par suite de la formation de plusieurs points doubles ou de la disparition de quelques couples d'asymptotes et rajoutant le nombre de celles que l'on aurait fait disparaître?

Je commençai par la première question, parce que j'y avais déjà fait un premier pas assez important lors de la publication de l'extrait que j'ai donné de mes mémoires insérés dans le *Journal de mathématiques*, à l'occasion de ma candidature à la place d'examinateur d'admission à l'École polytechnique en 1861. J'avais effectivement fait remarquer, dans cet extrait, que ceux des faits que j'avais constatés pouvaient se résumer dans cet énoncé : De toutes les conjuguées qui passent par les points critiques, il y en a deux qui comprennent immédiatement celle où se trouve le point origine; et c'est toujours à l'un des deux points critiques par où passent ces deux conjuguées que la convergence est limitée, de sorte que pour obtenir le point d'arrêt il n'y a qu'à appliquer à ces deux points critiques la règle que Cauchy avait donnée en termes trop généraux.

Le fait est parfaitement vrai lorsque tous les points critiques sont réels et j'avais cru la loi générale. J'en fis l'objet d'une communication à l'Académie le 22 mai 1865.

Je priai le général Poncelet, à qui j'avais expliqué mon Mémoire, de le présenter à l'Académie. Le général s'attendait à être désigné par le président pour examiner mon travail et, suivant la formule usitée, en rendre compte à l'Académie. Il crut devoir se chercher des collègues, et demanda, sans m'en avoir parlé, leur concours à MM. Bertrand et Bonnet, qui, sans doute, ne voulurent pas refuser.

L'extrait qui a paru dans les *Comptes rendus* contenait la reproduction de la règle que je viens d'énoncer et se terminait par ces quelques mots d'explication :

« La démonstration est établie directement pour le cas où tous les points critiques, caractérisés par la condition $\frac{dy}{dx} = \infty$, appartiennent au lieu réel. Elle est ensuite étendue, à l'aide de considérations très-simples de continuité, d'abord au cas où les coefficients de l'équation $f(x, y) = 0$ qui définit la fonction y, supposée algébrique, deviennent imaginaires, les points critiques restant toutefois caractérisés par la condition $\frac{dy}{dx} = \infty$; en second lieu au cas où les dérivées de la fonction ne deviennent infinies en certains points critiques qu'à partir d'un ordre supérieur.

« La démonstration consiste toujours à faire voir que si le point origine $[x_0, y_0]$, à partir duquel on développe la fonction, se trouve sur l'une des conjuguées qui contiennent les points critiques, la convergence ne saurait être arrêtée qu'en l'un des points critiques situés sur cette conjuguée.

« Cette proposition établie, on en conclura en effet immédiatement que comme la région de convergence restera d'abord limitée au même point critique, lorsque le point origine commencera à s'éloigner insensiblement de la conjuguée critique qui le contenait d'abord, et que d'ailleurs le déplacement de ce point origine, vers l'une des deux conjuguées critiques voisines, devra finalement avoir pour effet de transporter le point d'arrêt de la convergence en l'un des points critiques situés sur cette conjuguée voisine : nécessairement le déplacement de la limite aura dû coïncider avec le passage du point origine sur l'une des deux courbes définies par l'équation du lieu, combinée avec la condition d'égalité entre les modules des différences entre l'abscisse x du point mobile et les abscisses du premier point d'arrêt et de l'un des points critiques voisins, c'est-à-dire situés sur l'une des conjuguées critiques voisines.

« *Premier cas.* — Soit $[x_0, y_0]$ le point origine, situé sur la conjuguée qui passe au point critique A, dont l'abscisse réelle est a : il s'agit de faire voir que la convergence ne saurait être arrêtée en un autre point critique C, dont l'abscisse réelle c différât même beaucoup moins de x_0, que a n'en diffère lui-même.

« Or, pour que la convergence fût limitée à l'abscisse c du point C, il faudrait que la série pût donner l'ordonnée d'un point infiniment voisin de C sur la courbe réelle ou sur la conjuguée qui passe en C.

« Mais dans cette hypothèse la série, variant d'une manière continue de $x = c$ à $x = x_0$, fournirait, pour $x = x_0$, l'ordonnée de la branche issue du point C, ce qui est impossible puisqu'elle fournit déjà celle de la branche qui part du point A.

« *Second cas.* — La démonstration relative au second cas est fondée sur cette remarque simple, que lorsque les coefficients, primitivement réels, d'une équation, prennent des accroissements imaginaires d'abord infiniment petits, la portion réelle de l'enveloppe, qui disparaît instantanément, se transforme aussitôt en enveloppe imaginaire. L'enveloppe totale, complétement imaginaire, du nouveau lieu est en continuité de forme et de position avec l'ancienne enveloppe.

« *Troisième cas.* — La démonstration relative au troisième cas résulte de ce que l'état singulier que l'on considère peut toujours être considéré comme compris entre des états infiniment voisins rentrant dans le second cas. »

La démonstration que je donnais pour le cas où tous les points critiques seraient réels était inattaquable, et je ne connais aucun exemple qui infirme la règle que je proposais, dans les autres cas.

Toutefois la démonstration que je proposais dans le cas général supposait que la courbe d'équilibre entre deux points critiques voisins ne pût couper ni l'une ni l'autre des conjuguées passant par ces deux points critiques, ce qui paraît douteux.

Je m'en aperçus et je refondis mon Mémoire, mais je n'en étais pas encore très-satisfait, en ce sens, que, sans douter de l'exactitude de la loi que j'avais proposée, je ne voyais pas comment je pourrais répondre aux objections qui pourraient m'être opposées.

Toutefois la démonstration, en ce qui concernait le premier cas, le plus important de beaucoup, pouvant défier toutes critiques, j'allai voir M. Bertrand et M. Bonnet, tout disposé à abandonner ma solution dans les autres cas, si l'on m'en accordait le bénéfice dans le premier; la solution de la difficulté, dans ce cas, constituant déjà un progrès bien remarquable à une époque où, malgré mes publications antérieures, on admettait encore généralement l'exactitude de la règle de Cauchy, relative au point d'arrêt de la convergence.

M. Bertrand me reprocha, ce dont j'étais bien innocent, de lui avoir fait demander par le général de se laisser mettre sur la liste des commissaires chargés de l'examen de mon Mémoire et refusa absolument de m'entendre; il me dit : « Nous aurons peut-être passé à côté d'une belle découverte, mais nous en prenons la responsabilité. »

Je trouvai M. Bonnet plus abordable, mais cependant assez prévenu pour ne me laisser aucun espoir d'obtenir de lui un examen sérieux de mon théorème.

En conséquence, je ne m'en occupai plus.

M. Liouville m'avait gracieusement offert de publier mon Mémoire et si le public ne devait pas en avoir un avis motivé, du moins, mes droits resteraient entiers dès que je voudrais les faire valoir.

Mais je me trouvai à ce moment brusquement lancé dans un travail tout nouveau qui m'absorba entièrement de 1865 à 1870.

J'avais reçu, le 18 janvier 1865, d'un de mes anciens élèves, M. Crété, imprimeur à Corbeil, qui venait de commencer l'impression du *Dictionnaire* de M. Larousse, un avis me prévenant du fait, pour le cas où il me conviendrait de collaborer à ce grand ouvrage.

La perspective me souriait à tous égards, non pas seulement comme accroissement de ressources, mais aussi comme moyen de répandre mes idées. J'allai voir M. Larousse, et nous nous entendîmes au bout de quelques visites ; je commençai à m'occuper sérieusement de son œuvre vers le mois de juillet et je ne me suis guère occupé d'autre chose jusqu'à la guerre.

Outre les articles qui étaient de mon département, j'en ai revisé ou refait une infinité d'autres dont je n'ai pas gardé note, parce qu'ils ne m'appartenaient pas entièrement. Je donnerai quelque jour la liste de ceux dont je tiens à garder la propriété, pour que les jeunes gens qui seraient entrés dans mes idées puissent les retrouver.

M. Larousse interrompit tout travail dès le début de la guerre; comme j'avais à peu près terminé ce que j'avais eu à faire pour lui, je pris congé. Je ne me suis plus dès lors occupé du *Grand Dictionnaire* que pour la correction des épreuves de mes principaux articles.

Je fus nommé le 4 septembre commandant du 119e bataillon de la garde nationale et quelque temps après désigné par le sort pour la présidence du conseil de guerre du 9e secteur. — Je n'ai pas besoin de dire que je ne songeai guère aux mathématiques pendant le siége.

Je quittai Paris le 26 mars et allai rejoindre à Tours l'École polytechnique, au commencement de mai.

Vers le milieu de juin, après avoir terminé ce que j'avais eu à faire à l'École, ne voulant pas revoir Paris dans l'état où il devait être, surtout au point de vue moral, j'acceptai de donner mes soins au fils du général Cavaignac qui allait se préparer à entrer à l'École polytechnique.

C'est chez madame Cavaignac, à Ourne dans la Sarthe, où je restai jusqu'au mois de septembre, que je commençai à me remettre au travail. J'y rédigeai à peu près ce qui précède de ce troisième volume.

A mon retour à Paris je m'occupai de mettre en ordre les matériaux qui devaient composer les deux premiers volumes et de rapprocher les morceaux les uns des autres.

C'est en revisant la partie qui concerne les intégrales simples que je fus amené à entreprendre les nouvelles recherches dont il me reste à parler.

Ces recherches se rapportent à deux ordres d'idées.

Je m'étais préoccupé, dès 1853, comme je l'ai déjà dit, de déterminer le nombre maximum des périodes de la quadratrice d'une courbe de degré m et cette importante question était toujours restée depuis lors présente à mon esprit. Je désirais beaucoup la résoudre. D'un autre côté, la théorie des intégrales simples et de leurs périodes, que j'avais donnée en 1853, présentait une lacune, en ce sens que l'intégrale prise le long de l'enveloppe imaginaire, n'ayant pas reçu d'interprétation géométrique, aurait dû être calculée directement, ce à quoi je n'avais pas pu pourvoir, et, de plus, laissait prise à cette objection qui m'avait été faite, que si à la vérité les aires définies que j'avais été amené à considérer fournissaient bien des périodes de l'intégrale, la théorie toutefois n'établissait pas qu'il ne pût pas y en avoir d'autres.

Cette objection me touchait peu parce que dans les conditions où elle était présentée, elle n'était pas admissible. En effet, une pareille objection pourrait être avec juste raison opposée à une démonstration par $a + b$ qui n'eût pas été précédée d'une suffisante énumération de toutes les circonstances possibles. Mais une démonstration constituée par une explication rationnelle des faits est parfaitement au-dessus d'objections pareilles : lorsque la cause commune d'une classe de phénomènes a été découverte, le philosophe n'a plus de doutes. Si la cause vient à manquer, il n'en cherche pas l'effet.

Mais l'application pratique de la théorie à des exemples n'en restait pas moins entourée de grandes difficultés.

En effet, si l'équation d'un lieu particulier, de degré m, présentait des coefficients imaginaires, on pourrait bien en faire rentrer la discussion dans celle de l'équation la plus générale de même degré à coefficients réels, parce que les mêmes fonctions des coefficients, qui fourniraient les périodes de la quadratrice de la courbe réelle, reproduiraient naturellement celles de la quadratrice de la courbe proposée; mais outre que ces fonctions seraient ordinairement impossibles à déterminer, il arriverait souvent que l'équation proposée présentât des réductions dont on perdrait le bénéfice en recourant à l'équation la plus générale du même degré.

Je désirais du reste trouver une réponse sans réplique à l'objection qui m'avait été faite, et cette réponse ne pouvait se déduire que de l'examen des cas que je n'avais pas encore considérés.

J'avais à l'occasion de mon Mémoire de 1865 sur la série de Taylor, qui était resté dans les cartons de l'Institut, reconnu ce fait important que si les coefficients d'abord réels d'une équation, venaient à prendre des accroissements imaginaires infiniment petits, l'enveloppe réelle se transformerait instantanément en enveloppe imaginaire, sans changer d'abord qu'infiniment peu de forme et de position.

Cette observation avait une grande importance au point de vue des questions qui m'occupaient, car il en résultait évidemment que les analogues des périodes réelles de la quadratrice de l'ancien lieu se retrouveraient dans les valeurs de l'intégrale prise le long des anneaux fermés de la portion de l'enveloppe imaginaire qui se serait substituée à l'ancienne courbe réelle.

Mais je n'avais pas encore remarqué que les conjuguées tangentes à la nouvelle portion de l'enveloppe imaginaire seraient restées en continuité géométrique avec les conjuguées tangentes à l'ancienne courbe réelle et qu'en conséquence les analogues des périodes précédemment imaginaires sans parties réelles de la quadratrice, se retrouveraient dans les valeurs de l'intégrale prise le long des anneaux fermés de ces conjuguées, tangentes à la nouvelle portion de l'enveloppe imaginaire.

Au reste, je sentais instinctivement que la théorie de l'enveloppe imaginaire n'était pas complète et que j'aurais besoin de ce que j'en ignorais encore, pour réussir dans les nouvelles recherches qui me préoccupaient.

Par exemple je croyais depuis longtemps que les deux portions de l'enveloppe étaient réciproques; mais je n'avais aucun moyen de le démontrer; et, d'un autre côté, le fait de la transformation instantanée de l'une des enveloppes dans l'autre donnait naturellement lieu à l'espoir de constater entre ces deux courbes des relations intéressantes.

J'étais ainsi sollicité à la fois dans deux sens différents, où les succès obtenus devraient se prêter un mutuel appui, mais où les chances d'échecs paraissaient certaines.

Jamais je ne cherche ce qui me préoccupe le plus; j'y songe, j'en rêve ou j'y pense, mais je ne le cherche jamais. Toujours j'attends l'inspiration et quand elle ne vient pas, je me débarrasse de la préoccupation qui m'obsède en faisant autre chose.

Poursuivi par l'image de l'enveloppe imaginaire je cherchai un refuge dans les recherches pratiques que je m'étais proposé depuis longtemps d'entreprendre comme préparation à la solution de la question du nombre maximum des périodes.

Pendant l'année 1853-1854, où j'avais vu M. Cauchy à peu près tous les mardis, nos conversations avaient roulé, comme on le pense bien, sur toutes sortes de sujets. Un jour M. Cauchy avait amené la conversation sur le nombre probable de périodes de la quadratrice d'une courbe de degré m. Je lui avais répondu que ce nombre devait être $\frac{m(m-1)}{2}$ parce qu'une courbe de degré m a $m(m-1)$ tangentes parallèles à une direction donnée et que chaque aire représentative d'une période absorberait deux de ces tangentes, entre lesquelles serait compris l'anneau correspondant à cette période. Il me dit : « Oui, ça doit être quelque chose comme cela. »

J'ignore si la formule du nombre maximum des périodes, qu'on a retrouvée dans ses papiers, d'après M. Jordan, était précisément celle-là et si M. Cauchy l'avait écrite pour fixer ses souvenirs. Mais cela me paraît vraisemblable. Je voyais encore à cette époque, pour croire à l'exactitude de la formule que je viens d'indiquer, une raison en apparence plus positive, fondée sur ce que la disparition d'une période devait correspondre à l'évanouissement d'un anneau de la courbe réelle ou d'une de ses conjuguées, c'est-à-dire à la formation d'un point double et que, d'autre part, le nombre des points doubles d'un lieu de degré m pouvait atteindre $\frac{m(m-1)}{2}$ lorsque ce lieu dégénérait en m droites.

Mais les exemples que j'avais traités ne vérifiaient pas cette formule.

Je résolus en conséquence d'étudier successivement, sous le rapport qui me préoccupait, les équations du troisième, du quatrième et, si je pouvais, du cinquième degré, de compter dans chaque degré le nombre maximum de périodes et de chercher à apercevoir s'il était possible les circonstances qui pouvaient présider à des réductions ou décompositions dont la cause m'échappait.

Le procédé dont je comptais me servir était simple et l'emploi pourrait en être prolongé tant qu'on voudrait, il consistait, pour obtenir dans chaque degré des équations assez simples pour se prêter à une discussion complète, à introduire volontairement des points doubles, en nombre suffisant, dont la présence correspondît à la disparition d'autant de périodes et à compter celles qui resteraient.

Je commençai sur ce plan la discussion de l'équation du troisième degré et celle du quatrième.

Les périodes s'apercevaient dans chaque cas, et on pouvait aisément les compter ; mais les résultats ne concordaient pas, parce que je n'avais pas su distinguer des autres les périodes cycliques, dont la disparition correspond à d'autres conditions que la formation des points doubles.

Mais je fus momentanément détourné de ce travail par la découverte, que j'attendais depuis longtemps, de celles des propriétés de l'enveloppe imaginaire que je désirais le plus de connaître.

Celle qui se présenta la première à moi est celle dont je me doutais le moins, à laquelle je me serais le moins attendu et dont je n'aurais jamais songé à m'occuper, la théorie de la courbure de l'enveloppe imaginaire ne laissant plus rien à désirer depuis longtemps.

Un rapprochement très-simple me fit reconnaître que la développée de l'enveloppe imaginaire des conjuguées d'un lieu quelconque est l'enveloppe imaginaire des conjuguées de la développée de ce lieu.

La démonstration de cette proposition est fondée sur ce que toutes les droites représentées par une équation du premier degré à coefficient angulaire réel se confondent en une seule et que la normale à l'enveloppe est précisément donnée par l'équation

$$Y - y = \frac{f'y}{f'x}(X - x)$$

où le coefficient angulaire est réel.

Les mêmes considérations devaient naturellement m'amener à constater enfin la réciprocité des deux enveloppes, en les regardant l'une comme l'enveloppe d'une droite

$$y = mx + \sqrt{\varphi(m)}$$

et l'autre comme l'enveloppe de la droite correspondante

$$y = mx + \sqrt{-\varphi(m)};$$

c'est ce qui arriva en effet peu de temps après.

Enfin l'idée me vint un jour de chercher à faire dépendre la valeur de l'intégrale $\int y dx$ prise le long d'un arc de l'enveloppe imaginaire, des aires des segments correspondant à cet arc et à celui dont les points seraient fournis par les valeurs imaginaires conjuguées des coordonnées de ceux du premier.

Cette idée, en apparence très-détournée, eut un plein succès.

La formule très-simple à laquelle j'arrivai donnait en effet de la manière la plus satisfaisante la solution de la seule difficulté que présentait encore la théorie géométrique des intégrales simples ramenées à des quadratures.

J'avais dès lors les éléments d'une communication importante : je songeai naturellement à M. Liouville ; je lui écrivis :

Avril 1872.

« Monsieur, mes loisirs forcés de l'année dernière m'ont ramené aux mathématiques dont je ne m'occuperai peut-être plus que cette fois, mais auxquelles je compte consacrer quelques années pour arriver à compléter, autant qu'il peut être en moi, l'œuvre de toute ma vie.

« En revoyant ce qui est déjà fait, je suis arrivé à quelques résultats intéressants, dont il vous conviendrait peut-être de faire part à vos lecteurs. Comme il s'agit de choses qui appartiendront plus tard à des chapitres différents, je donnerais à ma communication la forme d'une lettre qui occuperait huit à dix pages de votre journal. Il s'agit de l'enveloppe imaginaire des conjuguées, et voici les théorèmes dont je donnerais la démonstration.

« D'abord une curiosité : *La développée de l'enveloppe imaginaire des conjuguées d'un lieu est l'enveloppe imaginaire des conjuguées de la développée de ce lieu.*

« Ensuite, une proposition que j'avais toujours soupçonnée vraie, sans pouvoir l'établir, et qui est importante : *L'enveloppe réelle et l'enveloppe imaginaire des conjuguées sont réciproques l'une de l'autre*, c'est-à-dire que si l'on prenait l'équation en coordonnées réelles de l'enveloppe imaginaire des conjuguées d'un lieu, et qu'on cherchât l'enveloppe imaginaire des conjuguées de cette enveloppe, on retrouverait la courbe réelle primitive.

« En troisième lieu : *Les périodes de la rectificatrice de l'enveloppe imaginaire d'un lieu, ramenée à l'état réel, sont celles de la rectificatrice du lieu réel primitif, multipliées par* $\sqrt{-1}$.

« Enfin l'intégrale $\int y dx$, prise le long de l'enveloppe imaginaire des conjuguées d'un lieu, s'exprime très-simplement au moyen de l'aire de cette enveloppe.

« Cette dernière proposition comble heureusement une lacune que j'avais été obligé de laisser subsister jusqu'ici dans ma méthode d'interprétation de l'intégrale $\int y dx$, prise entre des limites imaginaires. En effet, en désignant par $[x_0\, y_0]$, $[x_1\, y_1]$ les deux limites de l'intégrale et par $[x'_0\, y'_0]$, $[x'_1\, y'_1]$ les points de contact avec l'enveloppe réelle ou imaginaire des deux conjuguées auxquelles appartiennent les limites, je décomposais l'intégrale en trois parties :

$$\int_{x_0 y_0}^{x'_0 y'_0} y dx, \quad \int_{x'_0 y'_0}^{x'_1 y'_1} y dx \quad \text{et} \quad \int_{x'_1 y'_1}^{x_1 y_1} y dx,$$

dont la seconde représentait bien, comme les deux autres, des aires connues, lorsque les conjuguées passant par les limites touchaient la courbe réelle, mais qui manquaient d'interprétation lorsqu'il s'agissait de l'enveloppe imaginaire. Cette lacune est aujourd'hui comblée.

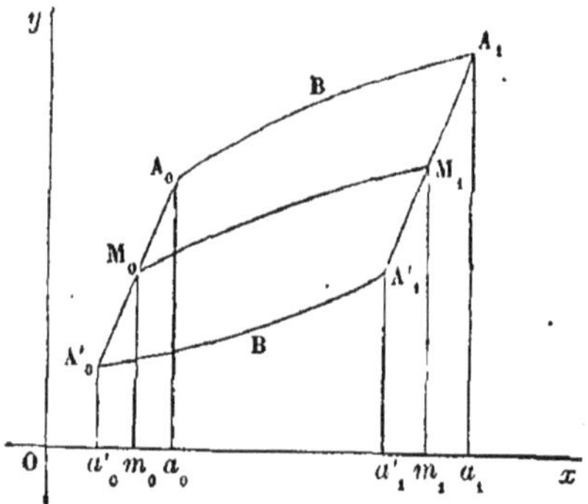

« Si A_0A_1 est un arc de l'enveloppe imaginaire, $A'_0A'_1$ l'arc de la même enveloppe qui contient les points imaginaires conjugués de ceux de A_0A_1 et M_0M_1 le lieu des milieux des cordes réelles joignant les points imaginaires conjugués de A_0A_1 et de $A'_0A'_1$

$$\int_{A_0}^{A_1} y dx = M_0M_1m_1m_0 - \frac{1}{2}(A_0A_1a_1a_0 + A'_0A'_1a'_1a'_0) + \frac{1}{2}(A_0A_1a_1a_0 - A'_0A'_1a'_1a'_0)\sqrt{-1}.$$

« Par exemple, s'il s'agissait du lieu

$$x^2 + y^2 = \left(r + r'\sqrt{-1}\right)^2,$$

l'enveloppe est, comme je l'ai montré dans votre journal, le cercle

$$x^2 + y^2 = (r + r')^2.$$

C'est la courbe A_0A_1.

« L'enveloppe conjuguée est

$$x^2 + y^2 = (r - r')^2.$$

C'est $A'_0A'_1$.

« Quant au lieu des points milieux des cordes qui joignent les points conjugués de l'un et de l'autre enveloppe, c'est le cercle

$$x^2 + y^2 = r^2.$$

« L'intégrale $\int ydx$ prise le long de l'enveloppe imaginaire des conjuguées du lieu

$$x^2 + y^2 = \left(r + r'\sqrt{-1}\right)^2$$

est donc, pour un tour entier,

$$2\pi r^2 - \frac{1}{2}\pi\left[(r + r')^2 + (r - r')^2\right] + \frac{1}{2}\pi\left[(r + r')^2 - (r - r')^2\right]\sqrt{-1}$$

ou

$$\pi\left(r + r'\sqrt{-1}\right)^2,$$

ce à quoi l'on devait s'attendre et ce que j'avais annoncé dans votre journal, comme une chose qui devait être, mais sans songer d'ailleurs à en donner une démonstration directe.

« Voilà ce que je voudrais vous proposer aujourd'hui :

« Je m'occupe en ce moment de *recherches sur le nombre maximum des périodes de la quadratrice d'une courbe algébrique de degré donné, et sur les circonstances dans lesquelles ces périodes s'évanouissent en devenant nulles ou infinies.*

La question est résolue dès maintenant pour les courbes du troisième ordre (je le croyais alors), et j'avais presque terminé pour les courbes du quatrième, lorsque mon attention s'est portée sur les questions dont je viens de vous entretenir. La méthode est du reste très-simple et n'exige que peu de développements, mais je pense aller au moins jusqu'aux courbes du cinquième ordre. Il me faudra donc encore un certain temps pour achever. Si vous acceptez la communication que je vous propose aujourd'hui, je vous parlerai plus tard de ces nouvelles recherches.

« Vous aviez eu l'obligeance de m'offrir il y a quelques années l'hospitalité de votre journal pour le Mémoire que j'ai adressé en dernier lieu à l'Académie des sciences, et où je déterminais définitivement, d'une manière générale, celui des points critiques du lieu $f(x, y) = 0$ où devait s'arrêter la convergence du développement de y en série. D'autres soins m'avaient détourné de mes études, et ce mémoire est resté inédit. Je pourrai, si vous le voulez, vous le donner après les deux autres; mais j'ai besoin de le revoir. Je pense le décomposer en deux, dont une partie aurait pour objet la *Construction de la région de convergence*, c'est-à-dire de l'enveloppe des points dont l'ordonnée reste développable. Le lieu

$$y = y_0 + \left(\frac{d_0}{dx_0}\right)_0 \frac{x - x_0}{1} + \left(\frac{d^2 y}{dx_1}\right)_0 \frac{(x - x_0)^2}{1.2} + \dots$$

est une portion du lieu $f(x, y) = 0$, mais quelle portion en est-ce? Cette question était mélangée, dans mon Mémoire, avec l'autre, et je crois qu'il convient de la dégager.

« Voilà pour le moment, Monsieur, les travaux que j'entrevois et auxquels je me livrerai avec plus d'ardeur si vous pensez pouvoir en accepter les résumés pour votre journal. »

M. Liouville n'hésita pas à me donner une sorte de blanc-seing portant invitation à M. Gauthier-Villars, de recevoir ce que je lui remettrais pour le *Journal de mathématiques*. En conséquence, je rédigeai aussitôt le mémoire en forme de lettre à M. Liouville, dont je lui avais parlé· il parut dans le numéro d'octobre 1872.

Ce travail achevé, je m'étais remis à mes recherches sur le nombre des périodes de la quadratrice de la courbe la plus générale de degré m et bien qu'encore éloigné de la véritable solution, j'entrevoyais déjà que j'allais avant peu parvenir soit à la confirmation de mon opinion ancienne, soit à une solution nouvelle appuyée de preuves plus décisives que les indications trop vagues qui m'avaient fait supposer exacte la formule $\frac{m(m-1)}{2}$.

Je songeais à adresser à l'Académie des sciences le mémoire où j'allais donner cette solution, mais l'Académie avait laissé sans réponse mon Mémoire de 1865 sur la détermination du point d'arrêt de la convergence de la série de Taylor et je n'éprouvais aucunement le désir d'encombrer ses cartons de copies de monologues non écoutés.

J'écrivis au président le 9 mai 1872, pour réclamer l'examen de mon mémoire.

Le président, M. Faye, ordonna le renvoi de ma lettre à la commission. Huit jours après, j'allais à l'Académie des sciences pour entendre lecture de la décision adoptée par MM. Bertrand et Bonnet : ils n'avaient pas songé à s'occuper d'en prendre une. Je rencontrai dans la salle des Pas-Perdus M. Bonnet qui me demanda des nouvelles de ma santé, sans faire allusion à ma réclamation. Je la lui rappelai. Il me dit : « Mais, qu'est-ce que tu veux? — Je veux, lui répondis-je, que vous fassiez le rapport ou que vous vous déclariez incompétents. » Il me proposa de faire adjoindre M. Puiseux à la commission. J'acceptai à la condition que M. Puiseux donnerait préalablement son consentement et s'engagerait en outre à lire mon Mémoire, pour en faire l'objet d'un rapport, s'il y avait lieu.

Il fut convenu que M. Bonnet ferait à M. Puiseux la proposition d'entrer dans la commission et de se charger de l'examen de mon Mémoire. Je sus, le lundi suivant, par M. Bonnet, que M. Puiseux avait accepté. Mais M. Bonnet me dit : « Il n'y a plus qu'une petite difficulté : ton Mémoire, qui était resté chez Bertrand, y a été brûlé. » Je lui répondis que j'en avais une copie et que j'en enverrais un nouvel exemplaire.

Mon Mémoire de 1865 ne me satisfaisait pas entièrement, mais il contenait la solution explicite du problème dans le cas où tous les points critiques seraient réels et où la valeur de la variable au point origine serait aussi réelle, et je voulais au moins que le rapport tranchât la question pour ce cas, de beaucoup le plus intéressant.

Mais dès que je me mis à recopier mon Mémoire, je m'aperçus aisément que je pouvais singulièrement l'améliorer et que la règle que j'avais donnée pour le cas pratique que je viens de signaler, pouvait, en en modifiant un peu les termes, être étendue à tous les autres.

L'Académie a bien garde de s'émouvoir du plus ou moins de retard apporté à la solution des questions pendantes ; mais je tenais à ne pas la faire attendre et je me trouvai en état de lui adresser le 10 juin mon nouveau Mémoire accompagné de l'extrait suivant, contenant, sans démonstration, l'énoncé de la règle définitive pour déterminer le point d'arrêt.

Détermination du point critique où est limitée la région de convergence de la série de Taylor.

« Soient $f(y, x) = 0$ l'équation qui définit la fonction y, que l'on veut développer, et $x_0 = \alpha_0 + \beta_0\sqrt{-1}$, $y_0 = \alpha'_0 + \beta'_0\sqrt{-1}$ le système de valeurs de x et de y, à partir duquel on veut développer y; on déterminera le point critique cherché d'après la règle suivante :

« On construira les courbes formées des points $[x, y]$ correspondant aux solutions de l'équation $f(x, y) = 0$, où x serait de la forme

$$x = \alpha + \beta_0\sqrt{-1},$$

la partie réelle de x variant ainsi seule.

On sait que je représente la solution

$$x = \alpha + \beta\sqrt{-1}, \; y = \alpha' + \beta'\sqrt{-1}$$

par le point $[x = \alpha + \beta, \; y = \alpha' + \beta'.]$

« Ces courbes partageront le plan en bandes, et les points critiques qui seront à considérer seront seulement ceux qui se trouveront contenus dans les deux bandes comprises entre la courbe sur laquelle se trouvera le point origine $[x_0, y_0]$ et les deux courbes voisines, dans un sens et dans l'autre.

« Soient

$$x = a_n + b_n\sqrt{-1} \quad \text{et} \quad y = a'_n + b'_n\sqrt{-1}$$

les coordonnées d'un des points critiques remplissant cette condition, et p son degré de multiplicité : on fera varier x de $a_n + b_n\sqrt{-1}$ à $a_n + \beta_0\sqrt{-1}$, et l'on suivra dans leur marche continue les p points qui partiront du point critique.

« Si aucun de ces p points ne vient tomber sur la branche de la courbe caractérisée par l'équation

$$x = \alpha + \beta_0\sqrt{-1}$$

à laquelle appartint le point origine, le point critique en question ne sera pas à considérer.

« On prendra, parmi les points critiques qui resteront, celui dont l'abscisse retranchée de $\alpha_0 + \beta_0 \sqrt{-1}$ donnera la différence de moindre module. La série sera convergente pour toute valeur de x, telle que le module de $x - x_0$ se trouve plus petit que le module trouvé, et divergente pour toute autre valeur.

« La mise en pratique de cette règle se simplifiera singulièrement lorsque l'équation $f(x, y) = 0$ aura ses coefficients réels, et que x_0 sera réel. »

Cet extrait parut avec une note rédigée par l'un des secrétaires perpétuels, et ainsi conçue :

« Ce Mémoire est la reproduction de celui qui a été adressé à l'Académie le 20 novembre 1865, et qui a été détruit, avec les papiers de M. Bertrand, dans les incendies allumés par la Commune : cette nouvelle copie sera transmise à M. Bertrand. »

La Commune, les incendies, ni M. Bertrand ne me regardaient autrement qu'en ce que M. Bertrand aurait bien pu trouver en sept années le moment de reporter mon Mémoire au secrétariat, où c'était sa place. Mais la note laissait supposer que j'eusse présenté mon nouveau Mémoire comme la reproduction textuelle de l'ancien, ce qui d'abord n'était pas, et ce qui en outre eût été une mauvaise action de ma part, car la responsabilité de MM. Bertrand et Bonnet aurait été bien plus grave s'ils avaient refusé d'examiner une étude aussi nette, aussi précise et aussi complète que celle que je venais d'adresser à l'Académie.

J'écrivis au président le 19 juin :

« Monsieur le Président, MM. Bertrand et Bonnet pourraient se plaindre à bon droit d'un mauvais procédé de ma part si je laissais subsister une erreur contenue dans la note qui accompagne l'extrait de mon Mémoire dans le compte rendu, erreur qui a été causée, je le reconnais, par l'emploi que j'ai fait d'une expression vicieuse dans ma lettre d'envoi écrite à la hâte et à laquelle je n'attachais aucune importance.

« En vous disant que je vous adressais un nouvel exemplaire de mon Mémoire, je n'entendais pas dire une reproduction textuelle.

« Je devais cette rectification à MM. Bertrand et Bonnet parce que je ne doute pas que j'eusse obtenu un plus prompt examen de mon travail s'il avait contenu une solution aussi nette de la question.

« Mon ancien Mémoire ne contenait cette solution que pour le cas où tous les points critiques seraient réels. J'y donnais pour les autres cas une méthode pour obtenir la solution relative à chaque exemple.

« C'est en récrivant mon Mémoire que je me suis aperçu que la solution que j'avais donnée du premier cas pouvait s'étendre à tous les autres. »

M. Puiseux avait été, dans l'intervalle, officiellement adjoint à la commission. Pour m'assurer que tout était en état, je priai M. Bonnet, le lundi suivant, de me présenter à M. Puiseux.

M. Puiseux ne fit aucune difficulté de prendre de nouveau en ma présence l'engagement que j'avais demandé, et un premier rendez-vous fut convenu entre nous à quelques jours de distance.

J'étais satisfait de l'issue de la négociation conduite par M. Bonnet, parce qu'avec M. Puiseux la discussion serait sérieuse et porterait.

Une première entrevue me suffit pour lui expliquer la théorie de la série de Taylor, telle que je l'ai résumée dans la réponse que j'ai dû lui faire plus tard dans le *Journal de mathématiques*, et, après avoir ainsi posé la question, je lui en donnai la solution conforme à la règle que j'avais fait insérer dans les *Comptes rendus*.

M. Puiseux admit à mesure tous les principes que je lui énonçais, les démonstrations que je tirais de ces principes et finalement la règle que j'avais donnée dans le compte rendu. J'aurais pu me trouver satisfait et demander, dès cette première séance, qu'un rapport consacrât bientôt notre entente et l'exactitude de ma théorie.

Évidemment j'aurais obtenu ce résultat, si je l'eusse voulu.

Mais je ne m'étais pas, en 1865, présenté en solliciteur à MM. Bertrand et Bonnet ; j'étais venu leur imposer une théorie contraire à leur manière de voir.

M. Puiseux avait été substitué à ces messieurs et, dans leur pensée intime, sinon dans la sienne, il devait être mon exécuteur. Si au lieu du rôle de sacrificateur, il devait jouer en définitive celui d'agneau pascal, je n'avais pas à m'en préoccuper.

D'ailleurs, outre que M. Puiseux est plus jeune que moi, ses travaux, relatifs à la question qui nous occupait, comme, au reste, relativement à toutes celles qui se rapportent au même ordre d'idées, n'étaient que ceux d'un élève intelligent, d'un traducteur méthodique ; et si M. Puiseux ne s'apercevait pas de lui-même de la différence des positions stratégiques occupées par nous deux, je n'avais pas, quant à moi, l'intention de traiter avec lui de clerc à maître.

Pour profiter de ses bonnes dispositions, ou de l'obligation où il se trouvait de reconnaître l'exactitude de ma théorie, il m'eût fallu laisser subsister, à mon préjudice, une équivoque dont je pouvais d'autant moins m'arranger que je savais pertinemment depuis longtemps, que l'on cherchait, en donnant une nouvelle couleur aux anciens textes et en prétextant de vices de rédaction, à faire croire qu'on n'avait jamais dit que le point d'arrêt de la convergence fût le point critique le plus proche du point origine, de façon à conserver des titres à l'infaillibilité.

Je ne doutais pas de la bonne foi de M. Puiseux, mais je ne voulais pas plus être frustré inconsciemment que consciemment.

Si le rapport avait suivi notre première entrevue, il eût constaté que j'avais déduit de principes connus une méthode pour déterminer le point d'arrêt de la convergence, lorsque les difficultés de calcul ne viendraient pas faire obstacle. Ce résultat ne pouvait pas me satisfaire.

Au moment où la conversation allait prendre fin, je dis à M. Puiseux que j'avais été aussi heureux qu'étonné de le voir admettre mes principes, mais que pour que nos positions restassent bien nettes, je croyais devoir l'avertir qu'il avait émis des opinions contraires aux miennes, et je lui indiquai les deux points sur lesquels nous étions en désaccord : conservation parmi les points critiques des points multiples où les dérivées de la fonction finiraient par se séparer, sans devenir infinies, et limitation de la convergence au point critique le plus proche du point origine.

M. Puiseux me répondit que ce que je lui avais expliqué lui avait paru clair; qu'il était bien possible qu'il se fût trompé; qu'il y avait trop longtemps qu'il ne s'occupait plus de ces questions pour se rappeler bien exactement les opinions qu'il avait émises en 1851 ; que sa manière de voir avait pu changer depuis lors; qu'en effet, dans les applications qu'il avait eu l'occasion de faire, il s'était servi des mêmes principes sur lesquels nous venions de tomber d'accord ; mais que s'il existait une divergence entre son opinion ancienne et celle qu'il avait acquise depuis, il voudrait s'en assurer et, pour cela, relire son ancien Mémoire.

Pour préciser encore mieux le point du débat, je lui écrivis deux ou trois jours après, le 2 juillet :

« Monsieur, lors de notre dernière entrevue, je vous parlai de mémoire de vos *Recherches sur les fonctions algébriques*, publiées en 1850 dans le *Journal de mathématiques pures et appliquées*.

J'ai voulu m'assurer que ma mémoire, au bout de dix ans, ne m'avait pas trompé.

Vous dites bien en effet, page 407, en parlant de celle des valeurs de la fonction u définie par l'équation $u^3 - u + z = 0$ qui, pour $z = \frac{2}{3\sqrt{3}}$, se réduit à $-\frac{2}{\sqrt{3}}$, que

« *Dans les mêmes limites* (c'est-à-dire tant que le module de $z - \frac{2}{3\sqrt{3}}$ restera moindre que $\frac{4}{3\sqrt{3}}$), *la fonction* u_3 *pourra se développer suivant les puissances entières de* $z - \frac{2}{3\sqrt{3}}$. » Ce qui est évident suivant moi, puisque, d'une part, les dérivées de u par rapport à z, au point origine $\left[z=\frac{2}{3\sqrt{3}},\ u=-\frac{2}{\sqrt{3}}\right]$, étant toutes finies, il fallait bien que u pût se développer dans de certaines limites; et que, de l'autre, la série ne comportant que les deux limites

$$\left[z=\frac{2}{3\sqrt{3}},\ u=\frac{1}{\sqrt{3}}\right] \quad \text{et} \quad \left[z=-\frac{2}{3\sqrt{3}},\ u=-\frac{1}{\sqrt{3}}\right],$$

si le développement n'était pas immédiatement arrêté à celle qui correspondait à la valeur initiale de la variable, il ne pouvait plus l'être qu'à l'autre.

Nous sommes parfaitement d'accord à cet égard, mais vous dites, pages 378 et 379:

« *On voit clairement par ce qui précède quelle est celle des racines de l'équation* f (u, z) = 0 *dont la formule* Γ *donne le développement : la série qui en est le second membre fournit la valeur, pour* z = γ, *de celle des racines qui se réduisant à* b_1 *pour* z = c *varie d'une manière continue avec* z, *en supposant que le point* Z *aille de* C *en* Γ, *sans sortir du cercle* σ, *c'est-à-dire en supposant que la distance* CZ *reste toujours moindre que la plus petite des distances* CA, CA′, CA″, *etc.* »

On ne verrait guère par là quelle serait la valeur de u que donnerait le développement, c'est-à-dire qu'en supposant même qu'on eût calculé les valeurs de u qui correspondent à $z = \gamma$, la règle ne permettrait aucunement de discerner celle que le développement fournirait, mais cette question, que j'ai résolue en 1862 dans le *Journal de mathématiques pures et appliquées*, n'a pas trait à ce qui nous occupe aujourd'hui. Vous ajoutez:

« *La formule ne peut s'appliquer qu'aux valeurs de* γ *telles que le module de* (γ — c) *soit inférieur à cette plus petite distance ; la notation* φ (γ) *n'a même un sens déterminé qu'à cette condition.* »

L'assertion contenue dans ces dernières phrases est en contradiction évidente avec ce que j'ai cité précédemment, puisque si u_3 (défini comme il a été dit plus haut) peut se développer de $z=\frac{2}{3\sqrt{3}}$ à $z=-\frac{2}{3\sqrt{3}}$, celle des trois fonctions u qui se réduira à

$$u=-\frac{2}{\sqrt{3}}+k$$

pour

$$z=\frac{2}{3\sqrt{3}}+h,$$

h et k étant finis, mais tels qu'ils tendent en même temps vers zéro, pourra évidemment se développer de

$$z = \frac{2}{3\sqrt{3}} + h \quad \text{à} \quad z = -\frac{2}{3\sqrt{3}},$$

car les coefficients de la série ayant varié aussi peu que l'on voudra, lorsque le point origine aura passé de

$$\left[z = \frac{2}{3\sqrt{3}},\ u = -\frac{2}{\sqrt{3}}\right] \quad \text{à} \quad \left[z = \frac{2}{3\sqrt{3}} + h,\ u = -\frac{2}{\sqrt{3}} + k\right],$$

les limites assignées par la condition de convergence, si elle pouvait être obtenue directement, n'auront pu varier non plus qu'aussi peu qu'on le voudra.

Il résulte de là qu'il n'y a en général aucune raison pour que la convergence soit arrêtée au point critique le plus voisin du point origine. C'est ce que j'avais établi, en 1861, dans le *Journal de mathématiques pures et appliquées*.

Ce point éclairci, comme je crois qu'il doit l'être maintenant, je vous demande la permission de revenir sur un autre point, sur lequel j'ai été étonné de me trouver d'accord avec vous.

Vous avez admis, sans contestation, que les points critiques fussent seulement ceux où les dérivées de la fonction deviennent infinies à partir d'un certain ordre. C'est la règle que j'ai établie, en 1861, dans le *Journal de mathématiques*, mais je n'en ai pas vu trace dans votre Mémoire de 1850. J'y vois, au contraire, en un grand nombre d'endroits, que vous admettez comme points critiques tous ceux pour lesquels la fonction devient infinie ou prend des valeurs égales.

Si je me trompe sous ce rapport, je vous serais obligé de me le montrer.

Jusque-là, je tiens d'une manière toute spéciale à mon théorème, qui me permet d'établir directement que la série devient divergente, c'est-à-dire infinie, au delà d'un point véritablement critique; tandis que, dans l'hypothèse où les points doubles, où $\frac{du}{dz}$ aurait des valeurs finies et distinctes, seraient regardés comme pouvant arrêter la convergence, il faudrait interpréter le mot *divergente* par le mot *capricante;* il faudrait supposer que la série devient divergente pour ne pas devenir indéterminée, pour *ne pas se mettre dans son tort.*

Ces explications m'ont paru nécessaires, Monsieur, avant notre première entrevue, dont, je l'espère, vous rapprocherez le terme autant qu'il sera en vous, non pas pour moi, mais pour ne pas laisser trop longtemps en suspens le monde savant au sujet d'une théorie aussi importante que celle de la série de Taylor. »

M. Puiseux ne m'ayant pas répondu, je lui récrivis le 11 juillet :

« Monsieur, je comprends que le principe qui sert de base à la démonstration de la règle que j'ai donnée relativement à la convergence de la série de Taylor puisse soulever quelques doutes dans votre esprit.

Désireux de reconnaître le dévouement avec lequel vous avez bien voulu accepter la mission d'examiner mon travail, j'ai cherché si je ne pourrais pas vous épargner une perte de temps et des recherches difficiles en vous fournissant de ce principe une démonstration directe. J'y suis heureusement parvenu.

Ce principe consiste en ce que pour qu'un point critique

$$[x_n = a_n + b_n \sqrt{-1},\ y_n = a'_n + b'^n \sqrt{-1}]$$

soit le point d'arrêt de la convergence, il faut que si x part de sa valeur initiale $x_0 = \alpha_0 + \beta_0 \sqrt{-1}$, sans avoir cessé de satisfaire à la condition

$$(\alpha - \alpha_0)^2 + (\beta - \beta_0)^2 < (\alpha_0 - a_n)^2 + (\beta_0 - b_n)^2,$$

y, qui sera parti de sa valeur initiale $y_0 = \alpha'_0 + \beta'_0 \sqrt{-1}$, arrive alors à sa valeur infinie ou multiple $a'_n + b'_n \sqrt{-1}$; et que le fait analogue ne puisse pas se présenter pour un autre point critique

$$[x_p = a_p + b_p \sqrt{-1},\ y_p = a'_p + b'_p \sqrt{-1}],$$

tel que $(\alpha_0 - a_p)^2 + (\beta_0 - b_p)^2$ se trouve moindre que $(\alpha_0 - a_n)^2 + (\beta_0 - b^n)^2$.

C'est là ce qu'il s'agit d'établir directement.

Supposons que les points critiques

$$[x_1 = a_1 + b_1\sqrt{-1},\ y_1 = a'_1 + b'_1\sqrt{-1}],\quad [x_2 = a_2 + b_2\sqrt{-1},\ y_2 = a'_2 + b'_2\sqrt{-1}],$$
$$\ldots [x_p = a_p + b_p \sqrt{-1},\ y_p = a'_p + b'_p \sqrt{-1}]$$

aient été rangés dans un ordre tel que

$$(\alpha_0 - a_n)^2 + (\beta_0 - b_n)^2$$

croisse avec n, il faudra d'abord considérer le point $[x_1, y_1]$. Admettons que ce point ne satisfasse pas à la première des deux conditions contenues dans l'énoncé du principe, et que, cependant, il soit le point d'arrêt, nous allons rencontrer une contradiction. En effet :

Vous regarderez sans doute comme évident que, dans l'hypothèse admise, si le point origine $[x_0, y_0]$ se déplaçait d'une manière continue, le point $[x_1, y_1]$ resterait d'abord le point d'arrêt, et que s'il devait tôt ou tard être remplacé par un autre point critique $[x_n, y_n]$, l'échange n'aurait en tout cas lieu qu'au moment où l'inégalité

$$(\alpha_0 - a_1)^2 + (\beta_0 - b_1)^2 < (\alpha_0 - a_n)^2 + (\beta_0 - b_n)^2$$

cesserait d'être satisfaite.

Cela posé, soient C, A_1, A_n les points correspondant, dans le système de représentation adopté par M. Cauchy, aux valeurs $\alpha_0 + \beta_0\sqrt{-1}$, $\alpha_1 + \beta\sqrt{-1}$, $\alpha_n + \beta_n\sqrt{-1}$ de x et supposons que l'on fasse varier l'origine $[x_0, y_0]$ de manière que le point correspondant à x_0, ou le point dont les coordonnées seraient les variables α_0 et β_0 décrive la droite CA_1 de C en A_1 : ce point $[\alpha_0, \beta_0]$ ne rencontrera pas la perpendiculaire élevée au milieu de $A_1 A_n$, il restera donc toujours plus voisin de A_1 que de A_n; par conséquent le point d'arrêt ne cessera pas d'être en $[x_1, y_1]$, ou d'être le point critique correspondant à A_1 ou à x_1.

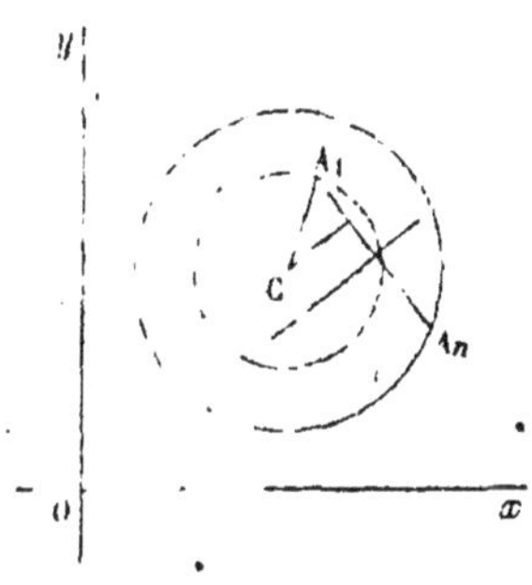

Mais alors le rayon du cercle de convergence s'annulera lorsque x_0 sera arrivé à x_1. Cependant la première condition énoncée dans le principe n'étant pas remplie par le point $[x_1, y_1]$, lorsque x_0 sera parvenu à x_1, y n'aura pas pris la valeur critique y_1, mais une autre non critique, correspondant à x_1, de sorte qu'aucune des dérivées y par rapport à x, au nouveau point origine, ne sera infinie et qu'il faudra bien que y soit développable, dans de certaines limites, à partir de cette nouvelle origine. Ainsi, d'un côté, y ne devrait pas pouvoir se développer, et de l'autre il devrait le pouvoir.

Si donc la première condition énoncée dans le principe n'est pas satisfaite par le point $[x_1, y_1]$, ce point ne sera pas le point d'arrêt.

Il faudra alors considérer le point $[x_2, y_2]$, mais le même raisonnement permettra d'établir que s'il ne satisfait pas encore à la première des deux conditions énoncées, il ne sera pas non plus le point d'arrêt; et ainsi de suite, jusqu'à ce qu'on arrive au premier point critique satisfaisant à la première des deux conditions de l'énoncé.

Quant à celui-là, il satisfera à la fois aux deux conditions et ce sera le point d'arrêt.

Il me semble que cette démonstration lèvera tous les doutes que vous pourriez avoir et vous dispensera d'autres recherches.

Il serait possible que vous vous arrêtassiez aux difficultés que présente la question de savoir ce que devient la fonction y, assujettie à la continuité, lorsque x varie de $\alpha_0 + \beta_0\sqrt{-1}$ à $a_n + \beta_0\sqrt{-1}$ ou de $a_n + b_n\sqrt{-1}$ à $a_n + \beta_0\sqrt{-1}$, j'ai donné, en 1861, dans le *Journal de mathématiques*, une méthode pour la solution des questions de ce genre, et c'est cette méthode que j'emploierais de préférence ; mais je ne vois pas la nécessité de soulever, à propos de la question restreinte de la convergence de la série de Taylor, de telles difficultés, dont l'examen exigerait de votre part le sacrifice d'un temps trop considérable, et vous détournerait de vos travaux personnels, chose à considérer, non-seulement pour vous, mais aussi pour tous ceux qui les apprécient. J'accepterais donc que vous regardassiez la question comme résolue théoriquement par la possibilité d'employer la méthode que vous avez indiquée pour calculer de proche en proche la valeur finale de la fonction, au moyen de son développement, en évitant, de station en station, tous les points critiques.

Cette méthode ne pourrait pas servir à passer du point critique examiné

$$x_n = a_n + b_n\sqrt{-1}, \qquad y_n = a'_n + b'_n\sqrt{-1}$$

au point correspondant à la valeur de x,

$$x = a_n + \beta_0\sqrt{-1}$$

puisque le développement serait arrêté dès le point de départ. Mais elle pourrait être employée à passer inversement de $x = a_n + \beta_0\sqrt{-1}$ à $x = a_n + b_u\sqrt{-1}$, ce qui suffit théoriquement.

La question étant ainsi simplifiée, permettez-moi, je vous prie, d'in sister pour vous en demander une solution, dont la promptitude aurait pour moi, indépendamment de la satisfaction morale, une grande importance réelle. »

M. Puiseux me répondit le 13 juillet :

« Monsieur, j'ai reçu vos deux lettres et je regrette de ne pouvoir y répondre d'une manière catégorique : je vois s'affaiblir de plus en plus l'espoir que j'avais de trouver, avant les vacances, le temps nécessaire pour étudier vos travaux et rentrer dans un ordre d'idées auquel je suis devenu bien étranger. Mais la nécessité de terminer, avant mon départ, la Connaissance des temps de 1874, les examens du baccalauréat, la correction des compositions du concours général, tout cela ne me laisse pas un moment de loisir. Je me vois donc forcé de remettre au mois d'octobre une étude qui m'aurait vivement intéressé.

Je vous ferai remettre, ces jours-ci, le manuscrit que vous m'avez confié, sauf à vous le redemander à mon retour. »

Je lui écrivis de nouveau le 14 :

« Monsieur, je vous remercie pour mes imaginaires de l'intérêt que vous voulez bien leur porter, je regrette que des occupations impérieuses ne vous laissent pas le loisir nécessaire pour vous en occuper en ce moment, nous attendrons donc au mois d'octobre.

Toutefois j'ai plusieurs prières à vous adresser. J'accepterai la restitution de la copie de mon Mémoire que je vous ai laissée, parce que je pourrais en avoir besoin, mais ne pourriez-vous demain, en allant à l'Institut, ou, du moins, avant votre départ de Paris, réclamer au secrétariat la copie qui doit s'y trouver. Je serais heureux que vous l'emportassiéz en vacances, parce que vous y trouveriez peut-être, à un moment donné, une distraction et un plaisir.

Voici l'objet de ma seconde demande : j'espérais pouvoir donner bientôt mon Mémoire à M. Liouville et l'adresser aussitôt après l'impression, avec celui qu'il va publier au mois d'août, à la Commission du prix Poncelet, qui ne peut admettre au concours que des ouvrages imprimés, mais les vacances passées, l'année sera bien avancée. Je pense que, pour tourner la difficulté, je demanderai à l'Académie l'autorisation de faire imprimer dans ce but au moins un extrait de mon Mémoire, sans être privé, pour cela, du bénéfice de votre rapport auquel je tiens particulièrement. Voulez-vous me dire si, en ce qui vous concerne, vous verriez à mon projet quelque inconvénient.

Je m'occupe en ce moment de la construction du périmètre de la région de convergence, c'est-à-dire du contour de la portion du plan recouverte par les points réels ou imaginaires que représente l'équation

$$y = y_0 + \left(\frac{dy}{dx}\right)_0 \frac{x - x_0}{1} + \cdots,$$

comparée à l'équation $f(x, y) = 0$ dont elle provient.

D'un autre côté j'ai les éléments nécessaires pour arriver à la formule du nombre des périodes de l'intégrale quadratrice d'une courbe de degré m. J'adresserai probablement les deux Mémoires à l'Académie avant la fin des vacances.

Je compte prier le président de vouloir bien renvoyer ces deux Mémoires à la Commission qui a reçu mon Mémoire sur la série de Taylor, c'est-à-dire à vous-même, puisque MM. Bertrand et Bonnet ne veulent pas s'en occuper. Voulez-vous accepter ce nouveau fardeau ?

Enfin, particulièrement, voulez-vous me permettre de vous donner pendant les vacances quelques nouvelles de ces travaux et, pour cela, me faire savoir où je pourrais vous écrire. »

M. Puiseux quitta Paris sans me répondre,

M. Bourget me faisait depuis longtemps l'honneur de s'intéresser à mes travaux. Je lui avais parlé du progrès que je venais de faire dans la théorie de la série de Taylor et en en causant avec M. Bouquet, il lui avait dit que je démontrais l'inexactitude du théorème de Cauchy. M. Bouquet lui avait répondu que si je croyais à l'inexactitude de ce théorème, c'était moi qui me trompais.

J'allai chez M. Bouquet, que je voyais depuis longtemps à l'École, mais à qui je n'avais jamais parlé.

Après lui avoir indiqué l'occasion de ma visite, je lui demandai comment il entendait le théorème sur la convergence de la série de Taylor. Il m'énonça très-exactement mes opinions à cet égard et comme, après l'avoir prié de prendre dans sa bibliothèque la théorie des fonctions doublement périodiques, je lui faisais remarquer la distance qui séparait les principes énoncés dans son livre de ceux qu'il venait de formuler, il me dit : « Nous nous sommes mal exprimés, mais la preuve que nous n'avons jamais entendu dire que le point d'arrêt fût le point critique le plus proche du point origine, c'est que justement, dans notre nouvelle édition, nous traitons la question de la détermination du point d'arrêt parmi les points critiques, » et il me montra les épreuves de la nouvelle édition de son livre, où la question était traitée en effet.

Je répondis qu'il arrivait un peu tard, la question ayant été traitée par moi, il y avait plus de dix ans, dans le *Journal de mathématiques*. Il me dit : « Je ne savais pas que vous vous fussiez occupé de cette question.

— Comment, dis-je, la posez-vous? — Nous cherchons le point critique où s'arrête la convergence du développement suivant la série de Maclaurin. — Moi, ce n'est pas ainsi que je traite la question : étant donnée l'équation qui lie la fonction y à la variable x, je cherche, pour un système quelconque de valeurs initiales de x et de y le point où s'arrêtera la convergence, et je détermine les conditions d'inégalité dont le changement de sens correspondrait au transport de la limite de la région de convergence d'un point critique à un autre, de façon qu'on puisse assigner pour chaque système $[x_0, y_0]$ de valeurs initiales de x et de y celui des points critiques où sera limitée la région de convergence.

Puis j'en vins à lui parler de la solution générale de la question que j'avais adressée à l'Académie des sciences, et dont j'avais donné la démonstration à M. Puiseux. Il me dit : « Je voudrais, pour une pareille question, une solution telle qu'il n'y eût qu'un calcul plus ou moins long à faire pour connaître le point d'arrêt. Par exemple, le théorème de Sturm exige de longs calculs, mais au moins on est certain qu'en faisant ces calculs on arrivera à un résultat. Vous, vous renvoyez à la construction de courbes, mais la construction d'une courbe c'est la bouteille à l'encre. »

Je lui objectai qu'une solution de la nature de celle qu'il demandait était inespérable, en raison de la nature de la question, mais qu'il exagérait évidemment la difficulté de la construction d'une courbe algébrique.

Puis je lui dis : « Et les intégrales doubles ! y voyez-vous quelque chose ? » Il me répondit de bonne foi : « Non ! je n'y vois absolument rien. — Je m'amuse, lui dis-je, à y accommoder la méthode de Cauchy. Cela marche assez bien. »

Mon *Mémoire sur quelques propriétés générales de l'enveloppe imaginaire des conjuguées d'un lieu plan* ne devant pas paraître de quelque temps dans le journal de M. Liouville, je jugeai à propos d'en adresser une copie à l'Académie, ce qui eut lieu le 1er juillet. J'en donnais un aperçu dans l'extrait suivant pour le compte rendu.

Note sur quelques propriétés générales de l'enveloppe imaginaire des conjuguées d'un lieu plan.

« Les conjuguées d'une courbe plane $f(x, y)=0$, ou les courbes que le général Poncelet désignait sous le nom de supplémentaires de la courbe réelle, ont cette courbe réelle pour enveloppe ; elles en ont souvent une autre composée des points imaginaires du lieu $f(x, y)=0$ où $\frac{dy}{dx}$ est réel.

« La considération de l'enveloppe imaginaire s'impose d'elle-même dans les recherches de Géométrie pure, dans la théorie des intégrales simples, dans celle des permutations des valeurs d'une fonction multiple, dans celle de la marche continue d'une fonction dont la variable varie suivant une loi donnée, enfin dans la théorie de la convergence de la série de Taylor. Les propriétés remarquables dont elle jouit m'ont paru pouvoir intéresser l'Académie.

« 1. L'enveloppe imaginaire des conjuguées d'une courbe $f(x, y)=0$ est, par sa définition même, le lieu des points imaginaires de contact des tangentes au lieu total $f(x, y)=0$, dont les coefficients angulaires sont réels.

« *Les* m (m — 1) *tangentes parallèles à une direction réelle donnée, que l'on peut mener à une courbe de degré* m *sont donc toutes les tangentes que l'on peut mener parallèlement à cette direction, tant à la courbe donnée qu'à l'enveloppe imaginaire de ses conjuguées.* Les deux courbes sont sous ce rapport supplémentaires.

« 2. *L'enveloppe imaginaire touche l'enveloppe réelle en ses points d'inflexion et réciproquement.*

« 3. Elle a pour asymptotes les asymptotes à coefficients angulaires réels du lieu proposé, c'est-à-dire que, si le calcul a donné une asymptote telle que

$$y = mx + p + q\sqrt{-1},$$

q pouvant être nul, l'équation

$$y = mx + p + q$$

représentera réellement une asymptote à l'enveloppe imaginaire.

« 4. Du reste, si $\frac{dy}{dx}$ a la valeur m en un point $x = \alpha + \beta\sqrt{-1}$, $y = \alpha' + \beta'\sqrt{-1}$ de l'enveloppe imaginaire, la tangente à cette enveloppe en ce point sera représentée par

$$y - \alpha' - \beta' = m(x - \alpha - \beta).$$

« 5. Si

$$y = mx + \varphi(m) \pm \sqrt{\psi(m)}$$

est l'équation générale des tangentes à la courbe réelle,

$$y = mx + \varphi(m) \pm \sqrt{-\psi(m)}$$

représente réellement les tangentes à l'enveloppe imaginaire, de sorte que *quand les deux enveloppes coexistent elles sont réciproques l'une de l'autre.*

« 6. J'ai démontré autrefois (*Journal de mathématiques*, 1862) que si l'on désigne par $r + r'\sqrt{-1}$ la valeur de l'expression $\dfrac{\left[1 + \left(\frac{dy}{dx}\right)^2\right]^{\frac{3}{2}}}{\frac{d^2y}{dx^2}}$ en un point de l'enveloppe imaginaire, $r + r'$ est le rayon de courbure de cette enveloppe en ce point; voici une proposition nouvelle assez remarquable sur le lieu des centres de courbure de l'enveloppe imaginaire : *La développée de l'enveloppe imaginaire des conjuguées d'un lieu est l'enveloppe imaginaire des conjuguées de la développée du lieu,* et réciproquement.

« 7. L'enveloppe imaginaire des conjuguées de l'hyperbole est l'hyperbole de mêmes axes, changés de réel en imaginaire, et réciproquement. Mon Mémoire sur les périodes des intégrales simples et doubles, que l'Académie a approuvé dans sa séance du 8 mai 1854, sur le rapport de MM. Cauchy et Sturm, contenait la démonstration de ce fait que *la période imaginaire de l'intégrale rectificatrice de l'hyperbole est, au facteur* $\sqrt{-1}$ *près, la différence des longueurs totales de l'hyperbole supplémentaire et des asymptotes communes* (*Journal de mathématiques*, 1859). J'ai reconnu plus tard (*Journal de mathématiques*, 1861) que *la période réelle de la même intégrale est la différence des longueurs totales de l'hyperbole proposée et de ses asymptotes.* Il m'a suffi pour cela de constater que *les intégrales rectificatrices des deux hyperboles supplémentaires ont les mêmes périodes changées de réelle en imaginaire, et réciproquement.* Cette dernière relation est générale. *Les intégrales rectificatrices de l'enveloppe réelle et de l'enveloppe imaginaire d'un même lieu ont toujours les mêmes périodes, au facteur* $\sqrt{-1}$ *près.*

« 8. J'avais ramené autrefois (*Journal de mathématiques*, 1859) l'intégrale $\int y dx$, prise entre des limites imaginaires $[x_0, y_0]$, $[x_1, y_1]$, appartenant à des conjuguées tangentes à la courbe réelle, à la somme de trois aires, celles des segments de ces deux conjuguées correspondant aux arcs compris entre les points limites et les points de contact avec la courbe réelle, et celle du segment de la courbe réelle correspondant à l'arc compris entre les points de contact avec les deux conjuguées passant par les limites.

« La même décomposition s'appliquait bien encore à l'intégrale lorsque les points limites appartenaient à des conjuguées tangentes seulement à l'enveloppe imaginaire; la partie intermédiaire de l'intégrale était la valeur de l'intégrale $\int y dx$, prise le long de l'enveloppe imaginaire, entre les points de contact de cette enveloppe avec les conjuguées passant par les points limites. Mais cette partie intermédiaire n'avait pas reçu d'interprétation et n'aurait, par conséquent, pu être appréciée que dans le cas très-rare où l'on aurait connu la forme analytique de l'intégrale indéfinie $\int y\, dx$, dont il s'agissait précisément de se passer.

« Je viens de lever cette dernière difficulté, en sorte qu'on pourra maintenant, dans tous les cas, obtenir la valeur d'une intégrale $\int y dx$, avec une approximation aussi grande qu'on le voudra, par excès et par défaut, au moyen des formules de quadrature approchée, comme on calculait autrefois π.

« Soient AB un arc de l'enveloppe imaginaire, Aa et Bb les ordonnées des points A et B ; $AaBb = S$ l'aire du segment correspondant à l'arc AB ; A'B' l'arc de la même enveloppe formé des points imaginaires conjugués de ceux de AB ; $A'a'$ et $B'b'$ les ordonnées de A' et de B' ; S' l'aire du segment $A'a'B'b'$; CD le lieu des milieux des cordes joignant les points imaginaires conjugués de AB et de A'B' ; Cc et Dd les ordonnées de C et de D ; enfin S_1 l'aire du segment $CcDd$: la valeur de l'intégrale $\int y dx$, prise le long de l'arc AB, sera

$$\int_A^B y dx = 2S_1 - \frac{1}{2}(S + S') + \frac{1}{2}(S - S')\sqrt{-1}. »$$

M. Chasles se trouvant au nombre des commissaires nommés pour examiner ce Mémoire, je lui écrivis le 8 juillet :

« Monsieur, j'ignore à quelles circonstances je dois l'honneur de voir votre nom parmi ceux des commissaires désignés pour rendre compte à l'Académie du *Mémoire sur quelques propriétés générales de l'enveloppe imaginaire des conjuguées d'un lieu plan*, que j'ai déposé dans la séance de lundi dernier, mais je saisis avec empressement l'occasion qui m'est offerte de soumettre mes travaux à votre appréciation, si vous m'y encouragez.

Vous dites quelque part dans votre *Aperçu historique* : « Il serait à désirer que l'on cherchât à mettre en parallèle les courbes dont les ordonnées, pour une même valeur de l'abscisse, se déduiraient l'une de l'autre, en remplaçant $\sqrt{-1}$ par 1. »

Je n'avais pas connaissance de votre vœu lorsque j'ai commencé mes recherches en 1841, mais je crois l'avoir exaucé et au-delà.

Vous ne pensiez sans doute pas en 1837 que le sujet d'études que vous proposiez aux géomètres pût, après avoir embrassé la recherche des tangentes, des asymptotes et de la courbure des courbes indirectement représentées en coordonnées imaginaires dans l'équation de la courbe primitive, conduire encore à une interprétation simple des périodes des intégrales simples, doubles, ou d'ordre quelconque ; à la réduction d'une intégrale prise entre des limites imaginaires aux aires de segments correspondant à des arcs définis des courbes sur lesquelles vous appeliez l'attention ; à l'étude de la marche continue d'une fonction dont la variable progresserait par valeurs imaginaires suivant une loi quelconque ; à l'étude des permutations qui se produisent, dans les mêmes hypothèses, entre les valeurs de la fonction ; à la détermination définitive de la limite de la région de convergence de la série de Taylor ; enfin, je l'espère, à d'autres recherches encore, parmi lesquelles je puis vous annoncer dès maintenant la détermination du nombre maximum de périodes que comporte l'intégrale quadratrice d'une courbe de degré *m*.

Si ces théories vous intéressent, comme je le pense, puisque vous avez souhaité de les voir naître, je tiendrais en grand honneur d'être admis à vous en faire une exposition succincte en quelques heures.

Quant au mémoire qui m'aurait fourni la précieuse occasion que je sollicite de vous faire connaître mes travaux, je n'y attache pas grande importance, quoiqu'il contienne la solution que j'ai cherchée bien longtemps d'une des plus grandes difficultés du calcul intégral, la réduction à des aires définies d'une intégrale $\int ydx$, prise entre des limites imaginaires, et je n'ai pas l'intention de vous demander un rapport à ce sujet. »

Cette lettre resta sans réponse.

Le silence de M. Chasles témoignait-il de préventions nées de sournoises calomnies débitées chez lui contre moi par quelqu'un de ses courtisans, ou tenait-il à quelque autre cause ? Je ne sus alors qu'en penser.

J'adressai le 19 août à l'Académie le Mémoire que j'avais annoncé à M. Puiseux, relatif à la construction du périmètre de la région de convergence de la série de Taylor et je donnai l'extrait ci-dessous, pour le *Compte rendu.*

Détermination du périmètre de la région de convergence de la série de Taylor et des portions des différentes conjuguées comprises dans cette région, ou construction du tableau général des valeurs d'une fonction que peut fournir le développement de cette fonction suivant la série de Taylor.

« La fonction

$$y_0 + \left(\frac{dy}{dx}\right)_0 \frac{x - x_0}{1} + \left(\frac{d^2y}{dx^2}\right)_0 \frac{(x - x_0)^2}{1.2} + \dots,$$

essentiellement unique, déterminée et finie, tant que la série qui la constitue reste convergente, n'est, si l'on peut s'exprimer ainsi, qu'une portion de la fonction y, généralement multiple, définie par l'équation

$$f(x, y) = 0,$$

qui a servi à calculer la valeur initiale y_0, correspondant à x_0 et les coefficients différentiels des divers ordres

$$\left(\frac{dy}{dx}\right)_0, \quad \left(\frac{d^2y}{dx^2}\right)_0, \dots;$$

le lieu représenté par l'équation

$$y = y_0 + \left(\frac{dy}{dx}\right)_0 \frac{x - x_0}{1} + \left(\frac{d^2y}{dx^2}\right)_0 \frac{(x - x_0)^2}{1.2} + \dots$$

n'est de même qu'un segment du lieu total représenté par l'équation

$$f(x, y) = 0.$$

« La détermination précise de ce segment constitue l'une des questions les plus intéressantes que comporte l'étude de la série de Taylor.

« Cette question ne présente pas de grandes difficultés, et j'aurais pu l'aborder depuis longtemps, au moins relativement aux exemples pour lesquels j'avais assigné en 1860 et 1861, dans le *Journal de mathématiques pures et appliquées*, la condition exacte de convergence, pour chaque système de valeurs de x_0 et de y_0. Mais ces recherches ne pouvant alors être utilisées que relativement à quelques exemples isolés eussent naturellement présenté peu d'intérêt. Aujourd'hui, au contraire, que j'ai donné la règle générale pour déterminer, dans tous les cas possibles, c'est-à-dire pour une fonction implicite quelconque, algébrique ou transcendante, celui de ses points critiques où doit s'arrêter la convergence, en raison du système des valeurs initiales de x et de y, la question s'impose d'elle-même et doit être traitée avec le soin qu'elle mérite.

« Quoiqu'elle soit facile à résoudre aujourd'hui, je ferai toutefois remarquer que cette question n'était abordable qu'autant, d'abord, qu'on disposât d'un moyen convenable de classification des solutions imaginaires d'une équation à deux variables, ensuite qu'on eût une méthode directe pour déterminer la valeur finale que prendrait la fonction y, assujettie à la continuité, lorsque la variable x serait parvenue de sa valeur initiale à la valeur finale qu'on voulait lui faire prendre, en suivant une loi de progression donnée ; car, quant à se servir de la série elle-même pour calculer les valeurs de y, comme on l'avait proposé, ce ne serait pas réalisable. En effet, quand on aurait calculé trois ou quatre mille termes de la série, on ne serait guère plus avancé qu'en commençant, n'ayant aucun moyen de déterminer une limite de l'erreur commise.

« Mais j'ai donné, en 1859, dans le *Journal de mathématiques*, une méthode simple pour déterminer la valeur finale d'une fonction, connaissant le chemin suivi par sa variable, et cette méthode permettra d'assigner, parmi les valeurs de y, fournies par l'équation donnée, celle que représenterait la série supposée convergente. La question sera seulement alors plus simple que dans le cas général, puisque la valeur finale de y devant rester la même, quelles que soient les valeurs qu'ait prises

x dans l'intervalle, il n'y aura pas à s'occuper de ces valeurs intermédiaires.

« J'appelle *région de convergence* l'ensemble des points du plan fournis par l'équation

$$y = y_0 + \left(\frac{dy}{dx}\right)_0 \frac{x - x_0}{2} + \ldots$$

Il s'agit de déterminer le périmètre de la portion du plan recouverte par ces points, et la portion de chaque conjuguée qui s'y trouve comprise.

« Cette courbe passe par le point critique du lieu considéré où s'arrête la convergence de la série, et tous ses autres points ont pour abscisses les quantités qui, retranchées de la valeur initiale x_0 de x, fournissent des différences de même module que la différence entre x_0 et l'abscisse du point d'arrêt. Ainsi, si

$$x_1 = a + b\sqrt{-1}, \quad y_1 = a' + b'\sqrt{-1}$$

est celui des points critiques où s'arrête la convergence, et que

$$x_0 = \alpha_0 + \beta_0\sqrt{-1}, \quad y_0 = \alpha'_0 + \beta'_0\sqrt{-1}$$

soient les valeurs initiales de x et de y, le périmètre de la région de convergence sera caractérisé par l'équation

$$(\alpha - \alpha_0)^2 + (\beta - \beta_0)^2 = (a - \alpha_0)^2 + (b - \beta_0)^2,$$

α et β désignant les parties réelle et imaginaire variables de x. La question est donc de suivre de proche en proche la marche de y ou de $\alpha' + \beta'\sqrt{-1}$ lorsque x varie à partir de x_0, en suivant le chemin

$$\alpha^2 - a^2 + \beta^2 - b^2 - 2(\alpha - a)\alpha_0 - 2(\beta - b)\beta_0 = 0.$$

« Les points du périmètre qui auront même carastéristique appartiendront à une même conjuguée, et si l'on a tracé d'avance ces conjuguées, en relevant pour chacune d'elles la portion comprise dans l'intérieur de la région de convergence, on aura le tableau de toutes les valeurs de y que pourra fournir la série.

« Si l'équation proposée est de degré m, elle fournira entre α, β, α' et β' deux équations de degré m ; en y joignant les trois équations

$$\alpha^2 - a^2 + \beta^2 - b^2 - 2(\alpha - a)\alpha_0 - 2(\beta - b)\beta_0 = 0,$$
$$x = \alpha + \beta,$$
$$y = \alpha' + \beta',$$

et éliminant α, β, α' et β', on aurait l'équation du périmètre de la région de convergence, qui serait du degré $2m^2$. Mais la courbe ainsi obtenue comprendrait une foule de branches parasites, puisqu'elle contiendrait les m points correspondant à chacune des valeurs attribuées à x, tandis que la courbe cherchée n'en doit comprendre qu'une. On ne recourra donc pas habituellement à cette méthode, qui ne donnerait qu'un résultat brut dont on ne saurait que faire. Le principal moyen qu'on emploiera pour traiter la question se tirera de cette remarque que la courbe cherchée ne saurait entamer ni l'une ni l'autre des deux branches de la courbe caractérisée par l'équation générale

$$x = \alpha + \beta_0 \sqrt{-1},$$

qui comprendraient immédiatement celle où se trouve le point origine. Cette remarque fournira le moyen d'éliminer les solutions étrangères que le calcul aura fournies lorsqu'on y aura eu recours.

« Lorsque les coefficients de l'équation du lieu varient d'une manière continue, la région de convergence se déforme aussi en général d'une manière continue. Mais il y a à cette règle générale une exception d'un genre particulier très-remarquable : Si les coefficients de l'équation varient de façon que le lieu acquière un point multiple où les valeurs de $\frac{dy}{dx}$ soient différentes, les points critiques qui viennent se confondre en ce point multiple disparaissent alors comme points critiques, de sorte que si, en raison de la position du point origine, la région de convergence était auparavant limitée à l'un d'eux, elle change alors brusquement. »

On m'avait rapporté que M. Laguerre racontait que j'étais dans une mauvaise voie, que c'était bien dommage, etc. Je le rencontrai à l'imprimerie en allant corriger l'épreuve de l'extrait qui précède. Je lui dis ce que je pensais de ses condoléances et le mis au défi de résoudre autrement que moi telle question qu'il voudrait, relative soit à la détermination de la valeur finale d'une fonction assujettie à la continuité, connaissant le chemin suivi par la variable, soit à la détermination du point d'arrêt de la convergence de la série de Taylor. Il refusa en prétextant de la trop grande simplicité de ces questions. Il ajouta qu'il préférait la méthode de Cauchy à la mienne et qu'il avait bien le droit de le dire. Je lui répondis qu'il n'était pas permis de préférer la méthode de Cauchy, puisqu'elle était impuissante dans la théorie des intégrales doubles, et comme il me disait qu'il ne reconnaissait pas cette impuissance, je lui portai le nouveau défi de se tirer de cette théorie, ajoutant qu'il ne pourrait pas prétendre comme pour les autres que la question ne valait pas la peine d'être traitée.

Il s'échappa encore, je ne me rappelle plus sous quel prétexte, alors je lui dis : Eh bien, je traiterai cette question par la méthode de Cauchy et je constaterai que vous en étiez tous incapables. Vous répéterez ensuite tant que vous voudrez que je suis dans une mauvaise voie, je dirai moi que vous êtes dans un cul-de-sac et que vous donnez depuis vingt ans de la tête contre le mur du fond, sans que l'expérience ait pu vous apprendre à vous retourner !

C'est ainsi que je m'étais trouvé lancé dans le nouveau champ de recherches dont j'avais dit un mot à M. Bouquet et qui allaient m'éloigner pour longtemps de la question du nombre maximum des périodes de la quadratrice de la courbe générale de degré m, qui m'intéressait cependant bien davantage.

Mais je ne regrette pas cette diversion, d'abord parce que, bien que la transformation de méthode qui allait m'occuper n'eût aucun but pratique, néanmoins, il était utile de ne pas la laisser effectuer par un adversaire, qui eût bien pu déguiser la source où il aurait puisé ; en second lieu, parce que ce travail m'a donné l'occasion de constituer, pour les intégrales doubles et d'ordre quelconque l'équivalent de la belle théorie des résidus des intégrales simples, que Cauchy n'avait pu gâter par aucun écart de méthode ; enfin et surtout parce que c'est probablement à une disposition d'esprit acquise dans les recherches où m'avait entraîné cette théorie des résidus que je dois d'avoir découvert quelque temps après les conditions d'existence ou d'annulation des périodes cycliques des intégrales simples et des périodes sphériques des intégrales doubles.

L'engagement pris, il s'agissait d'y faire honneur, ce qui pouvait présenter quelques difficultés. Je m'y mis immédiatement.

Il était évident *à priori* que le contour apparent, par rapport au plan des xy, de la surface dont l'ordonnée z serait la fonction explicite ou implicite, placée sous le signe *somme*, devrait jouer, par rapport à l'intégrale double, le même rôle que les points critiques d'une fonction y d'une variable x, par rapport à l'intégrale simple $\int y dx$.

La question, toutefois, présentait des difficultés très-sérieuses : et, en effet, quand je voulus y pénétrer, je reconnus tout d'abord, entre les deux cas, cette différence capitale que tandis que les points critiques d'un lieu $f(x, y) = 0$ sont essentiellement distincts et en nombre fini, lorsque le lieu est algébrique, au contraire, le contour apparent d'une surface $f(x, y, z) = 0$, par rapport au plan des xy, constitue un amas confus de courbes continues entre elles, formant plaque sur le tableau, ce contour apparent n'étant autre que le lieu correspondant à l'équation résultée de l'élimination de z entre $f(x, y, z) = 0$ et $\frac{df}{dz} = 0$, lieu qui, comprenant ou non une courbe réelle, se compose, en outre, d'une infinité de courbes imaginaires.

Qu'allaient pouvoir être les équivalents des contours élémentaires de Cauchy? La question était embarrassante.

Suivant mon habitude, je la déposai dans un coin de mon entendement, pour laisser à la solution le temps de produire ses premières pousses et je m'occupai d'aplanir avant tout le terrain où j'allais avoir à manœuvrer.

M. Cauchy avait parfaitement défini l'intégrale simple $\int y dx$, prise le long d'un contour $\varphi(\alpha, \beta) = 0$. Il fallait avant tout définir de même l'intégrale double $\int\int z\, dx\, dy$.

J'avais bien, en 1853, montré que cette définition résulterait de l'introduction de deux relations

$$\varphi(\alpha, \beta, \alpha', \beta', \alpha'', \beta'') = 0,$$
$$\varphi_1(\alpha, \beta, \alpha', \beta', \alpha'', \beta'') = 0,$$

entre les parties réelles et imaginaires des trois variables x, y, et z.

Mais pour rendre compte du rôle que joueraient les équations $\varphi = 0$, $\varphi_1 = 0$, j'avais été obligé de les rattacher plus ou moins à celles qui définiraient une conjuguée du lieu $f(x, y, z) = 0$; ou, au moins, une surface formée de courbes continues entre elles, tracées sur une série de conjuguées.

Or, dans le travail que j'entreprenais, je devais surtout m'astreindre à éviter toute considération de géométrie imaginaire.

Heureusement l'interprétation de l'intégrale simple $\int y dx$, prise le long d'un contour donné, interprétation que je n'avais d'abord recherchée que pour le cas où il s'agirait d'un arc de l'enveloppe imaginaire, mais qui s'appliquait aussi bien à tout autre contour, pouvait aisément s'étendre aux intégrales doubles définies par deux conditions $\varphi = 0$ et $\varphi_1 = 0$ et même ensuite aux intégrales d'ordre quelconque, définies par l'introduction d'un nombre convenable de conditions ajoutées à la relation entre la fonction et les variables, parce que les termes de

$$\Sigma\left(\alpha_{n+1} + \beta_{n+1}\sqrt{-1}\right)\left(d\alpha_1 + d\beta_1\sqrt{-1}\right)\left(d\alpha_2 + d\beta_2\sqrt{-1}\right)\ldots\left(d\alpha_n + d\beta_n\sqrt{-1}\right)$$

se retrouveraient, au signe $\sqrt{-1}$ près, dans

$$\Sigma(\alpha_{n+1} + \beta_{n+1})(d\alpha_1 + d\beta_1)(d\alpha_2 + d\beta_2)\ldots(d\alpha_n + d\beta_n)$$

et dans

$$\Sigma(\alpha_{n+1}-\beta_{n+1})(d\alpha_1-d\beta_1)(d\alpha_2-d\beta_2)\ldots(d\alpha_n-d\beta_n)$$

Mais je réfléchis que ne m'étant pas proposé d'élever un monument à la gloire de M. Cauchy, je ferais sagement de commencer par tirer parti pour moi-même de la méthode de transformation dont je viens de parler et j'entrepris de refaire à ce nouveau point de vue la théorie des intégrales doubles, pour retrouver mes anciens théorèmes sous une forme plus analytique.

Je ne m'étais pas un instant préoccupé autrefois d'établir directement le prétendu théorème de Cauchy relatif à l'indépendance, dans un certain intervalle, de l'intégrale $\int ydx$, prise entre des limites fixes, envers le chemin suivi entre ces deux limites, par la variable indépendante; et je n'avais pas eu davantage à faire usage du théorème analogue relativement à une intégrale double. Mais l'abandon volontaire que je voulais faire du bénéfice que procurent naturellement les considérations géométriques, ramenait la question de ce théorème et il fallait la résoudre.

Je fus assez heureux pour rencontrer, pour les intégrales doubles, une démonstration plus simple à la fois et plus lumineuse que celle qu'avait donnée Cauchy pour les intégrales simples.

Ce perfectionnement m'éloigna encore de mon objet en me suggérant l'idée de refondre même la théorie des intégrales simples, et je me mis en effet à ce nouveau travail.

Cette nouvelle théorie des intégrales simples ayant marché à souhait, je revins aussitôt après à celle des intégrales doubles, qui s'acheva aussi aisément ; enfin j'abordai l'entreprise que je m'étais proposée d'abord, d'étendre la méthode de Cauchy à la théorie des intégrales doubles.

La difficulté dont j'ai déjà parlé était restée à peu près entière, en ce sens, du moins, que, si je m'étais bien aperçu que tous les contours fermés, fournis par l'équation du contour apparent, devaient au fond s'équivaloir, je ne voyais aucun moyen de les réduire les uns aux autres. Mais, au reste, les coups de sonde que j'avais portés dans le cœur de la question m'avaient fait reconnaître la convenance de recherches préliminaires relatives aux résidus que devaient occasionnellement fournir les intégrales doubles, aussi bien que les intégrales simples.

Je commençai donc par m'occuper de fonder cette théorie des résidus des intégrales doubles.

L'habitude que j'ai de chercher toujours de chaque fait l'énoncé concret qu'il comporte, me suggéra tout d'abord cette traduction du théorème de Cauchy relatif aux résidus des intégrales simples :

Les deux branches d'une courbe de degré quelconque, asymptotes en sens inverses et de côtés différents, à une même droite, se confondent, dans leurs parties indéfinies, avec une hyperbole du second degré; et les conjuguées fermées de cette courbe, comprises entre des tangentes à ces deux branches, parallèles entre elles et infiniment peu inclinées sur l'asymptote en question, tendent elles-mêmes à se confondre avec les conjuguées elliptiques de cette hyperbole, de sorte que la quadratrice d'une courbe quelconque doit admettre, entre autres périodes, les produits par $\sqrt{-1}$ des aires des ellipses conjuguées des hyperboles avec lesquelles tendent à se confondre ses branches infinies; ce qui non-seulement explique le théorème de Cauchy relatif aux résidus des intégrales de la forme $\int \frac{\varphi(x)}{x-a}\,dx$, mais encore rend compte de la présence des périodes logarithmiques ou cycliques dans les quadratrices des courbes algébriques rapportées à des axes quelconques.

Cette manière d'entendre les faits devait tout naturellement fournir la clef de la théorie des résidus des intégrales doubles.

En effet, la nappe d'une surface $f(x, y, z) = 0$, dont l'ordonnée z deviendrait infinie le long d'une courbe

$$F(x, y) = 0,$$

tendrait, dans sa partie illimitée, à se confondre avec le lieu d'une hyperbole du second degré, dont l'asymptote parallèle à l'axe des z tracerait sur le plan des xy la courbe $F(x, y) = 0$; et le résidu de l'intégrale double

$$\Sigma z dx dy,$$

le long de la courbe $F(x, y) = 0$, serait le produit par $\sqrt{-1}$ du volume engendré par une des ellipses conjuguées de l'hyperbole en question.

Ainsi s'expliqueraient les résidus relatifs à des lignes, mais il y en aurait une variété, correspondant au cas où la courbe $F(x, y) = 0$ deviendrait évanouissante.

Dans ce cas particulier, le résidu se rapporterait à un point.

Toutefois il restait quelques difficultés à lever.

Il fallait en effet, d'abord, constater l'indépendance du résidu envers la direction constante ou variable du plan sécant, parallèle aux z, qui fournirait l'hyperbole génératrice de la surface à substituer à la surface proposée, et il y aurait en outre à démontrer ensuite l'identité de tous les résidus que l'on obtiendrait en substituant à un arc de la courbe $F(x, y) = 0$, supposée réelle, l'arc, compris entre les mêmes limites, d'un lieu quelconque de points imaginaires fournis par la même équation.

J'éprouvai un vrai moment de bonheur en reconnaissant que les résidus des quadratrices des sections faites, dans la surface proposée par tous les plans parallèles aux z, menés par un même point de la courbe $F(x, y) = 0$, auraient même projection sur le plan normal à cette courbe, ce qui résolvait la première difficulté.

Quant à la seconde, elle disparaissait d'elle-même, le résidu de l'intégrale double ayant été ramené à une intégrale simple prise le long de la courbe $F(x, y) = 0$.

J'abordai alors la question relative aux périodes engendrées dans des parcours finis.

J'ai déjà dit qu'il m'avait sauté aux yeux tout d'abord que les diverses branches du contour apparent de la surface $[x, y, z]$ par rapport au plan des xy joueraient, par rapport à l'intégrale $\Sigma z dx dy$, le même rôle que les points du contour apparent de la courbe $[x, y]$, par rapport à l'axe des x, avaient joué relativement à l'intégrale $\Sigma y dx$; d'un autre côté, en y réfléchissant davantage, j'avais reconnu aisément que la difficulté provenant de la multiplicité indéfinie des suites de solutions imaginaires de l'équation du contour apparent, difficulté toute nouvelle, que n'avait pas pu présenter la théorie des intégrales simples, devrait nécessairement s'évanouir d'elle-même, à la suite d'un examen plus attentif de la question, comme cela était déjà arrivé dans la question particulière des résidus, car autrement toute intégrale double serait *ipso facto* indéterminée.

Je commençai donc, sans me préoccuper davantage de cette difficulté, par chercher à constituer pour une intégrale double, les contours élémentaires analogues à ceux que Cauchy avait imaginés pour les intégrales simples, c'est-à-dire les surfaces élémentaires fermées, lieux de points satisfaisant à l'équation proposée, qui envelopperaient, sans passer par aucun de leurs points, les différentes branches du contour apparent de la surface proposée et une seule chacune, chaque branche du contour apparent étant d'ailleurs représentée par une quelconque des courbes en nombre infini qui correspondraient à une des formes de y, tirées de l'équation du contour apparent par rapport au plan des xy.

Cela fait, il ne restait plus qu'à constater que la substitution de l'une à l'autre de deux courbes correspondant à une même forme de y n'altérerait en rien la valeur de l'intégrale double prise le long de la surface élémentaire embrassant l'une ou l'autre des deux courbes considérées.

Or cela était évident, en effet les deux surfaces élémentaires considérées se réduiraient l'une à l'autre en ajoutant ou en retranchant le lieu des lignes fermées qui rejoindraient les uns aux autres les points des deux surfaces, infiniment voisins des deux courbes considérées et dont les points intermédiaires satisferaient, à des infiniment petits près, à l'équation du contour apparent, considérée sous celle de ses formes qui avait fourni les deux courbes en question. Mais l'accroissement de l'intégrale double le long du lieu de ces lignes serait évanouissant puisque z prendrait le long de l'une de ces lignes, en allant et en revenant, les mêmes valeurs, savoir les valeurs doubles qui correspondraient aux systèmes de valeurs de x et de y qui satisferaient à l'équation du contour apparent, considérée sous la même forme.

Cela fait, je complétai mon travail par une exposition nouvelle de la théorie des intégrales d'ordre quelconque, fondée sur le même artifice qui m'avait servi à obtenir l'interprétation de l'intégrale $\int ydx$, prise le long d'un arc de l'enveloppe imaginaire des conjuguées de la courbe $[x, y]$; et par la théorie des résidus des intégrales d'ordre quelconque.

J'adressai toutes ces théories, par fragments, à l'Académie des sciences.

Ces fragments, où les mémoires que je viens de résumer sont reproduits à peu près *in extenso*, ont paru dans les numéros relatifs aux séances des 26 août, 2, 9, 16, 23 et 30 septembre, 14 et 21 octobre, 4 et 18 novembre, enfin 2 décembre 1872.

Je prie ici M. Dumas qui m'a si libéralement laissé user de la publicité des *Comptes rendus*, de recevoir l'expression de ma bien vive reconnaissance.

L'Académie a récemment perdu M. Elie de Beaumont. Mais je n'avais pas attendu jusqu'à ce jour pour lui témoigner ma gratitude, non plus qu'à M. Dumas.

Tous les mémoires dont je viens de parler ont paru depuis dans le XLIVe cahier du journal de l'École polytechnique.

Je ne reproduirai pas les premiers qui, fondus maintenant dans ceux que j'avais donnés autrefois à M. Liouville, ont servi à compléter la théorie telle que je l'ai exposée dans le second volume de cet ouvrage ; mais je crois devoir reproduire ceux où se trouvent exposées, pour les intégrales doubles ou triples, les théories fondées sur la même méthode qu'avait employée Cauchy pour les intégrales simples. Les voici.

EXTENSION DE LA MÉTHODE DE CAUCHY A LA THÉORIE DES INTÉGRALES DOUBLES.

§ I.

Les théories abstraites ne se prêtent pas toujours aisément à une transformation d'où puisse ressortir l'explication lumineuse des faits, et, de toutes les théories abstraites, celle qu'a donnée Cauchy, des intégrales simples, est peut-être la plus singulièrement équilibrée qu'ait eu à enregistrer l'histoire de la science ; aussi n'aurait-il pas été possible d'en tirer le moindre secours pour arriver à une notion claire des périodes d'une intégrale, pour concevoir, par exemple, d'une manière générale, les périodes réelles comme étant les aires des anneaux fermés de la courbe réelle, dont la fonction placée sous le signe représentait l'ordonnée, et ses périodes imaginaires comme les produits par $\sqrt{-1}$ des aires des anneaux fermés des conjuguées de cette même courbe.

Au contraire, les théories concrètes, fondées sur l'analyse des faits considérés en eux-mêmes, et constituées par leur explication naturelle, se prêtent ensuite à toutes sortes de transformations qui, du reste, se réduisent le plus souvent à l'omission plus ou moins complète de quelques points de vue intéressants sous lesquels les faits avaient pu être présentés, de quelque interprétation utile, mais non indispensable, ou à la réduction du phénomène, considéré dans toute sa généralité, à quelques-unes de ses manifestations les plus caractéristiques, ou qui se présentent entourées de circonstances plus exceptionnelles ou plus singulières. Aussi aurait-il été bien facile de déduire immédiatement la théorie qui va suivre de celle que j'ai donnée en 1853, de sorte qu'il est même surprenant que cela n'ait pas été fait ; car, par exemple, pour trouver la période réelle, $\frac{4}{3}\pi abc$, de

$$c\int\int dxdy\sqrt{1-\frac{x^2}{a^2}-\frac{y^2}{b^2}},$$

ou la période imaginaire, $\frac{4}{3}\pi abc\sqrt{-1}$, de

$$c\int\int dxdy\sqrt{\frac{x^2}{a^2}+\frac{y^2}{b^2}-1},$$

il n'y avait qu'à écarter toutes les autres représentations géométriques de ces périodes pour ne conserver que celles qui se présentent tout d'abord, et qui se manifestent quand on ne donne à x et à y que des valeurs réelles ; sauf à éviter, par de petits circuits, le contour apparent

$$\frac{x^2}{a^2}+\frac{y^2}{b^2}=1,$$

afin de suivre de point en point la méthode qui avait réussi pour les intégrales simples.

Le contour apparent, par rapport au plan des xy, de la surface dont l'ordonnée z serait la fonction explicite ou implicite placée sous le signe Σ, jouera, en effet, exactement le même rôle, dans la théorie des intégrales doubles, que les points critiques, dans la théorie des intégrales simples.

Les points critiques d'un lieu plan $f(x, y)=0$ sont caractérisés par l'équation

$$\frac{df}{dy}=0,$$

et les courbes critiques d'un lieu de l'espace $f(x, y, z)=0$ sont caractérisées par l'équation

$$\frac{df}{dz}=0.$$

Les courbes critiques d'une surface ne sont d'ailleurs que les lieux des points critiques des sections faites dans cette surface par des plans parallèles aux z.

Toutefois la question est réellement plus compliquée pour les intégrales doubles que pour les intégrales simples, parce qu'une surface a toujours une infinité de contours apparents sur le même tableau et par rapport à la même direction ; ou, en d'autres termes, qu'on peut toujours circonscrire à une surface une infinité de cylindres parallèles à une direction donnée, l'un réel et les autres imaginaires ; car les solutions imaginaires des équations

$$f(x, y, z)=0 \quad \text{et} \quad \frac{df}{dz}=0$$

doivent aussi bien être considérées que leurs solutions réelles.

On ne trouve bien, il est vrai, qu'un nombre limité de points critiques sur chaque section faite dans la surface par un plan parallèle aux z; mais c'est qu'un plan réel ne peut pas contenir toutes sortes de points imaginaires, et si, après avoir considéré tous les plans réels parallèles aux z, on considérait aussi les plans imaginaires parallèles à la même direction, on trouverait, en réalité, une infinité de points critiques.

Par exemple le contour apparent de l'ellipsoïde

$$\frac{x^2}{a^2}+\frac{y^2}{b^2}+\frac{z^2}{c^2}=1$$

est bien l'ellipse

$$z=0, \quad \frac{x^2}{a^2}+\frac{y^2}{b^2}=1;$$

mais l'équation

$$\frac{x^2}{a^2}+\frac{y^2}{b^2}=1$$

a une infinité d'infinités de solutions imaginaires.

La question comporte donc bien réellement des difficultés nouvelles ; mais ces difficultés sont peu considérables.

Avant d'aborder la solution de la question, je crois devoir m'expliquer sur les précautions prises par Cauchy pour éviter de prétendus dangers, que l'on écarte sous une forme pour y retomber sous une autre, et que l'on traverse alors sans même les apercevoir, parce qu'ils n'avaient rien de réel.

La théorie de Cauchy repose uniquement sur deux observations essentiellement distinctes, rattachées ensuite l'une à l'autre par l'emploi d'un artifice commun, qui est bien justifié dans l'un des cas, mais qui est tellement inutile dans l'autre que l'objet qu'on s'en était proposé n'est pas même atteint.

La première observation, qui constitue la base de l'ingénieuse et efficiente théorie des résidus, consiste en ce que l'intégrale $\int y dx$ peut acquérir une valeur même infinie, sans que x ait varié qu'infiniment peu aux environs d'une de ses valeurs à laquelle correspond une valeur infinie de y.

Si la fonction y devient infinie pour $x = a$, elle peut se mettre sous la forme

$$y = \frac{\varphi(x)}{(x-a)^m},$$

m étant positif et $\varphi(x)$ n'étant ni nul ni infini pour $x = a$.

Si l'on pose $x = \alpha + \beta\sqrt{-1}$, et que l'on établisse entre α et β la relation

$$(\alpha - a)^2 + \beta^2 = \rho^2,$$

ρ étant aussi petit qu'on le voudra, l'intégrale correspondante

$$\int y\left(d\alpha + d\beta\sqrt{-1}\right)$$

sera infinie, finie ou nulle, suivant que m sera plus grand que 1, égal à 1 ou moindre que 1.

Si $m = 1$, il correspondra au parcours fermé

$$(\alpha - a)^2 + \beta^2 = \rho^2$$

une période égale à

$$2\pi\sqrt{-1}\,\varphi(a).$$

On conçoit parfaitement que l'explication abstraite de ce fait analytique exige absolument que l'on ne donne à x que des valeurs voisines de a, et jamais la valeur a.

La seconde observation consiste en ce que, pour que l'intégrale $\int y dx$ correspondant à un parcours fermé par rapport à x,

$$\varphi(\alpha, \beta) = 0,$$

ne soit pas nulle, il faut que les parties de y ne repassent pas en sens contraires par les mêmes valeurs, lorsque la variable indépendante α, après avoir varié de sa limite inférieure α_0 à sa limite supérieure α_1, reviendra ensuite de sa limite supérieure à sa limite inférieure ; c'est-à-dire qu'il se soit opéré dans l'intervalle une permutation entre les valeurs dont est capable y.

Mais ce serait naturellement aux points critiques du lieu $f(x, y) = 0$ que se feraient le plus simplement ces permutations entre les valeurs de y, et précisément Cauchy, par suite d'une idée préconçue, tient absolument à éviter les passages par ces points critiques.

Il se figure que, si la fonction y avait un instant passé par une de ses valeurs multiples, elle deviendrait indéterminée et, par suite, il recommande spécialement d'éviter de faire prendre à y une de ces valeurs et, pour cela, de contourner les valeurs de x auxquelles elles correspondent.

Cette précaution est d'abord inutile, parce qu'il n'eût pas été plus difficile de trancher à l'avance l'incertitude qui pourrait se présenter relativement à la marche de y, qu'il ne l'est de résoudre celle qui se produit identiquement dans les mêmes conditions, relativement à la marche de β, car le chemin $\varphi(\alpha, \beta) = 0$, pour être fermé, doit bien comprendre au moins deux points où $\frac{d\beta}{d\alpha}$ soit infini ou indéterminé, où β prenne une valeur double.

Mais, de plus, cette précaution n'atteint pas le but; car, dès que l'on a réglé la loi de progression de x par une relation $\varphi(\alpha, \beta) = 0$, il n'y a plus qu'une des variables α, β, α' et β' qui reste indépendante, α par exemple. Or, pour que les quatre parties de l'intégrale $\int y dx$,

$$\sum \alpha' d\alpha, \quad -\sum \beta' \frac{d\beta}{d\alpha} d\alpha, \quad \sqrt{-1} \sum \alpha' \frac{d\beta}{d\alpha} d\alpha \quad \text{et} \quad \sqrt{-1} \sum \beta' d\alpha,$$

ne soient pas toutes nulles, il faut nécessairement que le parcours

$$\varphi(\alpha, \beta) = 0$$

soit tel que, en quelques points de ce parcours,

$$\frac{d\alpha'}{d\alpha} \quad \text{ou} \quad \frac{d\beta'}{d\alpha}$$

soient infinis ou indéterminés, c'est-à-dire que α' et β' prennent des valeurs multiples.

De sorte que la difficulté que l'on avait voulu éviter se trouve doublée par les précautions que l'on a prises, et que la méthode consiste essentiellement à s'être arrangé de manière à ne pas l'apercevoir quand elle est plus considérable, après s'y être heurté quand elle était moindre, ce qui prouve que le danger n'était pas grand.

L'artifice imaginé par Cauchy pour éviter les points multiples du lieu

$$f(x, y) = 0,$$

où y conservait des valeurs finies, n'avait donc pas sa raison d'être; et, en effet, il était évident à l'avance qu'il n'y avait aucune raison pour opérer de la même manière à l'égard des points où y devenait infini, et où c'était seulement une de ses dérivées qui le devenait. Dans le premier cas, en effet, l'intégrale $\int ydx$ pouvait prendre un accroissement même infini, dans un intervalle infiniment petit parcouru par x, tandis que, dans le second, l'intégrale ne pouvait varier qu'infiniment peu, dans les mêmes conditions, et qu'il pouvait seulement arriver que la fonction y fût amenée à prendre ultérieurement des valeurs autres que celles qu'elle eût prises si elle n'avait pas passé par sa valeur multiple.

Il n'y aurait donc pas de raison de chercher à imiter, à propos de la théorie des intégrales doubles, des artifices de méthode qui périclitent déjà lorsqu'il ne s'agit que des intégrales simples. Les passages de la fonction par des valeurs multiples finies n'ayant d'autre effet que de disposer cette fonction à prendre ultérieurement d'autres valeurs que celles par lesquelles elle a déjà passé, il était absolument indifférent de brusquer la conversion en faisant prendre à la fonction une de ses valeurs multiples, ou de l'opérer en deux temps, en agissant successivement sur ses deux parties réelle et imaginaire.

Pour ce qui concerne les fonctions de deux variables, il serait indifférent d'en faire permuter les valeurs le long d'une ligne représentée par les équations du contour apparent, ou de contourner cette ligne, l'effet final devant rester le même.

Toutefois, comme il s'agit ici de remplir un programme tracé à l'avance, je m'y conformerai de point en point.

§ II.

Théorie des résidus des intégrales doubles.

Les intégrales doubles donnent lieu, comme les intégrales simples, à une théorie des résidus, par laquelle nous commencerons, pour conserver l'ordre dans lequel les faits se sont présentés à Cauchy.

Nous rencontrerons naturellement ici deux sortes de résidus, des résidus relatifs à des points, ou plutôt à des systèmes de valeurs des trois variables, et des résidus relatifs à des lignes, ou à des suites continues de systèmes de valeurs des trois variables. Les premiers seront des valeurs finies qu'acquerrait l'intégrale, sans que x et y aient pris que des valeurs infiniment voisines de valeurs finies

$$x = a + b\sqrt{-1}, \qquad y = a' + b'\sqrt{-1},$$

auxquelles correspondrait une valeur infinie de z; les autres seront des valeurs finies qu'acquerrait l'intégrale, sans que x et y aient pris que des valeurs infiniment voisines de valeurs

$$x = \alpha + \beta\sqrt{-1}, \qquad y = \alpha' + \beta'\sqrt{-1},$$

liées entre elles par trois conditions, et auxquelles correspondraient des valeurs infinies de z.

Les premiers se trouveront dans les surfaces dont les sections par tous les plans passant par une même droite parallèle aux z seraient des courbes asymptotes à cette droite et se confondant à la limite avec des hyperboles du second degré. Les autres se trouveront dans les surfaces dont les sections par des plans passant par une série de droites parallèles aux z, formant un cylindre fermé, seraient des courbes asymptotes à ces droites et se confondant à la limite avec des hyperboles du second degré.

Des résidus relatifs à des points. — Considérons d'abord la surface engendrée par une hyperbole équilatère tournant autour d'une de ses asymptotes, prise pour axe des z, l'équation de cette surface sera

$$z\sqrt{x^2 + y^2} = \frac{a^2}{2};$$

la période de l'intégrale

$$\frac{a^2}{2}\int\int \frac{dxdy}{\sqrt{x^2 + y^2}}$$

sera

$$\frac{4}{3}\pi a^3 \sqrt{-1}.$$

En effet, si, dans chaque plan passant par l'axe des z, on mène une infinité de droites inclinées de 45 degrés sur le plan des xy et comprises entre les deux branches de l'hyperbole de section, les intersections imaginaires seront conjuguées deux à deux et se rejoindront aux sommets de l'hyperbole correspondante. D'ailleurs les points obtenus

$$x = \alpha \pm \beta, \qquad y = \alpha' \pm \beta', \qquad z = \alpha'' \pm \beta''$$

formeront un cercle de rayon a, ayant son centre à l'origine des coordonnées, c'est-à-dire que la surface composée des deux parties auxquelles correspondent les volumes V et V′ sera la sphère de rayon a, ayant son centre à l'origine; par conséquent $(V - V')\sqrt{-1}$ sera égal à

$$\frac{4}{3}\pi a^3 \sqrt{-1}.$$

D'un autre côté, l'intégrale $4\sqrt{-1}\ \Sigma\beta'' d\beta d\beta'$ sera identiquement nulle, car la section de la surface dont les coordonnées seraient

$$x=\beta, \quad y=\beta', \quad z=\beta'',$$

par un plan quelconque passant par l'axe des z, se composerait d'une seule ligne droite, puisque β, β' et β'' conserveraient entre eux des rapports constants : ainsi la période sera

$$\frac{4}{3}\pi a^3 \sqrt{-1}.$$

Il s'agit de la trouver comme résidu de l'intégrale relatif à l'origine.

Si, au lieu de droites inclinées de 45 degrés sur l'axe des z, on considérait, dans chaque plan passant par cet axe, des droites faisant avec lui un angle fixe moindre que 45 degrés, la surface dont le volume $V - V'$ devrait être considéré, deviendrait un ellipsoïde de révolution autour de son grand axe; mais ce volume conserverait la valeur $\frac{4}{3}\pi a^3$.

Enfin, si l'inclinaison sur l'axe des z des droites considérées tendait vers zéro, le grand axe de l'ellipsoïde en question tendrait vers l'infini, tandis que ses deux axes égaux tendraient vers zéro; mais le volume de cet ellipsoïde resterait toujours égal à $\frac{4}{3}\pi a^3$.

D'ailleurs, si la section faite par l'un des plans passant par l'axe des z, $y = mx$, était rapportée à l'axe des z et à la trace OX' de son plan sur le plan des xy, x' serait de la forme

$$x' = \alpha + \beta\sqrt{-1},$$

et z de la forme

$$z = \frac{a^2}{2}\,\frac{\alpha - \beta\sqrt{-1}}{\alpha^2+\beta^2}.$$

Mais comme le rapport des parties imaginaires de z et de x' devrait être constant, puisque les valeurs de z et de x' devraient satisfaire à une équation

$$z = -x' \operatorname{tang}\varphi + d,$$

$\alpha^2 + \beta^2$ serait constant et égal à $\frac{a^2}{2\operatorname{tang}\varphi}$; par suite x serait de la forme

$$x = \frac{\alpha + \beta\sqrt{-1}}{\sqrt{1+m^2}},$$

et y de la forme

$$y = \frac{(\alpha + \beta\sqrt{-1})m}{\sqrt{1+m^2}},$$

avec la condition

$$\alpha^2 + \beta^2 = \frac{a^2}{2\,\mathrm{tang}^2\varphi};$$

α et β tendraient donc vers zéro en même temps que φ tendrait vers 90 degrés.

Ainsi la période $\frac{4}{3}\pi a^3\sqrt{-1}$ de l'intégrale

$$\frac{a^2}{2}\int\int\frac{dxdy}{\sqrt{x^2+y^2}}$$

est le résidu de cette intégrale relatif à l'origine.

Tel est l'exemple le plus simple de résidu relatif à un point.

Pour en obtenir un un peu moins particulier, considérons la surface engendrée par une hyperbole équilatère tournant toujours autour de l'une de ses asymptotes, prise pour axe des z, mais dont l'axe transverse varierait suivant une loi donnée, de façon que l'équation de cette hyperbole, dans le plan

$$y = mx,$$

rapportée à l'axe des z et à la trace OX' de ce plan sur le plan des xy, fût

$$x'z = \frac{a^2}{2}\varphi^2(m),$$

ou que les deux équations de cette hyperbole fussent

$$y = mx \quad \text{et} \quad zx = \frac{a^2}{2}\frac{\varphi^2(m)}{\sqrt{1+m^2}};$$

l'équation de la surface engendrée sera alors

$$z = \frac{a^2}{2}\frac{\varphi^2\left(\frac{y}{x}\right)}{\sqrt{x^2+y^2}}.$$

Dans ce cas, le résidu relatif à l'origine sera le produit par $\sqrt{-1}$ du volume engendré par le cercle

$$y = mx, \quad z^2 + x^2(1+m^2) = a^2\varphi^2(m),$$

tournant autour de l'axe des z, volume renfermé dans la surface

$$z^2+y^2+x^2=a^2\varphi^2\left(\frac{y}{x}\right).$$

Considérons, d'une manière encore plus générale, une équation

$$z=\frac{a^2}{2}\frac{\varphi(x,y)}{\sqrt{x^2+y^2}},$$

dans laquelle $\varphi(x, y)$ prenne, pour $x=0$ et $y=0$, une valeur déterminée $A+B\sqrt{-1}$: si x et y ne reçoivent que des valeurs infiniment petites, l'intégrale

$$\frac{a^2}{2}\int\int\frac{\varphi(x,y)\,dxdy}{\sqrt{x^2+y^2}}$$

se réduira à

$$\frac{a^2}{2}\left(A+B\sqrt{-1}\right)\int\int\frac{dxdy}{\sqrt{x^2+y^2}},$$

puisque $\varphi(x, y)$, ne prenant que des valeurs infiniment voisines de $A+B\sqrt{-1}$, pourra sortir du signe $\int\int$. Le résidu relatif à l'origine sera, dans ce cas,

$$\frac{4}{3}\pi a^3\left(A+B\sqrt{-1}\right)\sqrt{-1}.$$

Pareillement, si l'équation proposée est

$$z=\frac{a^2}{2}\frac{\varphi(x,y)}{\sqrt{\left(x-\alpha_0-\beta_0\sqrt{-1}\right)^2+\left(y-\alpha'_0-\beta'_0\sqrt{-1}\right)^2}},$$

et que

$$\varphi\left(\alpha_0+\beta_0\sqrt{-1},\ \alpha'_0+\beta'_0\sqrt{-1}\right)=A+B\sqrt{-1},$$

le résidu relatif au point

$$x=\alpha_0+\beta_0\sqrt{-1},\ y=\alpha'_0+\beta'_0\sqrt{-1}$$

sera

$$\frac{4}{3}\pi a^3\left(A+B\sqrt{-1}\right)\sqrt{-1}.$$

Encore de même, si l'équation proposée est

$$z=\frac{a^2}{2}\frac{\varphi(x,y)}{\sqrt{\left(x-\alpha_0-\beta_0\sqrt{-1}\right)^2+\left(y-\alpha'_0+\beta'_0\sqrt{-1}\right)^2}}$$
$$+\frac{a'^2}{2}\frac{\psi(x,y)}{\sqrt{\left(x-\alpha_1-\beta_1\sqrt{-1}\right)^2+\left(y-\alpha'_1-\beta'_1\sqrt{-1}\right)^2}}+\ldots$$

l'intégrale

$$\int\int z dx dy$$

fournira autour des points

$$x=\alpha_0+\beta_0\sqrt{-1}, \quad y=\alpha'_0+\beta'_0\sqrt{-1},$$
$$x=\alpha_1+\beta_1\sqrt{-1}, \quad y=\alpha'_1+\beta'_1\sqrt{-1},$$
$$\cdots\cdots\cdots\cdots \quad \cdots\cdots\cdots\cdots$$

des résidus représentés respectivement par

$$\frac{4}{3}\pi a^3\left(A+B\sqrt{-1}\right)\sqrt{-1}, \quad \frac{4}{3}\pi a'^3\left(A'+B'\sqrt{-1}\right)\sqrt{-1},\ldots$$

en supposant que

$$A+B\sqrt{-1}, \quad A'+B'\sqrt{-1}\ldots$$

soient les valeurs de

$$\varphi\left(\alpha_0+\beta_0\sqrt{-1},\ \alpha'_0+\beta'_0\sqrt{-1}\right), \quad \psi\left(\alpha_1+\beta_1\sqrt{-1},\ \alpha'_1+\beta'_1\sqrt{-1}\right),\ldots$$

Dans chacun des exemples qui précèdent, et dont le dernier, d'ailleurs, est le plus général qui puisse exister, il y a toujours une infinité de systèmes de valeurs de x et de y pour lesquelles z se trouve infini ; mais un seul de ces systèmes était à considérer, celui qui correspondait à la trace, sur le plan des xy, de l'asymptote de l'hyperbole mobile.

Ainsi, par exemple, l'intégrale

$$\frac{a^2}{2}\int\int\frac{dxdy}{\sqrt{x^2+y^2}}$$

ne fournit de résidu que relativement à l'origine, quoique l'équation

$$x^2+y^2=0$$

ait une infinité de solutions. En effet, si l'on transportait l'origine au point correspondant à l'une d'elles,

$$x=\alpha_0+\beta_0\sqrt{-1}, \quad y=\alpha'_0+\beta'_0\sqrt{-1},$$

l'intégrale deviendrait

$$\frac{a^2}{2}\int\int\frac{dxdy}{\sqrt{x^2+2\left(\alpha_0+\beta_0\sqrt{-1}\right)x+y^2+2\left(\alpha'_0+\beta'_0\sqrt{-1}\right)y}};$$

et, comme on ne donnerait à x et à y que des valeurs infiniment petites, cette intégrale se réduirait à

$$\frac{a^2}{2}\int\int\frac{dxdy}{\sqrt{2\left(\alpha_0+\beta_0\sqrt{-1}\right)x+2\left(\alpha'_0+\beta'_0\sqrt{-1}\right)y}};$$

elle serait infiniment petite par rapport à l'intégrale

$$\frac{a^2}{2}\int\int\frac{dxdy}{\sqrt{x^2+y^2}},$$

si x et y ne devaient recevoir, dans l'un et l'autre cas, que des valeurs infiniment petites.

Pour qu'il corresponde un résidu à un point, il faut toujours que ce point soit un point double du lieu le long duquel z est infini.

Ce fait pouvait être prévu parce que les résidus relatifs à des points ne sont que des cas particuliers des résidus relatifs à des lignes. Ce ne devait être qu'autant que la ligne le long de laquelle z devient infini présenterait un anneau fermé évanouissant qu'un résidu relatif à un point pû prendre naissance, et ce point devait être celui où l'anneau était venu se concentrer.

Cette remarque servira à reconnaître les centres des résidus, s'il y en a ; on calculera ensuite ces résidus en déterminant la loi de variation de l'axe transverse de l'hyperbole équilatère, qui se confondrait à la limite avec la section faite dans la surface par un plan quelconque parallèle aux z et passant par le centre examiné.

Des résidus relatifs à des lignes. — Supposons maintenant qu'une hyperbole équilatère tourne autour d'une parallèle à l'une de ses asymptotes, prise pour axe des z ; l'équation de la surface engendrée sera

$$z=\frac{a^2}{2}\frac{1}{-h+\sqrt{x^2+y^2}},$$

dont le contour apparent, sur le plan des xy, sera le cercle

$$x^2+y^2=h^2,$$

et, pour chaque système de valeurs de x et de y satisfaisant à l'équation

$$x^2+y^2=h^2,$$

z sera infini.

Considérons un plan quelconque, passant par l'axe des z,

$$y=mx,$$

et supposons dans ce plan une série de droites inclinées de 45 degrés sur l'axe des z et comprises entre les deux branches de l'hyperbole de section; les intersections imaginaires seront conjuguées deux à deux et se rejoindront aux sommets de cette hyperbole. D'ailleurs les points obtenus

$$x = \alpha \pm \beta, \quad y = \alpha' \pm \beta', \quad z = \alpha'' \pm \beta''$$

formeront un cercle de rayon a, et ayant son centre sur l'intersection du plan $y = mx$ avec le plan des xy, à la distance h de l'origine; la surface composée des deux parties auxquelles correspondent les volumes V et V' sera donc le tore dont les deux rayons extérieur et intérieur seraient

$$h + a \quad \text{et} \quad h - a;$$

par conséquent $(V - V')\sqrt{-1}$ sera égal à

$$2\pi^2 ha^2 \sqrt{-1}.$$

D'un autre côté, l'intégrale $4\sqrt{-1}\ \Sigma\beta'' d\beta d\beta'$ sera identiquement nulle; ainsi la période de l'intégrale

$$\frac{a^2}{2}\int\int \frac{dxdy}{-h + \sqrt{x^2 + y^2}}$$

est

$$2\pi^2 ha^2 \sqrt{-1}.$$

Il s'agit de la retrouver comme résidu de l'intégrale, le long du cercle $x^2 + y^2 = h$. Si, au lieu de droites inclinées de 45 degrés sur l'axe des z, on considérait, dans chaque plan passant par cet axe, des droites faisant avec lui un angle fixe, moindre que 45 degrés, la surface, dont le volume V — V' devrait être considéré, deviendrait un tore elliptique ayant pour section méridienne une ellipse dont le grand axe serait parallèle à l'axe des z, dont le centre décrirait toujours le cercle

$$z = 0, \quad x^2 + y^2 = h^2,$$

et dont la surface resterait égale à πa^2, de sorte que le volume V — V' resterait égal à

$$2\pi^2 ha^2.$$

Si l'inclinaison sur l'axe des z des droites considérées tendait vers zéro, le grand axe de l'ellipse deviendrait infini, tandis que son petit axe tendrait vers zéro ; mais l'aire de cette ellipse conserverait la valeur constante πa^2, de sorte que le volume engendré serait toujours

$$2\pi^2 h a^2.$$

D'ailleurs si la section faite par l'un des plans $y = mx$ était rapportée à la trace OX' de ce plan sur le plan des xy et à l'asymptote de l'hyperbole mobile prise pour nouvel axe des z, x' serait de la forme

$$x' = \alpha + \beta\sqrt{-1},$$

et z', de la forme

$$z' = \frac{a^2}{2}\,\frac{\alpha - \beta\sqrt{-1}}{\alpha^2 + \beta^2};$$

mais comme le rapport des parties imaginaires de z' et de x' serait constant, puisque les valeurs de x' et de z' devraient satisfaire à une équation

$$z' = -x' \operatorname{tang}\varphi + d,$$

$\alpha^2 + \beta^2$ serait constant et égal à $\dfrac{a^2}{2\operatorname{tang}\varphi}$; par suite x serait de la forme

$$x = \frac{\alpha + \beta\sqrt{-1}}{\sqrt{1 + m^2}},$$

et y de la forme

$$y = \frac{\left(\alpha + \beta\sqrt{-1}\right)m}{\sqrt{1 + m^2}},$$

avec la condition

$$\alpha^2 + \beta^2 = \frac{a^2}{2\operatorname{tang}\varphi},$$

α et β tendant, par conséquent, vers zéro en même temps que φ tendrait vers 90 degrés.

La période

$$2\pi^2 h a^2\sqrt{-1}$$

de l'intégrale

$$\frac{a^2}{2}\int\int\frac{dx\,dy}{-h + \sqrt{x^2 + y^2}}$$

est donc bien le résidu de cette intégrale relatif au cercle

$$z = 0, \quad x^2 + y^2 = h^2.$$

Si l'équation proposée était

$$z = \frac{a^2}{2} \frac{\varphi(x, y)}{-h + \sqrt{x^2 + y^2}},$$

$\varphi(x, y)$ prenant la valeur variable A lorsque x serait égal à $\frac{h}{\sqrt{1 + m^2}}$ et y à $\frac{mh}{\sqrt{1 + m^2}}$, le résidu correspondant au cercle $x^2 + y^2 = h^2$, de l'intégrale

$$\frac{a^2}{2} \int \int \frac{\varphi(x, y)\, dxdy}{-h + \sqrt{x^2 + y^2}}$$

serait le produit par $\sqrt{-1}$ du volume engendré par le cercle variable

$$y = mx, \quad \left(x\sqrt{1 + m^2} - h\right)^2 + z^2 = a^2 A.$$

Si, tout en tournant toujours autour de l'axe des z, parallèle à l'une de ses asymptotes, et de manière d'ailleurs que son plan passât toujours par l'axe des z, l'hyperbole de rayon a se mouvait de telle manière que son centre décrivît dans l'espace une courbe fermée

$$\sqrt{x^2 + y^2} = F\left(\frac{y}{x}\right), \quad z = F_1\left(\sqrt{x^2 + y^2}\right),$$

les équations de cette hyperbole seraient

$$y = mx \quad \text{et} \quad \left(x\sqrt{1 + m^2} - h\right)(z - l) = \frac{a^2}{2},$$

h et l étant assujettis aux deux conditions

$$h = F(m) \quad \text{et} \quad l = F_1(h);$$

on obtiendrait l'équation de la surface engendrée en éliminant m, h et l entre ces quatre dernières équations, ce qui donnerait

$$\left[\sqrt{x^2 + y^2} - F\left(\frac{y}{x}\right)\right] \left\{z - F_1\left[F\left(\frac{y}{x}\right)\right]\right\} = \frac{a^2}{2},$$

d'où

$$z = F_1\left[F\left(\frac{y}{x}\right)\right] + \frac{a^2}{2} \frac{1}{\sqrt{x^2 + y^2} - F\left(\frac{y}{x}\right)},$$

et le résidu de l'intégrale

$$\int\int dxdy \left\{ F_1\left[F\left(\frac{y}{x}\right)\right] + \frac{a^2}{2}\,\frac{1}{\sqrt{x^2+y^2}-F\left(\frac{y}{x}\right)} \right\},$$

relatif au contour

$$x^2+y^2 = F^2\left(\frac{y}{x}\right),$$

serait le produit par $\sqrt{-1}$ du volume engendré par le cercle de rayon a, dont le plan passerait constamment par l'axe des z, et dont le centre décrirait la courbe

$$\sqrt{x^2+y^2} = F\left(\frac{y}{x}\right), \qquad z = F_1\left(\sqrt{a^2+y^2}\right).$$

Si l'équation proposée était de la forme

$$z = \varphi(x, y) \left\{ F_1\left[F\left(\frac{y}{x}\right)\right] + \frac{a^2}{2}\,\frac{1}{\sqrt{x^2+y^2}-F\left(\frac{y}{x}\right)} \right\},$$

$\varphi(x, y)$ prenant la valeur variable A pour la valeur m du rapport de y à x assujettis à la condition

$$\sqrt{x^2+y^2} = F\left(\frac{y}{x}\right),$$

le résidu relatif au contour

$$\sqrt{x^2+y^2} = F\left(\frac{y}{x}\right)$$

serait le produit par $\sqrt{-1}$ du volume engendré par le cercle dont le plan passerait toujours par l'axe des z, dont le centre décrirait la courbe

$$\sqrt{x^2+y^2} = F\left(\frac{y}{x}\right), \qquad z = F_1\left(\sqrt{x^2+y^2}\right),$$

et dont le rayon serait $a\sqrt{A}$, dans le plan $y = mx$.

On pourrait enfin imaginer que le plan de l'hyperbole mobile, au lieu de passer constamment par l'axe des z, enveloppât un cylindre donné, parallèle aux z, ce qui serait l'exemple le plus général qui pût exister. Mais ce cas rentre dans le précédent, parce que les plans passant par l'axe des z couperaient toujours la surface suivant des hyperboles.

Il était utile de mentionner les faits qui viennent d'être passés en revue et pour chacun desquels la théorie, en ce qu'elle a d'affirmatif, est complète; mais, dans l'interprétation de chacun d'eux, on a volontairement fait choix d'un point de vue particulier, propre à écarter tout embarras, et les questions les plus importantes sont restées entières. En effet, on a, dans chaque exemple, considéré exclusivement un certain système de sections, sans examiner si l'on serait arrivé aux mêmes résultats au cas où l'on en eût considéré d'autres; mais surtout on a réduit la question à la considération des périodes des quadratrices des sections faites par des plans réels, ou, en d'autres termes, on n'a pris, pour centres des résidus des intégrales simples dont la considération devait être introduite, que les points du contour apparent réel de la surface par rapport au plan des xy, tandis que l'équation de ce contour apparent admettait une infinité de solutions imaginaires.

La théorie reste donc entièrement à faire.

Soit

$$F(x, y, z) = 0$$

l'équation proposée, supposée telle qu'elle attribue une valeur infinie à z, pour chaque système de valeurs finies de x et de y, satisfaisant à une équation

$$f(x, y) = 0,$$

et soient x_1 et y_1 deux valeurs de x et de y, satisfaisant à la condition

$$f(x, y) = 0.$$

Si l'on remplace dans l'équation

$$F(x, y, z) = 0$$

x par $x + x_1$ et y par $y + y_1$, et que, x et y devant alors rester infiniment petits, on supprime les termes négligeables, l'équation

$$F(x, y, z) = 0$$

se réduira à

$$z = \frac{M}{ax + by}.$$

La section faite par le plan $y = mx$, projetée sur le plan des xz, étant

$$z = \frac{M}{(a + bm)x},$$

la période de l'intégrale $\int zdx$, relative à cette projection, sera

$$2\pi \frac{M}{a+bm} \sqrt{-1};$$

mais la période de la quadratrice de la section, dans son plan, sera effectivement

$$2\pi \frac{M\sqrt{1+m^2}}{a+bm} \sqrt{-1},$$

car, quand on projette une courbe d'un plan sur un autre, les périodes de la quadratrice se multiplient par le cosinus de l'angle des deux plans. Cela résulterait, sans autre démonstration, de ce que les périodes sont les aires des anneaux fermés de la courbe ou de ses conjuguées; mais il suffira ici de remarquer que les z de la courbe projetée étant les mêmes que ceux de sa projection, et les abscisses de la courbe projetée étant égales à celles de sa projection, multipliées par $\sqrt{1+m^2}$, l'intégrale $\int zdx$, relative à la courbe projetée, sera égale au produit par $\sqrt{1+m^2}$ de l'intégrale correspondante relative à la projection.

Cela posé, imaginons que nous transportions parallèlement à lui-même le plan $y=mx$ en tous les points de division de la courbe

$$f(x, y)=0$$

en éléments infinitésimaux ds, m restera constant; mais M, a et b varieront et l'élément du résidu relatif à la courbe $f(x, y)=0$, pour des sections parallèles à $y=mx$, sera le produit de

$$2\pi \frac{M\sqrt{1+m^2}}{a+bm} \sqrt{-1},$$

par la distance des deux plans parallèles à $y=mx$, passant par les extrémités de l'élément ds, ou par $ds \cos \varphi$, φ désignant l'angle du plan $y=mx$ avec la normale à l'élément ds. L'élément du résidu sera ainsi

$$2\pi \sqrt{-1}\, \frac{M\sqrt{1+m^2}}{a+bm}\, ds \cos \varphi,$$

et le résidu lui-même, en supposant que la courbe $f(x, y)=0$ soit fermée, ou que M s'annule en deux de ses points qui formeraient alors des limites naturelles, sera l'intégrale

$$2\pi \sqrt{-1} \int \frac{M\sqrt{1+m^2}}{a+bm}\, ds \cos \varphi,$$

prise le long de cette courbe, ou entre les limites où M serait nul ; et cette intégrale serait l'une des périodes de l'intégrale $\int\int zdxdy$ correspondant à l'équation

$$F(x, y, z) = 0.$$

Cette période dépendrait donc de m, de sorte que l'intégrale $\int\int zdxdy$ aurait une infinité de périodes ; cela n'est pas possible. Il faut en conclure que

$$\frac{M\sqrt{1+m^2}}{a+bm}\cos\varphi$$

doit être indépendant, en chaque point de $f(x, y) = 0$, de la direction du plan sécant, ou que la période de la quadratrice de la section en chaque point de $f(x, y) = 0$ doit être inversement proportionnelle au cosinus de l'angle du plan sécant avec la normale à la courbe $f(x, y) = 0$.

C'est très-facile à vérifier. En effet la tangente à la courbe

$$f(x, y) = 0,$$

au point $[x_1, y_1]$, où l'on a transporté l'origine, est représentée par

$$ax + by = 0.$$

La tangente de l'angle de cette tangente avec la trace sur le plan des $x\,y$ du plan $y = mx$ est donc

$$\cot\varphi = \frac{m+\frac{a}{b}}{1-\frac{ma}{b}} = \frac{bm+a}{b-ma};$$

il en résulte

$$\cos\varphi = \frac{\frac{bm+a}{b-ma}}{\sqrt{1+\left(\frac{bm+a}{b-ma}\right)^2}} = \frac{bm+a}{\sqrt{a^2+b^2}\sqrt{1+m^2}};$$

par conséquent

$$\frac{M\sqrt{1+m^2}}{a+bm}\cos\varphi = \frac{M}{\sqrt{a^2+b^2}}.$$

Par conséquent on pourra donner aux plans sécants la direction que l'on voudra ; le résidu sera toujours $\int \frac{\mathrm{M}ds}{\sqrt{a^2+b^2}}$, ce qu'aurait donné le théorème de Guldin, si l'on avait employé des plans normaux.

Du reste

$$ds = dx\sqrt{1+\left(\frac{dy}{dx}\right)^2} = dx\sqrt{1+\frac{a^2}{b^2}} = \frac{dx}{b}\sqrt{a^2+b^2},$$

de sorte qu'au lieu de l'expression

$$2\pi\sqrt{-1}\int \frac{\mathrm{M}}{\sqrt{a^2+b^2}}\,ds$$

on pourra donner au résidu la forme plus simple

$$2\pi\sqrt{-1}\int \frac{\mathrm{M}dx}{b}.$$

Application. — Appliquons la théorie à l'exemple correspondant à l'équation

$$yz + zx + xy + 1 = 0$$

ou

$$z = -\frac{1+xy}{x+y};$$

si l'on transporte l'origine au point

$$x = x_1, \qquad y = -x_1,$$

l'équation devient

$$z = -\frac{1 - x_1^2 - x_1x + x_1y + xy}{x+y},$$

de sorte que l'élément du résidu est

$$2\pi\sqrt{-1}\,(1 - x_1^2)\,dx,$$

et que le résidu indéfini est

$$2\pi\sqrt{-1}\left(x_1 - \frac{x_1^3}{3}\right).$$

Pour avoir la période, il faut prendre cette intégrale entre les limites -1 et $+1$, parce que, pour ces valeurs de x_1, la section se réduit à deux droites, de sorte que la période de la quadratrice de cette section s'annule et que le résidu se ferme. Il en résulte pour la période

$$\pm 2\pi\sqrt{-1}\left(2-\frac{2}{3}\right), \quad \text{ou} \quad \frac{8}{3}\pi\sqrt{-1}.$$

On voit, par cette théorie, pourquoi un point simple de $f(x, y) = 0$ ne saurait être le centre d'un résidu. En effet, deux plans également inclinés en sens contraires sur la tangente à la courbe en ce point donneraient des sections dont les quadratrices auraient leurs périodes égales et de signes contraires, de sorte que le volume total engendré serait nul ; du reste, la période de la quadratrice de la section faite par le plan tangent serait infinie.

Nous nous sommes borné, dans ce qui précède, à considérer les valeurs réelles de x et de y, auxquelles correspondent des valeurs infinies de z ; mais il est bien facile de montrer qu'on serait arrivé au même résultat si l'on avait attribué à x et à y des valeurs imaginaires constituant un parcours fermé voisin du parcours fermé composé des solutions réelles de l'équation du lieu le long duquel z est infini.

En effet, si l'on imagine z mis sous la forme

$$z = \frac{\varphi(x, y)}{f(x, y)},$$

$f(x, y) = 0$ étant l'équation qui fournit tous les systèmes de valeurs de x et de y pour lesquels z est infini, a et b sont respectivement

$$\frac{df}{dx_1} \quad \text{et} \quad \frac{df}{dy_1},$$

$[x_1, y_1]$ désignant une solution quelconque de $f(x, y) = 0$; d'un autre côté, M est $\varphi(x_1, y_1)$; par conséquent

$$\frac{M}{b} = \frac{\varphi(x_1, y_1)}{\frac{df}{dy_1}}.$$

C'est une fonction déterminée de x_1, puisque $f(x_1, y_1) = 0$; par conséquent

$$\int \frac{M}{b}\, dx_1$$

est une intégrale simple d'une fonction différentielle de x_1. Or il a été établi qu'une pareille intégrale ne change pas lorsque le parcours fermé auquel elle correspond se déforme entre certaines limites ; que la période de cette intégrale se retrouve dans une infinité de parcours voisins.

On peut, au reste, remarquer que les points critiques de la fonction

$$\frac{M}{b}$$

seront fournis par les équations

$$f(x_1, y_1) = 0, \quad \frac{df}{dy_1} = 0.$$

§ III.

Théorie des contours élémentaires dans l'espace.

Nous avons déjà marqué la différence à faire, relativement aux solutions des équations

$$f(x, y, z) = 0, \quad \frac{df}{dz} = 0,$$

entre celles où z reste fini et celles où cette fonction devient infinie.

Les précautions prises par Cauchy pour éviter ces dernières sont justifiables, tandis qu'elles sont inutiles en ce qui concerne les autres.

Cependant, comme il s'agit de remplir un programme tracé à l'avance, nous nous y conformerons exactement. Les systèmes de solutions de l'équation

$$f(x, y, z) = 0,$$

que nous considérerons, ne comprendront donc jamais de solutions de l'équation

$$\frac{df}{dz} = 0.$$

Un système de solutions de l'équation

$$f(x, y, z) = 0,$$

auquel correspond une valeur de $\Sigma z dx dy$, est caractérisé par deux équations

$$\varphi(\alpha, \beta, \alpha', \beta') = 0,$$
$$\varphi_1(\alpha, \beta, \alpha', \beta') = 0,$$

et par une condition aux limites

$$\lambda(\alpha, \beta) = 0.$$

Les deux équations dans lesquelles se décompose

$$f\left(\alpha + \beta\sqrt{-1}, \alpha' + \beta'\sqrt{-1}, \alpha'' + \beta''\sqrt{-1}\right) = 0,$$

et celles que l'on y joint,

$$\varphi = 0 \quad \text{et} \quad \varphi_1 = 0,$$

font de chacune des six variables α, β, α', β', α'' et β'' une fonction déterminée de deux quelconques des autres. Par exemple, en vertu de ces équations, α'' et β'' deviennent des fonctions de α et α', ou de α et β, ou de α et β', ou de α' et β, ou de α' et β', ou de β et β', de sorte que les huit intégrales doubles

$$\begin{array}{llll} \Sigma\alpha'' d\alpha d\alpha', & \Sigma\alpha'' d\alpha d\beta', & \Sigma\alpha'' d\beta d\alpha', & \Sigma\alpha'' d\beta d\beta', \\ \Sigma\beta'' d\alpha d\alpha', & \Sigma\beta'' d\alpha d\beta', & \Sigma\beta'' d\beta d\alpha', & \Sigma\beta'' d\beta d\beta', \end{array}$$

qui entrent dans la composition de

$$\Sigma z dx dy,$$

sont bien définies.

Si l'on suppose que, en vertu des équations

$$\varphi = 0 \quad \text{et} \quad \varphi_1 = 0,$$

les huit surfaces dont les coordonnées seraient α, α' et α'' ; α, β' et α'' ; β, α' et α'' ; β, β' et α'' ; α, α' et β'' ; α, β' et β'' ; β, α' et β'' ; β, β' et β'' se trouvent toutes fermées, en forme de sphéroïdes, le système de solutions caractérisé par les équations

$$\varphi = 0 \quad \text{et} \quad \varphi_1 = 0$$

pourra être dit *fermé*. Nous ne considérerons désormais que des systèmes fermés de solutions. Nous désignerons chaque système fermé de solutions par les deux équations $\varphi = 0$ et $\varphi_1 = 0$ auxquelles il correspondra, et nous dirons « le système $[\varphi, \varphi_1]$ », pour le système des solutions correspondant aux équations $\varphi = 0$ et $\varphi_1 = 0$.

Si l'intégrale I, que l'on veut obtenir, se rapporte à tout le système considéré, et c'est ce que nous supposerons toujours dorénavant, la condition aux limites

$$\lambda(\alpha, \beta) = 0$$

disparaîtra ; nous n'en parlerons donc plus.

Nous prions qu'on nous permette, pour abréger le discours, de nous servir d'expressions géométriques, consacrées dans le cas où les variables considérées restent réelles, pour désigner des groupes analytiques analogues, mais formés de valeurs imaginaires de ces variables, afin que, suivant l'expression de Viète, *Geometria suppleatur Geometriæ defectus*.

Les équations $f(x, y, z) = 0$ et $\frac{df}{dz} = 0$ pourront être, sans inconvénient, désignées sous le nom d'*équations du contour apparent* de la surface $f(x, y, z) = 0$ par rapport au plan des xy.

Le système de ces équations équivaut à quatre équations entre α, β, α', β', α'' et β''. Si l'on y en ajoute une cinquième, on aura une suite de solutions des équations du contour apparent. Cette suite sera dite *fermée* si la courbe dont l'abscisse serait α et l'ordonnée l'une quelconque des cinq autres variables est fermée, ou est un même arc de courbe, parcouru successivement dans les deux sens; elle sera caractérisée par une équation complémentaire

$$\mu(\alpha, \beta) = 0,$$

qui la déterminera, et l'on pourra la nommer la *suite* μ. Il m'arrivera même de « dire la courbe μ », pour la suite μ, ou « les points de μ », pour les solutions des équations $f(x, y, z) = 0$, $\frac{df}{dz} = 0$, $\mu(\alpha, \beta) = 0$.

Nous dirons qu'une suite μ est enveloppée par un système $[\varphi, \varphi_1]$, si ce système ne peut pas se réduire par contraction à une solution unique, sans avoir momentanément compris la suite μ des solutions des équations du contour apparent.

Une suite μ sera enveloppée deux, trois,... fois par le système $[\varphi, \varphi_1]$, si ce système ne peut se réduire à rien sans avoir contenu deux, trois,... fois les solutions composant la suite μ.

Comme les équations

$$f = 0, \quad \varphi = 0, \quad \varphi_1 = 0$$

n'admettront jamais aucune solution des équations du contour apparent, le système $[\varphi, \varphi_1]$ n'enveloppera aucune solution des équations du contour apparent, ou bien en enveloppera des suites fermées; car, s'il n'enveloppait qu'une portion d'une suite μ, il comprendrait les extrémités de cette portion.

Cela posé, il résulte, de propositions établies dans la *Théorie des intégrales doubles*, que, si un système fermé $[\varphi, \varphi_1]$ n'enveloppe aucune solution des équations du contour apparent, l'intégrale correspondante sera nulle, et que, si le système fermé $[\varphi, \varphi_1]$ enveloppe un ensemble quelconque de suites fermées de solutions des équations du contour apparent, l'intégrale correspondante, qui, en général, ne sera pas nulle, n'éprouvera aucune variation lorsque le système $[\varphi, \varphi_1]$ viendra à se modifier, sans toutefois cesser d'envelopper les mêmes suites de solutions des équations du contour apparent et sans en envelopper de nouvelles.

Les différentes valeurs constantes de l'intégrale, correspondant aux différents systèmes fermés de solutions que l'on pourra former dans ces conditions, seront les périodes de l'intégrale.

Occupons-nous d'abord de définir les suites fermées de solutions des équations du contour apparent, qui seront à considérer. Si, entre les équations $f=0$ et $\frac{df}{dz}=0$, on élimine z, il restera une équation

$$F(x, y)=0,$$

qui sera proprement l'équation du contour apparent : et, si l'on considère une solution quelconque $x=a+b\sqrt{-1}$, $y=a'+b'\sqrt{-1}$ de cette équation $F(x, y)=0$, la valeur qu'il faudra y joindre, pour z, sera exclusivement la racine multiple de l'équation

$$f\left(a+b\sqrt{-1},\ a'+b'\sqrt{-1},\ z\right)=0.$$

Nous supposerons toujours cette racine finie, puisque nous avons établi à part la théorie, en ce qui concerne les solutions infinies, par rapport à z, des équations du contour apparent. Nous la supposerons aussi seulement double, ce qui arrivera généralement, afin de ne pas tomber dans des discussions de détails.

Pour obtenir une suite fermée de solutions des équations du contour apparent, il suffira d'obtenir une suite fermée de solutions de l'équation $F(x, y)=0$, puisque z sera déterminé pour chaque système de valeurs de x et de y.

Or les conditions dans lesquelles une suite de solutions d'une équation à deux variables,

$$F(x, y)=0,$$

peut se fermer, ont fait l'objet, de la part de Cauchy, d'une étude spéciale, dans les préliminaires de la théorie des intégrales simples, et nous devons supposer connus les résultats de cette étude.

Pour suivre l'illustre maître d'aussi près que possible, nous supposerons que ce que nous avons appelé une *suite* μ, soit défini par une équation

$$\mu(\alpha, \beta)=0$$

entre les parties réelles et imaginaires de x, y devant d'ailleurs être ensuite donné par la relation

$$F(x, y) = 0$$

ou

$$F\left(\alpha + \beta\sqrt{-1},\ \alpha' + \beta'\sqrt{-1}\right) = 0,$$

et la valeur correspondante de z devant être la racine double de l'équation

$$f(x, y, z) = 0.$$

Cela étant, la suite μ sera fermée, d'abord : si la courbe $\mu(\alpha, \beta) = 0$ n'enveloppe aucun des points critiques du lieu

$$F(x, y) = 0,$$

et nous démontrerons que, dans ce cas, l'intégrale double $\Sigma z dx dy$ sera identiquement nulle ; en second lieu, si la courbe $\mu(\alpha, \beta) = 0$ enveloppe un nombre convenable de fois l'un des points critiques du lieu $F(x, y) = 0$, nous démontrerons que, dans ce cas, l'intégrale double se réduirait au résidu relatif à ce point critique, c'est-à-dire à zéro, puisque le z de ce point sera supposé fini ; enfin, si la courbe $\mu(\alpha, \beta) = 0$ enveloppe un nombre convenable de points critiques du lieu $F(x, y) = 0$, et chacun d'eux un nombre tel de fois que, finalement, y revienne à sa valeur initiale en même temps que x, nous démontrerons que, dans ce dernier cas, l'intégrale double aura une valeur finie, indépendante de la forme de la relation

$$\mu(\alpha, \beta) = 0,$$

pourvu que la courbe $\mu(\alpha, \beta) = 0$, en se déformant, ne cesse pas d'envelopper les mêmes points critiques du lieu $F(x, y) = 0$, et chacun le même nombre de fois. Cette valeur constante de l'intégrale double en sera évidemment une période.

S'il s'agit, par exemple, de l'équation

$$\frac{x^2}{a^2} + \frac{y^2}{b^2} + \frac{z^2}{c^2} = 1 ;$$

les équations du contour apparent seront

$$z = 0 \quad \text{et} \quad \frac{x^2}{a^2} + \frac{y^2}{b^2} = 1 ;$$

c'est l'équation

$$\frac{x^2}{a^2} + \frac{y^2}{b^2} - 1 = 0$$

qui sera l'équation $F(x, y) = 0$, dont nous venons de parler.

Pour que la suite des valeurs de x et y se ferme, c'est-à-dire pour que y revienne à sa valeur initiale en même temps que x, il faudra que le chemin suivi par x n'enveloppe aucun des deux points

$$\alpha = \pm a, \qquad \beta = 0,$$

ou qu'il enveloppe deux fois l'un d'eux, ou qu'il enveloppe une fois chacun d'eux; mais c'est dans cette dernière hypothèse seulement qu'on trouvera une valeur finie de l'intégrale double.

Dans cet exemple, une première suite fermée de solutions des équations du contour apparent sera la suite des valeurs réelles de x et de y tirées de l'équation

$$\frac{x^2}{a^2} + \frac{y^2}{b^2} = 1.$$

Les autres s'obtiendraient, par exemple, en formant les solutions communes à l'équation

$$\frac{x^2}{a^2} + \frac{y^2}{b^2} = 1$$

et à celle d'une droite qui se mouvrait d'une manière continue, toujours dans le même sens, autour de l'ellipse, sans jamais la rencontrer, et qui reviendrait à sa position initiale, après avoir pris deux fois la direction de chacune des tangentes à cette courbe.

Ainsi, si a est plus grand que b, on obtiendrait deux suites fermées de solutions des équations du contour apparent en prenant les solutions communes aux équations

$$\frac{x^2}{a^2} + \frac{y^2}{b^2} = 1$$

et

$$y = mx + ak\sqrt{1 + m^2},$$

k étant plus grand que 1, et faisant varier de 2π, dans le même sens, l'angle dont la tangente est m.

S'il s'agissait de l'équation

$$\frac{x^2}{a^2} - \frac{y^2}{b^2} + \frac{z^2}{c^2} = 1,$$

les équations du contour apparent seraient

$$z = 0 \quad \text{et} \quad \frac{x^2}{a^2} - \frac{y^2}{b^2} = 1,$$

et, pour que la suite des valeurs de x et de y se fermât, il faudrait que le chemin suivi par x n'enveloppât aucun des deux points $\alpha = \pm a$, $\beta = 0$, enveloppât deux fois l'un d'eux, ou les enveloppât tous les deux une fois chacun. On obtiendrait une suite du troisième genre en formant les solutions communes à l'équation

$$\frac{x^2}{a^2} - \frac{y^2}{b^2} = 1$$

et à celle d'une droite

$$y = cx + d,$$

qui se déplacerait entre deux positions extrêmes où elle toucherait l'hyperbole

$$\frac{x^2}{a^2} - \frac{y^2}{b^2} = 1.$$

Cela posé, voyons maintenant comment nous constituerons un système fermé $[\varphi, \varphi_1]$, enveloppant une suite fermée μ de solutions des équations du contour apparent et ne comprenant aucune solution des mêmes équations.

Soit

$$x = a + b\sqrt{-1}, \quad y = a' + b'\sqrt{-1}$$

une solution de l'équation

$$F(x, y) = 0$$

du contour apparent.

Cette solution satisfera à une certaine équation du premier degré à coefficients réels,

$$y = mx + n,$$

que l'on formera en déterminant m et n par les conditions

$$a' = ma + n$$

et

$$b' = mb.$$

Assujettissons les deux parties réelle et imaginaire de $x = \alpha + \beta\sqrt{-1}$ à satisfaire à l'équation

$$(\alpha - a)^2 + (\beta - b)^2 = \rho^2,$$

ρ étant aussi petit qu'on le voudra ; déterminons ensuite y par la condition

$$y = mx + n,$$

et supposons que z ait d'abord la valeur de l'une des deux racines presque égales de l'équation $f(x, y, z) = 0$, ce qui suffira pour qu'il reste ensuite dans les mêmes conditions.

Si l'on en fait autant pour chaque solution comprise dans la suite μ, en supposant toutefois que le chemin parcouru par x autour du point $[a, b]$ suffise pour produire la permutation des deux valeurs de z infiniment voisines, on aura un système fermé de solutions de l'équation $f(x, y, z) = 0$, enveloppant la suite μ et ne comprenant aucune solution des équations du contour apparent.

L'intégrale $\Sigma z dx dy$ correspondant à ce système tendrait vers zéro avec ρ ; mais imaginons maintenant qu'après avoir pris, pour chaque solution $x = a + b\sqrt{-1}$, $y = a' + b'\sqrt{-1}$ de la suite μ, une seulement des solutions des équations

$$(\alpha - a)^2 + (\beta - b)^2 = \rho^2,$$
$$y = mx + n,$$

on rejoigne cette solution à un système fixe

$$x = a_0 + b_0\sqrt{-1}, \quad y = a'_0 + b'_0\sqrt{-1}$$

de valeurs de x et de y, enveloppé par la suite μ ; la ligne de raccord devra être définie par trois équations entre α, β, α' et β', afin qu'il ne reste qu'une seule variable indépendante ; et, comme l'équation du contour apparent, $F(x, y) = 0$, en donnerait deux, cette ligne de raccord pourra être choisie d'une infinité de manières différentes, de façon qu'elle ne comprenne aucune solution de $F(x, y) = 0$.

Par exemple,

$$x = a_1 + b_1\sqrt{-1}, \quad y = a'_1 + b'_1\sqrt{-1}$$

désignant la solution considérée des équations

$$(\alpha - a)^2 + (\beta - b)^2 = \rho^2,$$
$$y = mx + n,$$

on pourra la rejoindre à

$$x = a_0 + b_0\sqrt{-1}, \quad y = a'_0 + b'_0\sqrt{-1}$$

par la suite définie par les équations

$$\beta - b_0 = \frac{a_1 - a_0}{b_1 - b_0}(\alpha - a_0), \qquad \beta' - b'_0 = \frac{a_1 - a_0}{b'_1 - b'_0}(\alpha' - a'_0),$$
$$\alpha' = \frac{a_1}{a'_1}\alpha, \qquad \alpha' - a'_0 = \frac{a'_1 - a'_0}{a_1 - a_0}(\alpha - a_0),$$

et l'on fera de même pour chaque solution de la suite μ. On aura ainsi l'équivalent de ce que Cauchy appelait un chemin rectiligne et qui pourra s'appeler un chemin conique.

Si x et y partaient de leurs valeurs $a_1 + b_1\sqrt{-1}$, $a'_1 + b'_1\sqrt{-1}$ choisies à volonté parmi les solutions des équations

$$(\alpha - a)^2 + (\beta - b)^2 = \rho^2,$$
$$y = mx + n,$$

z ayant d'ailleurs l'une de ses deux valeurs infiniment voisines correspondantes, et que x et y tendissent vers $a_0 + b_0\sqrt{-1}$, et $a'_0 + b'_0\sqrt{-1}$, z assujetti à la loi de continuité tendrait vers une valeur $a''_0 + b''_0\sqrt{-1}$. Si z était parti de son autre valeur, presque double, il serait parvenu à une autre valeur $a''^1_0 + b''^1_0\sqrt{-1}$. Si la solution $a + b\sqrt{-1}$, $a' + b'\sqrt{-1}$ variait le long de la suite μ et que l'on recommençât les deux mêmes opérations, on ne retrouverait toujours, pour valeur finale de z, que

$$a''_0 + b''_0\sqrt{-1} \quad \text{ou} \quad a''^1_0 + b''^1_0\sqrt{-1},$$

parce que les valeurs que prendrait z le long de deux lignes de raccord infiniment voisines seraient toujours infiniment peu différentes.

Cela posé, imaginons que nous partions de

$$x = a_0 + b_0\sqrt{-1},$$
$$y = a'_0 + b'_0\sqrt{-1},$$
$$z = a''_0 + b''_0\sqrt{-1},$$

que les x et y s'épanouissent le long du chemin conique, de manière à arriver en même temps à leurs valeurs $a_1 + b_1\sqrt{-1}$, $a'_1 + b'_1\sqrt{-1}$: les z prendront des valeurs $a''_1 + b''_1\sqrt{-1}$ infiniment voisines des racines doubles de l'équation

$$f\left(a + b\sqrt{-1},\ a' + b'\sqrt{-1},\ z\right) = 0.$$

Faisant alors varier les x dans leurs cercles

$$(\alpha - a)^2 + (\beta - b)^2 = \rho^2,$$

et les y dans les plans

$$y = mx + n,$$

de façon que tous les x reviennent en même temps à leurs valeurs

$$a_1 + b_1 \sqrt{-1},$$

d'où résultera que les y reviendront alors à leurs valeurs $a'_1 + b'_1 \sqrt{-1}$, toutes les valeurs de z se seront échangées avec leurs infiniment voisines.

Ramenons alors tous les x et tous les y respectivement à $a_0 + b_0 \sqrt{-1}$ et à $a'_0 + b'_0 \sqrt{-1}$, en suivant la seconde nappe conique ; tous les z arriveront en même temps à la valeur $a''^1_0 + b''^1_0 \sqrt{-1}$, et le système de valeurs de x, y et z se fermera.

La valeur de l'intégrale $\Sigma z dx dy$ correspondant à ce parcours sera une des périodes de l'intégrale indéfinie; mais elle pourra être nulle ou finie, et il s'agit de distinguer les deux cas.

Jusqu'ici la théorie, on le voit, s'échafaude comme celle des intégrales simples, avec un peu plus d'embarras seulement; mais, arrivé au point où nous en sommes, il ne nous resterait rien à ajouter s'il s'agissait des intégrales simples, tandis que la question la plus importante en ce qui concerne les intégrales doubles n'est pas même encore posée.

L'équation $F(x, y) = 0$ du contour apparent admet une infinité de suites fermées de solutions voisines, auxquelles correspondent des suites voisines de valeurs doubles de z. L'intégrale $\Sigma z dx dy$ aurait-elle donc une infinité de périodes, ou bien les périodes correspondant aux suites μ voisines sont-elles égales entre elles?

C'est là le point le plus important à éclaircir, mais la difficulté tombe aisément. Toutes les périodes sont égales entre elles, de façon qu'il n'y en a qu'un nombre limité, qui correspondent aux différentes suites fermées de solutions de l'équation

$$F(x, y) = 0,$$

relatives à des contours ne comprenant pas les mêmes points critiques de ce lieu.

En effet considérons deux suites μ et μ', en continuité entre elles.

Les points de deux pareilles suites pourraient être raccordés entre eux par des lignes le long desquelles z aurait constamment deux valeurs égales, et si c'est par exemple la suite μ qui enveloppe la suite μ', pour rejoindre les points

$$x = a_1 + b_1\sqrt{-1},$$
$$y = a'_1 + b'_1\sqrt{-1},$$
$$z = a''_1 + b''_1\sqrt{-1},$$

correspondant à cette suite μ, au point

$$x = a_0 + b_0\sqrt{-1},$$
$$y = a'_0 + b'_0\sqrt{-1},$$
$$z = a''_0 + b''_1\sqrt{-1},$$

intérieur à l'une et à l'autre, on pourra côtoyer à une distance infiniment petite, entre μ et μ', les lignes le long desquelles z aurait constamment des valeurs doubles, et il arrivera de là que z, recevant dans l'aller, de μ' à μ, un système de ses valeurs presque doubles, pour prendre ensuite, dans le retour de μ à μ', le système de ses autres valeurs, infiniment voisines des précédentes, l'accroissement qu'aura subi l'intégrale, en allant de μ' à μ et en revenant de μ à μ', pourra être rendu aussi petit qu'on le voudra. La différence serait exactement compensée si l'on substituait réellement le parcours conique relatif à μ' au parcours conique relatif à μ.

Cela posé, si une suite μ n'enveloppe aucun point critique de $F(x, y) = 0$, elle pourra être réduite à rien, sans avoir cessé d'appartenir au lieu $F(x, y) = 0$, et l'intégrale correspondante sera nulle.

Si elle enveloppe un seul point critique de $F(x, y) = 0$, elle pourra être réduite à ce point sans avoir cessé d'appartenir au lieu $F(x, y) = 0$, et l'intégrale correspondante sera encore nulle.

Mais si elle enveloppe deux points critiques de $F(x, y) = 0$, autour desquels y échangerait deux de ses valeurs, la suite μ ne pourra se réduire qu'à une suite fermée passant par ces deux points critiques et à l'intérieur de laquelle z ne saurait plus prendre que des valeurs inégales, de sorte que l'intégrale aura nécessairement une valeur finie.

Supposons, par exemple, qu'il s'agisse de l'ellipsoïde

$$\frac{x^2}{a^2} + \frac{y^2}{b^2} + \frac{z^2}{c^2} = 1:$$

une suite μ extérieure à l'ellipse

$$\frac{x^2}{a^2} + \frac{y^2}{b^2} = 1,$$

pourra se réduire à rien.

Une suite μ enveloppant le seul point critique $x = + a$ pourra se réduire à ce point.

Mais une suite μ enveloppant les deux points critiques $x = \pm a$ ne pourra se réduire par contraction qu'au contour apparent réel

$$\frac{x^2}{a^2} + \frac{y^2}{b^2} = 1,$$

à l'intérieur duquel z ne saurait prendre que des valeurs inégales, c'est-à-dire dont les points ne sauraient être reliés à un point intérieur $x=0$, $y = 0$, par exemple, que par des lignes le long desquelles z prendrait forcément des valeurs inégales.

Nous avons, dans ce qui précède, pris les dispositions les mieux appropriées à la détermination d'une période en particulier, correspondant à une branche définie μ du contour apparent. Nous avons pour cela relié les points de cette branche à deux points de la surface, enveloppés par cette branche fermée et ayant mêmes coordonnées x et y, mais des z différents. Si l'on voulait obtenir les analogues exacts des contours élémentaires imaginés par M. Puiseux il faudrait relier toutes les branches du contour apparent aux points de la surface correspondant à un même système de valeurs de x et de y, par exemple aux points d'intersection de la surface avec l'axe des z. La partie de l'intégrale double qui correspondrait à la portion du chemin conique extérieure à la nappe de la surface entourée par la branche μ serait nulle d'elle-même, parce que z prendrait les mêmes valeurs en allant et en revenant.

THÉORIE DES RÉSIDUS DES INTÉGRALES D'ORDRE QUELCONQUE.

Il était indispensable, pour permettre la comparaison entre les deux méthodes d'étude des intégrales, d'étendre aux intégrales doubles celle que Cauchy avait donnée pour les intégrales simples ; mais, la conclusion étant facile à tirer maintenant, je ne pense pas que personne songe jamais à étendre la méthode de Cauchy aux intégrales d'ordre quelconque.

Je n'y songe pas davantage, quoique la chose pût paraître facile.

Mais je crois devoir faire une exception en faveur de la belle théorie des résidus, qui constituera un titre permanent de gloire pour l'illustre maître dont personne ne saurait admirer plus que moi le génie exceptionnel et les merveilleuses ressources, puisqu'il m'a été donné de montrer qu'il savait résoudre les questions les plus ardues sans les embrasser, c'est-à-dire sans les envisager que par le plus petit côté.

Je me bornerai à l'exemple d'une intégrale triple.

Les idées sont d'autant plus faciles à exprimer, et plus nettes, que l'on se retranche davantage dans le domaine concret ; on repasse d'ailleurs ensuite toujours aisément du point de vue concret au point de vue abstrait. Je supposerai donc qu'il s'agisse de l'intégrale qui exprimerait la masse d'un corps dont la densité en chaque point serait une fonction donnée des coordonnées de ce point.

Soient x, y, z les coordonnées orthogonales d'un point de l'intérieur d'un corps, et D la densité du corps en ce point, laquelle sera donnée par une équation entre x, y, z et D. Supposons qu'on sache que cette densité devient infinie en chacun des points d'une surface $F(x, y, z) = 0$, de sorte que l'on pourra concevoir D exprimé par

$$D = \frac{\varphi(x, y, z)}{F(x, y, z)}.$$

Soit x_1, y_1, z_1 une solution de $F=0$; si l'on pose

$$x=x_1+X, \quad y=y_1+Y, \quad z=z_1+Z,$$

on en déduira

$$D=\frac{\varphi(x_1, y_1, z_1)+\ldots}{aX+bY+cZ+\ldots},$$

les termes non écrits au numérateur contenant en facteurs des puissances quelconques de X, Y, Z, ceux omis au dénominateur étant au moins du second degré par rapport à X, Y et Z, et $aX+bY+cZ$ désignant le premier membre de l'équation du plan tangent à la surface $F=0$, au point x_1, y_1, z_1.

La période de l'intégrale

$$\int\int\int dxdydz\,\frac{\varphi(x, y, z)}{F(x, y, z)}$$

doit être le résidu de cette intégrale relatif à la surface $F=0$, c'est-à-dire la valeur finie qu'elle pourrait acquérir sans que x, y et z eussent pris que des valeurs infiniment peu éloignées de satisfaire à l'équation $F=0$; et cette valeur de l'intégrale doit rester la même, quel que soit l'ensemble fermé de valeurs attribuées aux variables, pourvu que cet ensemble enveloppe toujours le système des solutions de $F=0$.

Pour trouver ce résidu, il faudra constituer une portion définie de l'intégrale indéfinie $\Sigma D dxdydz$, et chercher ensuite la quantité finie à laquelle se réduirait cette portion, lorsqu'elle viendrait se confondre avec la masse de la surface $F=0$, à laquelle on supposerait une épaisseur imaginaire infiniment petite.

Pour y arriver, considérons une surface quelconque

$$F_1(x, y, z)=0;$$

menons par tous les points x_1, y_1, z_1 de cette surface, des parallèles à une droite quelconque $\frac{x}{\cos\alpha}=\frac{y}{\cos\beta}=\frac{z}{\cos\gamma}$, limitons ces parallèles à des points arbitrairement choisis, formant une autre surface $F'_1(x, y, z)=0$, et concevons la masse de la portion du corps comprise entre les deux surfaces $F_1=0$ et $F'_1=0$: cette masse sera une portion définie de l'intégrale proposée.

L'élément de cette portion sera le produit de l'intégrale $\frac{1}{\cos\gamma}\int D dz$, prise le long de la droite

$$\frac{x-x_1}{\cos\alpha}=\frac{y-y_1}{\cos\beta}=\frac{z-z_1}{\cos\gamma},$$

entre les z des points de rencontre avec les surfaces $F_1 = 0$ et $F'_1 = 0$, par l'élément ds_1 de la surface de base $F_1 = 0$, et par le cosinus de l'angle de la direction $\frac{x}{\cos\alpha} = \frac{y}{\cos\beta} = \frac{z}{\cos\gamma}$ avec celle de la normale en x_1, y_1, z_1 à $F_1 = 0$.

Cet élément sera donc

$$\frac{1}{\cos\gamma}\, ds_1 \frac{\cos\alpha \frac{dF_1}{dx_1} + \cos\beta \frac{dF_1}{dy_1} + \cos\gamma \frac{dF_1}{dz_1}}{\sqrt{\left(\frac{dF_1}{dx_1}\right)^2 + \left(\frac{dF_1}{dy_1}\right)^2 + \left(\frac{dF_1}{dz_1}\right)^2}} \int D dz.$$

Ramenons maintenant la surface $F_1 = 0$ en coïncidence avec $F = 0$: comme on ne donnera plus à x, y et z que des valeurs différant infiniment peu respectivement des coordonnées des points de $F = 0$, D pourra être réduit à

$$\cos\gamma \frac{\varphi(x_1, y_1, z_1)}{(a\cos\alpha + b\cos\beta + c\cos\gamma)\, z};$$

de sorte que l'élément de l'intégrale deviendra

$$\varphi(x_1, y_1, z_1)\, ds \frac{\cos\alpha \frac{dF}{dx_1} + \cos\beta \frac{dF}{dy_1} + \cos\gamma \frac{dF}{dz_1}}{\sqrt{\left(\frac{dF}{dx_1}\right)^2 + \left(\frac{dF}{dy_1}\right)^2 + \left(\frac{dF}{dz_1}\right)^2}} \int \frac{dz}{(a\cos\alpha + b\cos\beta + c\cos\gamma)\, z}.$$

Si z croît de z_1 à une valeur quelconque, l'intégrale

$$\int \frac{dz}{(a\cos\alpha + b\cos\beta + c\cos\gamma)\, z}$$

prendra une valeur à laquelle on pourra ajouter

$$\frac{2\pi\sqrt{-1}}{a\cos\alpha + b\cos\beta + c\cos\gamma};$$

l'élément de l'intégrale triple pourra donc être augmenté de

$$\frac{2\pi\sqrt{-1}\,\varphi(x_1, y_1, z_1)}{a\cos\alpha + b\cos\beta + c\cos\gamma}\, ds \frac{\cos\alpha \frac{dF}{dx_1} + \cos\beta \frac{dF}{dy_1} + \cos\gamma \frac{dF}{dz_1}}{\sqrt{\left(\frac{dF}{dx_1}\right)^2 + \left(\frac{dF}{dy_1}\right)^2 + \left(\frac{dF}{dz_1}\right)^2}},$$

qui est l'élément de la période ou du résidu.

Mais le plan tangent à $F = 0$, au point x_1, y_1, z_1, étant

$$ax + by + cz = 0,$$

a, b, c sont respectivement égaux à $\frac{dF}{dx_1}$, $\frac{dF}{dy_1}$, $\frac{dF}{dz_1}$; de sorte que l'expression précédente se réduit à

$$\frac{2\pi\sqrt{-1}\,\varphi(x_1, y_1, z_1)\,ds}{\sqrt{\left(\frac{dF}{dx_1}\right)^2 + \left(\frac{dF}{dy_1}\right)^2 + \left(\frac{dF}{dz_1}\right)^2}},$$

et que le résidu lui-même est représenté par

$$2\pi\sqrt{-1}\sum\frac{\varphi(x_1, y_1, z_1)\,ds}{\sqrt{\left(\frac{dF}{dx_1}\right)^2 + \left(\frac{dF}{dy_1}\right)^2 + \left(\frac{dF}{dz_1}\right)^2}},$$

cette intégrale devant être prise dans toute l'étendue de $F = 0$, si cette surface est fermée, ou s'étendre seulement à une portion de cette surface limitée par une courbe le long de laquelle $\varphi(x_1, y_1, z_1)$ serait nul.

On pourrait remplacer ds par

$$dx_1 dy_1 \frac{\sqrt{\left(\frac{dF}{dx_1}\right)^2 + \left(\frac{dF}{dy_1}\right)^2 + \left(\frac{dF}{dz_1}\right)^2}}{\frac{dF}{dz_1}},$$

ce qui donnerait, pour la valeur du résidu,

$$2\pi\sqrt{-1}\int\int\frac{\varphi(x_1, y_1, z_1)\,dx_1 dy_1}{\frac{dF}{dz_1}},$$

Le Mémoire intitulé : *Théorie élémentaire des intégrales simples et de leurs périodes*, était précédé de l'introduction suivante :

« La théorie des intégrales prises entre limites imaginaires, contenue dans le *Mémoire sur les périodes des intégrales simples et doubles*, que je présentai à l'Académie le 7 mars 1853, et qu'elle approuva dans sa séance du 8 mai 1854, sur le rapport de MM. Cauchy et Sturm, cette théorie avait l'avantage de rattacher une question abstraite d'Analyse transcendante à des recherches concrètes de Géométrie supérieure ; de ramener l'évaluation d'une intégrale prise entre des limites imaginaires à la quadrature de courbes liées déjà, par les travaux du général Poncelet, à la courbe réelle dont la fonction explicite ou implicite, placée sous le signe sommatoire, eût représenté l'ordonnée, si la variable n'eût pris que des valeurs réelles comprises entre des limites convenables ; de rétablir enfin, entre la Géométrie et l'Analyse, l'harmonie et le concours qui avaient si puissamment aidé aux progrès de l'une et de l'autre, dans les deux derniers siècles, et qui venaient d'être rompus par M. Cauchy.

« Mais cette théorie, quoique plus simple que celle de M. Cauchy, en raison même du secours qu'elle puisait dans les considérations géométriques, reposait sur des études préalables de Géométrie comparée que les analystes ont eu de la peine à se rendre familières. Elle exigeait peut-être une trop grande contention d'esprit, par suite du mélange continuel des considérations d'Analyse abstraite et de Géométrie pure.

« La méthode que je propose aujourd'hui n'aura pas l'avantage, comme celle que j'ai donnée autrefois, que chacune des conclusions obtenues comprenne à la fois un théorème d'Analyse et un théorème de Géométrie ; par exemple, le théorème de l'équivalence des aires des anneaux fermés des conjuguées d'une même courbe, qui constitue, sous une forme même plus intéressante que celle qu'avait pu lui donner le géomètre grec, une extension aux courbes algébriques de tous les ordres, du second théorème d'Apollonius, $\pi a'b' \sin \theta = \pi ab$, ce théorème, dis-je, ne sera même plus mentionné ; mais la nouvelle méthode aura l'avantage de pouvoir prendre immédiatement place dans les premiers éléments du Calcul intégral et de ne plus exiger d'aussi grands efforts pour être comprise.

« Cette méthode repose entièrement sur une formule que j'ai donnée dans mon *Mémoire sur quelques propriétés générales de l'enveloppe imaginaire des conjuguées d'un lieu plan*, et que j'établirai ici en dehors de tout système de Géométrie idéale ou d'interprétation des imaginaires en Géométrie.

« On sait que M. Cauchy a fondé sa méthode sur ce théorème que la valeur d'une intégrale

$$\int_{x_0}^{x_1} y\,dx,$$

correspondant à une suite définie de valeurs de x, rejoignant x_0 et x_1, ne varie généralement pas lorsque cette suite change; et, principalement, sur l'examen des circonstances qui amènent un changement dans la valeur de l'intégrale.

« La partie négative de la proposition étant à peu près évidente, je l'avais admise sans démonstration dans la théorie que j'ai donnée autrefois des intégrales simples; quant à l'autre partie, n'ayant pas à en faire usage, je ne m'en étais pas préoccupé.

« J'aurais pu laisser les choses en l'état, sous ce rapport, dans la nouvelle théorie que je propose, mais la démonstration de M. Cauchy étant, comme on sait, fondée sur les principes du Calcul des variations, je ne pouvais ni y renvoyer, ni la reproduire. J'ai donc dû en rechercher une autre plus simple. Celle que je donne repose sur les principes les plus élémentaires du Calcul différentiel, et, à ce titre, il y aura avantage à la substituer à celle de M. Cauchy; mais, de plus, outre qu'elle s'appliquera aussi bien aux intégrales doubles, elle permet d'exprimer d'une autre manière que M. Cauchy la condition à remplir par la suite des valeurs de x, supposée fermée, pour que l'intégrale ne soit pas nulle d'elle-même.

« Au lieu d'une condition d'inégalité que doive remplir le résultat de la substitution, dans le premier membre de l'équation qui règle la marche de x, des parties réelle et imaginaire d'une valeur particulière de x, à laquelle correspondent des valeurs égales ou infinies de y, la nouvelle démonstration fournit des conditions d'égalité qui doivent être remplies par quelques-unes des valeurs que prend réellement x. »

Le mémoire intitulé : *Théorie élémentaire des intégrales doubles et de eurs périodes* était précédé de l'introduction suivante.

« La question des périodes des intégrales doubles est résolue depuis 1851 ; j'en ai présenté en 1853 la solution à l'Académie des sciences, qui l'a approuvée l'année suivante, sur le Rapport de MM. Cauchy et Sturm, et mon Mémoire a paru en 1859 dans le *Journal de mathématiques*. La théorie des intégrales doubles prises entre limites imaginaires aurait donc pu devenir classique depuis longtemps.

« Mais cette théorie reposait, comme celle que j'ai donnée, à la même époque, des intégrales simples, sur des considérations de géométrie supérieure qui ont paru exiger, pour être comprises, encore plus d'efforts que celles qui m'avaient servi à établir la théorie des intégrales simples ; et les analystes, quoiqu'ils n'aient pas réussi depuis à découvrir un moyen d'aborder la théorie des intégrales doubles, se sont simplement abstenus.

« Il est résulté de là que, relativement aux intégrales doubles, l'enseignement est resté tel qu'il pouvait être en 1840.

« Comme il importe que la jeunesse ne reste pas plus longtemps privée d'un enseignement utile, je crois devoir faire pour la théorie des intégrales doubles ce que j'ai fait, dans le Mémoire précédent, pour la théorie des intégrales simples, la dégager de toutes considérations géométriques, au risque d'en diminuer l'intérêt.

« Je donnerai pour traiter la question deux méthodes : l'une qui ne sera que l'ancienne présentée sous une autre forme, à l'aide d'un théorème nouveau; l'autre, qui sera celle que Cauchy aurait sans doute fini par trouver, s'il eût vécu quelques années de plus.

« Le mode adopté par Cauchy pour figurer la marche d'une variable imaginaire ne pouvait pas être imité, dès qu'on avait à considérer seulement deux variables indépendantes. C'est ce qui explique pourquoi ni Cauchy ni les partisans de sa méthode n'ont pu aborder la théorie des intégrales doubles. Toutefois on a pu remarquer à la lecture du Mémoire précédent que ce mode de représentation n'a rien d'essentiel, puisqu'il a été possible, sans y recourir, d'exprimer les mêmes idées que Cauchy dans un langage analogue.

« On verra, par ce qui va suivre, que la théorie de Cauchy pouvait être, en effet, étendue aux intégrales doubles.

« Ce sera, je crois, retourner en arrière que de substituer l'une ou l'autre des deux méthodes, que je vais indiquer parallèlement, à celle que j'ai donnée en 1853; mais, quand même la méthode de Cauchy devrait obtenir la préférence, il vaudra mieux avoir aidé ses partisans à en développer l'usage que de laisser indéfiniment à l'écart une question de première importance. »

Je rapporterai ici deux découvertes que je fis à propos du préambule de mon Mémoire relatif aux intégrales doubles.

Il y avait près de vingt années que j'avais donné cette théorie, et depuis vingt ans mes camarades faisaient le silence autour d'elle.

J'avais entendu dire que M. Bertrand avait été chargé par M. Duruy, à l'occasion de l'Exposition de 1867, de faire un rapport sur les progrès de l'Analyse en France, et j'eus la curiosité de le lire.

J'avoue que je restai fort étonné de me voir occuper quatre ou cinq pages de ce rapport.

Après avoir analysé les travaux de Cauchy, de M. Liouville, de M. Hermite, de MM. Puiseux, Briot et Bouquet sur la théorie des fonctions de variables imaginaires, M. Bertrand ajoutait :

« M. Maximilien Marie, répétiteur à l'École polytechnique, a consacré à la théorie des fonctions imaginaires un grand nombre de Mémoires dirigés dans une voie qui lui est propre. Le but principal qu'il se proposait d'abord a été la représentation géométrique des solutions réelles et imaginaires d'une équation de deux variables. Dans le système adopté par Gauss et par Cauchy, et dont les géomètres ont déduit de si importantes conséquences, une expression imaginaire représente un point, et pour représenter les solutions d'une équation, il faudrait par conséquent imaginer deux surfaces, dont l'une a pour ordonnée la partie réelle, et l'autre le coefficient de $\sqrt{-1}$ dans l'une des variables, pour le point dont la projection représente la valeur complète de l'autre.

« M. Marie procède tout autrement ; il associe, pour les représenter par les points d'une courbe, les solutions dans lesquelles les coefficients de $\sqrt{-1}$ dans les deux variables ont un rapport donné d'avance, et chacune d'elles est représentée par un point dont les coordonnées réelles sont obtenues en remplaçant $\sqrt{-1}$ par $+1$. Ce mode de représentation, qui semble d'abord arbitraire, réunit plusieurs avantages, qui ont déterminé le choix de son auteur et lui ont permis d'en faire un usage utile. Nous ne pouvons mieux faire que de citer, pour le démontrer, le rapport présenté par Cauchy à l'Académie des sciences, sur l'un des mémoires de M. Marie. »

Ensuite venait la reproduction *in extenso* du rapport de M. Cauchy, puis le rapporteur passait à autre chose.

Je ne pouvais me trouver que très-honoré de l'espèce de parallèle que M. Bertrand, involontairement sans doute, avait établi entre tant d'hommes illustres et moi. Mais j'eusse préféré qu'il eût fait connaître les Mémoires que j'avais publiés de 1858 à 1862, dans le *Journal de mathématiques pures et appliquées*, sur les intégrales d'ordre quelconque, sur une méthode pour suivre la marche continue d'une fonction d'une seule variable imaginaire, sur les permutations des valeurs d'une pareille fonction, sur la convergence de la série de Taylor, sur la détermination du point critique où cette série devient divergente, sur la convergence du développement d'une fonction de deux variables, sur la courbure des conjuguées et de leurs enveloppes, enfin sur la théorie des angles imaginaires.

Quant au qualificatif *utile*, que M. Bertrand appliquait à mes recherches, il n'en existe pas de plus enviable.

Mais la lecture du rapport de M. Bertrand m'apprit qu'il en existait un autre de M. Chasles, sur les progrès de la géométrie, et je crus devoir le rechercher aussi.

Je n'y étais même pas nommé !

M. Chasles avait nommé dans son rapport deux cent cinquante à trois cents géomètres, tant anciens que modernes, et n'avait pas écrit mon nom une seule fois.

Un de mes amis me dit : Vous ne lui avez donc pas envoyé vos mémoires? — Non, fis-je. — Vous n'êtes pas allé le voir ? — Je n'y ai même pas songé. Mais mon Mémoire occupe plus de trois cents pages dans le journal de M. Liouville ; il est réparti dans cinq tomes correspondant aux années 1858, 1859, 1860, 1861 et 1862 ; ce n'est pas une violette cachée sous l'herbe. D'ailleurs le ministre, je pense, n'a pas demandé un rapport sur les travaux des géomètres qui iraient faire leur cour à M. Chasles.

J'avais beau y réfléchir, je ne trouvais pas d'explication au silence gardé par M. Chasles à mon égard.

M. Chasles pouvant seul me fournir cette explication, je lui écrivis le 20 novembre :

« Monsieur, j'ai l'honneur de vous faire hommage d'un exemplaire de mon *Mémoire sur quelques propriétés générales de l'enveloppe imaginaire des conjuguées d'un lieu plan*, qui vient de paraître dans le *Journal de mathématiques*.

« Ce mémoire, adressé par moi à l'Académie des sciences, le 1er juillet dernier, avait été renvoyé à une Commission composée de vous, de M. Hermite et de M. Bonnet. J'ai eu l'honneur de vous adresser quelques jours après une lettre pleine de déférence, où je vous priais de me permettre de vous exposer ce que contenait ce Mémoire et ce qui était nécessaire pour en comprendre les différentes propositions. — Vous ne m'avez pas fait l'honneur de me répondre.

« Vous avez parfaitement le droit, Monsieur, en tant que personne privée, de ne vous intéresser aucunement à mes travaux.

« Mais quand vous acceptez officiellement la fonction difficile de rendre la justice, j'ai, sans doute, celui de réclamer de vous la part qui me revient légitimement.

« J'ai parcouru ces jours derniers votre rapport au ministre sur les progrès de la géométrie, où mon nom n'est cité à aucun titre, et il m'est impossible d'accepter sans protestation un pareil déni de justice.

« Comment! le plus beau titre de gloire de l'illustre général Poncelet, ce qui le met hors de pairs, est d'avoir introduit en géométrie la théorie des relations d'une conique avec ses supplémentaires, et la théorie générale des supplémentaires ou conjuguées des courbes et surfaces algébriques de tous les ordres n'appartiendrait pas à la géométrie!

« La définition analytique des conjuguées ou supplémentaires, considérées comme lieux des intersections idéales de la courbe ou de la surface proposée avec des suites de droites parallèles n'intéresserait pas la géométrie!

« Le théorème général de la permanence de ces conjuguées ou supplémentaires, quelque transformation qu'on fasse subir aux axes, n'appartiendrait pas à la géométrie!

« Ce théorème que l'une des supplémentaires, réduites à deux droites, d'une ellipse évanouissante bitangente à un lieu $f(x, y) = 0$, constitue un couple de deux tangentes effectives à une conjuguée assignée de cette courbe $f(x, y) = 0$, théorème qui fournit immédiatement l'équation générale des tangentes à toutes les supplémentaires ou conjuguées d'une courbe quelconque, qui les donne sous la même forme analytique que les tangentes à la courbe réelle et procure le moyen de les construire par les mêmes règles pratiques, ce théorème n'intéresse pas la géométrie!

« Le théorème analogue relatif aux plans tangents n'intéresse pas non plus la géométrie !

« Ce théorème que le faisceau des supplémentaires rectilignes de l'ellipse évanouissante formée de la réunion de deux asymptotes imaginaires conjuguées d'un lieu $f(x, y) = 0$, constitue un faisceau d'asymptotes des supplémentaires ou conjuguées du même lieu $f(x, y) = 0$, ce théorème n'appartient pas à la géométrie !

« Les supplémentaires d'une courbe ont cette courbe pour enveloppe, mais elles en ont généralement une autre, comme on le reconnaît dans les supplémentaires de l'hyperbole. Cependant, la démonstration de ce théorème général que la seconde enveloppe est le lieu des points des diverses supplémentaires où $\frac{dy}{dx}$ est réel, non plus que la démonstration du théorème analogue relatif à la seconde enveloppe des supplémentaires d'une surface, n'intéresseraient pas la géométrie !

« La théorie générale de cette seconde enveloppe, qui joue le même rôle que la courbe réelle dans les questions de quadratures et de rectifications, n'est pas du ressort de la géométrie !

« Ce théorème général que les $m(m - 1)$ tangentes que l'on peut mener à une courbe de degré m, parallèlement à une direction réelle donnée, se partagent toujours entre les deux enveloppes, qui se complètent ainsi l'une par l'autre, ce théorème n'intéresse pas la géométrie !

« Ce théorème que chaque conjuguée ou supplémentaire d'une courbe quelconque a même courbure qu'elle aux points où elle la touche, n'intéresse pas la géométrie !

« Ce théorème que si la formule

$$\frac{\left[1 + \left(\frac{dy}{dx}\right)^2\right]^{\frac{3}{2}}}{\frac{d^2y}{dx^2}}$$

a pour valeur $r + r'\sqrt{-1}$, en un point de la seconde enveloppe, le rayon de courbure de cette seconde enveloppe, en ce point, est $r + r$ et que celui de la supplémentaire qui y passe est $\frac{r^2 + r'^2}{r - r'}$, ce théorème n'intéresse pas la géométrie !

« Le théorème qui fournit le rayon de courbure d'une conjuguée quelconque, en un quelconque de ses points, sous la forme

$$R = \left(\frac{1 + a^2}{1 - n^2}\right)^{\frac{3}{2}} \frac{2n^3(r^2 + r'^2)}{a^3r + 3a^2nr' - 3an^2r - n^3r'},$$

où a et n désignent l'un, la tangente de l'angle de la tangente à la conjuguée avec le grand axe de l'ellipse évanouissante dont une des supplémentaires comprend cette tangente à la conjuguée, l'autre, le rapport du petit au grand axe de cette ellipse évanouissante, ce théorème n'appartient pas non plus à la géométrie !

« L'extension de la théorie des supplémentaires au cas où la courbe primitive est rapportée à des coordonnées polaires n'appartient pas non plus à la géométrie !

« Ces théorèmes que la quadrature d'une supplémentaire quelconque d'une courbe, ou la cubature d'une supplémentaire d'une surface sont exprimées par les mêmes intégrales qui donnent la quadrature de la courbe réelle ou la cubature de la surface réelle, ces théorèmes n'appartiennent pas non plus à la géométrie !

« Ce théorème par lequel une intégrale simple prise entre limites imaginaires est ramenée à la somme de trois aires définies, celle d'un segment de l'une des deux enveloppes et celle de deux segments des conjuguées auxquelles appartiennent les limites, ce théorème n'appartient pas à la géométrie !

« Ce théorème de l'équivalence en surface ou en volume des conjuguées fermées d'une même courbe ou d'une même surface, comprises entre les mêmes branches de la courbe ou les mêmes nappes de la surface, théorème qui n'est autre que la plus haute généralisation du second théorème d'Apollonius, que toutes les supplémentaires d'une même hyperbole ont même aire, ce théorème n'appartient pas à la géométrie !

« L'interprétation géométrique des périodes des intégrales simples ou doubles par les aires des anneaux fermés ou les volumes enveloppés par les nappes fermées de la courbe ou de la surface dont une des ordonnées est exprimée par la fonction placée sous le signe $\int$, cette interprétation n'intéresse pas la géométrie !

« La solution géométrique générale du problème des intégrales ultra-elliptiques de tous les ordres n'intéresse pas la géométrie !

« Cette remarque assez simple, sans doute, mais qui grandira peut-être, que les périodes de l'intégrale rectificatrice d'une hyperbole sont les différences entre la somme des longueurs des asymptotes d'une part et les sommes des longueurs des branches de l'hyperbole proposée ou de l'hyperbole conjuguée, d'autre part, ce théorème n'intéresse pas la géométrie !

« Ce théorème que la rectification de la seconde enveloppe des supplémentaires d'une courbe quelconque est fournie par la même intégrale que la rectification de la première enveloppe, ce théorème n'intéresse pas la géométrie !

« Ce théorème que la quadrature de la seconde enveloppe des supplémentaires d'une surface quelconque est fournie par la même intégrale double que la quadrature de la première enveloppe, ce théorème n'intéresse pas non plus la géométrie !

« Ce théorème qu'une courbe quelconque, l'une quelconque de ses supplémentaires, l'une quelconque des supplémentaires de celle-ci, et ainsi indéfiniment, présentent, de deux en deux, des anneaux fermés en même nombre et enveloppant respectivement des aires égales, ce théorème n'appartient pas à la géométrie !

« Ce théorème que les quadratrices de deux courbes consécutives de la série précédente présentent les mêmes périodes, au facteur $\sqrt{-1}$ près, n'intéresse pas la géométrie (1) !

« Je tiens, Monsieur, à ne pas préjuger les motifs qui ont pu vous engager à me retrancher ainsi du nombre des géomètres. Je serais étonné que vous n'eussiez pas eu connaissance de travaux dont la publication a duré cinq ans dans le journal de M. Liouville et qui y occupent près de quatre cents pages. Mais c'est, provisoirement, la seule hypothèse que je me permette en une circonstance si extraordinaire.

« Si cette hypothèse est exacte, je crois pouvoir compter assez sur vos sentiments de justice pour qu'une réparation me soit accordée par vous, dans la forme, d'ailleurs, que vous jugeriez convenable d'employer.

« Je serais heureux, Monsieur, que vous voulussiez bien me faire l'honneur d'un mot de réponse. »

M. Chasles ne répondit pas plus à cette lettre qu'à ma précédente, de sorte que la question que je m'étais faite se doublait maintenant d'une autre : pourquoi M. Chasles ne me répondait-il pas?

Je crois avoir trouvé la solution de cette question difficile, mais, au reste, M. Chasles seul pourrait dire si elle est exacte.

En parcourant une dernière fois le rapport, je fus frappé d'un fait tout à fait extraordinaire :

M. Chasles loue en sept pages le général Poncelet de toutes sortes de travaux, et même d'avoir résolu quelques problèmes, mais les mots *coniques supplémentaires* ne sont pas venus sous sa plume : le plus beau titre de gloire du général Poncelet, celui auquel il tenait le plus, est entièrement passé sous silence dans le rapport de M. Chasles.

Pourquoi? On trouverait peut-être la réponse à cette question dans les reproches fort vifs adressés par le général à M. Chasles, dans le second volume de ses *Propriétés projectives*.

(1) Ces deux derniers énoncés doivent être un peu modifiés : les périodes de la quadratrice de la première courbe d'une des séries dont il s'agit, se retrouvent bien parmi les périodes des quadratrices des autres courbes de cette série ; mais il s'y en ajoute généralement de nouvelles à mesure que le degré s'élève.

Quoi qu'il en soit, après avoir supprimé cette partie de l'œuvre de Poncelet, M. Chasles ne pouvait que garder le silence à mon égard.

Croyant que les auteurs des rapports avaient été désignés par l'Académie au ministre, je pensai que je devais adresser ma plainte à l'Académie.

En conséquence j'adressai la lettre suivante à son président :

« Monsieur le président, le *Rapport sur les progrès de la géométrie*, adressé par M. Chasles au ministre de l'instruction publique, à la suite de la dernière exposition universelle, ne mentionne pas mon nom.

« Ce fait, dont je n'ai eu que récemment connaissance, devait me surprendre, puisque les progrès que j'ai pu faire faire à l'analyse procèdent de recherches antérieures d'ordre purement géométrique.

« M. Chasles n'ayant pas cru devoir me donner l'explication que je lui ai demandée au sujet de ce fait anormal, j'ai dû chercher à la découvrir moi-même.

« Le *Rapport* fournit lui-même cette explication en ce qu'il est absolument muet sur le principal titre de gloire du général Poncelet, sur celle de ses conceptions à laquelle il attachait, à juste titre, le plus de prix, parce que c'est elle qui le met hors ligne.

« Le silence gardé à l'égard de l'admirable théorie des relations d'une conique avec ses supplémentaires, obligeait le rapporteur à se taire sur des travaux qui ne constituent qu'un prolongement de cette théorie.

« Je n'ai assurément pas qualité pour prendre, dans le sein de l'Académie, la défense de la mémoire d'un de ses plus illustres membres ; cette défense serait superflue en tout état de cause ; d'ailleurs ce n'est pas au moment où la grande conception du général Poncelet, étendue aux courbes et aux surfaces de tous les ordres, vient de fournir, avec une facilité inouïe, la solution des plus hautes questions de l'analyse, qu'une tentative pour en supprimer jusqu'au souvenir pourrait avoir quelque chance de succès.

« Mais si le général Poncelet est hors d'atteinte, il n'en est pas de même de moi, et le silence gardé à mon égard par le rapporteur de 1870, me serait trop préjudiciable si l'Académie ne me permettait pas une courte explication des faits.

« Je prie l'Académie de me permettre de soumettre à son jugement impartial les questions indiquées dans la note ci-jointe.

NOTE AU SUJET DU RAPPORT DE M. CHASLES SUR LES PROGRÈS DE LA GÉOMÉTRIE.

« Le *Rapport sur les progrès de la géométrie*, adressé par M. Chasles au ministre de l'instruction publique, à la suite de la dernière Exposition universelle, ne fait pas mention du principal titre de gloire du général Poncelet, de celle de ses conceptions à laquelle il attachait le plus de prix et qui le place hors de pairs, parmi les géomètres.

« Cette omission n'a aucune importance pour la mémoire de Poncelet, dont les œuvres sont dans toutes les mains, en France et à l'étranger; d'ailleurs ce n'est pas au moment où la théorie des relations d'une conique avec ses supplémentaires, étendue aux courbes et aux surfaces de tous les ordres, vient de fournir, avec une facilité inouïe, la solution des plus hautes questions de l'analyse, qu'une tentative pour en supprimer jusqu'au souvenir, si, par impossible, elle devait se produire pourrait avoir quelque chance de succès.

« Mais si le maître est hors d'atteinte, il n'en est pas de même du disciple et le silence que M. Chasles a dû observer à mon égard, après avoir retranché de l'œuvre de Poncelet la théorie que je n'ai fait que développer, ce silence me serait trop préjudiciable si l'Académie ne me permettait pas une courte exposition des faits.

« J'ai fait voir que la théorie, donnée par Poncelet, des relations d'une conique avec ses supplémentaires, s'étend aux courbes et surfaces algébriques de tous les ordres, dont les conjuguées, ou supplémentaires, considérées comme lieux des intersections idéales de la courbe, ou de la surface proposée, avec des suites de droites parallèles, se construisent par points, en remplaçant $\sqrt{-1}$ par 1 dans les valeurs algébriques des coordonnées des points de section; et j'ai démontré que les supplémentaires d'une courbe ou d'une surface restent les mêmes à quelque système d'axes que soit rapportée la courbe ou la surface.

« Ces préliminaires établis, j'ai démontré les théorèmes suivants :

« 1° L'une des supplémentaires, réduites à deux droites, d'une ellipse évanouissante bitangente à un lieu $f(x, y) = 0$, constitue un couple de deux tangentes effectives à une conjuguée assignée de cette courbe $f(x, y) = 0$; ce théorème fournit immédiatement l'équation générale des tangentes à toutes les supplémentaires ou conjuguées d'une courbe quelconque, il les donne sous la même forme analytique que les tangentes à la courbe réelle, et procure le moyen de les construire par les mêmes règles pratiques.

« 2° L'une des supplémentaires, réduites à deux plans, d'un cylindre elliptique évanouissant, bitangent à une surface $f(x, y, z) = 0$, constitue un couple de deux plans tangents à une conjuguée assignée de cette surface, et ce théorème fournit de même l'équation générale des plans tangents à toutes les supplémentaires ou conjuguées d'une surface quelconque, sous la même forme qui convient à celle des plans tangents à la surface réelle.

« 3° Le faisceau des supplémentaires rectilignes de l'ellipse évanouissante formée de la réunion de deux asymptotes imaginaires conjuguées d'une courbe $f(x, y) = 0$, constitue un faisceau d'asymptotes des supplémentaires ou conjuguées de cette courbe.

« 4° Les supplémentaires d'une courbe ont cette courbe pour enveloppe, mais elles en ont généralement une autre qui est le lieu des points des diverses supplémentaires où $\frac{dy}{dx}$ est réel.

« 5° De même la seconde enveloppe des supplémentaires d'une surface est le lieu des points de ces supplémentaires où $\frac{dz}{dx}$ et $\frac{dz}{dy}$ sont réels.

« 6° Chaque conjuguée ou supplémentaire d'une courbe quelconque a même courbure qu'elle au point où elle la touche.

« 7° Si l'expression

$$\frac{\left\{1+\left(\frac{dy}{dx}\right)^2\right\}^{\frac{3}{2}}}{\frac{dy^2}{dx^2}}$$

a pour valeur $r + r'\sqrt{-1}$, en un point de la seconde enveloppe, le rayon de courbure de cette seconde enveloppe, en ce point, est $r + r'$ et celui de la supplémentaire qui y passe est $\frac{r^2 + r'^2}{r - r'}$.

« 8° Le rayon de courbure d'une conjuguée quelconque en un quelconque de ses points est

$$\left(\frac{1 + a^2}{1 - n^2}\right)^{\frac{3}{2}} \frac{2n^3(r^2 + r'^2)}{a^3 r + 3a^2 n r' - 3an^2 r - n^3 r'},$$

a désignant la tangente de l'angle de la tangente à la conjuguée en ce point, avec le grand axe de l'ellipse évanouissante dont une des supplémentaires comprend cette tangente, et *n* le rapport du petit au grand axe de cette ellipse évanouissante.

« 9° La quadrature d'une supplémentaire d'une courbe et la cubature d'une supplémentaire d'une surface sont exprimées par les mêmes intégrales qui donnent la quadrature de la courbe réelle ou la cubature de la surface réelle.

« 10° Une intégrale simple prise entre des limites imaginaires se ramène à la somme de trois aires définies, celle d'un segment de l'une des deux enveloppes et celles de deux segments des conjuguées auxquelles appartiennent les limites.

« 11° Les conjuguées fermées d'une même courbe, ou d'une même surface, comprises entre les mêmes branches de la courbe, ou les mêmes nappes de la surface, sont équivalentes en surface, ou en volume ; ce qui constitue pour les courbes et les surfaces de tous les ordres l'équivalent du second théorème d'Apollonius.

« 12° Les périodes réelles des intégrales simples ou doubles sont les aires des anneaux fermés, ou les volumes enveloppés par les nappes fermées de la courbe ou de la surface réelle.

« 13° De même les périodes imaginaires des mêmes intégrales sont les aires ou les volumes enveloppés par les conjuguées fermées de la courbe ou de la surface.

« 14° La rectification de la seconde enveloppe des supplémentaires d'une courbe quelconque est fournie par la même intégrale que la rectification de la courbe réelle.

« 15° De même la quadrature de la seconde enveloppe des supplémentaires d'une surface quelconque est fournie par la même intégrale double que la quadrature de la surface réelle.

« 16° Une courbe quelconque, l'une quelconque de ses supplémentaires, l'une quelconque des supplémentaires de celle-ci, et ainsi indéfiniment, présentent de deux en deux, des anneaux fermés en même nombre et enveloppant respectivement des aires égales.

« 17° Les quadratrices de deux courbes consécutives de la série précédente présentent les mêmes périodes, au facteur $\sqrt{-1}$ près (1).

« 18° Enfin, la méthode des supplémentaires m'avait permis d'étudier les permutations qui peuvent se produire, dans un parcours fini, entre les valeurs d'une fonction implicite et d'assigner sans ambiguïté, pour des exemples assez nombreux, dont l'un se rapporte à l'équation du folium de Descartes, qui présente quatre points critiques, la condition de convergence du développement suivant la série de Taylor de la fonction étudiée.

« Ces théories ont été présentées à mesure à l'Académie ; elles ont été publiées de 1858 à 1862 dans le journal de M. Liouville, où elles occupent près de quatre cents pages.

« Méritaient-elles une mention dans un *Rapport sur les progrès de la géométrie* et pouvaient-elles faire quelque honneur à la France ?

« Je prie monsieur le Président de m'accorder le moyen de soumettre cette question au jugement impartial de l'Académie, en autorisant l'insertion de cette note au *Compte rendu.* »

(1) Voir la note de la page 231.

Mais l'Académie était restée étrangère à la nomination des rapporteurs et les rapports eux-mêmes ne lui avaient pas été officiellement communiqués.

En sorte que M. Dumas dut me demander la suppression de tout ce qui pouvait se rapporter à M. Chasles.

Ma note n'eût plus alors contenu qu'un éloge de moi-même, et je la retirai.

Durant ces incidents M. Puiseux était revenu de vacances, mais je ne pus pas le voir de suite parce qu'il tomba presque aussitôt malade d'une petite attaque de pleurésie, qui l'obligea quelque temps à des précautions convenables.

Lorsqu'il fut remis, nous eûmes plusieurs entrevues pendant lesquelles je pus lui expliquer, outre mes deux Mémoires sur la série de Taylor, dont le second avait paru dans les *Comptes rendus* pendant son absence, mon ancienne théorie des intégrales simples qui l'impressionna beaucoup, celle des intégrales doubles, dont il ne voyait pas l'utilité, parce que, disait-il, il ne leur correspondait pas de fonctions inverses; enfin les principes de ma nouvelle théorie des intégrales simples, doubles ou d'ordre quelconque.

Il me laissait toujours avancer et me demandait même chaque fois du nouveau.

Mais quelque intérêt que je prisse à cette exposition, qu'il paraissait goûter, ce qui en doublait pour moi le charme, néanmoins je tenais à arriver pour ma série de Taylor à une solution d'autant plus urgente que le Mémoire, déjà imprimé, allait paraître dans le journal de M. Liouville, circonstance qui eût pu me faire perdre mes droits à un rapport.

Je rappelai à M. Puiseux le but sinon unique du moins prochain de nos entrevues et le priai, s'il avait quelque doute à me proposer relativement à ma théorie de la série de Taylor, de vouloir bien y réfléchir pour m'en faire part, ou, dans le cas contraire, de trancher la question par un rapport dont la présentation, en nous débarrassant d'une préoccupation, nous donnerait plus de liberté d'esprit pour l'examen des autres questions.

M. Puiseux consentit volontiers à ce que nous ne nous occupassions plus que de la série de Taylor, jusqu'à conclusion. Il me demanda seulement de traiter devant lui quelques exemples, se réservant de voir ensuite s'il pourrait lui-même en sortir par d'autres moyens que moi.

Nous traitâmes ainsi ensemble, en plusieurs séances, la question de la convergence du développement de l'ordonnée du folium de Descartes

$$y^3 + x^3 - 3axy = 0$$

et celle du développement de la fonction y définie par l'équation

$$y^3 - a^2y + a^2x = 0,$$

qui se rapporte à la trisection de l'angle.

Comme je savais que MM. Briot et Bouquet avaient résolu les mêmes questions, mais seulement par rapport à un point origine choisi et unique, je fis remarquer à M. Puiseux que les solutions que je lui donnais se rapportaient à tous les systèmes de valeurs initiales de x et de y, satisfaisant bien entendu à l'équation en discussion.

M. Puiseux commençait à devenir très-fort sur la théorie des conjuguées et nos entrevues étaient de plus en plus cordiales.

Un cheveu vint rompre cette harmonie.

Je ne sais comment se fait le service du secrétariat de l'Institut, mais M. Puiseux n'avait pas encore reçu le texte de mon Mémoire sur la série de Taylor. Il désirait lire ce Mémoire. Comme il était composé pour le journal de M. Liouville et que j'en avais les épreuves, je lui proposai de les lui porter, sans m'arrêter à l'idée qu'il pût se choquer de l'énonciation des vérités historiques contenues dans le préambule et, en tout cas, en prenant mon parti, s'il avait cette faiblesse.

La connaissance de ce préambule étant nécessaire pour l'intelligence de ce qui va suivre, je dois le reproduire. Le voici :

« J'ai établi, dans un Mémoire qui a paru en 1861 dans le *Journal de mathématiques pures et appliquées*, que les points où peut être limitée la région de convergence de la série suivant laquelle se développe, d'après la formule de Taylor, une fonction y, explicite ou implicite, sont exclusivement ceux où la fonction ou ses dérivées, à partir d'un certain ordre, deviennent infinies, à l'exclusion, par conséquent, des points multiples qui ne remplissent pas cette condition. J'ai établi en même temps l'inexactitude de la règle donnée par Cauchy et adoptée depuis, explicitement ou implicitement, par tous les géomètres qui ont écrit sur la matière, M. Lamarle, M. Bonnet, M. Tchebychef, M. Puiseux, MM. Briot et Bouquet, d'après laquelle le cercle de convergence passerait par le point critique le plus voisin du point origine. L'erreur que j'ai relevée alors tient à une confusion qui avait été maintenue jusque-là : il ne suffit pas, pour que la convergence de la série de Taylor soit limitée à une certaine valeur de x, que cette valeur soit critique, ou plutôt qu'il y corresponde une valeur critique de y : il faut surtout que y, variant d'une manière continue avec x, à partir de sa valeur initiale, arrive à sa valeur critique en même temps que x, sans que x ait dépassé la limite en question.

« C'est de ce principe que naît la question qui sera résolue dans ce Mémoire.

« Cette question paraissait inabordable, et elle n'a été en effet abordée par personne, malgré l'intérêt qu'elle présente et quoiqu'elle se trouve posée depuis bien longtemps.

« La simplicité de la solution que j'en donne s'explique par deux motifs : le premier, que la considération des conjuguées fournit une méthode simple de classification des solutions imaginaires d'une équation à deux variables, et que j'ai depuis longtemps donné des moyens simples et pratiques pour construire ces conjuguées, d'abord comme lieux des intersections idéales de droites réelles, parallèles entre elles, avec le lieu, ensuite au moyen de leurs tangentes, de leurs asymptotes et, au besoin, de leurs courbures; le second, que j'ai antérieurement (*Journal de mathématiques*, 1861) résolu directement le problème de déterminer la marche continue du point $[x, y]$, tandis que $x = \alpha + \beta\sqrt{-1}$ suivrait un chemin continu $\varphi(\alpha, \beta) = 0$.

« La construction préalable des conjuguées avait, dans la question qui va nous occuper, une importance comparable à celle qu'aurait la description topographique d'un pays où l'on voudrait établir une route; il y avait eu, au reste, interversion de rôles entre les deux questions de la convergence de la série de Taylor et de la marche continue du point $[x, y]$. M. Puiseux avait fait dépendre la seconde de la première, et, au contraire, il serait impossible de savoir si y est parvenu à sa valeur critique, quand x est arrivé à celle qui la donne, si l'on ne pouvait pas suivre la marche du point $[x, y]$.

« Je ramènerai la question de la détermination du point critique où est véritablement limitée la région de convergence, à celle de la détermination du point d'arrivée d'un point $[x, y]$ se mouvant d'une manière continue, tandis que son abscisse $x = \alpha + \beta\sqrt{-1}$ varierait suivant une certaine loi, toujours très-simple du reste; mais je ne traiterai pas ici la seconde question, que j'ai résolue il y a dix ans.

« Je me borne à rappeler que j'ai discuté alors, dans toutes les hypothèses possibles, la marche du point $[x, y]$ à travers les conjuguées des lieux

$$y^2 = 2px,$$
$$a^2y^2 \pm b^2x^2 = \pm a^2b^2,$$
$$y^3 - a^2y + a^2x = 0,$$
$$y^3 - 3axy + x^3 = 0,$$

et

$$y^4 + x^4 = a^4;$$

que ces discussions n'ont présenté aucune difficulté d'aucune sorte, et qu'elles étaient si bien appropriées à la solution de la question qui va être traitée ici d'une manière générale, que non-seulement j'étais arrivé pour ainsi dire sans méthode à la solution de cette question, relativement aux exemples ci-dessus et aux deux suivants

$$y^n = (1 + x)^m$$

et

$$y = \mathrm{L}\,(1 + x),$$

mais encore que j'ai pu, dans tous les cas, assigner le caractère distinctif de celle des valeurs de la fonction dont la série donnait le développement.

« Je commencerai par la définition de quelques termes que j'emploie dans un sens nouveau, et de quelques autres que j'ai cru devoir introduire pour simplifier le langage.

« On a jusqu'ici entendu par *point critique* le point représentatif d'une valeur de la variable x à laquelle correspondait une valeur infinie ou multiple de la fonction y : j'appelle *point critique* d'un lieu $f(x, y) = 0$ le point réel ou imaginaire qui a pour coordonnées la valeur de x à laquelle correspond une valeur critique de y et cette valeur critique de y, c'est-à-dire que, des m points du lieu $f(x, y) = 0$, de degré m, qui correspondent à une valeur critique de x, j'appelle seulement *critique* celui dont l'ordonnée est infinie ou dont l'ordonnée a ses dérivées infinies à partir d'un certain ordre ; car ce sont les seuls points multiples d'un lieu qui puissent être considérés comme critiques.

« Je désignerai souvent sous le nom de *point origine* le point correspondant au système des valeurs de x et de y à partir desquelles on veut développer y, suivant la série de Taylor.

« Si $\alpha_0 + \beta_0 \sqrt{-1}$ et $\alpha'_0 + \beta'_0 \sqrt{-1}$ sont les coordonnées du point origine, et que $a + b\sqrt{-1}$, $a' + b'\sqrt{-1}$ soient celles du point critique où se trouve limitée la convergence de la série de Taylor, l'équation

$$y = y_0 + \left(\frac{dy}{dx}\right)_0 \frac{x - x_0}{1} + \left(\frac{d^2y}{dx^2}\right) \frac{(x - x_0)^2}{1.2} + \ldots$$

ne peut fournir que les ordonnées des points du lieu $f(x, y) = 0$, dont les abscisses

$$x = \alpha + \beta\sqrt{-1}$$

satisfont à la condition

$$(\alpha - \alpha_0)^2 + (\beta - \beta_0)^2 < (a - \alpha_0)^2 + (b - \beta_0)^2 ;$$

mais pour chaque valeur, $\alpha + \beta\sqrt{-1}$, de x, satisfaisant à cette condition, elle ne fournit qu'une seule des m valeurs de y correspondantes.

« Les points correspondant aux solutions de l'équation

$$y = y_0 + \left(\frac{dy}{dx}\right)_0 \frac{x - x_0}{1} + \dots$$

forment plaque sur le tableau. Cette plaque est une partie de la portion du plan recouverte par les points correspondant aux solutions de l'équation

$$f(x, y) = 0;$$

je la désigne sous le nom de *région de convergence* relative au point $[x_0, y_0]$. C'est le segment du lieu $f(x, y) = 0$ que représente le segment bien déterminé

$$y = y_0 + \left(\frac{dy}{dx}\right)_0 \frac{x - x_0}{1} + \dots$$

de la fonction multiple y.

« La région de convergence est comprise dans l'intérieur d'une courbe qui est *le périmètre* ou *la circonférence de la région de convergence;* cette courbe passe par un point critique $[a + b\sqrt{-1}, a' + b'\sqrt{-1}]$, qui en est la *limite*, et est caractérisée par l'équation

$$(\alpha - \alpha_0)^2 + (\beta - \beta_0)^2 = (a - \alpha_0)^2 + (b - \beta_0)^2.$$

Il pourra m'arriver de désigner le point origine sous le nom de *centre de la région de convergence.* »

Il me semble qu'il n'y avait rien de violent dans l'affirmation ainsi formulée des droits d'un auteur pertinemment averti de veiller à ses poches.

Comme je venais de porter chez M. Puiseux les épreuves dont il s'agit, je trouvai à la maison la lettre suivante de lui, datée du 12 février, à midi.

« Monsieur, ma matinée de demain se trouve encore prise, à mon grand regret, par une affaire urgente. Vendredi j'aurai mon cours, samedi une autre occupation. Mais si lundi matin vous convenait, vous me trouveriez chez moi de 8 heures à midi.

Votre bien dévoué, V. PUISEUX.

Je me disposais en conséquence à voir M. Puiseux le lundi 17 et à tâcher de terminer ce jour-là, lorsque je reçus le dimanche 16, au soir, la lettre que voici, datée du même jour.

Monsieur, j'ai lu le Mémoire dont vous m'avez envoyé les épreuves; je ne crois pas, après réflexion, pouvoir en faire l'objet d'un rapport à l'Académie. D'abord, le reproche que vous adressez à divers géomètres de n'avoir pas su quelle était la vraie limite de la convergence du développement en série d'une fonction implicite, me paraît peu fondé: il est possible qu'on trouve dans leurs écrits des passages où la distinction sur laquelle vous insistez n'est pas faite assez nettement; mais c'est qu'elle n'était pas nécessaire dans les questions qu'ils traitaient. La pensée que vous leur prêtez a des conséquences si visiblement absurdes qu'elle n'a pu entrer dans leur esprit. Ainsi en multipliant l'équation $f(x, y) = 0$ par un facteur convenable $\varphi(x, y)$, on pourrait introduire de nouveaux points critiques plus rapprochés du point origine que les points critiques primitifs (je parle ici le langage de Cauchy) (1): comme rien dans cette théorie ne suppose l'équation $f(x, y) = 0$ irréductible (2), il suivrait de l'opinion attribuée par vous à ceux que vous combattez, que l'on pourrait changer les limites de la convergence du développement de y par l'introduction d'un facteur arbitraire dans l'équation qui détermine cette fonction. Cette conséquence est évidemment contraire au bon sens.

Quant à la marche que vous proposez pour suivre les valeurs de y et les distinguer les unes des autres, pendant que x varie d'une manière continue, je vous avoue que plus je l'examine et moins elle me paraît constituer une méthode précise, comme on doit en désirer dans les questions d'Analyse. J'ignore s'il est possible de trouver une solution générale et pratique de la question; mais dans les quelques exemples que je me suis proposés, il m'a paru que des considérations bien plus faciles que les vôtres conduisaient plus naturellement au but. Ainsi dans le cas de l'équation $y^3 - 3y + 2x = 0$, au sujet de laquelle vous m'avez écrit récemment, j'obtiens très-aisément le résultat que voici :

La variable $x = a + bi$ étant représentée, suivant l'usage de Cauchy, par le point dont les coordonnées sont a et b, nommons A et A′ les deux points de l'axe des x pour lesquels $x = +1$ et $x = -1$. Représentons d'ailleurs par $p + qi$ l'une des valeurs de y qui répondent à la valeur $a + bi$ de x: le cercle de convergence pour le développement suivant les puissances de $x - a - bi$ de celle des valeurs de y dont $p + qi$ est

(1) J'avais fait cette remarque en 1861.

(2) Au contraire, l'hypothèse avait été expressément mentionné par M. Puiseux, qui semble avoir prévu l'objection dès 1850.

la valeur initiale, passera par le point A ou par le point A', selon que l'indique le tableau suivant :

$$
\begin{array}{ll}
a>0, \quad b>0 & \left\{\begin{array}{lll} p>0 & q>0 & \mathrm{A} \\ p>0 & q<0 & \mathrm{A} \\ p<0 & q<0 & \mathrm{A'} \end{array}\right. \\
a>0, \quad b<0 & \left\{\begin{array}{lll} p>0 & q<0 & \mathrm{A} \\ p>0 & q>0 & \mathrm{A} \\ p<0 & q>0 & \mathrm{A'} \end{array}\right. \\
a<0, \quad b>0 & \left\{\begin{array}{lll} p<0 & q<0 & \mathrm{A'} \\ p>0 & q>0 & \mathrm{A} \\ p<0 & q>0 & \mathrm{A'} \end{array}\right. \\
a<0, \quad b<0 & \left\{\begin{array}{lll} p<0 & q>0 & \mathrm{A'} \\ p>0 & q<0 & \mathrm{A} \\ p<0 & q<0 & \mathrm{A'} \end{array}\right.
\end{array}
$$

Il ne peut y avoir d'autres cas que ceux-là ; par exemple, quand a et b sont positifs, on ne peut avoir à la fois $p<0$, $q>0$ (1).

Voilà des règles nettes, comme j'en voudrais avoir pour les diverses équations qu'on peut étudier à ce point de vue : je ne vois pas qu'elles soient fournies par la considération de vos conjuguées, courbes dont la forme n'est pas connue en général d'une manière précise et dont on peut craindre, ce me semble, qu'elles n'offrent des singularités qui mettent vos conclusions en défaut (2).

Pardonnez-moi, Monsieur, de m'être exprimé avec cette franchise ; mais je ne sais dire que ce que je pense. Ma manière de voir n'est d'ailleurs qu'une opinion individuelle dont vous pourrez appeler à des juges plus éclairés. Permettez-moi d'ajouter que le jour où vos méthodes auront acquis ce caractère de netteté qui me paraît leur manquer actuellement, vous me trouverez toujours prêt à rendre justice à vos persévérantes recherches.

Dans la disposition où vous me voyez, peut-être ne jugerez-vous pas bien utile de venir me trouver demain matin ; je n'ai déjà que trop abusé de votre temps et de votre complaisance. Ce sera d'ailleurs absolument comme il vous conviendra.

Je vous prie d'agréer, Monsieur, l'assurance de mes meilleurs sentiments. V. PUISEUX.

P.-S. Je remettrai demain au secrétariat de l'Institut les différents

(1) La solution que j'avais donnée en 1861, pour cet exemple, et qui se trouve dans le second volume, n'était pas plus compliquée que celle de M. Puiseux et était tout aussi nette, mais elle avait de plus l'avantage de faire connaître la valeur finale de x pour chaque valeur de y.

(2) Ce discours m'avait déjà été tenu par M. Bouquet.

Mémoires qui m'ont été envoyés. Quant aux épreuves que vous m'avez adressées, je les feral remettre chez vous ces jours-ci (1).

J'étais précisément allé porter à M. Puiseux mon acceptation de son rendez-vous, lorsque cette lettre parvint à la maison. J'en trouvai, en rentrant, ma femme et mon fils aîné consternés. Je la parcourus rapidement, et apercevant aussitôt d'abord d'où le coup partait, ensuite quelles armes m'étaient fournies, je dis : Allons dîner et gaiement.

Il était évident que le préambule de mon Mémoire avait causé tout le dommage. Mais sans avoir jeté exprès ce préambule à la tête de M. Puiseux, je n'étais pas fâché qu'il lui fût tombé sous les yeux, parce que la question étant posée, elle ne pourrait pas être éludée.

Il était évident, en outre, que M. Puiseux étant allé consulter M. Bouquet, en avait retiré d'abord l'avis de ne pas faire de rapport, et en second lieu la solution du problème de la convergence de la fonction y définie par l'équation

$$y^3-3y+2x=0$$

et probablement une méthode pour traiter les autres équations.

Mais outre que ma solution valait mieux que celle de M. Bouquet, elle avait douze ans d'antériorité.

Quant au reproche que j'avais, à ce qu'il paraît, adressé à divers géomètres, les textes de leurs ouvrages m'étaient connus, et s'ils étaient contraires au sens commun, ce que je savais bien, je n'y étais pour rien.

Enfin M. Puiseux, dans son Mémoire, frappé sans doute de l'absurdité que présenteraient ses conclusions, au moment où le lieu en discussion, variant d'une manière continue, deviendrait momentanément réductible, avait précisément et expressément exclu l'hypothèse où le premier membre de l'équation proposée serait décomposable en facteurs, restriction du reste maladroite, car un théorème général doit s'appliquer aux cas particuliers.

Outre ces maladresses, la lettre de M. Puiseux contenait un aveu : il avait lu mon Mémoire, nous avions discuté ensemble quelques exemples où la question se trouvait traitée pour la première fois, tandis que loin d'avoir été entamée par mes adversaires elle avait été considérée par eux comme n'existant pas ; enfin M. Puiseux ne faisait aucune objection à l'énoncé de la règle générale que j'avais donnée.

Il apparaîtrait donc clairement que le motif qu'il pouvait avoir de se refuser à faire un rapport consistait uniquement, comme au reste sa lettre l'indiquait suffisamment, en ce que lui et ses amis se trouvant un peu meurtris, il était préférable pour eux que la question fût enterrée.

Toutes ces considérations m'assuraient que M. Puiseux ne sortirait pas vainqueur de la lutte qu'il entreprenait, s'il songeait à y persister.

(1) Ce futur indique qu'elles devaient être chez M. Bouquet.

Avant la fin du dîner j'avais pris mon parti et je dis à ma femme et à mon fils : Je porterai demain matin à M. Puiseux son rapport tout fait, et s'il ne l'accepte pas, comme sa lettre en est un, je la publierai avec les explications appropriées.

Je réfléchis dans la soirée à mon projet de rapport et je l'écrivis le lendemain matin.

J'acceptais l'excuse présentée par M. Puiseux, pour lui et ses amis, fondée sur ce que leurs recherches ne les avaient pas obligés à traiter la question que j'avais résolue.

Je rappelais que j'avais le premier exclu du nombre des points critiques les points multiples où les dérivées de la fonction finissent par se séparer sans devenir infinies ; que j'avais le premier posé la question du point d'arrêt parmi les points critiques et que j'avais résolu cette question en 1861 sur divers exemples, dont un, entre autres, celui que fournit l'équation du folium, comporte quatre points critiques, dont deux réels et deux imaginaires.

J'ajoutais que la règle générale que j'avais donnée dans le *Compte rendu* pour la détermination du point d'arrêt était exacte ; qu'à la vérité la mise en pratique de cette règle pourrait donner lieu à des difficultés, mais, que si l'Académie pouvait désirer une solution plus simple de la question, elle n'en devait pas moins approuver mon Mémoire.

M. Puiseux me reçut avec l'air contraint d'un homme qui a à faire des compliments de condoléance; moi je l'abordai avec l'air ouvert d'un homme qui sent qu'il n'en aura pas besoin, et prenant le premier la parole, je dis à M. Puiseux :

« Loin de m'être désagréable, votre lettre m'a fait plaisir, ainsi je ne viens pas m'en plaindre.

« Elle m'a fait plaisir parce que si vous persistiez à ne pas vouloir faire un rapport, elle en constitue un.

« Mais je dois vous dire tout d'abord que je n'accepterais pas votre silence. Vous n'avez pas fait attention qu'il ne s'agit pas seulement ici de mes intérêts et de vos convenances, mais des intérêts du public et de la science.

« Quand un bonhomme quelconque vous adressera, en un ou deux gros cahiers, une discussion d'une courbe ou d'une surface du troisième ou du quatrième degré, vous ne la lirez pas, et vous ferez bien, mais ici il s'agit d'une question de théorie qui préoccupe le monde savant, et vous ne pourriez vous refuser à donner votre avis sur la solution proposée qu'en prétextant d'ignorance ou d'incompétence, prétextes qui seraient vains ici, puisque votre lettre prouve que vous connaissez la solution et que vous n'avez pas d'objections à y faire.

« Je demande donc un rapport. Mais, du reste, je ne demande que la constatation sans phrases de l'exactitude de ma solution et je passerai sur toutes les réserves que vous croirez devoir faire.

« Pour que ma pensée à cet égard soit plus nette, j'ai écrit un projet de rapport tel que je l'accepterais, mais qui contient tout ce que je puis concéder, et je le lui lus (1). »

M. Puiseux le reçut de mes mains, le parcourut de nouveau et, sans me répondre directement, revint sur le reproche que j'avais adressé, notamment à lui et à MM. Briot et Bouquet.

Je lui relus la phrase du préambule de mon Mémoire qui l'avait choqué et lui fis remarquer qu'en ne désignant aucun des géomètres dont je citais les noms, comme ayant explicitement affirmé que le cercle de convergence se trouverait limité au point critique le plus proche du point origine, je m'étais certainement exprimé avec la plus grande circonspection, et que au moment de traiter la question de la détermination du point d'arrêt, je n'avais assurément pas outre-passé mes droits en faisant remarquer que l'existence de cette question n'avait pas encore été soupçonnée.

J'ajoutai que d'ailleurs chacun des géomètres que j'avais nommés pourrait à son gré se ranger parmi ceux qui avaient admis *implicitement* ou *explicitement* la proposition fausse dont j'avais dû d'abord débarrasser le terrain de la discussion du point d'arrêt, mais que, quant à moi, je ne m'étais pas chargé de dresser les deux catégories !

M. Puiseux, en ce qui le concernait, n'aurait pas mieux demandé que de renoncer à la discussion, de retirer les expressions désobligeantes de sa lettre et de me promettre de faire son rapport. Mais il avait pris des engagements. Il me dit : « J'ai consulté une personne très-compétente, que je puis bien vous nommer, c'est M. Bouquet, eh bien, M. Bouquet m'a dit qu'il n'avait jamais entendu le théorème de Cauchy autrement que vous, que Cauchy ne l'entendait pas comme vous le supposez et que moi-même je n'avais rien dit dans mon Mémoire qui autorisât votre manière d'interpréter l'énoncé en question. »

Ah ! dis-je, la question est bien facile à éclaircir. Je n'ai pas lu les Mémoires de Cauchy et je n'en avais pas besoin, puisque j'avais le vôtre qu'il a approuvé. Mais voici ce que vous dites, et je lui citai de mémoire le texte que je lui avais déjà remis sous les yeux dans ma première lettre.

« Si j'ai dit cela, me répondit-il, il faudra bien que je me range parmi ceux qui ont explicitement commis la faute. » — Nous étions debout près de sa bibliothèque, j'y pris le tome XV du *Journal de mathématiques*

(1) Je regrette de n'avoir pas pris copie de ce projet, mais M. Puiseux doit l'avoir.

et, l'ouvrant à la page que je connaissais bien, je lui montrai la phrase que je venais de lui citer.

Puis, prenant aussi dans sa bibliothèque la *Théorie des fonctions doublement périodiques*, je lui montrai le texte de MM. Briot et Bouquet, pages 26 et 29.

M. Puiseux me dit : « Oui, je conviens qu'il faut qu'on vous rende justice. Quant à moi, je m'exécuterai, quoique je vous certifie que, depuis 1851, j'ai eu plusieurs fois à appliquer le théorème de Cauchy et que je ne l'ai pas fait dans l'hypothèse étroite que, je suis bien obligé d'en convenir, j'admettais en écrivant mon Mémoire. Mais je voudrais bien exempter MM. Briot et Bouquet du même reproche. »

A cet égard, dis-je, je vous laisse toute latitude, pourvu que les bases de mon projet de rapport restent intactes.

Et nous nous quittâmes, sur sa promesse à peu près formelle d'une solution conforme à mes désirs.

Il est clair pour moi que M. Puiseux ne demandait pas mieux que de me satisfaire, mais il est clair aussi qu'il avait des engagements contraires, auxquels il n'a pas eu le courage de se soustraire.

N'ayant plus revu M. Puiseux depuis l'entrevue que je viens de raconter, j'ignore entièrement quels purent être les pourparlers qu'il dut avoir avec M. Bouquet. Mais je puis juger des efforts que dut faire M. Bouquet pour obtenir ma condamnation, par le ridicule qu'il se donna de colporter de maison en maison les épreuves de son livre pour prouver, ce qui n'était pas en question, qu'il ne s'était pas servi du Mémoire que je venais de publier dans le journal de M. Liouville, pour résoudre la question de la convergence de la série de Taylor. Il supposait qu'on ne ferait pas attention qu'il avait eu dix ans devant lui pour se servir de celui que j'avais publié en 1861 dans le même journal.

Quoi qu'il en soit, l'issue de la campagne ne répondit pas aux souhaits de mes adversaires.

MM. Puiseux et Bouquet arrêtèrent ensemble les termes d'un rapport tellement aigre que le public n'en eut pas connaissance, parce qu'il fut supprimé dans son œuf, l'un des commissaires ayant refusé sa signature. Voici comment :

Confiant dans la parole de M. Puiseux, et après lui avoir laissé la quinzaine pour s'exécuter, j'allai voir M. Bonnet, qui était un des commissaires, pour me mettre à sa disposition, en cas qu'il eût quelque explication à me demander.

M. Bonnet avait déjà en mains le rapport de M. Puiseux et il me le lut.

M. Puiseux débutait par une absurdité contre laquelle je l'avais cependant bien prémuni : il continuait de ranger au nombre des points critiques les points multiples où les dérivées de la fonction se séparent sans devenir infinies.

Il posait ensuite la question du point d'arrêt, après avoir pris soin de dire qu'on ne l'avait pas traitée plus tôt parce qu'on n'avait pas eu besoin de le faire.

Il se défendait, ainsi que MM. Briot et Bouquet, d'avoir cru que le point d'arrêt fût toujours le point critique le plus voisin du point origine; puis, passant à l'examen de la question en elle-même, il annonçait que les exemples que j'avais traités pouvaient l'être plus simplement *par la méthode ordinaire*, mais sans même songer à rappeler que j'avais traité la question dix ans avant que personne l'eût envisagée.

Enfin, après avoir proposé à l'Académie de me remercier de mes communications, il terminait par cette phrase :

« Mais nous ne lui proposerons pas (à l'Académie) d'approuver les méthodes de l'auteur, qui ne nous ont pas paru constituer un progrès réel.»

Comme si l'Académie pouvait se donner le ridicule de juger qu'un théorème n'avait pas été découvert conformément aux règles !

M. Bonnet avait biffé cette dernière phrase et quelques expressions blessantes dont le rapport était émaillé.

Mais la guerre étant déclarée, j'aimais autant qu'elle le fût franchement et je dis à M. Bonnet : Laisse-le faire. J'aurai la parole après.

M. Bonnet insista, et je me trouvai obligé de céder, par suite d'une imprudence que je commis. Je dis à M. Bonnet : Je me moque pas mal que M. Puiseux critique mes méthodes. Il me suffira de son rapport pour montrer que les siennes ne s'opposent pas à ce qu'il dise des absurdités. — Comment, me dit M. Bonnet, quelles absurdités?

Je lui montrai alors sur l'exemple $y = x\sqrt{1+x}$ que M. Puiseux rangeait parmi les points critiques des points qui ne l'étaient pas, savoir l'origine, dans l'exemple en question.

Je me mordis aussitôt la langue, mais la bêtise était faite. M, Bonnet me dit : Ah ! mais il ne faut pas que l'Académie approuve des absurdités. M. Puiseux changera son rapport, et je me charge de l'obliger à le rendre moins aigre.

Je le laissai faire ; de là résulta la seconde édition du rapport, édition que je n'ai pas connue avant la lecture en séance publique.

Voici ce second rapport, qui fut présenté à l'Académie dans sa séance du 10 mars 1873.

Rapport sur deux Mémoires présentés à l'Académie par M. MAXIMILIEN MARIE, *et ayant pour titres, l'un: « Détermination du point critique où est limitée la région de convergence de la série de Taylor », l'autre : « Construction du périmètre de la région de convergence de la série de Taylor »*.

(Commissaires : MM. BERTRAND, BONNET, et PUISEUX, rapporteur.)

Lorsqu'une fonction y d'une variable imaginaire x doit satisfaire à une équation algébrique

$$f(x, y) = 0,$$

elle a généralement plusieurs valeurs pour chaque valeur de x. Concevons que x varie d'une manière continue à partir d'une certaine valeur initiale a; choisissons pour la valeur initiale b de y une racine de l'équation

$$f(a, y) = 0,$$

que nous supposerons n'être ni multiple ni infinie, et enfin assujettissons y à varier d'une manière continue avec x. Alors y ne cessera pas d'être une fonction finie et déterminée de x, si toutefois on évite de faire prendre à cette variable certaines valeurs critiques dont la définition n'a pas toujours été donnée avec une précision suffisante.

On peut, en multipliant l'inconnue y par une fonction entière de x, faire en sorte que la nouvelle inconnue ne devienne plus infinie pour aucune valeur finie de x. Cette supposition admise, on a souvent dit qne les valeurs critiques de x sont celles pour lesquelles la fonction y devient une racine multiple de l'équation proposée.

Cette définition est exacte en général ; en effet, pour une telle valeur c de x et pour la valeur correspondante de y, on a

$$\frac{df}{dy} = 0;$$

mais généralement on n'aura pas en même temps

$$\frac{df}{dx} = 0.$$

Alors la racine considérée fera partie d'un groupe de fonctions qui échangent circulairement leurs valeurs lorsque le point M, correspondant à la variable x (1), décrit un cercle infiniment petit autour du point C correspondant à c. Lors donc que le point mobile M suivra un chemin passant par le point C, la valeur de y cessera au delà de ce point d'être complétement déterminée; car si l'on déforme un peu le chemin sans en changer les extrémités, la valeur finale de y sera différente, selon que le point M aura passé d'un côté ou de l'autre du point C.

Mais si au point C on avait à la fois

$$\frac{df}{dx}=0, \quad \frac{df}{dy}=0,$$

il pourrait arriver que la fonction y ne s'échangeât avec aucune autre autour de ce point, et restât par conséquent déterminée, lorsqu'on le franchirait; c'est ce qui aurait lieu, par exemple, si les dérivées partielles $\frac{d^2f}{dx^2}$, $\frac{d^2f}{dy^2}$ n'étaient nulles ni l'une ni l'autre, non plus que l'expression

$$\frac{d^2f}{dx^2}\frac{d^2f}{dy^2}-\left(\frac{d^2f}{dxdy}\right)^2.$$

Dans ce cas, la valeur c de x ne serait pas véritablement critique.

Pour éviter les exceptions que comporte la définition précédente, M. Marie appelle *valeurs critiques de x* les valeurs qui rendent infinie y ou l'une de ses dérivées. Cette définition nous semble préférable à l'autre, surtout quand on se propose d'étudier les conditions de possibilité du développement de la fonction y par la série de Taylor.

M. Marie s'est occupé spécialement de ce dernier problème, que l'on peut poser comme il suit : Étant données la valeur initiale a de x et la valeur correspondante b de y, trouver dans quelles limites la fonction y peut être développée en une série convergente ordonnée suivant les puissances entières et positives de $x-a$.

On sait par les travaux de Cauchy qu'un tel développement subsiste tant que le point mobile M, correspondant à x, reste dans l'intérieur d'un cercle, qui a pour centre le point A correspondant à a et qui ne renferme ancun point critique, c'est-à-dire aucun point correspondant à une valeur critique de x.

Mais il convient de faire ici une distinction sur laquelle M. Marie insiste dans son premier Mémoire. Le point M, décrivant un chemin continu à partir de la position initiale A, peut arriver dans une position C

(1) Nous entendons par là, suivant l'usage, le point qui a pour coordonnées rectangulaires la partie réelle et le coefficient de $\sqrt{-1}$ dans la valeur de x.

qui soit critique pour quelques-unes des valeurs de y, que détermine l'équation

$$f(x, y) = 0,$$

et qui ne le soit pas pour les autres. Dans ce cas, la circonférence décrite du point A comme centre avec AC pour rayon ne limitera la convergence de la série que si le point C est critique pour la racine particulière y que l'on considère. Il ne serait donc pas exact de dire d'une manière générale que la convergence est limitée par la circonférence dont le rayon est la distance du point A au plus voisin de tous les points critiques répondant aux diverses racines de l'équation

$$f(x, y) = 0.$$

Cette distinction n'a sans doute pas échappé à la plupart des géomètres qui se sont occupés de ces questions ; cependant elle n'a pas toujours été formulée assez nettement, et le rapporteur pourrait citer un passage de ses propres écrits d'où il semblerait résulter que la circonférence de moindre rayon donne toujours la limite de la convergence. Il est vrai que cette interprétation se trouve démentie par un autre passage du même Mémoire ; mais enfin on doit reconnaître que, si l'erreur n'a pas existé dans l'esprit de l'auteur, son langage n'a pas été suffisamment correct. Quoi qu'il en soit, M. Marie a eu raison d'insister sur la nécessité de faire cesser la confusion qui pourrait rester à cet égard dans quelques esprits (1).

Cette remarque faite, M. Marie s'est proposé de traiter la question suivante :

Une équation

$$f(x, y) = 0$$

étant donnée, et une fonctiou particulière y étant choisie parmi celles que détermine l'équation, assigner le rayon du cercle de convergence correspondant à une valeur initiale donnée de x.

On voit aisément que ce problème se ramène à celui-ci :

Étant donnés deux points A et B correspondant à des valeurs a et b de x, étant donnée de plus, parmi les racines de l'équation

$$f(a, y) = 0,$$

(1) Dans le préambule de son travail, M. Marie signale plusieurs auteurs comme n'ayant pas connu la vraie limite de la région de convergence ; à notre avis, on peut tout au plus leur reprocher des inexactitudes de rédaction qui s'expliquent par cette circonstance, que la limitation précise de la convergence était inutile aux recherches de ces géomètres. Quant à MM. Briot et Bouquet, que M. Marie comprend dans ses critiques, nous n'avons aperçu dans leurs Ouvrages aucun passage qui y donnât prise.

celle qu'on regarde comme la valeur initiale de y, assigner, parmi les racines de l'équation

$$f(b, y) = 0,$$

celle qui est la valeur finale de y, en supposant connu le chemin par lequel le point mobile correspondant à la variable x est allé de A en B.

La solution générale de ce problème dépasse sans doute les forces actuelles de l'Analyse, et les procédés qu'on peut imaginer pour le traiter ne sont pratiquement applicables qu'à des équations d'une simplicité exceptionnelle. La méthode que M. Marie propose de suivre, et qu'il a effectivement appliquée à plusieurs exemples, repose sur un mode de représentation des imaginaires qui lui est propre et qui consiste à considérer les valeurs

$$x = \alpha + \beta i, \quad y = \alpha' + \beta' i,$$

satisfaisant à l'équation

$$f(x, y) = 0,$$

comme répondant à un point réel, ayant $\alpha + \beta$ pour abscisse et $\alpha' + \beta'$ pour ordonnée. Il arrive ainsi à représenter la marche des solutions imaginaires d'une équation

$$f(x, y) = 0,$$

à l'aide d'une suite de courbes réelles auxquelles il donne le nom de *conjuguées*. Il fait connaître diverses propriétés de ces lignes, et c'est par une discussion fondée sur leur forme et leur situation qu'il cherche à établir la correspondance entre les valeurs initiale et finale de la fonction.

Vos Commissaires n'ont vu là ni une solution complète du problème, ni un moyen de l'aborder plus facilement : quelques-uns des exemples particuliers auxquels l'auteur applique sa méthode ont été traités par l'un de nous à l'aide du mode de représentation ordinaire de la valeur x, et il nous a semblé qu'on arrivait ainsi plus simplement et plus naturellement au but.

Pour justifier notre manière de voir, il faudrait entrer dans des développements qui donneraient à ce Rapport une étendue exagérée. Nous nous bornerons donc à proposer à l'Academie de remercier M. Marie de ses Communications, dans lesquelles il insiste avec raison sur des distinctions qui n'avaient pas été faites avec assez de précision, tout en déclarant que les méthodes de l'auteur ne nous paraissent pas avoir une supériorité réelle sur celles dont les géomètres ont jusqu'ici fait usage.

L'audition de ce Rapport ne me causa pas d'abord d'impression désagréable. J'étais prêt à m'en déclarer satisfait et j'allai même dans le premier moment jusqu'à prier M. Bonnet de remercier de ma part M. Puiseux, mais je me repris à temps.

N'ayant pas en effet parfaitement entendu les dernières phrases, je réfléchis qu'avant de m'engager je ferais bien de lire le texte avec attention.

Cette lecture, sans m'irriter gravement, changea néanmoins mes impressions. La première partie me satisfaisait, surtout au point de vue du résultat acquis pour la science, mais j'y remarquai, ce que je n'avais pu faire à l'audition, la manière au moins étrange dont M. Puiseux se servait de ses propres écrits pour établir le fait que j'avais eu tant de peine à lui faire entrer dans la tête.

Si un pareil procédé était admis, on se tirerait toujours aisément d'affaire, quelques choses qu'on eût antérieurement publiées ; car il y aurait toujours bien au moins un mot, une syllabe ou une lettre de l'ancien texte qui pût trouver place dans le texte rectifié et servir, par sa présence, à attester A. M. D. G. que ce texte ancien était irréprochable dès l'origine.

J'avais accepté d'avance l'entorse qui devait être donnée aux textes exprimant l'opinion de mes adversaires relativement à l'identité du point d'arrêt et du point critique le plus proche du point origine ; mais je ne l'avais acceptée que motivée sur ce que la question du point d'arrêt avait pu être laissée de côté par eux, en raison de la nature de leurs recherches.

Toutefois j'aurais aisément passé sur ce détail.

Mais mon *ultimatum* était entièrement méconnu dans la dernière partie du Rapport. Non-seulement le Rapport n'indiquait pas qu'après avoir posé la question du point d'arrêt, je l'avais d'abord résolue dix ans auparavant, sur des exemples déjà compliqués, avant d'en donner la solution générale, plus ou moins facile à mettre en œuvre, que mon Mémoire avait eu pour but de démontrer, mais il donnait à entendre que cette même question du point d'arrêt, simplement réservée d'abord, dans l'école de Cauchy, mais traitée ensuite, depuis plus ou moins longtemps, était déjà résolue, par des procédés plus simples que les miens, *à l'aide de la représentation ordinaire de la variable x.*

J'avais au reste fortement insisté, près de M. Bonnet, pour que la méthode innommée de M. Bouquet, pour traiter la question du point d'arrêt, ne fût pas admise, avant sa déclaration à l'état civil, avant sa naissance même, à se faufiler aux lieu et place d'une méthode âgée déjà de douze ans. Je ne pouvais donc pas me trouver bien satisfait du rejet de mes observations.

Toutefois l'artifice était si grossier que j'aurais volontiers laissé au public le soin d'en faire justice.

Quant aux conclusions du Rapport, bien qu'elles ne visassent que le changement proposé par moi dans la définition des points critiques, ignorant d'ailleurs entièrement les usages de l'Académie, j'en demeurais assez satisfait, à cause des remerciements.

Enfin, j'aime peu la guerre, quoique, quand on m'y oblige, j'en porte aisément le théâtre sur les épaules des autres, ce qui m'est toujours facile, parce que j'ai d'avance eu soin non-seulement de ne me donner aucun tort, mais encore d'offrir à mes adversaires toutes les occasions d'en assumer le plus possible.

J'étais donc tout disposé à reprendre la suite de mes travaux sans plus m'occuper du Rapport de M. Puiseux. Mais je ne fus pas laissé libre de m'abandonner moi-même.

Ce fut d'abord l'abbé Moigno qui vint me mettre la puce à l'oreille : « Comment, me dit-il, pas même l'approbation de l'Académie ! des remerciements ! le *minimum minimorum !* »

Mes amis me dirent : « On vous dépouille, vous ne pouvez vous laisser faire. »

Je me décidai à répondre.

Dès que j'avais eu connaissance de la première édition du Rapport, j'étais allé trouver M. Liouville pour le mettre au fait et il m'avait donné pour M. Gauthier-Villars l'ordre que voici :

« Recevez et imprimez pour le *Journal de mathématiques* le Rapport de M. Puiseux et les réflexions que M. Marie y joindra. »

Avec cet ordre en poche, j'avais pu laisser courir mon adversaire, j'étais bien sûr de le rattraper, s'il était besoin.

Et puisqu'il était besoin, il ne me restait qu'à tailler ma plume.

Le texte qu'on va lire n'est pas celui que j'avais donné à l'impression ; M. Liouville en effet, ayant pris connaissance des épreuves, me demanda quelques modifications auxquelles je devais en tout cas consentir, sa responsabilité se trouvant engagée avec la mienne, mais auxquelles je me résolus instantanément, sur cette réflexion que ce qui resterait de ma réponse, approuvé par M. Liouville, aurait plus de force que ce que j'avais d'abord écrit, non approuvé par lui.

Voici cette réponse :

NOTE AU SUJET DU RAPPORT DE M. PUISEUX.

Le Rapport qu'on vient de lire est à peu près tel que je devais attendre.

En exigeant en faveur du public la rectification, par leurs auteurs, d'erreurs maintenues pendant vingt ans, je ne devais pas compter sur leur reconnaissance.

J'ai, il y a vingt ans, ramené l'évaluation d'une intégrale prise entre des limites imaginaires à la quadrature de courbes liées par des relations simples et remarquables, à la courbe réelle dont la fonction placée sous le signe sommatoire représentait l'ordonnée, de façon à rétablir, entre la Géométrie et l'Analyse, l'harmonie et le concours qui avaient si puissamment aidé aux progrès de l'une et de l'autre, dans les deux derniers siècles, et qui venaient d'être rompus par M. Cauchy.

La théorie des intégrales doubles avait arrêté M. Cauchy et ses disciples; je l'ai établie du même coup et par des moyens aussi simples.

J'ai, peu de temps après, abordé, avec le même succès et par les mêmes moyens, la théorie des intégrales d'ordre quelconque.

En même temps que je donnais ainsi lieu de constater l'impuissance des méthodes de Cauchy, je proposais de substituer, à des énoncés d'où ne pouvait résulter que la vérification indirecte de faits déjà connus, des propositions de Géométrie pure, donnant la démonstration et l'explication de ces faits.

Par exemple, la théorie des périodes des intégrales simples résultait d'une extension du théorème d'Apollonius, $\pi a'b' \sin \theta = \pi ab$, aux courbes de tous les ordres, et la théorie des périodes des intégrales doubles résultait aussi simplement d'une extension aux surfaces courbes de tous les ordres du théorème analogue relatif aux surfaces du second degré.

Le public pouvait ainsi constater que la nouvelle méthode était plus féconde que l'ancienne et fournissait des résultats plus saisissants.

La méthode de Cauchy était fondée sur une prétendue indétermination qui affecterait la marche de la fonction y, dès que la variable x prendrait une valeur à laquelle pût correspondre une valeur multiple de y. J'ai montré, en 1861, dans le *Journal de mathématiques :* 1° que, dans tous les cas, l'indétermination, si elle devait se produire, ne résulterait que du passage de y par sa valeur multiple, et non pas du passage de x par sa valeur correspondante, de sorte que, pour légitimer les précautions prises, il faudrait au moins s'assurer que la valeur de y dont on s'occupait serait devenue égale à une autre au moment où x

atteindrait sa valeur critique ; 2° qu'il était impossible d'admettre l'indétermination en question, lorsque les dérivées des diverses valeurs égales de y se sépareraient, à un ordre plus ou moins élevé, car les valeurs de ces dérivées ne s'échangeraient pas brusquement entre elles; 3° que la prétendue indétermination n'existait pas davantage dans les autres cas, c'est-à-dire qu'on pouvait la faire disparaître en pré cisant davantage.

M. Cauchy et ses disciples avaient admis que la convergence de la série de Taylor serait limitée aux valeurs de la variable pour lesquelles la fonction prendrait des valeurs égales, dont les dérivées se sépareraient à un certain ordre ; que, par exemple,

$$y = (x - 1)\sqrt{x + 3}$$

ne pourrait se développer par la formule de Maclaurin que de $x = 0$ à $x = 1$.

J'ai montré, en 1861, dans le *Journal de mathématiques,* que cette opinion non-seulement était erronée, car les valeurs de la dérivée, pour $x = 1$, étant différentes, il n'y avait pas à craindre qu'elles s'échangeassent, lorsqu'on dépasserait $x = 1$, mais qu'elle renversait même toute la théorie ; car si la série qui représentait y de $x = 0$ à $x = 1$, devenait divergente au delà de $x = 1$, il en serait de même de la série qui représenterait $\frac{dy}{dx}$, de sorte que la fonction $\frac{dy}{dx}$ cesserait d'être développable au delà d'un point qui ne serait pas critique pour elle.

M. Cauchy et ses disciples, qui ne représentaient que la variable et n'avaient aucun moyen de suivre la marche de la fonction, avaient admis que le développement de la fonction serait arrêté par le point critique le plus proche du point origine. J'ai montré, en 1861, dans ce Journal, que cette opinion, inadmissible en principe, car toutes les fonctions qui présenteraient les mêmes points critiques se comporteraient assurément de façons différentes, était fausse en fait ; car, pour qu'une valeur de x fût critique relativement à l'une des formes de la fonction y, il faudrait que cette forme de y pût atteindre la valeur critique de la fonction y, considérée dans l'ensemble de ses formes diverses, en même temps que x atteindrait sa valeur correspondante et sans que x eût dépassé cette valeur.

La question de la détermination du point d'arrêt, parmi les points critiques, se trouvant ainsi posée, je la résolvais, dans la même année 1861, relativement à divers exemples, dont l'un,

$$y^3 - 3axy + x^3 = 0,$$

comporte deux points critiques réels et deux imaginaires ; ce à quoi nul n'avait songé dans l'école de Cauchy. Je résolvais d'ailleurs ces questions à l'aide d'une méthode pour suivre la marche de la fonction qui manquait jusque-là entièrement, M. Puiseux n'ayant proposé d'autre moyen pour traiter la question que de se servir de la série de Taylor elle-même, ce qui constituait à la fois un cercle vicieux, quant à la théorie, et une impossibilité quant à la pratique.

MM. Briot et Bouquet avaient tranché en quelques mots (un peu plus d'une page de leur livre) la question de la convergence du développement d'une fonction de plusieurs variables par la formule de Taylor, et proposé cette solution :

« Soit $f(x, y, z)$ une fonction de trois variables imaginaires x, y, z, finie, continue, monodrome et monogène, *quand* CHACUNE *des variables reste comprise dans une certaine portion du plan.* Donnons à x, y, z des accroissements h, k, l ; la fonction $f(x+h, y+k, z+l)$ est finie, continue, monodrome et monogène, tant que les variables h, k, l restent comprises *respectivement* dans des cercles de rayons R, R′, R″ décrits des points x, y, z comme centres. On a donc

$$f(x+h, y+k, z+l)=f(x, y, z)+\sum_1^\infty \frac{(hD_x f+kD_y f+lD_z f)^n}{1.2\ldots n},$$

série ordonnée suivant les puissances croissantes de h, k, l, et convergente dans les cercles de rayons R, R′, R″. »

C'est-à-dire qu'il y aurait un cercle de convergence pour h, un cercle de convergence pour k, et un cercle de convergence pour l.

J'ai montré, en 1861, dans le *Journal de mathématiques*, que cette théorie était inadmissible ; qu'avant de traiter la question il eût fallu au moins la poser, car le même développement pourrait être convergent ou divergent, selon la manière dont on en grouperait les termes ; que, si l'on considérait le développement d'une fonction de deux variables comme une série composée des groupes de termes homogènes par rapport à $(x-x_0)$ et à $(y-y_0)$, la question, déterminée dans ce cas, que semblaient avoir voulu envisager MM. Briot et Bouquet, n'admettrait pas, bien entendu, leur solution, qui, d'ailleurs, ne conviendrait à aucun autre ; que la limite de la région de convergence dépendrait du rapport $\frac{y-y_0}{x-x_0}$; que, par exemple,

$$z=c\sqrt{1-\frac{x^2}{a^2}-\frac{y^2}{b^2}}$$

se développerait sans limites, pour x et y, par la formule de Maclaurin, si x et y étaient assujettis à la condition $\frac{y}{x}=\frac{b}{a}\sqrt{-1}$; enfin, que le lieu des points correspondant aux systèmes de valeurs de x et de y qui limiteraient la convergence ne serait autre que l'une des branches du contour apparent, par rapport au plan des x, y de la surface dont z serait la troisième coordonnée, branche qui d'ailleurs ne serait pas plus obligatoirement la plus voisine du point origine, que le point d'arrêt du développement d'une fonction d'une seule variable n'était le point critique le plus proche du point origine.

L'impuissance de l'école de Cauchy à aborder les questions relatives aux fonctions de plusieurs variables résultait déjà suffisamment d'un silence de vingt-cinq années ; mais toutes les théories sont naturellement transformables les unes dans les autres, et celle que j'avais donnée des intégrales doubles et de leurs périodes pouvait être exploitée par un adversaire. Il fallait éviter ce danger. Je me décidai à effectuer moi-même la transformation.

Ce nouveau travail, qui parut en 1872 dans les *Comptes rendus de l'Académie des Sciences*, me donna lieu, d'abord, de proposer, à la place de la démonstration donnée par Cauchy et fondée sur le calcul des variations, de ce principe que l'intégrale $\int_{x_0}^{x} ydx$ est généralement indépendante de la marche suivie par x de x_0 à x, une démonstration élémentaire capable de s'étendre à une intégrale d'ordre quelconque $\sum_n Fdx, dy, dz, \ldots$, condition que ne remplissait pas celle de Cauchy ; en second lieu, de constater, dans la théorie de Cauchy, un nouveau vice de méthode.

J'ai déjà dit que Cauchy et ses disciples posent avant tout en principe que les valeurs critiques doivent être interdites à la variable indépendante, sous peine, pour la fonction, de devenir indéterminée ; c'est de cette nécessité que résultait pour Cauchy la convenance de ces petites évolutions autour des points critiques, qui feront peut-être encore quelque temps la joie des analystes, mais qui resteront éternellement ridicules aux yeux des géomètres.

Soient $x = \alpha + \beta\sqrt{-1}$ et $\varphi(\alpha, \beta) = 0$ le chemin suivi par x. Admettons avec Cauchy que la courbe $\varphi(\alpha, \beta) = 0$ ne doive passer par aucun point critique.

Puisque β est devenu une fonction déterminée de α, la seule variable indépendante sera α ; de sorte que, si $y = \alpha' + \beta'\sqrt{-1}$, l'intégrale $\int ydx$ ne sera autre que

$$\sum\left(\alpha' + \beta'\sqrt{-1}\right)\left(1 + \frac{d\beta}{d\alpha}\sqrt{-1}\right)d\alpha$$

ou

$$\int \alpha'\left(1+\frac{d\beta}{d\alpha}\sqrt{-1}\right)d\alpha+\sqrt{-1}\int \beta'\left(1+\frac{d\beta}{d\alpha}\sqrt{-1}\right)d\alpha,$$

α' et β' étant deux fonctions de α, définies par les trois équations

$$f(\alpha+\beta\sqrt{-1},\ \alpha'+\beta'\sqrt{-1})=0,$$
$$\varphi(\alpha,\beta)=0;$$

mais, par malheur, les deux intégrales

$$\int \alpha'\left(1+\frac{d\beta}{d\alpha}\sqrt{-1}\right)d\alpha \quad \text{et} \quad \int \beta'\left(1+\frac{d\beta}{d\alpha}\sqrt{-1}\right)d\alpha,$$

prises le long d'un chemin fermé, propre à donner une période, seraient identiquement nulles séparément si $\frac{d\alpha'}{d\alpha}$ et $\frac{d\beta'}{d\alpha}$ ne penaient pas, le long de ce chemin, des valeurs infinies, c'est-à-dire si α ne passait pas par quelques-unes de ses valeurs critiques.

De sorte que les précautions prises pour éviter une seule difficulté aboutissaient à la reproduire avec multiplication, mais en fermant alors les yeux pour ne plus l'apercevoir.

C'est dans ces conditions, c'est après avoir infligé cette série d'échecs à la méthode de mes adversaires, que j'allais me trouver en présence du principal d'entre eux au sujet de mon Mémoire de 1865, brûlé en 1870 chez M. Bertrand et refondu en 1872.

Je ne pouvais m'attendre à plus que de la justice.

Mais ai-je obtenu justice? Je ne le pense pas. Le public prononcera.

Toutefois, avant de répondre, je crois devoir extraire du Rapport les conclusions qui doivent avoir une influence utile, immédiatement réalisable, sur l'enseignement pratique.

Le Rapport consacre enfin cette affirmation, que j'ai produite il y a bientôt vingt ans, que les points multiples d'un lieu

$$f(x, y)=0,$$

où les dérivées de y, par rapport à x, finissent par se séparer, sans devenir infinies, ne sauraient arrêter le développement de la fonction y en série, suivant la formule de Taylor.

L'opinion contraire, professée depuis vingt-six ans, allait, il est vrai, recevoir une consécration officielle, déjà formulée dans une première édition du Rapport, mais enfin j'ai pu, avec l'aide d'un des Commissaires, faire rectifier l'erreur.

La consécration de ce premier point a une grande importance, parce que la théorie élémentaire de la série de Taylor pourra maintenant être ramenée à un degré extrême de simplicité et d'évidence, tandis que la démonstration de Cauchy, à cause des incohérences par-dessus lesquelles il fallait passer, présentait à l'esprit des difficultés vraiment infranchissables.

En effet, on ne pouvait admettre que la convergence de la série pût être arrêtée en un point multiple où les valeurs de $\frac{dy}{dx}$, par exemple, seraient différentes, sans faire violence à la notion la plus élémentaire de la continuité. Pour qu'une fonction varie d'une manière continue, il ne suffit pas, en effet, que ses valeurs n'éprouvent pas de variations brusques, il faut encore que toutes les dérivées de cette fonction, par rapport à la variable indépendante, varient aussi d'une manière continue.

Il n'y a pas continuité entre les branches de la courbe

$$y = x\sqrt{\frac{x-a}{x+a}},$$

qui se croisent à l'origine.

Il n'y a pas continuité entre deux arcs d'un cercle et d'une ellipse qui se raccordent par une tangente commune.

Il n'y a pas continuité entre deux arcs d'une ellipse et d'une parabole qui se raccordent par une tangente commune et une courbure commune au point commun.

Il n'y a pas continuité entre deux arcs de courbes distinctes qui ont même ellipse osculatrice au point où elles se raccordent, etc.

La démonstration de Cauchy était fondée sur cette observation que, si la série pouvait rester convergente au delà d'un point multiple, elle devrait fournir les ordonnées des différents arcs de la courbe qui émergeraient de ce point multiple. Mais la série n'aurait été astreinte à fournir ces diverses ordonnées que s'il y avait eu continuité entre elles, ce qui n'était pas.

Cauchy ni ses disciples ne s'étaient pas même fait cette objection bien simple, et qui eût dû les confondre, que si la série devenait divergente pour ne pas représenter les ordonnées des diverses branches de la courbe qui, partant du point multiple, s'éloigneraient du point origine, elle n'en aurait pas moins accompli auparavant le tour de force de fournir les ordonnées des branches qui seraient allées concourir à ce point multiple.

D'un autre côté, le mot *divergente* prenait un sens tout nouveau, il devenait synonyme de *capricante*.

La solution que j'ai donnée, en 1861, de ces difficultés, dans le

Journal de mathématiques, est bien simple : les valeurs supposées distinctes de la dérivée de la fonction ne pouvant pas s'échanger au delà du point multiple, les valeurs de la fonction ne s'échangeront pas non plus, et chaque valeur de la fonction sortira sous le coefficient différentiel sous lequel elle sera entrée.

Ce principe étant enfin consacré, la théorie élémentaire de la série de Taylor pourra maintenant se réduire à ces quelques énoncés, assez évidents pour n'exiger aucune démonstration en règle.

1. Une série à termes imaginaires est la somme de la série des parties réelles de ses termes et du produit par $\sqrt{-1}$ de la série de leurs parties affectées du signe imaginaire.

Pour que la série proposée soit convergente, il faut que les deux séries qui la composent soient elles-mêmes convergentes.

2. Si le terme général de la série proposée est $a_n + b_n\sqrt{-1}$, il faut, pour que la série soit convergente, que a_n et b_n tendent séparément vers zéro, ce qui s'exprime par cette condition, en apparence simple, mais double en réalité, que $\sqrt{(a_n)^2 + (b_n)^2}$ tende vers zéro.

3. Si $\frac{a_n}{a_{n-p}}$ et $\frac{b_n}{b_{n-q}}$, p et q étant constants ou variables, mais finis, ont séparément des limites moindres que 1 en valeur absolue, la série est convergente ; si l'une seulement des limites des rapports précédents dépasse 1 en valeur absolue, la série est divergente. Si l'un des rapports précédents a pour limite 1, la convergence est douteuse.

4. Si la série est ordonnée suivant les puissances croissantes d'une variable x, le module du terme général dépend du module de x, et tend vers zéro ou vers l'infini, suivant que le module de x est inférieur ou supérieur au module de la valeur de x qui satisfait à l'équation

$$\lim \frac{(a_n)^2 + (b_n)^2}{(a_{n-p})^2 + (b_{n-q})^2} = 1.$$

5. Le cas où la convergence est douteuse étant écarté, on obtiendrait, par rapport à x, l'intervalle dans lequel la série est convergente en résolvant l'équation.

$$\lim \frac{(a_n)^2 + (b_n)^2}{(a_{n-p})^2 + (b_{n-q})^2} = 1.$$

Les valeurs de x, dont le module serait moindre que celui de la valeur trouvée, seront celles pour lesquelles la série sera convergente. La question, en ce qui concerne le développement d'une fonction implicite, est de trouver dans la discussion de l'équation $f(x, y) = 0$, qui définit cette fonction, les éléments de la détermination, par rapport à x, de la limite en question.

6. Si x_0 et y_0 sont les valeurs initiales de x et de y, et que y_0, $\left(\frac{dy}{dx}\right)_0$, $\left(\frac{d^2y}{dx^2}\right)_0$, ..., soient finies, y se confond, dans une étendue plus ou moins grande, avec

$$y_0 + \left(\frac{dy}{dx}\right)_0 \frac{x - x_0}{1} + \left(\frac{d^2y}{dx^2}\right)_0 \frac{(x - x_0)^2}{1.2} + \dots,$$

en ce sens que les deux lieux

$$f(x, y) = 0$$

et

$$y = y_0 + \left(\frac{dy}{dx}\right)_0 \frac{x - x_0}{1} + \dots$$

ont en $[x_0, y_0]$ un contact d'ordre infini, à l'intimité duquel aucune autre condition nouvelle ne saurait être ajoutée.

7. Si la valeur de y, que représentait la série lorsqu'elle était convergente, doit devenir infinie pour une certaine valeur x_1 de x, la série, pour continuer de représenter cette valeur de y, doit prendre des valeurs de plus en plus grandes, lorsque x se rapproche de x_1, devenir infinie pour $x = x_1$, et être divergente pour toute valeur de x telle que le module de $x - x_0$ surpasse celui de $x_1 - x_0$.

8. Mais il n'est pas nécessaire que la fonction y, représentée par la série, d ive devenir infinie pour une valeur x_1 de x pour que la série devienne divergente dès que le module de $x - x_0$ surpasserait celui de $x_1 - x_0$.

En effet une série, ordonnée suivant les puissances croissantes de $x - x_0$, est convergente ou divergente en même temps que toutes ses dérivées et intégrales, puisque le rapport du module d'un terme au module du terme précédent ne change, dans la série dérivée ou dans la série intégrale, que dans le rapport des rangs de deux termes consécutifs, lequel tend vers 1.

9. La série doit donc être divergente pour toute valeur de x telle, que le module de $x - x_0$ surpasse celui de la différence entre x_0 et une valeur x_1, telle que l'une des dérivées de la fonction devienne infinie.

10. Une valeur de la variable, qui rend infinie une des valeurs de la fonction qui en dépend, rend en même temps infinies toutes les dérivées de cette forme de la fonction ; mais les dérivées d'une fonction peuvent ne devenir infinies qu'à partir d'un ordre plus ou moins élevé.

11. Toutefois, comme la dérivée d'une fonction ne peut devenir infinie qu'autant que cette fonction prenne au moins deux valeurs égales, on obtiendra tous les points qui pourraient arrêter la convergence de la série en résolvant le système des deux équations

$$f(x, y) = 0,$$
$$\frac{df}{dy} = 0.$$

12. Pour reconnaître si une valeur de x, à laquelle correspondent p valeurs égales de y, peut être ou non considérée comme pouvant éventuellement former la limite de la région de convergence de la série, il faudra prendre les dérivées des p valeurs de y. Si ces p valeurs sont finies et inégales, la valeur de x ne sera pas critique. Si $p - q$ valeurs de $\frac{dy}{dx}$ se trouvent confondues, il faudra prendre les $p - q$ valeurs correspondantes de $\frac{d^2y}{dx^2}$; si ces $p - q$ valeurs de $\frac{d^2y}{dx^2}$ sont toutes finies et inégales, la valeur de x ne sera pas critique. Si $p - q - r$ valeurs de $\frac{d^2y}{dx^2}$ restent confondus, il faudra prendre les $p - q - r$ valeurs correspondantes de $\frac{d^3y}{dx^3}$; si ces $p - q - r$ valeurs de $\frac{d^3y}{dx^3}$ sont toutes finies et inégales, la valeur de x ne sera pas critique, et ainsi de suite. Si $p - q - r \ldots - t$ valeurs de $\frac{d^ny}{dx^n}$ deviennent infinies, les formes correspondantes de y ne seront pas développables au delà de la valeur considérée de x ; mais celles dont les dérivées se seront déjà séparées le resteront. Quant à celles dont les dérivées de l'ordre n ne seraient pas devenues infinies, mais ne se seraient pas encore séparées, il faudra les dériver de nouveau, jusqu'à ce que l'on tombe finalement sur des dérivées distinctes ou infinies.

Tel est le degré de simplicité auquel peut être ramenée maintenant la théorie de la série de Taylor, en tant du moins qu'on écarte provisoirement la question de la détermination du point d'arrêt.

Avant d'aller plus loin, je rappellerai, à l'occasion de ce qui précède, ce que j'ai déjà dit, il y a douze ans, dans ce Journal, après avoir été averti du fait par M. Liouville, que MM. Lamarle et Tchebychef, envers qui les disciples de Cauchy n'ont pas été plus justes qu'envers moi, si du moins ils les avaient compris, m'avaient devancé dans mes observations relatives aux points multiples : M. Lamarle, en observant que, pour qu'un point dit *critique* pût être point d'arrêt, il faudrait au moins que les valeurs de y qui s'y confondraient pussent s'échanger dans un rayon infiniment petit ; M. Tchebychef, en démontrant en quatre mots que la série ne pouvait devenir divergente qu'au delà d'un point où l'une des dérivées de la fonction deviendrait infinie (1).

Je prie maintenant qu'on me permette quelques observations sur le Rapport lui-même.

On a sans doute remarqué la démonstration, extraite de son propre Mémoire, que M. Puiseux donne dans ce Rapport, de ce fait que les points multiples du lieu $f(x, y) = 0$ où les dérivées des y par rapport à x finissent par se séparer, sans devenir infinies, ne doivent plus être considérés comme critiques.

Je connaissais cette contradiction, mais j'en avais tiré autrefois une conclusion bien différente de celle que la citation rétrospective que je signale semblerait destinée à suggérer : sachant que les valeurs d'une fonction qui pouvaient se permuter dans un rayon infiniment petit autour d'un point multiple étaient seulement celles dont les dérivées devenaient infinies au même ordre, j'en avais conclu que M. Puiseux s'était peut-être inutilement donné la peine d'établir la théorie de ces permutations, les groupes de racines qui devaient se permuter circulairement étant d'avance connus.

J'ai écrit, en effet, dans le tome VI, 2e Série, du *Journal de mathématiques* :

« Ainsi les formes de la fonction qui peuvent se permuter entre elles autour d'un point multiple sont celles dont les dérivées deviennent infinies au même ordre, après être restées confondues jusqu'à l'ordre précédent.

« Ce sont là sans doute les groupes circulaires que le calcul direct avait révélés à M. Puiseux ; en les définissant comme on vient de le faire, il devient superflu de les déterminer à l'avance : on les retrouvera toujours sans difficulté. »

(1) Je suis entré plus haut dans de nouveaux détails à cet égard, pages 113...., 127.

Je passe à la seconde partie du Rapport.

Voici d'abord les termes dont je me suis servi dans le préambule de mon Mémoire :

« J'ai établi en même temps l'inexactitude de la règle donnée par Cauchy et adoptée depuis *explicitement* ou *implicitement* par tous les géomètres qui ont écrit sur la matière, d'après laquelle le cercle de convergence passerait par le point critique le plus voisin du point origine. »

Il semble que non-seulement cette assertion n'avait rien de blessant pour personne, mais que même j'étais resté dans les limites d'une extrême circonspection en ne désignant en particulier aucun des géomètres qui m'avaient précédé, comme s'étant exprimé sur le point en question d'une façon absolument explicite. D'ailleurs je ne faisais que rappeler un fait de notoriété publique et qui n'eût donné lieu de ma part à aucune insistance, si le Rapport n'avait pas jeté un certain doute sur leur exactitude.

Mais, puisqu'on m'y oblige, j'apporterai les preuves de ce que j'ai avancé. Elles m'étaient bien connues, puisque j'ai pu citer, de mémoire, les textes, à M. Puiseux, avant de les lui montrer imprimés.

M. Puiseux dit, à la page 378 du tome XV, 1850, du *Journal de mathématiques* :

« L'existence de ce développement une fois démontrée, on pourra en calculer les coefficients par le théorème de Taylor, qui donnera

$$\varphi(\gamma) = \varphi(c) + \frac{\varphi'(c)}{1}(\gamma - c) + \frac{\varphi''(c)}{1.2}(\gamma - c)^2 + \dots.$$

On a, dans cette équation,

$$\varphi(c) = b_1.$$

Si, de plus, on appelle $F_1(u, z)$, $F_2(u, z)$,... les valeurs de $1\,\frac{du}{dz}$, $1.2\,\frac{d^2u}{dz^2}$,..., tirées des équations

$$\frac{df}{du}\frac{du}{dz} + \frac{df}{dz} = 0,$$

$$\frac{df}{du}\frac{d^2u}{dz^2} + \frac{d^2f}{du^2}\left(\frac{du}{dz}\right)^2 + 2\,\frac{d^2f}{du\,dz}\frac{du}{dz} + \frac{d^2f}{dz^2} = 0,$$

. . . , ...

les quantités $\frac{\varphi'(c)}{1}$, $\frac{\varphi''(c)}{1.2}$,... auront pour valeurs $F_1(b_1, c)$, $F_2(b_1, c)$,..., et il en résultera

$$(\Gamma) \qquad \varphi(\gamma) = b_1 + F_1(b_1, c)(\gamma - c) + F_2(b_1, c)(\gamma - c)^2 + \ldots.$$

« On voit clairement, par ce qui précède, quelle est celle des racines de l'équation

$$f(u, z) = 0$$

dont la formule (Γ) donne le développement; la série qui en est le second membre fournit la valeur pour $z = \gamma$ de celle des racines qui, se réduisant à b_1 pour $z = c$, varie d'une manière continue avec z, en supposant que le point Z aille de C en Γ, sans sortir du cercle σ, c'est-à-dire en supposant que la distance CZ reste toujours moindre que la plus petite des distances CA, CA', CA'',....

« *La formule ne peut s'appliquer qu'aux valeurs de* γ *telles, que le module de* $\gamma - c$ *soit inférieur à cette plus petite distance; la notation* $\varphi(\gamma)$ *n'a même un sens déterminé qu'à cette condition.* »

J'aime trop la justice pour ne pas proclamer moi-même que tout ce passage est écrit d'un style ferme, net, clair, correct, précis, élégant même, et qu'il faudrait être mal intentionné pour y trouver le moindre vice de rédaction.

Quant à l'exemple auquel M. Puiseux fait allusion, dans son rapport, le voici :

Il s'agit de la fonction y définie par l'équation

$$y^3 - 3y + x = 0,$$

avec la valeur initiale $y_0 = -2$, correspondant à $x_0 = +2$. M. Puiseux dit que la fonction y pourra se développer de $x = +2$ à $x = -2$.

Cet exemple ne prouve rien, parce que, la valeur initiale de la variable étant une valeur critique et la valeur correspondante de la fonction une valeur finie et simple, il était certain d'avance que, si la variable revenait à sa valeur critique initiale, sans avoir atteint et dépassé l'autre valeur critique, la fonction reviendrait à sa valeur initiale.

Si la valeur initiale choisie avait été infiniment peu différente de la valeur critique considérée, M. Puiseux, en vertu du théorème général qu'il avait établi, aurait dû conclure à un rayon de convergence infiniment petit. Cette conclusion eût sans doute été absurde comme contraire à la notion de continuité ; mais qu'y puis-je faire? M. Puiseux, en admettant les points multiples au nombre des points critiques, n'avait-il pas déjà démontré que la notion de continuité n'a rien à voir avec les théories de Cauchy?

Quant à MM. Briot et Bouquet, voici l'énoncé qu'ils donnent, page 26 de leur Ouvrage, du théorème de Cauchy.

« Pour qu'une fonction soit développable en une série ordonnée suivant les puissances entières, positives et croissantes de la variable, et convergente dans un cercle décrit de l'origine comme centre, *il est nécessaire* et il suffit que la fonction soit synectique, c'est-à-dire soit finie, continue, monodrome et monogène, dans ce même cercle. »

Pour rendre leur idée encore plus claire, MM. Briot et Bouquet ajoutent, page 29 :

« Soit la fonction irrationnelle

$$\sqrt{1+z},$$

comptée à partir de $z=0$ avec la valeur initiale $+1$. Nous avons vu que cette fonction cesse d'être monodrome quand on tourne autour du point $z=-1$; elle sera donc développable en une série convergente ordonnée suivant les puissances croissantes de z, dans le cercle décrit de l'origine comme centre, avec un rayon égal à l'unité.

« Il en sera de même d'une fonction implicite u définie par une équation algébrique entre u et z et comptée à partir du point z (probablement z_0) avec la valeur initiale u_0. Si du point z_0 comme centre, *avec un rayon égal à la distance au point le plus proche pour lequel l'équation a des racines égales, et la fonction cesse d'être monodrome*, on décrit un cercle, la fonction sera développable dans ce cercle en une série convergente ordonnée suivant les puissances croissantes de $z-z_0$. »

Le sens de ce passage est bien clair : MM. Briot et Bouquet ont voulu dire que la fonction qui partirait de la valeur u_0 correspondant à z_0 serait développable dans le cercle dont la circonférence passerait par le point critique du lieu, le plus proche du point z_0. C'est là évidemment ce que tout le monde comprendra en lisant leur énoncé, et, en fait, ce que tout le monde a compris jusqu'à ce jour.

Mais MM. Briot et Bouquet veulent que ce ne soit pas là le sens de leur énoncé. Ils disent : ce que nous appelons la *fonction*, aussi bien dans la première partie de l'énoncé que dans la seconde, c'est la valeur de la fonction multiple u qui est partie de la valeur u_0 correspondant à $z=z_0$, et qui a varié d'une manière continue avec z.

Mais, d'abord, il est évident que, dans l'hypothèse qu'ils veulent faire admettre, MM. Briot et Bouquet eussent formulé leur première phrase en ces termes : pour qu'une fonction soit développable, etc., il est nécessaire et il suffit que *cette* fonction, etc. ; ils n'auraient pas dit : il est nécessaire et il suffit que *la* fonction, etc.

En second lieu, comment MM. Briot et Bouquet interpréteraient-ils, dans la même hypothèse, les mots : si du point z_0 comme centre, avec un rayon égal à la distance au point le plus proche *pour lequel l'équation* a des racines égales, etc.? Il ne s'agit plus là de la valeur de la fonction qui est partie de la valeur u_0.

Mais ces contradictions ne sont rien encore : dans l'hypothèse que voudraient faire admettre MM. Briot et Bouquet, leur énoncé n'aurait plus que ce sens : « Dès que la fonction qui est partie de la valeur u_0 aura pu prendre deux valeurs distinctes, elle ne sera plus représentée par la série, qui n'en a qu'une. » MM. Briot et Bouquet auraient-ils écrit vingt-neuf pages pour aboutir à ce résultat?

Enfin quel non-sens n'eût-ce pas été, en 1859, de parler du premier point où la fonction partie de u_0 aurait pu prendre deux valeurs, quand on ne pouvait suivre les variations de cette fonction, dans un intervalle si restreint qu'on le supposât.

Je passe à la troisième partie du Rapport.

Je ne m'arrête pas à cette phrase : « On voit aisément que le problème se ramène à celui-ci : Étant donnés deux points A et B, etc. ». Je remercie M. Puiseux de vouloir bien constater que j'ai démontré le fait assez clairement pour m'être fait comprendre.

Je laisse aussi de côté cette insinuation, que je ne me serais attaqué qu'à *des équations d'une simplicité exceptionnelle.* L'équation du folium $y^3 - 3axy + x^3 = 0$ suffisait amplement pour montrer que la méthode proposée par moi existait réellement, et il faudrait avoir beaucoup de temps à perdre pour s'amuser à en traiter de plus compliquées.

Je ne dirai rien non plus de cette opinion du rapporteur, que la solution du problème dépasse les forces actuelles de l'Analyse, alors qu'elle a été ramenée à la discussion de courbes algébriques.

J'arrive à la plus grave des questions que soulève le Rapport.

C'est en 1861 que j'ai développé, dans le *Journal de mathématiques*, ma méthode pour déterminer le point d'arrêt parmi les points critiques. C'est en 1861 que j'ai appliqué cette méthode à l'équation du folium. Depuis 1861, MM. Briot et Bouquet, c'était leur droit, ont essayé de résoudre la même question ; ils y ont réussi, à ce qu'il paraît. La solution qu'ils vont proposer est déjà imprimée, en ce sens qu'ils l'ont en *épreuves;* elle sera exacte, je l'admets sans difficulté. Sera-t-elle meilleure que la mienne? C'est ce que le public pourra voir quand elle lui sera offerte ; mais devait-elle être mise en parallèle avec la mienne? Le rapporteur de la Commission chargée d'examiner mon Mémoire ne devait-il pas se borner à constater le progrès accompli par moi?

M. Puiseux dit : « Pour justifier notre manière de voir, il faudrait entrer dans des développements qui donneraient à ce Rapport une étendue exagérée. » L'Académie pensera, je n'en doute pas, qu'*avan de lui soumettre les conclusions de son Rapport, M. Puiseux eût dû poser la question dans des termes moins équivoques, et qu'il eût peut-être bien fait de s'abstenir provisoirement de développements qui trouveront mieux leur emploi lorsque MM. Briot et Bouquet auront publié la méthode qu'ils ont imaginée.*

Quant à l'aide prétendue du mode de représentation ordinaire de la variable x, on comprendra parfaitement que, pour résoudre une question de l'ordre de celle dont il s'agit, il faut une méthode, et que cette méthode ne peut pas plus consister à porter $b\sqrt{-1}$ perpendiculairement à a, qu'à le porter à la suite, ou sous toute autre inclinaison; en d'autres termes, qu'un mode de représentation ne constitue pas un moyen de solution.

Il n'existait jusqu'ici que deux méthodes pour suivre la marche continue d'une fonction : celle qu'on peut tirer de la proposition faite autrefois par M. Puiseux, de se servir pour cela du développement même de la fonction, par la série de Taylor, et celle que j'avais adaptée à la recherche du point d'arrêt, laquelle était soumise à l'Académie.

Il en existe maintenant, paraît-il, une troisième, celle que MM. Briot et Bouquet vont publier.

M. Puiseux s'est fait expliquer cette troisième méthode, il en avait sans doute le droit, mais devait-il la faire entrer en balance? devait-il proposer à la sanction de l'Académie un jugement contradictoire entre les deux méthodes? devait-il laisser ignorer à l'Académie qu'il visait *in petto* une méthode encore inconnue? devait-il enfin laisser supposer que, pour faire ce que j'avais fait, il pût suffire de *l'aide du mode de représentation ordinaire de la variable x?*

Je crois que l'Académie informée ne le pensera pas.

Ma réponse à M. Puiseux, par suite de retards successifs, ne parut que dans le numéro de juin 1873 du *Journal de mathématiques*.

Je m'étais depuis longtemps remis au travail pour tâcher de sortir enfin de la question du nombre maximum des périodes de la quadratrice d'une courbe de degré m et des conditions dans lesquelles elles disparaissent.

J'ai déjà dit que j'avais antérieurement aux vacances de 1872 achevé la discussion de l'intégrale quadratrice de la courbe du troisième ordre ayant un point double.

Les résultats devant être indépendants de la figure particulière affectée par la courbe en discussion, pourvu que cette courbe ne présentât aucune circonstance autre que celle de la présence d'un point double, j'avais pris au hasard une équation numérique, en ayant soin seulement que le point double fût un point isolé, parce que les faits dans ce cas seraient plus simples, et que les trois asymptotes fussent réelles, afin que toutes les conjuguées fussent fermées, sauf les trois qui auraient pour caractéristiques les coefficients angulaires des trois asymptotes, mais qui ne constitueraient que des cas limites.

La courbe réelle, ayant ses trois asymptotes, se composait de trois branches analogues aux branches d'une hyperbole, avec cette différence toutefois que chacune des trois asymptotes coupait la courbe et qu'au-delà du point de rencontre, la branche correspondante présentait un point d'inflexion.

Deux tangentes parallèles, menées à deux des trois branches de la courbe réelle, comprenaient une conjuguée en forme de *huit*, dont les deux boucles se coupaient au point double du lieu ; et la différence des aires des deux boucles d'un même *huit* formait une des périodes de l'intégrale quadratrice.

Mais les aires des trois *huit* devaient évidemment être telles que l'une des trois fût la somme des deux autres. Car lorsque les limites d'une intégrale $\int y dx$ sont données à la fois par rapport à x et par rapport à y, les valeurs que l'on peut attribuer à cette intégrale ne peuvent plus différer les unes des autres que par quelques périodes. Or, la partie imaginaire de la valeur de l'intégrale prise d'un point de l'une des branches réelles à unpoint d'une autre serait indifféremment ou la demi-aire du *huit* compris entre ces deux branches, si le point $[x, y]$ se rendait directement de l'une à l'autre, ou la somme des demi-aires des deux autres *huit*, si l'on supposait que le point $[x, y]$ se rendît de la première branche à la troisième, et ensuite de celle-ci à la seconde.

Les trois périodes observées n'en faisaient donc en réalité que deux et, en rétablissant celle qui s'était annulée lors de la formation du point double, on en trouvait trois, ce qui s'accordait avec la formule $\frac{m(m-1)}{2}$.

Mais, comme je l'ai déjà dit, j'avais antérieurement trouvé cette formule en défaut : ainsi, sans sortir du troisième degré, la cissoïde, la strophoïde et d'autres courbes connues n'accusaient même plus la présence que d'une seule période.

A quoi pouvait tenir cette différence?

Sans doute les deux périodes restantes étaient dans ces cas particuliers devenues égales, ce qui faisait qu'il n'en restait qu'une, mais à quelle cause fallait-il attribuer cette circonstance?

Je n'avais pas songé jusque-là à considérer spécialement les conjuguées dont les caractéristiques seraient les coefficients angulaires des asymptotes, parce que ces conjuguées, en continuité avec les autres, ne semblaient constituer que des cas particuliers, sans autre caractère spécial qu'une forme exceptionnelle, capable seulement d'introduire des difficultés d'interprétation.

En examinant de plus près la figure composée de la courbe réelle et du système de ses conjuguées, je fus frappé d'un fait particulier qui devait jeter un jour tout nouveau sur la question : si la caractéristique d'une conjuguée prenait une valeur comprise entre le coefficient angulaire d'une des trois asymptotes et le coefficient angulaire de la tangente au point d'inflexion de la branche correspondante, on pouvait mener à la courbe quatre tangentes distinctes ayant pour coefficient angulaire cette caractéristique. Deux de ces tangentes comprenaient bien toujours entre elles un *huit* dont les deux boucles se coupaient encore au point double du lieu. Mais les deux autres tangentes comprenaient entre elles un anneau fermé, ayant la figure d'une ellipse et qui, lorsque la caractéristique de la conjuguée tendait à se rapprocher du coefficient angulaire de l'asymptote, tendait elle-même à s'allonger indéfiniment, en s'aplatissant, de plus en plus, de manière à se confondre enfin avec l'asymptote en question.

D'ailleurs lorsque la caractéristique de la conjuguée passait d'une valeur un peu inférieure au coefficient angulaire d'une des asymptotes à une valeur un peu supérieure ou inversement, cette conjuguée, d'abord composée d'un seul *huit*, se décomposait aussitôt en deux parties, un *huit* nouveau et la courbe en forme d'ellipse, séparée du *huit* par une distance finie. L'aire représentative d'une période se décomposait en deux aires séparées.

Or l'aire de la courbe en forme d'ellipse était certainement différente de zéro et c'était aussi certainement l'une des périodes de l'intégrale. D'un autre côté la différence des aires des deux branches du *huit*, avant la séparation de l'anneau, constituait nécessairement la même période ; les deux boucles de ce *huit*, après la séparation, devaient donc avoir même aire.

Ainsi il n'y avait d'autres périodes que les produits par $\sqrt{-1}$ des aires des trois anneaux en forme d'ellipse et l'aire totale de chaque *huit*, une fois la séparation faite, devenait nulle.

Mais s'il en était ainsi, les aires des trois anneaux en forme d'ellipse devaient remplir la condition déjà reconnue entre les aires des trois *huit*, que l'une fût la somme ou la différence des deux autres.

La théorie des résidus, que j'avais été amené à refaire, comme je l'ai dit plus haut, me fournit immédiatement les moyens d'obtenir cette importante vérification.

La courbe du troisième degré rapportée à son point double pris pour origine et à des parallèles à deux de ses asymptotes est représentée par l'équation

$$Axy^2 + Bx^2y + Cy^2 + Dxy + Ex^2 = 0$$

ou

$$(Ax + C)y^2 + (Bx^2 + Dx)y + Ex^2 = 0;$$

si l'on posait $z = (Ax + C)\,y$, il en résulterait

$$\frac{z^2}{Ax + C} + \frac{Bx^2 + Dx}{Ax + C} z + Ex^2 = 0$$

ou

$$z^2 + (Bx^2 + Dx)\,z + Ex^2\,(Ax + C) = 0.$$

Si l'on ne donnait à x que des valeurs infiniment peu différentes de l'abscisse $-\frac{C}{A}$ de l'asymptote parallèle à l'axe des y, l'une des racines de l'équation en z serait nulle et l'autre égale à $-(Bx^2 + D\,x)$; la valeur de y correspondant à cette dernière était donc

$$y = -\frac{Bx^2 + Dx}{Ax + C}.$$

Ainsi, dans les environs de son asymptote, la courbe se confondait avec l'hyperbole du second degré

$$y = -\frac{B}{A}x - \frac{AD - BC}{A^2} + \frac{C\,(AD - BC)}{A^2\,(Ax + C)}.$$

Ses conjuguées, par conséquent, se confondaient avec les conjuguées de cette hyperbole et l'aire constante d'une de ces ellipses étant

$$2\pi \frac{C(AD - BC)}{A^3},$$

l'une des périodes de la quadratrice de la courbe du troisième degré était

$$2\pi \sqrt{-1}\, \frac{C(AD - BC)}{A^3}.$$

Cette quantité devant rester une des périodes de la quadratrice de la courbe proposée, quels que fussent les axes auxquels elle vînt à être rapportée, je lui donnai le nom de résidu relatif à l'asymptote correspondante.

On trouvait de la même manière, pour le résidu relatif à l'asymptote parallèle à l'axe des x,

$$2\pi \sqrt{-1}\, \frac{E(BD - AE)}{B^3}.$$

Il restait à exprimer le résidu relatif à la troisième asymptote, dont le coefficient angulaire était $-\frac{B}{A}$. Or si l'on rapportait la courbe à une parallèle à cette asymptote, menée par l'origine, et à l'ancien axe des x, les formules de transformation seraient

$$x = x' - \frac{A}{\sqrt{A^2 + B^2}} y'$$

et

$$y = \frac{B}{\sqrt{A^2 + B^2}} y';$$

la nouvelle équation de la courbe serait en conséquence

$$A\left(x - \frac{A}{\sqrt{A^2 + B^2}} y\right) \frac{B^2 y^2}{A^2 + B^2} + B\left(x - \frac{A}{\sqrt{A^2 + B^2}} y\right)^2 \frac{By}{\sqrt{A^2 + B^2}}$$
$$+ C\frac{B^2 y^2}{A^2 + B^2} + D\left(x - \frac{A}{\sqrt{A^2 + B^2}} y\right) \frac{By}{\sqrt{A^2 + B^2}} + E\left(x - \frac{Ay}{\sqrt{A^2 + B^2}}\right)^2 = 0$$

c'est-à-dire,

$$-\frac{AB^2}{A^2 + B^2} xy^2 + \frac{B^2}{\sqrt{A^2 + B^2}} x^2 y + \frac{BD - 2AE}{\sqrt{A^2 + B^2}} xy + \frac{CB^2 - DAB + EA^2}{A^2 + B^2} y^2$$
$$+ Ex^2 = 0,$$

ou, en ordonnant par rapport à y,

$$\left[-\frac{AB^2}{A^2+B^2}x-\frac{CB^2-DAB+EA^2}{A^2+B^2}\right]y^2$$
$$+\frac{B^2x^2+(BD-2AE)x}{\sqrt{A^2+B^2}}y$$
$$+Ex^2=0.$$

Le résidu relatif à l'asymptote dirigée actuellement suivant l'axe des y serait donc, si les axes étaient restés rectangulaires :

$$2\pi\sqrt{-1}\,\frac{\left[B^2\left(\dfrac{CB^2-DAB+EA^2}{AB^2}\right)+BD-2AE\right]\dfrac{CB^2-DAB+EA^2}{AB^2}}{\sqrt{A^2+B^2}\quad\dfrac{AB^2}{A^2+B^2}}$$

ou

$$2\pi\sqrt{-1}\,\frac{(CB^2-EA^2)(CB^2+EA^2-DAB)\sqrt{A^2+B^2}}{A^3B^4};$$

mais les axes faisant actuellement entre eux un angle ayant pour tangente $-\frac{B}{A}$, il fallait multiplier l'expression précédente par $\frac{B}{\sqrt{A^2+B^2}}$ ce qui donnait

$$2\pi\sqrt{-1}\,\frac{C^2B^4-E^2A^4-DCAB^3+DEBA^3}{A^3B^3}.$$

Or cette expression est précisément la différence entre

$$2\pi\sqrt{-1}\,\frac{BC^2-DAC}{A^3}\quad\text{et}\quad 2\pi\sqrt{-1}\,\frac{AE^2-DEB}{B^3}.$$

Ainsi, comme on l'avait prévu, les trois périodes se réduisaient à deux.

Cette théorie donnait l'explication immédiate d'une des particularités qui m'avaient frappé auparavant et dont je n'avais pu me rendre compte : si l'un des trois résidus était nul, les deux autres seraient égaux et la quadratrice n'aurait plus qu'une période. Était-ce donc le cas de la cissoïde, de la strophoïde ?

Pour éclaircir la question, il ne s'agissait que de savoir à quelle condition un résidu s'annulait. Or si $AD-BC$ était nul $Ax+C$ était facteur commun des termes en y^2 et en y,

$$y^2(Ax+C)\quad\text{et}\quad x(Bx+D)\,y,$$

alors l'équation, pour $x=-\frac{C}{A}$, ne fournissait plus de valeur finie pour y ; c'est-à-dire que l'asymptote $x=-\frac{C}{A}$ rencontrait la courbe en trois points situés à l'infini. La réciproque était d'ailleurs évidente.

Ainsi le résidu relatif à une asymptote s'annulait lorsque cette asymptote coupait la courbe en trois points situés à l'infini et réciproquement.

Or, précisément la cissoïde

$$y=\sqrt{\frac{x^3}{x-2a}}$$

et la strophoïde

$$y=x\sqrt{\frac{2a+x}{2a-x}}$$

sont coupées par leurs asymptotes $x=2a$ en trois points à l'infini. Tous les résultats s'accordaient donc merveilleusement.

Mais cette même théorie devait me faire éprouver une satisfaction encore plus grande, parce qu'elle permettait de prévoir que si les résidus relatifs à deux asymptotes étaient nuls, et par suite, le résidu relatif à la troisième, la courbe devrait être quarrable algébriquement.

La vérification, qui était du reste facile à obtenir, marcha à souhait.

L'équation

$$Axy^2+Bx^2y+Cy^2+Dxy+Ex^2=0,$$

si l'on supposait nul le résidu relatif à l'asymptote $x=-\frac{C}{A}$ donnait

$$y=-\frac{B}{2A}x\pm x\sqrt{\frac{B^2}{4A^2}-\frac{E}{Ax+C}}$$

et le diamètre conjugué des cordes parallèles à l'axe des y, c'est-à-dire à l'asymptote considérée, devenait rectiligne.

Les deux autres asymptotes étaient, dans ce cas,

$$y=-\frac{B}{A}x+\frac{E}{B} \quad \text{et} \quad y=-\frac{E}{B};$$

elles se coupaient sur le diamètre précédent, comme cela devait être, de sorte que ce diamètre était une des médianes du triangle formé par les trois asymptotes.

Mais, par une raison évidente de symétrie, ce même diamètre devait passer par le point double.

La courbe quarrable du troisième ordre devrait donc avoir pour diamètres les trois médianes du triangle formé par les trois asymptotes, et le point double serait le centre de gravité de ce triangle.

Il ne s'agissait plus que de vérifier ces prévisions.

Or, en prenant pour axe des x, l'une des médianes, pour origine le point double, pour axe des y la parallèle à la base du triangle correspondant à la médiane prise pour axe des x, et, en désignant d'ailleurs par $3m$ la médiane considérée et par $3a$ la base correspondante du triangle, on trouvait aisément, pour équation de la courbe cherchée,

$$y = \pm \frac{ax}{2m}\sqrt{\frac{x+3m}{x-m}};$$

et l'aire de cette courbe s'exprimait en effet algébriquement par

$$\frac{a(x+3m)}{4m}\sqrt{(x+3m)(x-m)}.$$

La discussion de la quadratrice de la courbe du troisième ordre, pourvue d'un point double, étant ainsi complétée, il ne restait qu'à passer au cas où la courbe ne présenterait plus aucune particularité.

Mais en rétablissant dans l'équation les termes du premier degré et le terme constant, on n'altérait en rien les résidus relatifs aux trois asymptotes, qui, par conséquent, restaient toujours liés entre eux par la relation

$$\omega'' = \pm\, \omega \pm \omega';$$

d'un autre côté, ces résidus constituaient toujours deux périodes de la quadratrice de la courbe. Ainsi la courbe la plus générale du troisième ordre avait deux périodes réductibles à la forme

$$\pi\sqrt{-1}\,(r + r'\sqrt{-1})^2,$$

et que je désignerai sous le nom de périodes cycliques. Mais il restait à constituer la théorie des périodes ultra-cycliques.

Pour étudier le cas d'une courbe quelconque du troisième ordre, il suffisait de supposer que les éléments de la courbe pourvue d'un point double, eussent varié de quantités infiniment petites, ce qui dispenserait de toute discussion nouvelle.

Le point isolé, qu'on avait précédemment considéré, deviendrait un anneau presque évanouissant, et son aire serait une nouvelle période, celle-là réelle.

D'ailleurs, à des différences près infiniment petites, la courbe se composerait toujours, outre cet anneau, des mêmes branches qu'on avait construites précédemment, pourvues des mêmes asymptotes et présentant les mêmes points d'inflexion.

Toutefois, les trois systèmes de conjuguées en forme de *huit*, sans se déformer qu'infiniment peu, auraient subi une modification capitale en ce que chaque *huit* se décomposerait maintenant en deux anneaux compris chacun entre l'anneau réel presque évanouissant, qui aurait remplacé le point double, et l'une des trois branches indéfinies de la courbe.

Dans le cas précédent, la boucle d'un *huit* ne se fermant que par un point anguleux, cette boucle ne pouvait pas être parcourue d'un mouvement continu et l'aire qu'elle enfermait ne pouvait pas constituer une des périodes de la quadratrice. Dans le cas actuel, au contraire, l'aire d'un anneau imaginaire, substitué à une boucle d'un des *huit*, fournirait une période de la quadratrice.

Dans le cas précédent, l'une des périodes de la quadratrice était constituée soit par la différence, affectée du signe $\sqrt{-1}$, des aires des boucles d'un des *huit*, avant la séparation de l'anneau presque elliptique qui devait tendre à se confondre avec l'une des asymptotes, lorsque la caractéristique de la conjuguée tendrait vers le coefficient angulaire de cette asymptote, soit par l'aire même de cet anneau presque elliptique, affectée du signe $\sqrt{-1}$. Dans le cas actuel la différence affectée du signe $\sqrt{-1}$ des aires de deux anneaux imaginaires serait toujours un des trois résidus, mais l'aire d'un anneau constituerait une nouvelle période imaginaire, appartenant à une classe toute différente de celle des résidus.

Les aires des anneaux compris respectivement entre l'anneau réel, presque évanouissant, et les trois branches indéfinies de la courbe, ne différant d'ailleurs, d'un groupe à l'autre, que par un des résidus, ne fourniraient qu'une nouvelle période imaginaire.

Mais il résultait de ces observations la constatation d'un fait tout nouveau : la formation d'un point double n'avait pas amené seulement la suppression d'une période, par annulation, elle en avait en même temps fait disparaître une autre par la fusion de deux d'entre elles, jusque-là distinctes, sous une figure où leur différence seule restait perceptible.

Ainsi dans le cas, au moins, du troisième degré, la formation d'un point double amenait la suppression de deux périodes, et ces deux périodes étaient précisément celles qui sortaient de la classe des périodes cycliques.

La quadratrice de la courbe la plus générale du troisième ordre devait donc avoir quatre périodes dont deux cycliques et deux d'ordre supérieur. De sorte que la formule de M. Jordan se trouvait exacte, pour le troisième ordre.

La théorie des quadratrices des courbes du troisième ordre étant ainsi achevée, je me disposais à reprendre, pour la compléter, celle que j'avais déjà ébauchée pour les courbes du quatrième ordre, mais je m'aperçus aisément qu'il suffirait de peu d'efforts pour étendre aux courbes de tous les degrés celle que je venais de terminer pour les courbes du troisième ordre.

La remarque relative à la réduction de deux unités dans le nombre des périodes ultra-cycliques, par la formation d'un point double, était en effet évidemment générale. Il ne restait donc à constituer que la théorie générale des résidus, ou périodes cycliques.

Le résidu relatif à une asymptote supposée parallèle à l'axe des y, s'obtenait aussi simplement pour une courbe quelconque que pour une courbe du troisième degré, et d'un autre côté, il était aisé de voir que le résidu s'annulait toujours, lorsque l'asymptote coupait la courbe en trois points situés à l'infini.

Toutefois il s'agissait de savoir si les résidus relatifs aux m asymptotes restaient liés entre eux par la relation que j'avais constatée dans le troisième degré.

La transformation que j'avais fait subir à la condition pour qu'un résidu fût nul me le permit aisément, parce qu'il n'était plus nécessaire de faire la somme de tous les résidus, la question se réduisant à savoir si toutes les asymptotes, moins l'une d'elles, coupant la courbe en trois points situés à l'infini, il pouvait n'en être pas de même de la dernière. Or, le premier membre de l'équation de la courbe étant mis sous la forme du produit des premiers membres des équations des m asymptotes, augmenté d'un polynôme de degré $(m - 2)$, il était clair que si la partie homogène de degré $(m - 2)$ de ce polynôme était annulée par les substitutions à $\frac{y}{x}$ des coefficients angulaires de $(m - 1)$ des asymptotes, elle se réduirait identiquement à zéro; et serait par suite annulée par la substitution au même rapport $\frac{y}{x}$ du coefficient angulaire de la $m^{\text{ième}}$ asymptote.

Les conclusions, dès lors, se présentaient d'elles-mêmes :

Si une courbe de degré m dégénérait en un faisceau de m droites, elle présenterait $\frac{m(m-1)}{2}$ points doubles, les résidus relatifs aux m asymptotes seraient nuls et les coefficients rempliraient $\frac{m(m-1)}{2}$ conditions.

Si celles de ces conditions qui exprimaient que les m résidus fussent nuls, cessaient d'être satisfaites, il en resterait $\frac{m(m-1)}{2} - m + 1$ ou $\frac{(m-1)(m-2)}{2}$, qui correspondraient encore à la présence d'autant de points doubles et la courbe serait redevenue irréductible.

Le nombre maximum de points doubles d'une courbe de degré m était donc $\frac{(m-1)(m-2)}{2}$, et la formation de chacun de ces points doubles entraînait la disparition de deux périodes ultra-cycliques, de sorte qu'il pouvait y avoir $(m-1)(m-2)$ périodes ultra-cycliques.

D'un autre côté, il pouvait exister $(m-1)$ périodes cycliques ; le nombre maximum des périodes était donc

$$(m-1)^2.$$

Je venais d'achever cette théorie quelque temps avant la présentation par M. Puiseux, de son rapport. Je la donnai par extraits dans les *Comptes rendus* de l'Académie des sciences, à partir de la séance qui suivit la lecture de ce rapport. Elle constituait une première réponse à la sentence que le rapporteur venait de prononcer contre ma méthode.

Je ne donnerai pas ici ces extraits, parce qu'ils reproduisaient le mémoire à peu près *in extenso*. Ils correspondent aux séances des 24 mars, 7 et 14 avril 1873.

On vient de voir que je m'étais d'abord contenté de constater que si les résidus relatifs à $(m-1)$ des asymptotes d'une courbe de degré m étaient nuls, le $m^{\text{ième}}$ devait l'être aussi. Il restait à reconnaître la relation qui devait lier entre eux les m résidus. J'ai comblé cette lacune pendant l'impression du second volume. On constate aisément que la somme des m résidus est toujours nulle.

M. Bonnet avait plus ou moins partagé les préventions avec lesquelles on avait accueilli mes premiers travaux, la façon dont il m'avait reçu en 1865 le prouve suffisamment. Je crois qu'il pensait bien en 1872, lorsque je lui reparlai de mon Mémoire sur la série de Taylor, que j'allais faire une pauvre figure en face de M. Puiseux. Mais il ne m'avait, du moins, jamais témoigné une marquante hostilité, de sorte que mes relations avec lui étaient restées amicales.

Sa nomination à la place de directeur des études à l'École me donna de plus fréquentes occasions de l'entretenir et je le tins au courant de mes conversations avec M. Puiseux. Le peu que je lui en disais d'abord me paraissant modifier insensiblement son opinion à mon égard, j'étais de plus en plus explicite et, peu à peu, nous en vînmes à parler de mes autres mémoires, dont il voulut bien lire avec moi les extraits, qui venaient de paraître dans les *Comptes rendus*. Cette lecture l'impressionna assez favorablement pour que je pusse compter de sa part sur une sincère amitié qui m'est très-précieuse, dont il me donna presque immédiatement des preuves, à l'occasion du rapport de M. Puiseux et dont il ne s'est pas départi depuis.

Une de nos conversations m'amena un jour à lui écrire :

24 avril 1873.

« Mon cher ami, tu me disais ces jours-ci, avec juste raison, et je te remercie du sentiment qui t'inspirait, que le sort de mes idées deviendrait tout autre si quelques géomètres, commençant à s'en inspirer, cherchaient dans la voie que j'ai ouverte, l'origine de nouveaux travaux. Je t'ai répondu que je ne l'eusse pas désiré jusqu'ici, parce que j'aimais à travailler tranquillement ; à ne produire qu'à mon heure, lorsque j'étais parvenu, par le chemin le plus direct, à l'expression la plus simple et la plus claire de la loi du phénomène qui m'occupait, et que la prise de possession, par des étrangers, du champ que j'avais défriché n'aurait pu m'être que très-désagréable.

« A la vérité, maintenant que j'ai conduit à bien à peu près toutes les recherches que comportait le cadre de mes travaux, je ne demanderais pas mieux que de me voir arriver des disciples.

« Mais je ne partage pas absolument ta manière obligeante de voir, à l'égard de la nécessité pour moi qu'il s'en produise.

« Tu ne fais pas assez attention que j'ai établi, à peu près sur toutes les routes du progrès, des barrages tels que, si la conspiration du silence, qui se perpétue contre moi depuis trente ans, doit se maintenir, il n'y aura plus guère moyen d'avancer.

« Sans doute on pourra continuer quelque temps encore à enseigner des absurdités au sujet de la condition de convergence du développement: suivant la série de Taylor, d'une fonction d'une seule variable, mais quand on voudra, et il faudra bien qu'on le veuille, autrement le public interviendrait, en venir à exposer une théorie acceptable, il faudra bien que l'on cesse de me passer sous silence.

« Si l'on veut enseigner les conditions de convergence du développement suivant la série de Taylor d'une fonction de deux ou plusieurs variables, il faudra bien que l'on me cite.

« On ne laissera pas toujours la théorie des intégrales doubles dans l'état où elle se trouvait en 1840, et il faudra bien alors que j'intervienne.

« Enfin on ne laissera pas dans l'état où je l'ai trouvée la théorie des intégrales d'origine algébrique, puisque l'on peut maintenant enseigner les conditions sous lesquelles la quadratrice d'une courbe de degré quelconque est algébrique.

« N'ayant plus guère que cela à faire, je vais employer tous mes efforts à répandre mes idées et tu sais que je suis tenace.

« Tu ne dois pas douter, je pense, que la lumière ne se fasse bientôt. Mais ne penses-tu pas qu'il vaudrait mieux que les progrès à réaliser dans l'enseignement de l'analyse à l'École, résultassent de l'action volontaire des directeurs de l'École, que d'une pression extérieure ?

« Je crois que si tu réfléchis à cette question tu n'hésiteras pas. D'un autre côté il y aurait si peu à faire pour obtenir des résultats importants que je pense que tu ne reculeras pas devant l'urgence de prendre un parti. »

Lorsque parut ma réponse à M. Puiseux, je trouvai à M. Bonnet l'air embarrassé et mécontent. Je lui écrivis :

19 juin 1873.

« Mon cher ami, je n'ai au premier moment rien compris à ce que tu m'as dit au sujet de mes observations sur le rapport de Puiseux.

« Après réflexion, il me semble apercevoir que tu as quelque chose sur le cœur.

« Comme il eût été tout à fait contraire à mes intentions de te désobliger, je demande à m'expliquer.

« Et d'abord, comme je te l'ai dit, si l'audition du rapport m'avait à peu près satisfait, cela tient d'abord à ce que je n'en avais pas bien entendu les dernières phrases, ensuite à ce que, étranger aux usages de l'Académie, j'ignorais que ce qui venait de m'être voté était le *minimum minimorum;* enfin, à ce que je n'avais pas remarqué que les remerciements qui m'étaient votés se rapportaient *exclusivement* à la variante proposée par moi dans la définition des points critiques.

« J'avais bien remarqué que le rapport insistait sur ce qu'on pouvait déterminer plus facilement que je ne l'ai fait, (j'ignore encore comment et toi aussi), le véritable point d'arrêt, parmi les points critiques, mais je n'avais pas remarqué que les conclusions ne visaient même pas les résultats que j'avais obtenus à cet égard.

« La lecture du rapport a changé entièrement mes impressions, cela devait être. D'un autre côté, je n'étais engagé à rien, puisqu'après t'avoir d'abord prié, un peu précipitamment, de remercier M. Puiseux de ma part, je t'avais dit ensuite que je lui écrirais moi-même.

« Ma manière de voir ayant changé et tous mes amis, mes fils surtout, m'engageant fortement à ne pas me laisser égorger comme un mouton, je me suis décidé à répondre.

« Dans cette disposition d'esprit, et la question me paraissant être exclusivement entre MM. Puiseux, Briot et Bouquet, d'une part, et moi, de l'autre, j'avoue que je n'ai pas songé un instant à toi, que l'affaire me semblait ne regarder en rien.

« Je crois voir dans ce que tu m'as dit que telle ne serait pas ton appréciation.

« Si je t'ai blessé, c'est assurément sans le vouloir, mais examinons.

« Tout le monde sait qu'il est dans les usages que l'auteur s'entende comme il peut avec le rapporteur, et que les commissaires n'interviennent généralement que pour signer. Ta responsabilité ne me semble donc aucunement engagée devant le public.

« Je vais plus loin. Tu as essayé de me protéger, je t'en suis très-reconnaissant, mais tu n'y es pas parvenu, et de fait tu ne pouvais pas y parvenir, parce que si tu avais voulu faire dire à M. Puiseux le contraire de ce qu'il avait résolu de dire, il aurait tout simplement déchiré son rapport.

« Tels sont les faits. Tu as voulu me protéger et tu ne l'as pas pu, ou du moins tu n'y as réussi que très-imparfaitement.

« Eh bien! je m'adresse sans crainte à tes sentiments. Serait-il juste, pour des motifs de susceptibilité, non fondés en fait, de me reprocher de m'être protégé moi-même? L'intérêt que j'y avais peut-il entrer en balance avec celui, très-détourné, que tu aurais pu avoir à mon silence? Je ne le crois pas et je pense qu'en y réfléchissant tu jugeras qu'après tout, ayant fait ce que tu avais pu et n'ayant pas réussi, tu n'as pas à te préoccuper de la manière dont j'ai cru devoir intervenir ensuite. »

Je reçus vers cette époque, de M. Angelo Genocchi, professeur de mathématiques à l'Université de Turin, la note suivante extraite du *Bulletin de Biographie et d'Histoire des sciences mathématiques et physiques*, qui se publie à Rome :

Richiamo a favore di Felice Chiò, *per Angelo Genocchi; professore di matematica nella R. Università di Torino.*

Nell'adunanza del 10 marzo 1873 l'illustre geometra signor Puiseux leggeva all'Accademia delle Scienze di Parigi una Relazione intorno a due Memorie del signor Massimiliano Marie in cui si cerca di determinare la *regione di convergenza* dèlla serie di Taylor, e che ora sono stampate nel giornale del Liouville, 2ª serie, tom. XVIII, pag. 53-100 (1). Il dotto Relatore proponeva all'Accademia « de remercier M. Marie de « ses Communications, dans lesquelles il insiste avec raison sur des « distinctions qui n'avaient pas été faites avec assez de précision (2). »

Tali distinzioni sono indicate come segue dallo stesso signor Marie nel preambolo della sua prima Memoria : « J'ai établi dans un Mémoire « qui a paru en 1861 dans le *Journal de mathématiques pures et appli-* « *quées,* que les points où peut être limitée la région de convergence « de la série suivant laquelle se développe, d'après la formule de Taylor, « une fonction y, explicite ou implicite, sont exclusivement ceux où « la fonction ou ses dérivées, à partir d'un certain ordre, deviennent « infinies, à l'exclusion, par conséquent, des points multiples qui ne « remplissent pas cette condition. J'ai établi en même temps l'inexacti- « tude de la règle, donnée par Cauchy et adoptée depuis, explicitement « ou implicitement, par tous les géomètres qui ont écrit sur la ma- « tière,. . . . . d'après laquelle le cercle de convergence passerait par « le point critique le plus voisin du point origine. L'erreur que j'ai « relevée alors tient à une confusion qui avait été maintenue jusque-là : « il ne suffit pas, pour que la convergence de la série de Taylor soit « limitée à une certaine valeur de x, que cette valeur soit critique, ou « plutôt qu'il y corresponde une valeur critique de y : il faut surtout « que y, variant d'une manière continue avec x à partir de sa valeur « initiale, arrive à sa valeur critique en même temps que x, sans que « x ait dépassé la limite en question. » Egli soggiunge : « C'est de ce « principe que naît la question qui sera résolue dans ce Mémoire (3). »

L'avvertenza qui menzionata in secondo luogo era già stata fatta espressamente e chiaramente dal prof. Chiò; ma prima di darne le prove riferirò le parole colle quali rendeva conto di quell'avvertenza il signor

(1) Il signor Marie aveva pubblicata nello stesso giornale una lunga Memoria intitolata *Nouvelle théorie des fonctions de variables imaginaires*, cominciata nel tom. III, pag. 361-383, e terminata nel tom. VII, pag. 425-464 (2ª serie, 1858-1862).

(2) *Comptes rendus de l'Académie des Sciences*, tom. LXXVI, pag. 622 (1873).

(3) *Journal de mathématiques*, tom. XVIII, pag. 53 (2ª serie, 1873).

Puiseux. Dopo aver ricordato il celebre teorema del Cauchy, quegli così prosegue : « Mais il convient de faire ici une distinction sur laquelle « M. Marie insiste dans son premier Mémoire. Le point M » (avente per coordinate ortogonali la parte reale e il coefficiente di $\sqrt{-1}$ nel valore della variabile immaginaria x) « décrivant un chemin continu à partir « de la position initiale A, peut arriver dans une position C, qui soit « critique pour quelques-unes des valeurs de y, que détermine l'équa- « tion

$$f(x,y)=0,$$

« et qui ne le soit pas pour les autres. Dans ce cas, la circonférence dé- « crite du point A comme centre avec AC pour rayon ne limitera la « convergence de la série que si le point C est critique pour la racine « particulière y que l'on considère. Il ne serait donc pas exact de dire « d'une manière générale que la convergence est limitée par la circon- « férence dont le rayon est la distance du point A au plus voisin de « tous les points critiques répondant aux diverses racines de l'équa- « tion

$$f(x, y)=0. \text{ » (1).}$$

Non debbo ommettere le dichiarazioni che seguono immediatamente : « Cette distinction n'a sans doute pas échappé à la plupart des « Géomètres qui se sont occupés de ces questions ; cependant elle n'a « pas toujours été formulée assez nettement..... Quoi qu'il en soit, « M. Marie a eu raison d'insister sur la nécessité de faire cesser la con- « fusion qui pourrait rester à cet égard dans quelques esprits (2). »

Un linguaggio così temperato e circospetto non può certo dar pretesto a lagnanze per non curati diritti d'anteriorità : anzi ciò che abbiamo a dire servirà piuttosto a corroborare che ad infirmare le asserzioni del signor Puiseux; ma l'importanza che la Commissione Accademica e il suo Relatore giustamente attribuirono alla distinzione testè accennata, e quella anche maggiore che le attribuisce un matematico stimabile come il signor Marie, ci persuadono che non sia fuor di proposito l'avvertire come il compianto nostro concittadino prof. Chiò avesse già fin dal 1847 esposta la medesima distinzione nelle sue Ricerche trasmesse al Cauchy e relative alla serie del Lagrange. Ciò apparisce da una nota del Rapporto che il Cauchy fece nel 1° marzo 1852, espressa in questi termini : « En appliquant ce même théorème » (il teorema sulla convergenza della serie di Taylor) « dans mes *Exer-* « *cices d'Analyse,* à la série de Lagrange, et en supposant cette série

(1) *Comptes rendus*, ecc., tom. LXXVI, pag. 620.
(2) *Ibid.*

« ordonnée suivant les puissances ascendantes d'un paramètre variable, « j'ai dit qu'elle demeure convergente quand le module du paramètre « est inférieur au plus petit de ceux qui introduisent des racines « égales dans l'équation donnée. Cette proposition est exacte. Mais il « convient d'ajouter, avec M. Chio, que la série de Lagrange demeure « convergente, quand le module du paramètre est inférieur au plus « petit de ceux qui rendent égales deux racines dont l'une est précisé-« ment la somme de la série. Telle est, en effet, la conséquence qui se « déduit naturellement du simple énoncé du théorème général (1). »

Ma possiamo inoltre notare che il Chiò s'era attenuto a questi principii anche nella sua prima Memoria del 1844, approvata nel 1846 dall' Accademia delle Scienze di Parigi, ove cercando il valore del parametro t che rende infinita la prima derivata di x, avvertiva esplicitamente e ripetutamente doversi ricorrere alla radice α espressa dalla serie : « appelons α celle des racines de l'équation... qui est donnée par cette « serie... Pour qu'elle soit développable en série convergente suivant « les puissances ascendantes de t... il faudra chercher le plus petit « module τ de t par rapport auquel $\frac{d\alpha}{dt}$ devient discontinu. Pour cela, « il faudrait établir l'équation $1 - tf'(\alpha) = 0$, où d'abord l'on devrait « mettre pour α sa valeur en fonction *finie* de t, si cette valeur nous « était connue, et ensuite il faudrait chercher le plus petit module des « racines t de l'équation en t, dans laquelle se réduirait la dernière « après la substitution dont nous venons de parler (2). »

Sopra quella stessa distinzione il Chiò insisteva più tardi ampiamente con ragioni ed esempi scrivendo una terza Memoria intorno alla serie del Lagrange, della quale un sunto fu presentato nel 1868 alla Società Filomatica di Parigi. Questo sunto fu pubblicato, grazie principalmente alle gentili cure dell' illustre Principe Boncompagni che ottenne di far eseguire una copia del manoscritto, e trovasi negli Atti dell' Accademia delle Scienze di Torino, la quale aveva già mentre iveva il Chiò data ospitalità ad altri suoi lavori (3). Da esso togliamo il seguente passo a conferma del nostro assunto :

« Enfin, il y a un troisième point qui a besoin d'être éclairci et dégagé « de toute incertitude... Tous les Géomètres qui ont appliqué le théo-

(1) *Comptes rendus*, ecc., tom. XXXIV, pag. 304-305.

(2) *Mémoires présentés par divers savants à l'Académie des Sciences*, tom. XII, pag. 350-351 (Parigi, 1854). La prima presentazione delle ricerche del Chiò è riferita nel *Compte rendu* del 16 Settembre 1844 (C. R. tom. XIX, pag. 556).

(3) *Atti della R. Accademia delle Scienze di Torino*, vol. VII, pag. 647-661 (1872) : alla stampa servì la detta copia, donata dal Principe Boncompagni. Questa pubblicazione è indicata nella seconda edizione (Roma, 1872) dell' accuratissimo *Catalogo dei lavori di Felice Chiò*, compilato dallo stesso benemerito Principe, pag. 16, n° 16.

« rème de Cauchy... à la recherche de la règle de convergence de la « série de Lagrange, représentant l'une des racines de l'équation

$$(2) \qquad x - t\pi(x) = 0,$$

« ou bien de l'équation

$$(5) \qquad a - x + tf(x) = 0,$$

« *ou* se sont bornés à dire que la série reste convergente tant que pour « des valeurs croissantes du module T de t l'équation (2) ou (5) n'ac« quiert pas des racines égales ou infinies : ce qui est vrai, mais laisse « indécis le module de la série; *ou bien* ils en ont conclu que la valeur « limite T' des modules de t, pour lesquels la série reste convergente, « est donnée par le module *le plus petit* de t qui fait acquérir à l'équa« tion (2) ou (5) des racines égales ou infinies. Or, cette dernière asser« tion est inexacte. Nous produisons en effet des exemples où la série de « Lagrange continue d'être convergente même après que le module de t « a dépassé le plus petit, qui introduit des racines égales dans l'équa« tion proposée (1). »

Nel sunto è riportato uno di tali esempi, dopo di che il Chiò rammenta la regola di convergenza data nella sua Memoria del 1844 dicendo : « Cette règle, en peu de mots, consiste en ce que, si l'équa« tion donnée est

$$x - t\pi(x) = 0,$$

« la limite T', dont il s'agit, est égale à l'inverse du module qu'acquiert « le rapport $\frac{\pi(x)}{x}$, lorsqu'on y met pour x la valeur α qu'obtient la ra« cine fournie par la série de Lagrange au moment où elle devient une « racine multiple ou infinie (2). »

L'altra distinzione, che il signor Puiseux menzionava con lode, e indicata per prima nel citato passo del signor Marie, si riferisce alla determinazione dei punti o valori *critici*. Secondo la definizione più comunemente ammessa, si chiamano critici i valori della variabile x, per cui la funzione y diviene infinita o radice multipla dell' equazione tra x ed y; ma questa definizione è soggetta a qualche eccezione. « Pour « éviter (dice il Puiseux) les exceptions que comporte la définition pré« cédente, M. Marie appelle *valeurs critiques de x* les valeurs qui ren« dent infinie y ou l'une de ses dérivées. Cette définition nous semble « préférable à l'autre, surtout quand on se propose d'étudier les con-

(1) *Atti*, ecc. vol. VII, pag. 656-657.
(2) *Ibid.*, pag. 658.

« ditions de possibilité du développement de la fonction y par la série « de Taylor (1). »

L'eccezione relativa alle radici multiple era stata riconosciuta e additata dal Cauchy stesso nel 1844 (2), e in quel medesimo tempo egli aveva modificato i termini del suo teorema esprimendolo in modo che ne risultava la stessa nozione dei valori critici ora giudicata preferibile dal signor Puiseux (3). Questo fra i diversi enunciati di un tale teorema è appunto quello che il Chiò preferì nella sua Memoria del 1844 riportandolo come segue :

« Théorème de M. Cauchy. — Supposons que $f(t)$ et $f'(t)$ restent « fonctions continues de la variable $t=re^{p\sqrt{-1}}$ pour toutes les valeurs « du module r de cette variable inférieures à une certaine limite k; sup- « posons encore que la fonction $f(t)$, ou l'une quelconque de ses dérivées « devienne infinie pour $r=k$, et pour une valeur convenablement « choisie de l'argument p : alors k sera la limite extrême et supérieure « au-dessous de laquelle le module r pourra varier arbitrairement, sans « que la fonction $f(t)$ cesse d'être développable en une série conver- « gente, ordonnée suivant les puissances *entières* et ascendantes « de t (4). »

Sembrami pertanto dimostrato che dal Cauchy e dal Chiò non fu trascurata nè la distinzione tra le diverse radici per determinare se diventando eguali alcune di esse non sussistano più le serie che rappresentano le altre, nè la distinzione tra i valori che rendono multipla una data radice senza render infinite le derivate e quelli che rendono infinita la funzione o alcuna delle sue derivate; e che il Chiò, profittando di ambedue le distinzioni, expresse nitidamente e con precisione la prima, sulla quale non era ancora stata chiamata l'attenzione dei Geometri.

(1) *Comptes rendus*, ecc. tom. LXXVI, pag. 619-620.

(2) Supposta un' equazione (1) $F(x,u)=0$, « si le module r de x varie par degrés insen « sibles, la fonction u, tant qu'elle restera finie, variera elle-même par degrés insen- « sibles, et par conséquent elle ne cessera pas d'être fonction continue de x jusqu'à ce « que le module r acquière une valeur qui puisse rendre la fonction $F(x, u)$ infinie ou « discontinue, ou qui introduise dans l'équation (1), résolue par rapport à u, des racines « égales. D'ailleurs, dans cette dernière hypothèse, on aura (2) $D_u F(x, u)=0$, et, par « suite, la valeur de $D\, u$ tirée de l'équation (1), savoir :

$$(3) \qquad D_x u = -\frac{D_x F(x, u)}{D_u F(x, u)},$$

« deviendra généralement infinie. On doit seulement excepter le cas particulier où la « valeur de x, qui introduit dans l'équation (1) des racines égales, vérifierait, non-seule- « ment l'équation (2), mais encore la suivante (4) $D_x F(x, u)=0$. » (*Comptes rendus*, ecc. tom. XIX, pag. 157.)

(3) *Ibid.*, pag. 152, 3ᵉ *Théorème*.

(4) *Mémoires présentés par divers savants à l'Académie des sciences*, tom. XII, pag. 350. Vedi anche *Antologia italiana*, tom. I, pag. 562 (Torino, 1846).

Desideriamo quindi ch'esso non sia defraudato della lode che gli è dovuta. Ma siamo ben lungi dal pensare che il signor Marie non sia giunto col solo suo ingegno e co' suoi studi ai risultati che pubblicò, nè possiamo rimproverarlo di non aver conosciuto le conformi ricerche del Chiò fatte pubbliche nel 1852, come non teniamo in colpa il Chiò che nel 1868 non conosceva le cose stampate dal signor Marie nel 1861. Anzi ci saremmo forse astenuti anche dallo scrivere le presenti osservazioni, se mentre la immatura morte del nostro concittadino dava occasione ad uomini eminenti di pronunziarsi con atti e parole d'ossequio e di compianto (1), non fossero sorte inopportune opposizioni che ci fanno più vivamente sentire il dovere di onorarne la memoria.

A. Genocchi.

(1) Fra questi benemeriti nominerò in primo luogo il principe Baldassarre Boncompagni, che appena saputa la morte del Chiò si adoperò a raccogliere notizie intorno alla vita e ai lavori del medesimo per pubblicarle nel suo *Bullettino*, si diede a compilare con ogni diligenza il Catalogo dei suoi scritti scientifici, cercò di promuovere la pubblicazione dei lavori inediti, e fu tra i più generosi oblatori al modesto monumento che gli fu eretto nell' Università di Torino. Devo poi menzionare due insigni scienziati, Michele Chasles ed Élie de Beaumont, che innanzi all' Accademia delle Scienze di Parigi accennarono ai meriti e all'immatura morte del Chiò, il primo nel 20 Maggio 1872 presentando il *Bullettino* del Boncompagni, settembre 1871 (*Comptes rendus*, ecc. tom. LXXIV, pag. 1351), il secondo nella tornata solenne del 25 novembre 1872, recitando l'elogio di Giovanni Plana (*Éloge historique de Jean Plana*, Parigi, 1872, pag. 56). Aggiungiamo a questi nomi quello del signor Giorgio Darboux, che nel suo *Bulletin des sciences mathématiques et astronomiques*, tom. III, pag. 68-69 (articolo citàto nella seconda edizione del *Catalogo* già menzionato, pag. 15) lodava uno particolarmente degli ultimi lavori del Chiò, e diceva ch'esso « ajoute aux regrets que doit inspirer à tous les géomètres la « perte de cet estimable savant. »

M. Bonnet m'avait déjà parlé de ce *Richiamo*, avec une insistance qui m'avait étonné.

D'un autre côté, la mention que faisait, dans sa dernière note, M. Genocchi, *del signor* Giorgio Darboux, enveloppé *nel suo* Bulletin des sciences mathématiques et astronomiques, bulletin où, par parenthèse, j'ai toujours été assez mal traité, sans que je sache pourquoi, m'amenait naturellement à me demander si la confrérie des disciples de Cauchy était entièrement étrangère à la publication du dit *Richiamo*.

En tout cas, je voulais amener M. Genocchi à me parler clairement; je lui écrivis le 24 juin 1873.

« Monsieur, je n'ai pas besoin de vous dire que j'ai lu avec un vif intérêt la note que vous m'avez fait l'honneur de m'envoyer, intitulée: *Richiamo a favore di Felice Chiò*.

« La recherche de la vérité doit être notre préoccupation exclusive, et tout ce qui nous aide dans cette recherche est toujours bienvenu.

« J'ai un peu tardé à vous remercier par deux raisons, la première qu'outre que j'ai toujours, à cette époque de l'année, beaucoup d'occupations, je suis assez mal portant; la seconde, qu'ignorant entièrement votre belle langue, j'ai dû relire plusieurs fois votre note, pour parvenir à en comprendre le sens, au moyen des analogies que présentent les termes dont vous vous servez, avec leurs synonymes latins et français.

« Je crois maintenant avoir à peu près compris et je m'empresse de vous répondre.

« Je vois par votre note que M. Chiò avait, dans un Mémoire présenté à l'Académie des sciences de Paris, en 1847, affirmé ce fait évident que pour que la série qui forme le développement d'une fonction suivant la formule de Mac-Laurin, devienne divergente, il ne suffit pas que deux valeurs de cette fonction aient pu devenir égales, mais qu'il faut que celle que l'on développe soit devenue égale à une autre.

« J'y vois aussi que dans un Mémoire antérieur, de 1844, également présenté à l'Académie des sciences de Paris, M. Chiò, convaincu que pour qu'une fonction cesse d'être développable, il ne suffit pas qu'elle vienne se confondre avec une autre de ses valeurs, si les dérivées des deux formes se séparent à un certain ordre, avait imposé au point d'arrêt de la convergence la condition que les dérivées de la fonction considérée y devinssent infinies à partir d'un certain ordre (1).

(1) Il y avait sans doute exagération à donner une forme si précise à l'observation de M. Chiò, mais je n'étais pas très-exactement fixé, je ne le suis, du reste, pas encore;

« Enfin j'y vois que, dans un Mémoire de 1868, M. Chiò établissait que le point d'arrêt de la convergence n'est pas toujours le point critique le plus proche du point origine, proposition qui, si on l'entend bien, reproduit, sous une autre forme, la première observation.

« M. Chiò avait pris pour objet de ses études la série de Lagrange, ce qui était un tort, parce que cette série ne différant de celle de Taylor que par l'attribution aux coefficients d'une nouvelle forme algébrique, qui n'en changeait pas les valeurs, cette modification, plus apparente que réelle, ne pouvait en rien changer les conditions de convergence.

« D'un autre côté, il est probable qu'en traduisant, dans ce qui précède, les idées de M. Chiò, je leur ai donné une forme plus précise et plus exacte que celle qu'elles avaient reçue de lui.

« Enfin, comme vous me faites la gracieuseté de le reconnaître, la dernière observation de M. Chiò ne date que de 1868 et est, par conséquent, postérieure de plusieurs années à celle, identique, que j'ai insérée dans le journal de M. Liouville.

« Mais malgré ces légères restrictions, je ne ferais aucune difficulté de reconnaître que M. Chiò a su, de lui-même établir exactement les principes de la détermination de la limite précise de la région de convergence.

« Seulement je crois que vous vous méprenez à l'égard de mon opinion au sujet de l'importance de ces principes préliminaires.

« Je ne vois pas qu'il résulte le moindre mérite pour personne de ce que M. Cauchy, M. Puiseux, MM. Briot et Bouquet, ainsi que d'autres géomètres, avaient fait de grosses erreurs.

« Ces messieurs n'avaient aucune raison quelconque de formuler les principes qu'ils avaient énoncés, et il n'était pas difficile de le reconnaître.

« Cinq minutes de réflexion étaient déjà beaucoup trop pour apercevoir, non-seulement, que les ordonnées de toutes les courbes qui auraient les mêmes tangentes parallèles à l'axe des y, ne se comporteraient pas nécessairement de la même manière, mais, même, que les m ordonnées d'une même courbe de degré m, ne cesseraient pas nécessairement en même temps d'être développables.

« S'il m'a fallu près de vingt années pour faire accepter ces notions, cela ne prouve pas qu'elles ne soient pas évidentes, mais seulement qu'il est difficile de faire pénétrer la vérité dans les esprits de gens naturellement tentés de croire leur mérite attaché au maintien d'erreurs dont

et je ne voulais pas rester en deçà de la justice vis-à-vis de M. Chiò. — Si j'étais allé trop loin, mon interlocuteur rectifierait mon dire.

l'édification, difficile en effet, les avait placés hors de pairs, le public ayant admiré faute de comprendre.

« Si vous avez lu, dans le numéro de juin du journal de M. Liouville, ma réponse à M. Puiseux, vous avez pu voir que j'ai su rendre justice à MM. Tchebycheff et Lamarle, et vous ne douterez pas que je ne l'eusse également rendue à M. Chiò, si j'avais connu ses titres. Cela m'eût été agréable dans tous les cas, mais j'y aurais eu d'autant moins de mérite que, comme je viens de vous le dire, je ne tiens aucunement à cette partie purement négative de mes travaux, parce que, je le répète, non-seulement il n'y a de mérite pour personne à ce que quelques absurdités aient eu cours plus ou moins longtemps, mais que, même, l'empire qu'ont obtenu ces absurdités nous rabaisse un peu tous, notre valeur moyenne s'en trouvant diminuée.

« Sans doute, il importait d'abord d'enlever la couche de neige glacée que MM. Cauchy, Puiseux, Briot et Bouquet avaient étendue sur la question, mais ce n'était évidemment rien que de ramener cette question au zéro, c'est-à-dire un point de départ, en la déblayant des absurdités, des solutions préconçues, en un mot des préjugés sous lesquels on l'avait ensevelie.

« Quant à moi, je ne fais dater mon travail que du moment où j'ai pu m'occuper de déterminer le véritable point d'arrêt, parmi les points critiques, en raison de la position du point origine.

« Autrement, je remonterais jusqu'à 1853, époque à laquelle j'ai dit ouvertement à tout le monde que le théorème de Cauchy était faux, sans avoir employé, pour le découvrir, plus de cinq minutes, comme je vous l'ai dit. *Ut legi, ut solvi*, comme dit Viète.

« Mais je reviens à M. Chiò. L'extrait du rapport présenté en 1852 par M. Cauchy, et principalement la phrase qui le termine, ont particulièrement attiré mon attention. M. Cauchy dit :

« Mais il convient d'ajouter, avec M. Chiò, que la série de Lagrange « demeure convergente, quand le module du paramètre est inférieur au « plus petit de ceux qui rendent égales deux racines dont l'une est pré- « cisément la somme de la série. *Telle est, en effet, la conséquence qui se « déduit naturellement du simple énoncé du théorème général.* »

« Il est évident pour moi que Cauchy a cherché, par cette dernière phrase, à s'approprier un mérite qui appartenait en totalité à M. Chiò, ce qui rentre dans les habitudes dont il était coutumier, habitudes que l'on a religieusement conservées dans son école.

« M. Chiò s'est laissé faire. C'est là à mes yeux un tort grave, non pas parce qu'il a été dépouillé, car il l'avait bien mérité, mais parce que son silence a eu pour résultat définitif de tellement ensevelir sa découverte que les disciples de Cauchy, eux-mêmes, qui ont dû compulser ses moindres écrits, n'en eurent pas connaissance, puisqu'ils n'en ont pas profité, et qu'ainsi la science en resta privée pendant une vingtaine d'années.

« Mais, permettez-moi de vous le dire, Monsieur, il me semble que le tort que s'est fait M. Chiò, en ne réclamant pas contre la prise de possession de sa propriété, vous l'aggravez encore par vos observations.

« Vous dites d'abord :

« Anzi ciò che abbiamo a dire servirà piuttosto a corroborare che ad « infirmare le asserzioni del signor Puiseux. »

« C'est-à-dire, je crois : « Aussi ce que nous avons à dire servira « plutôt à corroborer qu'à infirmer les assertions de M. Puiseux. »

« Et, après avoir rapporté sans commentaires la phrase que j'ai citée plus haut du rapport de Cauchy, vous ajoutez enfin :

« Sembrami per tanto dimostrato che dal Cauchy e dal Chiò non fù « trascurata nè la distinzione tra le diverse radici per determinare se « diventando equali alcune di esse non sussistano più le serie che rappre- « sentano le altre, nè la distinzione tra i valori che rendono multipla una « data radice, senza render infinite le derivate e quelli che rendono in- « finita la funzione o alcuna delle sue derivate. »

« Mais si Cauchy savait tout oela, que reste-t-il à votre concitoyen? N'abandonnez-vous pas là tous ses droits, bien plus qu'il ne l'eût fait lui-même?

« Les textes, que vous connaissez certainement, des ouvrages de MM. Puiseux, Briot et Bouquet démontrent clairement que les opinions de M. Chiò ne s'étaient pas fait jour en France, pourquoi donc faites-vous hommage à Cauchy de ses découvertes?

« M. Cauchy, tout le monde le sait, a dit alternativement le pour et le contre, sur toutes sortes de questions, sans convictions, que passagères. Pourquoi lui attribuez-vous les opinions réfléchies de M. Chiò?

« M. Puiseux a dit exactement le contraire de ce qu'avait dit M. Chiò et M. Cauchy a également approuvé ce que tous deux avaient dit. Pourquoi voulez-vous qu'il ait été sérieux dans son rapport sur le Mémoire de M. Chiò et léger dans celui qu'il a présenté sur le Mémoire de M. Puiseux, — plutôt que le contraire?

« La question, quant à moi, me paraît tout à fait indéterminée.

« J'espère que vous me pardonnerez, Monsieur, ces observations aussi sincères que cordiales, et je vous prie d'agréer mes remercîments pour m'avoir fait connaître des travaux dont je prendrai avec plaisir connaissance, dès que je le pourrai. »

Je voudrais pouvoir reproduire la réponse de M. Genocchi, mais, comme on le verra plus loin, je n'y suis pas autorisé. J'en donnerai donc une analyse très-courte. M. Genocchi commençait par me dire :

« Je vous remercie bien vivement de vos observations et je vois avec plaisir que nous sommes à peu près d'accord. »

M. Genocchi me faisait ensuite l'historique des travaux de Chiò et des déboires qu'il avait eu à essuyer devant l'Académie de Turin, et il ajoutait :

« C'est alors que M. Chiò s'adressa à Cauchy, qui lui témoigna la plus grande bienveillance et fit approuver ses recherches par l'Académie des sciences de Paris. Vous comprenez, Monsieur, combien dut être vive et profonde la reconnaissance de M. Chiò envers Cauchy, et ce sentiment explique tout à fait pourquoi il ne réclama pas contre cette note où Cauchy cherchait, comme vous le dites, à s'approprier un mérite qui appartenait à Chiò. »

M. Genocchi ajoutait, ce que je comprends moins :

« D'ailleurs la remarque de Chiò étant rapportée dans la note de Cauchy, il put croire que ses droits étaient sauvegardés et que le public en était informé. »

Comment les droits de Chiò étaient-ils sauvegardés, M. Cauchy ayant dit de l'observation de Chiò : « Telle est en effet la conséquence qui se déduit *naturellement* du *simple* énoncé du théorème *général* » ? Le théorème général c'est celui de Cauchy, et la phrase signifie très-clairement que si M. Chiò avait bien entendu le théorème, il n'aurait pas présenté sa remarque.

M. Genocchi ajoutait :

« La déférence de M. Chiò pour Cauchy était telle qu'il consentit, d'après ses conseils, à supprimer certaines parties de son *deuxième Mémoire* et il s'ensuivit que des recherches et des propositions citées dans le rapport, ne se trouvent plus dans le Mémoire imprimé. »

Il y a, ce me semble, dans cette révélation quelque chose de grave, et il serait peut-être désirable que M. Genocchi donnât au public l'historique complet des travaux de Chiò et de ses relations avec Cauchy. M. Genocchi ajoute bien que Chiò a reproduit en 1868 les parties retranchées de son *deuxième Mémoire*, mais il serait intéressant d'avoir le texte même des parties supprimées, si ce texte a été conservé.

En réponse à l'observation que je lui avais faite qu'il abandonnait beaucoup les droits de Chiò, M. Genocchi me répondait :

« Les sentiments de M. Chiò pour Cauchy, ont dû exercer une influence sur le biographe de M. Chiò, et ici, Monsieur, je place mon excuse pour mes torts personnels. Il me répugnait d'accuser Cauchy de mauvaise foi ; et d'ailleurs, je n'avais aucun texte de M. Chiò, pour prouver qu'il avait fait en 1847 cette remarque » (à laquelle faisait allusion la note de Cauchy).

Je répondis à M. Genocchi, le 5 août :

« Monsieur, je vous demande pardon d'avoir tant tardé à répondre à votre aimable lettre, les travaux de fin d'année et l'indisposition dont je souffre m'excuseront, j'espère, auprès de vous.

« Je vous prie tout d'abord, Monsieur, de vouloir bien être mon interprète près de madame Chiò, et de la remercier en mon nom de l'envoi qu'elle a bien voulu me faire du troisième Mémoire de M. Chiò, que j'ai lu avec un vif intérêt, et qui montre quelle rectitude de jugement M. Chiò apportait dans les difficiles recherches qui l'ont occupé.

« Je vous remercie aussi, Monsieur, de l'envoi de la controverse entre M. Chiò et M. Ménabréa.

« J'ai relu plusieurs fois votre lettre avec le plus vif plaisir, parce qu'elle confirmait les idées que je m'étais faites *à priori* relativement aux rapports de M. Chiò avec M. Cauchy, et maintenant je viens me mettre à votre disposition au sujet de ce qu'il conviendrait de faire dans l'intérêt de la mémoire de M. Chiò.

« Je me prêterais volontiers à tout ce que vous désireriez, ainsi que madame Chiò, à la condition cependant que les faits seraient exposés sans réticences.

« Voyez donc, Monsieur, à décider ce qu'il conviendrait de faire.

« Quant à moi la solution qui me paraîtrait remplir le but que nous devons nous proposer, serait de publier ma lettre et votre réponse.

« Mais, je vous le répète, je me mets à votre disposition.

« Agréez, je vous prie, Monsieur, avec l'expression nouvelle de mes remercîments, l'assurance de ma parfaite considération. »

M. Genocchi me répondit le 10 août qu'il me remerciait au nom de madame Chiò et au sien de mon offre gracieuse au sujet de ce qu'on pourrait faire dans l'intérêt de la mémoire de M. Chiò, mais que nos lettres étaient peut-être un peu longues, « plus longues qu'il ne faudrait pour l'objet que nous nous proposions et pour ne pas excéder la patience du public. » Il ajoutait :

« Nous croirions préférable qu'à l'occasion de la continuation de vos recherches, vous pussiez insérer quelques mots pour citer les remarques de M. Chiò. Vous choisirez les termes de la citation comme vous le jugerez convenable, car nous ne doutons pas de votre impartialité. »

M. Liouville me fit l'honneur de m'adresser, quelque temps après, le *Bulletin* de M. Boncompagni, auquel M. Genocchi faisait allusion dans sa dernière lettre, avec ce petit mot :

« M. Liouville prie M. Marie de lui renvoyer ce *Bulletino*, après avoir lu ce qui peut l'intéresser, dans l'article qui le concerne ainsi que MM. Cauchy, Puiseux et Chiò, au sujet de la série de Taylor, ou de Lagrange. »

Cet article n'était autre que le *Richiamo* reproduit plus haut.

M. Liouville, que je rencontrai peu après, m'offrit de répondre dans son Journal, mais il aurait fallu entamer des négociations avec M. Genocchi pour savoir jusqu'à quel point je pourrais le faire intervenir. Je ne pensai pas être assez intéressé à l'affaire pour m'en donner les soucis. Au reste, j'avais fait pour M. Chiò ce que je devais, et M. Genocchi ayant rejeté ma proposition de publier nos deux lettres, c'était désormais à lui à se servir de mon témoignage comme il l'entendrait.

Lorsque parut mon premier volume, j'écrivis à M. Genocchi pour le prier de me permettre de lui en adresser deux exemplaires, un pour lui et l'autre pour l'Académie de Turin.

Il me répondit le 17 décembre 1874 :

« Je m'empresse d'accepter avec reconnaissance votre offre très-obligeante d'un exemplaire de la *Théorie des fonctions de variables imaginaires*. Je présenterai à notre Académie l'autre exemplaire que vous lui destinez, et je vous adresse à l'avance ses remercîments. »

« Je pourrais profiter de cette présentation pour citer quelques passages de vos lettres, dans lesquels vous avez si généreusement et si loyalement reconnu la priorité de M. Chiò sur certains points, et vous avez bien voulu vous mettre à ma disposition (c'était votre expression) au sujet de ce qu'il conviendrait de faire dans l'intérêt de sa mémoire. Mais hélas ! je crains que le nom seul de M. Chiò ne suscite quelques tempêtes, à cause de ma polémique récente avec M. Ménabréa. »

Le mot *priorité* dont se servait M. Genocchi n'était peut-être pas bien exact, envers moi du moins, puisque le Mémoire de M. Chiò n'avait été connu que de M. Cauchy, qui en avait fait supprimer la partie qui eût établi la *priorité* de Chiò.

Priorité *in partibus*, oui; *in petto*, très-bien ! mais priorité sans complément, j'aurais pu réclamer, si la chose en eût valu la peine.

M. Genocchi m'écrivit de nouveau le 7 janvier 1875.

« Je viens de recevoir les deux exemplaires du premier volume de votre ouvrage, que vous m'avez fait l'honneur de m'adresser. Veuillez en agréer mes sincères remercîments.

. . . .

« Je l'annoncerai dans une revue assez estimée de Florence (la *Revista Europea*); mais je crains que les résultats ne répondent pas à mes désirs. Les théories de Cauchy sont aujourd'hui si répandues que tout le monde trouve une grande difficulté à se familiariser avec une manière différente, quoique plus avantageuse, d'interpréter les quantités imaginaires.

« Je crois que dans la suite de votre ouvrage vous aurez l'occasion de citer les Mémoires de mon ami Félix Chiò. En attendant, j'espère que vous ne serez pas fâché si je cherche à lui faire rendre justice. Ce n'est pas pour vous, mais c'est peut-être par crainte de déplaire à M. Puiseux qu'on persiste à se taire sur l'objet de ma réclamation. — Voyez le *Bulletin* Darboux! on a inséré (je n'en savais rien) tout au long, le rapport de M. Puiseux, et on n'a indiqué votre réponse que d'une manière tout à fait succincte; et de ma réclamation on n'a cité que le titre. Cela m'a indigné. »

J'avais dit à M. Genocchi, dans ma première lettre, qu'il me semblait qu'il s'y était mal pris pour défendre son ami, je n'avais qu'à attendre qu'il changeât de tactique.

M. Genocchi ayant démontré « che dal Cauchy e dal Chiò non fu trascurata nè la distinzione tra le diverse radici per determinare se diventando eguali alcune di esse non sussistano più le serie che representano le altre, nè la distinzione tra i valori che rendono multipla una data radice, senza render infinite le derivate e quelli che rendono infinita la funzione o alcuna delle sue derivate », les partisans de Cauchy n'avaient qu'à enregistrer l'aveu. Quant à Chiò il disparaissait naturellement dans l'ombre de Cauchy.

M. Genocchi m'écrivait encore le 2 février, pour m'annoncer que madame Chiò désirait prendre part à la souscription pour la vente de mon ouvrage, voulant le joindre à la bibliothèque mathématique laissée par son époux à son fils. » Il ajoutait :

« J'ai pensé que vous ne seriez pas fâché si, en profitant des offres très-obligeantes exprimées dans vos lettres, je citais quelques passages qui ne font pas moins d'honneur à vous qu'à M. Chiò, car ils donnent la meilleure preuve de votre loyauté et générosité. Voici ces passages.

« Dans une de ces lettres, vous regrettez le silence de M. Chiò, « parce « que son silence a eu pour résultat définitif de tellement ensevelir sa « découverte, que les disciples de Cauchy eux-mêmes, qui ont dû com- « pulser ses moindres écrits, n'en eurent pas connaissance, puisqu'ils « n'en ont pas profité; et qu'ainsi la science en resta privée pendant une « vingtaine d'années. »

« Dans une autre lettre vous parlez du troisième Mémoire de M. Chiò, « que j'ai lu, dites-vous, Monsieur, avec un vif intérêt et qui « montre quelle rectitude de jugement M. Chiò apportait dans les dif- « ficiles recherches qui l'ont occupé. »

« Enfin dans cette même lettre, vous vous mettiez à ma disposition (c'étaient vos expressions) au sujet de ce qu'il conviendrait de faire dans l'intérêt de M. Chió. »

M. Genocchi ne me disait pas ce qu'il se proposait de faire et je n'avais pas à m'en préoccuper. Je lui répondis, relativement à ce qu'il me mandait dans ses deux dernières lettres, que j'aurais occasion de parler de M. Chiò dans mon troisième volume, mais que, pour le moment, je ne voyais rien autre chose à faire, dans l'intérêt de M. Chiò, que de publier, comme je l'avais déjà proposé, nos deux lettres.

J'ajoutais probablement (je n'ai pas gardé copie de cette lettre) qu'au reste M. Genocchi pourrait user de mon témoignage comme il l'entendrait.

Je rencontrai peu de temps après, à Sainte-Barbe, M. Gérono, qui me dit que M. Genocchi venait de lui adresser, pour les *Nouvelles Annales*, un article où il était question de moi et de M. Chiò. — Je priai M. Gérono de me communiquer les épreuves de cet article, parce que j'aurais peut-être quelque chose à y ajouter. — Je me proposais, si M. Genocchi n'était pas plus clair que dans son *Richiamo*, c'est-à-dire s'il persistait à défendre son ami comme il l'avait fait jusque-là, de rétablir les faits en faveur de M. Chiò. — M. Gerono me promit de m'envoyer les épreuves.

Il annonça sans doute à M. Genocchi mon intention d'ajouter quelques réflexions à l'article qu'il avait envoyé, car M. Genocchi m'écrivit de nouveau le 11 février :

« J'ai écrit à M. Gérono à l'occasion d'un article de M. Picart. »

(C'était la première nouvelle que j'eusse de cet article qui avait déjà un an de date, et que je citerai plus loin).

« Je ne demandais que deux lignes de rectification : il préfère (M. Gérono) insérer ma lettre. Je crois n'avoir rien écrit qui ne soit honorable pour vous ; si toutefois j'ai omis quelque chose qu'il soit dans votre intérêt d'ajouter, je lirai avec bien du plaisir les compléments que vous promettez. »

« Mais je vous demande la permission de faire quelques observations sur votre projet de publier les lettres que vous m'avez fait l'honneur de m'écrire.

« Personnellement je n'ai aucun intérêt dans la question et, pour ce qui regarde Chiò, il me suffirait de vous prier, en publiant votre lettre du 24 juin 1873, de publier aussi ma réponse. Mais la publication de ces lettres me paraît peu convenable sous d'autres rapports.

« Quels qu'aient été les travers ou les faiblesses de Cauchy, on ne saurait nier qu'il ne soit l'un des géomètres contemporains qui font le plus d'honneur à votre pays. En cherchant à amoindrir son mérite (il ne s'agissait pas du mérite de Cauchy, que j'apprécie mieux que personne, il s'agissait de ses procédés, et, du reste, il ne s'en agissait qu'à propos de M. Chiò), on ne peut faire plaisir qu'aux ennemis de la France. Dans votre lettre du 24 juin il y a trop de phrases hostiles à Cauchy. »

Je n'entends pas tout à fait ainsi le patriotisme. Je pense au contraire qu'une nation ne peut que se déconsidérer en soutenant ses grands hommes, jusque dans leurs torts les mieux caractérisés.

« Je crois devoir aussi vous signaler son rapport du 8 mai 1854, sur l'un de vos Mémoires. Il me semble qu'il vous a rendu justice. »

Sans doute, mais le contraire est également vrai, comme je l'ai montré plus haut.

« Relativement à la question du développement des fonctions implicites déterminées par des équations qui acquièrent des racines égales, j'appellerai votre attention sur un autre Mémoire de Cauchy, présenté en 1854, dans lequel les conditions de convergence et le point critique où s'arrête la convergence me paraissent indiqués d'une manière complétement nette et exacte (voyez *Compte rendu*, tome XXXVIII, page 1104).

« Vous ajoutez, Monsieur, que vous comptez entrer dans quelques détails nouveaux au sujet de mon ami. »

Il s'agit ici du projet que j'avais annoncé de parler de M. Chiò dans mon troisième volume.

« J'avoue que je ne comprends pas bien ce que peuvent être ces détails nouveaux. Dans une lettre du 5 août 1873 vous disiez vous mettre à ma disposition et à la disposition de madame Chiò, au sujet de ce qu'il conviendrait de faire dans l'intérêt de la mémoire de M. Chiò. Je ne pense donc pas que vous soyez disposé à vous associer à la polémique haineuse engagée contre moi par M. Ménabréa. »

En effet, je ne songeais qu'à rétablir M. Chiò dans ses titres légitimement acquis à l'estime des géomètres.

« Je ne doute pas que vous ne persistiez dans vos intentions bienveillantes pour procurer une réparation à la mémoire de mon ami. »

J'y persiste bien volontiers.

Mais pourquoi l'hypothèse précédente ?

Sur ces entrefaites, je trouvai dans les *Comptes rendus* du 8 février, pour la séance du 1er, une lettre à M. Bertrand, où M. Genocchi, reprenant M. Darboux à propos de la démonstration de l'existence de l'intégrale d'une équation aux différences partielles, concluait que « pour les équations aux dérivées partielles, comme pour les équations différentielles, la première démonstration de l'existence de l'intégrale est due à Cauchy » (ce que je contesterai d'autant moins que je suis au contraire tout disposé à affirmer que M. Cauchy a en effet introduit, le premier, la mode de démontrer les choses évidentes), et ajoutait :

« Sans doute, le très-grand nombre des écrits du célèbre analyste doit excuser ceux qui n'ont pas connaissance de tous les résultats obtenus par lui.

« C'est ainsi que dans un Rapport du 10 mars 1873 (c'est celui qui me concerne) M. Puiseux a pu signaler certaines distinctions importantes pour le développement des fonctions implicites, comme n'ayant pas encore été faites avec assez de précision, quoiqu'elles aient été indiquées dans des articles signés par Cauchy et développées dans des Mémoires de Félix Chiò. »

Cette lettre après la lecture de laquelle (le compte rendu le dit) M. Bertrand fit remarquer qu'elle apportait un motif nouveau de désirer la prompte publication des œuvres de Cauchy (j'espère qu'on y joindra les errata nécessaires), avait d'autant plus lieu de m'étonner, qu'elle allait nécessairement donner à M. Puiseux l'occasion de triompher de nouveau de M. Chiò et de moi, s'il était possible.

Et en effet M. Puiseux faisait insérer dans le *Compte rendu* relatif à la séance du 8 février cette note caractéristique :

« M. Genocchi semble dire, dans sa lettre, que j'aurais désigné Cauchy comme n'ayant pas indiqué avec exactitude les conditions sous lesquelles subsiste le développement d'une fonction implicite ; (M. Puiseux s'en était bien gardé en effet) si l'on veut relire le Rapport cité par M. Genocchi, on verra que je signale, à la page 316, une certaine distinction comme *n'ayant pas toujours été formulée assez nettement* (ces italiques sont dans le texte, mais *toujours* eût mérité d'être écrit en capitales) ; mais dans ma pensée, cette critique ne s'adressait nullement (pour aucunement) à l'illustre analyste qui a porté la lumière dans la théorie du développement des fonctions en série ». (Elle ne s'adressait ni à Cauchy, ni à M. Puiseux, ni à MM. Briot et Bouquet, la critique ne s'adressait qu'à moi qui étais malencontreusement venu troubler l'harmonie du plus beau des concerts.)

Un peu irrité, je l'avoue, j'écrivis à M. Genocchi le 1er mars :

« Je vous demande pardon du retard que j'ai mis à vous répondre. J'ai été pris d'une fluxion de poitrine le 1er février et à peine entré en convalescence, vers le 15, j'ai eu beaucoup à faire pour mon livre.

« L'intention que je vous ai indiquée de parler de M. Chiò dans mon ouvrage, résulte du projet que j'ai de donner dans mon troisième volume une histoire de la série de Taylor, pour laquelle, par parenthèse, j'aurai à vous demander vos lumières que, je l'espère, vous voudrez bien m'accorder. M. Chiò aura naturellement dans cette histoire la place qu'il mérite, par la justesse des idées qu'il a émises sur la série de Lagrange, dans les petites brochures que vous avez eu l'obligeance de me communiquer, et que j'avais déjà remarquées dans votre *Richiamo*. Ce que j'ai eu l'honneur de vous dire une fois n'a pas besoin d'être répété. Je ferai, dans les limites de mes moyens, rendre justice à votre ami.

« Quant à M. Ménabréa, je l'ignore entièrement.

« Je vous remercie bien sincèrement des conseils que vous voulez bien me donner au sujet de M. Cauchy, mais j'y réponds :

« Le Rapport du 8 mai 1854 contient une tentative de spoliation à mon égard, qui m'a été très-sensible et que je relèverai dans mon troisième volume; elle est contenue dans ces mots : « *Cette proposition.* (Il s'agit de mon théorème de l'équivalence des aires des conjuguées fermées comprises entre les mêmes branches de la courbe réelle) *qui peut se déduire d'un théorème donné par l'un de nous.....*

« Ce même rapport contient une absurdité qui, à la vérité, ne retombe que sur M. Cauchy, mais il renferme aussi une naïveté dont j'y parais solidaire.

« Ce Rapport n'est peut-être pas tout à fait étranger à l'espèce d'animosité que j'ai mise depuis vingt ans à poursuivre M. Cauchy, mais j'ai été mû dans cette lutte par des motifs plus sérieux, plus dégagés d'intérêt personnel.

« Je crois, c'est chez moi une conviction profonde et invétérée, que l'adoption des méthodes de Cauchy ne saurait avoir que les plus déplorables effets non-seulement sur le progrès futur des sciences mathématiques, mais encore sur le développement des sens du beau et du vrai, chez les esprits qui auraient subi cet enseignement.

« Dégager la loi morale des erreurs et préjugés qui en forment la gangue est à mes yeux le but suprême de la science. Or, ce ne serait déjà guère un bon moyen de développer en soi le sens moral que de confiner son intelligence dans des abstractions mathématiques. Mais que dire d'une tendance, telle que celle de l'école de Cauchy, à pousser l'abstraction jusqu'à une sorte d'interdit jeté sur les considérations géométriques? Que dire de la rupture éclatante effectuée par Cauchy entre les deux théories, jusqu'à lui si bien assorties, des fonctions analytiques et des lieux géométriques? Y eut-il jamais tentative plus rétrograde?

. . . .

« Je ne connais pas la règle que Cauchy a donnée en 1834, pour la convergence de la série de Taylor. Je serais étonné qu'elle fût exacte, car MM. Briot et Bouquet n'en auraient donc pas profité.

« A ce propos, il me semble que vous frappez un peu sur mon dos, dans votre note insérée aux *Comptes rendus* (séance du 1er février). Je ne m'en plains pas, parce que, comme je vous l'ai dit dans la première lettre que j'ai eu l'honneur de vous écrire, je ne vois absolument aucun mérite à avoir reconnu l'absurdité évidente des règles données par MM. Cauchy, Puiseux, Briot et Bouquet, etc.

« Mais je constate que M. Puiseux n'a pas manqué le coche à la séance suivante.

« Grand bien lui fasse !

« Il essaye, après vous, de sauver Cauchy, après avoir été obligé de confesser ses erreurs, qu'il n'avait cependant puisées que dans Cauchy.

« Il paraîtra s'être sauvé par la même occasion, aux yeux des gens qui n'examinent pas les choses de près ; mais je le rattraperai.

M. Genocchi me répondit le 10 mars. Il me disait :

« Je vous remercie de votre très-aimable lettre. »

« Je regrette que votre santé, etc. »

« Je vous remercie surtout de vos intentions bienveillantes pour la mémoire de mon compatriote et ami M. Chiò. »

. . . .

« Je ne suis pas très-satisfait de la rédaction de ma note du 1er février. En voulant être concis je n'ai pas été assez exact. J'ai mieux exprimé ma pensée dans les *Nouvelles Annales* (février 1875). Puis-je espérer que vous reconnaîtrez qu'en cherchant à sauver les droits de mon compatriote, je n'ai pas porté préjudice aux vôtres ? L'intention a été bonne. »

« Pour M. Puiseux, je vous l'abandonne. Il aurait dû s'expliquer ma note des *Comptes rendus* par les détails que j'avais donné précédemment, dans l'article du *Bulletin Boncompagni*. Mais il a préféré s'en tenir à cette note, pour avoir raison de moi. C'est en vérité un beau triomphe. . . . .

Ce que dit là M. Genocchi n'est pas exact : l'article du *Bulletin Boncompagni* n'est autre chose que le Richiamo où M. Genocchi avait voulu établir, ce qu'il avait répété dans sa note du 1er février, que Cauchy ne s'était jamais trompé sur la condition de convergence de la série de Taylor ; Et M. Puiseux n'a fait qu'enregistrer l'affirmation de M. Genocchi.

M. Puiseux sait bien que cette affirmation est inexacte, puisqu'il ne s'est trompé lui-même que d'après Cauchy ; il cache la vérité au public, dans l'intérêt de la coterie à laquelle il appartient, mais M. Genocchi n'a le droit de s'en plaindre ni en son nom, ni au nom de son ami. Il n'y aurait que moi de lésé dans tout cela, si le public croyait tout ce qu'on lui dit.

« Mais pour Cauchy, je crois toujours que le mieux serait de le ménager. Soutenez vos droits, démontrez la supériorité de vos méthodes, mais ne l'attaquez pas avec animosité, car c'est, je vous le répète, le plus admiré à l'étranger, parmi les mathématiciens français contemporains. En supprimant Cauchy, quel nom opposerait-on en France aux Jacobi et Riemann de l'Allemagne ? »

Il ne s'agit pas de supprimer Cauchy, qui a rendu d'immenses services. Il s'agit d'abord de ne pas pousser l'admiration envers lui jusqu'à persévérer dans les erreurs qu'il a pu commettre, mais qui lui sont d'autant moins reprochables qu'il a abordé avec succès, au moins partiel, une masse énorme de questions neuves de son temps ; il s'agit en outre de remplacer par d'autres méthodes plus rationnelles et mieux appropriées à l'enseignement, celles que Cauchy a employées pour faire faire à la science d'importants progrès et qui, lui ayant réussi, sont naturellement, par le fait même, au-dessus de toute attaque, mais qui cependant reflètent le désordre d'un génie purement créateur, nullement philosophique. Il s'agit enfin de conserver à chacun ses droits et de réagir contre les prétentions d'une école qui, sous le prétexte que Cauchy a été un grand homme, voudrait, d'abord, que ses disciples seuls eussent du mérite, et, en second lieu, que les progrès réalisés en dehors d'eux, leur fissent cependant retour.

Quant à attaquer Cauchy, *avec animosité*, je ne l'ai jamais fait. Je n'ai jamais parlé de lui que comme j'en parle en ce moment.

Au reste il était plus juste et moins personnel que ses disciples, et avait l'esprit plus large.

Il se laissait bien aller à commettre de petits détournements, mais il le faisait sans réflexion, par entraînement, et il est remarquable même qu'il le faisait surtout aux dépens de gens auxquels, comme moi, il rendait en même temps service. Ses petites supercheries étaient noyées dans des jugements éclairés et bienveillants. Il n'aurait certainement pas poursuivi, pendant quinze ans le projet de dépouiller un autre savant. Je vais plus loin, je pense que si on eût réclamé près de lui au sujet d'une de ses petites spoliations, il eût cédé de bonne grâce. Il était du reste assez riche de son propre fonds.

J'ai poursuivi Cauchy dans ses erreurs, mais c'est là le progrès. Cela ne m'empêche pas de l'admirer.

Au reste si j'ai été obligé de mettre dans ma poursuite un peu d'acharnement, ses disciples ne peuvent s'en prendre qu'à eux du tort que j'ai pu faire à leur maître.

En effet, quand j'ai signalé une première erreur, on m'a ri au nez : alors j'en ai signalé une autre, pour faire croire à la première, puis une troisième, pour faire croire aux deux premières, et ainsi de suite. Plus tard, quand il n'y a plus eu moyen de rire, on a voulu faire croire qu'on n'avait jamais pensé autrement que moi : j'ai trouvé le procédé singulier;

je n'ai cependant rien dit pendant dix ans. Mais il fallait bien chercher une explication du fait : j'ai trouvé cette explication dans l'exemple que Cauchy avait donné à ses disciples et j'ai dû proposer l'explication à laquelle j'étais parvenu. — Au reste, quand on voudra la paix, on n'aura qu'un signe à me faire, mais tant qu'on continuera la guerre, je ferai feu de tous mes sabords.

« Dans les *Comptes rendus* de 1854 (26 juin, page 1104) Cauchy s'occupait de *la résolution des équations et du développement de leurs racines.* Les règles qu'il énonçait me paraissent exactes, il développe une racine α suivant les puissances d'un paramètre t et dit : « α sera développa-« ble..... tant que la racine α ne cessera pas d'être une racine simple... « La série trouvée deviendra divergente à partir de l'instant où le para-« mètre t acquerra un module tel que pour ce module et pour une va-« leur convenablement choisie de l'argument de t, la racine α cesse « d'être simple. » . . . .

L'article de M. Genocchi avait donc paru dans les *Nouvelles Annales.* L'épreuve ne m'en avait pas été envoyée, je ne sais pourquoi. Aussitôt que je pus sortir, j'allai demander à M. Gauthier-Villars le numéro de février.

C'était, comme je l'ai déjà dit, à propos d'une communication de M. A. Picart, député à l'Assemblée nationale et professeur très-distingué d'une de nos facultés des sciences, que M. Genocchi avait cru devoir adresser sa lettre à M. Gérono. Je dus donc rechercher aussi l'article de M. Picart. Cet article ne contenait relativement à moi que ces quelques mots :

« En appliquant la série de Maclaurin au développement de la fonction F (z) suivant les puissances ascendantes, entières et positives de x et invoquant le théorème célèbre de Cauchy relatif à ce développement, on limitait le cercle de convergence de la série à la valeur de x de plus petit module pour laquelle l'équation a une racine double. Mais pourquoi la valeur de plus petit module? Car généralement la convergence de la série de Maclaurin est limitée à la valeur de la variable pour laquelle la valeur de la fonction à détermination multiple, que l'on développe, devient infinie ou égale à une autre valeur de cette fonction, et cette valeur de la variable n'est pas nécessairement, comme vient de le démontrer M. Maximilien Marie, celle qui a le plus petit module, parmi les valeurs qui rendent la fonction ou sa dérivée infinie. »

Si une aussi simple énonciation d'un fait historique avait appelé une rectification, la rectification, il me semble, eût dû consister à remplacer d'abord les derniers mots par ceux-ci : *qui rendent la fonction ou ses dérivées infinies, à partir d'un certain ordre* (car la criticité d'un point multiple d'ordre assez élevé peut ne se manifester qu'à la centième, à la millième dérivation) ; et à rappeler en second lieu, ce qu'indique bien à la vérité la contexture de la phrase de M. Picart, par l'opposition entre l'ancien et le nouvel énoncé, mais seulement pour les gens qui savent le fin des choses, que c'est moi qui ai fait rejeter parmi les points non critiques les points multiples où les dérivées de la fonction se séparent sans devenir infinies, où *l'équation acquiert une racine multiple*, sans que la fonction ni ses dérivées y deviennent infinies.

Quoiqu'il en soit, voici la lettre de M. Genocchi à M. Gérono :

« Votre collaborateur, M. Picart, dans le numéro de février de vos *Annales* (c'est le numéro de février 1874), cite M. Maximilien Marie au sujet de la limite à laquelle s'arrête la convergence de la série de Taylor, et qui n'est pas nécessairement la valeur de la variable offrant le plus petit module parmi celles qui rendent la fonction ou sa dérivée infinie. »

Taylor est ici mis pour Mac-Laurin. Quant à *celles qui rendent la fonction ou sa dérivée infinie*, c'est du Cauchy ; je dis : *qui rendent les dérivées de la fonction infinies à partir d'un certain ordre*. Ce n'est pas seulement parce que l'énoncé de Cauchy serait faux, que je fais cette rectification, c'est aussi parce que j'ai, le premier, fait remarquer que toutes les dérivées d'une fonction quelconque deviennent infinies en même temps qu'elle, pour une valeur finie de la variable, ce que ma théorie des asymptotes me suggérait naturellement, mais ce qui a étonné, lorsque je l'ai dit pour la première fois, dans mon Mémoire de 1865 sur la série de Taylor.

« Dans une note publiée en 1873, dont j'ai l'honneur de vous adresser un exemplaire (ce ne peut être que le *Richiamo*), j'ai montré que cette remarque doit être attribuée à mon compatriote M. Félix Chiò, qui l'a faite le premier et avec toute la précision désirable. »

Mais M. Genocchi, dans son *Richiamo*, avait reconnu exactement le contraire. En effet, les quelques mots que M. Picart avait bien voulu me consacrer et auxquels répondait M. Genocchi, se rapportent à la négation par moi du principe admis par Cauchy et ses disciples que le point critique le plus proche du point origine fût toujours le point d'arrêt de la convergence ; or, dans son *Richiamo*, M. Genocchi avait cité, du Mémoire de 1844 de M. Chiò, ce passage qui prouve clairement qu'à cette époque M. Chiò croyait encore que la convergence est arrêtée au point critique le plus proche du point origine : « Appelons α celle des

« racines de l'équation..... qui est donnée par cette série..... Pour « qu'elle soit développable en série convergente suivant les puissances « ascendantes de t..... il faudra chercher le plus petit module λ de t, « par rapport auquel $\frac{d\alpha}{dt}$ devient discontinu. Pour cela, il faudrait « établir l'équation $1 - t f(\alpha) = 0$, où d'abord l'on devrait mettre « pour α sa valeur en fonction *finie* de t, si cette valeur nous était con- « nue, et ensuite il faudrait chercher le plus petit module des racines t « de l'équation en t, dans laquelle se réduirait la dernière après la subs- « titution dont nous venons de parler. » Et pour que le fait fut encore mieux établi, M. Genocchi avait en outre reproduit du mémoire de 1868 de M. Chiò (il n'en existe pas entre 1844 et 1868) ce passage où M. Chiò, sept ans après moi, annonçait comme une nouveauté que la convergence n'était pas toujours arrêtée au point critique le plus proche du point origine : « Enfin, il y a un troisième point qui a besoin d'être « éclairci et dégagé de toute incertitude..... Tous les géomètres « (M. Chiò ne connaissait sans doute ma protestation) qui ont appliqué « le théorème de Cauchy..... (ces lacunes sont dans le texte) à la re- « cherche de la règle de convergence de la série de Lagrange, représen- « tant l'une des racines de l'équation

$$(2) \qquad x - t\pi(x) = 0$$

« ou bien de l'équation

$$(5) \qquad a - x + tf(x) = 0,$$

« *ou* se sont bornés à dire que la série reste convergente tant que pour « des valeurs croissantes du module T de t l'équation (2) ou (5) n'ac- « quiert pas des racines égales ou infinies : ce qui est vrai, mais laisse in- « décis le module de la série ; *ou bien* (ces italiques sont dans le texte) « ils en ont conclu (ceci regarde MM. Puiseux, Briot et Bouquet qui peuvent voir par là que je ne suis pas seul à leur prêter les opinions qu'ils ont si nettement professées, malgré leurs récentes dénégations) « que la valeur limite T' des modules de t, pour lesquels la série reste « convergente, est donnée par le module *le plus petit* de t qui fait acqué- « rir à l'équation (2) ou (5) des racines égales ou infinies. Or, cette der- « nière assertion est inexacte. Nous produisons en effet » (sept ans après que j'avais discuté la convergence du développement de l'ordonnée du *folium*, pour tous les systèmes de valeurs initiales de l'abscisse et de l'ordonnée) « des exemples où la série de Lagrange continue d'être con- « vergente même après que le module de t a dépassé le plus petit « qui introduit des racines égales dans l'équation proposée » et enfin pour mettre le dernier point, sur le dernier i, M. Genocchi, toujours dans le Richiamo, avait ajouté : « Ma siamo ben lungi dal pensare che « il signor Marie non sia giunto col solo suo ingegno e co' suoi studi ai « risultati che pubblicò, nè possiamo rimproverarlo di non aver conos- « ciuto le conformi ricerche del Chiò fatte pubbliche nel 1852 (il s'agit du « Mémoire de 1844 publié en 1852 dans le Journal des savants « étrangers) COME NON TENIAMO IN COLPA IL CHIÒ CHE NEL 1868 NON CONOS- « CEVA LE COSE STAMPATE DAL SIGNOR MARIE NEL 1861. »

Ainsi la reconnaissance formelle de mon droit, dans le *Richiamo*, se transformait, dans la lettre à M. Gérono, dans l'affirmation inverse du droit de Chiò.

Grâce à la facilité que j'avais montrée, la réclamation allait le diable, *acquirens vires eundo*.

« Je ne me suis pas appuyé sur des documents rares ou inédits, mais sur le recueil des *Comptes rendus* et sur un Rapport rédigé par Cauchy lui-même (pourquoi lui-même ?), qui, après avoir rappelé son célèbre théorème sur la convergence de la série de Maclaurin, s'exprimait de la manière suivante :

« En appliquant ce même théorème dans mes *Exercices* d'analyse, à la « série de Lagrange et en supposant cette série ordonnée suivant les « puissances ascendantes d'un paramètre variable, j'ai dit qu'elle de- « meure convergente quand le module du paramètre est inférieur au « plus petit de ceux qui introduisent des racines égales dans l'équation « donnée. Cette proposition est exacte ; mais il convient d'ajouter, avec « M. Chiò, que la série de Lagrange demeure convergente, quand le « module du paramètre est inférieur au plus petit de ceux qui rendent « égales deux racines, dont l'une est précisément la somme de la série. « Telle est, en effet, la conséquence qui se déduit naturellement du « simple énoncé du théorème général. »

Cette citation est extraite du *Richiamo*. Elle établit bien que M. Chiò avait fait, dès 1844, cette remarque, qui s'est aussi présentée la première à mon esprit, que la criticité appartient à la fonction et non à la variable, c'est-à-dire qu'une valeur prétendue critique de la variable n'aurait rien de particulier si la fonction définie par sa valeur initiale et assujettie à la continuité, ne devait pas parvenir à une de ses valeurs infinies ou multiples, correspondant à cette valeur de la variable, lorsque cette variable aurait passé, par le plus court chemin, de sa valeur initiale à sa valeur d'abord considérée comme critique.

J'avais bien dit à M. Genocchi, dans ma première lettre, que la proposition énoncée dans le Mémoire de 1868 de M. Chiò, que le point d'arrêt de la convergence n'est pas toujours le point critique le plus proche du point origine, si on l'entend bien, reproduit sous une autre forme la première observation (celle qui est mentionnée dans l'extrait qui précède); et en effet, si la fonction n'acquérait pas nécessairement sa valeur infinie, multiple ou ayant ses dérivées infinies à partir d'un certain ordre, dès que la variable atteindrait, par le plus court chemin, sa valeur critique la plus voisine de sa valeur initiale, on devait en conclure, si l'on entendait bien les choses, que la convergence ne serait pas arrêtée à cette valeur critique de la variable, la plus proche de sa valeur initiale. Mais les mots, *si on l'entend bien*, contenaient une supposition, et j'avais d'autant moins lieu d'admettre cette supposition à l'égard de M. Chiò, que, d'après le *Richiamo*, M. Chiò avait mis (68—44) ans à passer d'un des points de vue à l'autre. Or la même difficulté avait bien dû se présenter à l'esprit de MM. Puiseux, Briot et Bouquet, mais s'ils l'avaient envisagée, puisqu'ils regardaient néanmoins le point critique le plus proche du point origine comme devant arrêter la convergence, c'est nécessairement qu'ils pensaient que la fonction parviendrait à sa valeur infinie ou multiple, et non pas à une de ses valeurs simples et finies, lorsque la variable atteindrait, par le plus court chemin, sa première valeur critique. Rien ne prouve que M. Chiò n'ait pas d'abord tranché la question en ce sens. J'admets parfaitement qu'en 1868 M. Chiò n'avait pas connaissance de mes travaux, et j'en conclus qu'il était en état de résoudre tout seul la difficulté, mais il n'en résulte pas qu'il l'ait résolue en 1844. A moins, ce qui est possible, mais non prouvé, que la solution de ce point délicat ne soit justement ce qu'il a, d'après M. Genocchi, retranché de son Mémoire de 1844, conformément aux conseils de Cauchy.

« J'ai montré aussi dans la même note (le *Richiamo*) que Cauchy avait, dès 1844, remarqué les exceptions que comporte la règle tirée des racines égales de l'équation (ceci n'est pas très-clair, M. Genocchi pourrait-il citer un passage où Cauchy ait renié la criticité des abscisses des points multiples d'un lieu où les dérivées de l'ordonnée se sépareraient sans devenir infinies? Dans le cas contraire, l'observation de Cauchy ne prouve que l'absence de fixité dans ses idées) et proposé de la remplacer par une autre règle relative aux valeurs infinies de la fonction ou de ses dérivées (jamais M. Cauchy n'a parlé que de la première dérivée de la fonction), en ajoutant que cette dernière règle avait été adoptée par Chiò dans son Mémoire de la même année. (Mais l'extrait rapporté plus haut du Mémoire de 1868 de M. Chiò prouve qu'il avait ensuite changé d'avis, comme au reste avait fait Cauchy lui-même en 1854, ainsi que cela résulte de la lettre de M. Genocchi en date du 11 février. On ne peut donc voir dans tout cela que des tâtonnements.) Le calcul de Cauchy est identique à celui qu'a développé M. Puiseux dans son Rapport sur les Mémoires de M. Marie. (Que ce soit dans Cauchy que M. Puiseux ait trouvé le calcul dont il s'agit ou qu'il l'ait extrait de son

Mémoire de 1851, comme cela semble plus probable, je n'en sais rien, mais comme, malgré ce calcul, ces messieurs avaient conservé la criticité aux points multiples où les dérivées de la fonction finissent par se séparer, sans devenir infinies, que j'ai eu toutes les peines du monde à faire reconnaître à M. Puiseux son erreur, que ce n'est même que dans la seconde édition de son Rapport qu'il l'a reconnue, après de nouvelles observations de ma part, transmises par M. Bonnet, si Cauchy avait fait le même calcul que M. Puiseux, il faudrait en conclure que M. Puiseux n'avait pas été seul à le faire sans y voir ce qui s'y trouvait.) Chiò a insisté sur la distinction précédente dans un Mémoire postérieur (celui de 1868 sans doute), présenté à la *Société philomatique*, et je vous prie, Monsieur, d'en agréer un exemplaire. » (Si Chiò a fait cette observation en 1868, il l'a faite sept ans après moi, et s'il y a un mérite, c'est que Cauchy ne l'avait pas faite.)

« Ainsi, la priorité de mon compatriote est, je pense, très-clairement établie. »

Très-clairement est joli en soi.

Mais que dirait-on d'un pêcheur qui, ayant trouvé une perle superbe et l'ayant rejetée dans l'Océan, voudrait, le lendemain, la reprendre dans la poche d'un confrère mieux avisé?

Or, dans l'hypothèse la plus favorable, ce serait justement le cas de M. Chiò : il aurait en 1844 reconnu que le point d'arrêt de la convergence de la série de Taylor n'est pas toujours le point critique le plus proche du point origine, et il aurait fait si peu de cas de cette découverte qu'il en aurait supprimé l'énonciation *par condescendance pour M. Cauchy.*

Au reste, il n'y a aucune perle dans tout cela. La perle à découvrir était le point d'arrêt parmi les points critiques ; le reste n'est que petits cailloux. En effet, comme je l'ai déjà dit bien des fois, il était par trop facile de reconnaître que l'énoncé de Cauchy était faux.

Sans doute, Chiò avait vu à peu près l'erreur où l'on était universellement tombé et il était de mon devoir de lui reconnaître, comme je l'ai fait, mais dans une mesure raisonnable, la priorité de son doute, mais c'était dépasser toutes les bornes que d'écrire : *Ainsi la priorité de mon compatriote est, je pense, très-clairement établie.*

Au reste, la phrase était d'autant plus désobligeante pour moi que la partie essentielle de mes recherches, celle où je me suis proposé de déterminer le point d'arrêt, parmi les points critiques, n'étant pas mentionnée et tout l'ensemble de l'article étant d'ailleurs fort peu clair, le lecteur pouvait à peine savoir sur quoi la priorité était réclamée en faveur de M. Chiò.

« Je suis heureux d'ajouter que dans deux lettres que M. Marie a bien voulu m'adresser, il a loyalement reconnu les droits de Félix Chiò, en regrettant que les sentiments d'admiration et de reconnaissance voués par ce dernier à Cauchy l'aient empêché de faire valoir ses droits exclusifs. « Son silence, dit M. Marie, a eu pour résultat définitif de telle« ment ensevelir sa découverte que les disciples de Cauchy, ceux « mêmes qui ont dû compulser ses moindres écrits, n'en eurent pas « connaissance, puisqu'ils n'en ont pas profité et qu'ainsi la science en « resta privée pendant une vingtaine d'années. » M. Marie ajoutait : « Je vous remercie de l'envoi du troisième Mémoire de M. Chiò, que « j'ai lu avec un vif intérêt et qui montre quelle rectitude de jugement « M. Chiò apportait dans les difficiles recherches qui l'ont occupé. » Il finissait par ces mots : « Et maintenant je viens me mettre à votre dis« position au sujet de ce qu'il conviendrait de faire dans l'intérêt de « la mémoire de M. Chiò. »

Ces passages sont bien textuellement extraits de mes lettres, mais ce qui les encadrait était nécessaire pour leur donner leur véritable sens.

« Je vous demande donc, Monsieur, de vouloir bien faire une petite rectification à l'article de M. Picart. Ce sera une œuvre juste et pieuse dont nous serons infiniment reconnaissants, la famille de M. Chiò et moi. Je pourrais discuter quelque autre affirmation de M. Picart, mais je me borne à citer les paroles suivantes de M. Darboux : « Les conditions « nécessaires et suffisantes pour la convergence de la série de Lagrange « sont bien connues ; elles ont été indiquées avec toute la netteté pos« sible par Cauchy et par Félix Chiò. Il n'y a donc plus rien de nouveau « à établir sur cette question, et ce qui a pu faire illusion, dans ces der« niers temps, à quelques géomètres, c'est que, dans son beau Mémoire « sur cette série, M. Rouché s'est contenté de donner une condition « suffisante pour la convergence, mais nullement nécessaire. » (*Bulletin des sciences mathématiques et astronomiques*, t. VI, p. 67, 1874.)

Cette dernière partie appelle plusieurs rectifications.

« Et d'abord, M. Darboux, qui arrive au secours de MM. Puiseux et Bouquet, commet ici une maladresse, car si les conditions nécessaires et suffisantes pour la convergence de la série de Lagrange (ou de Taylor) avaient été indiquées *avec toute la netteté possible* par Félix Chiò, MM. Puiseux, Briot et Bouquet seraient impardonnables de s'être si grandement fourvoyés. — Il vaudra bien mieux pour M. Puiseux, qui a écrit en 1851, pour MM. Briot et Bouquet dont la *théorie des fonctions doublement périodiques* a paru en 1859, que les conditions dont il s'agit n'aient été indiquées, *avec toute la netteté possible*, que par moi, en 1861.

« En second lieu, M. Darboux montre qu'il ne sait pas ce dont il parle, ou qu'il ne dit pas ce qu'il sait; car, pour déterminer, je ne dirai pas *avec toute la netteté possible*, mais simplement avec netteté, la condition de convergence de la série de Taylor, il s'agissait d'assigner le point d'arrêt parmi les points critiques; or, c'est à quoi Cauchy n'a jamais songé, croyant que le point critique le plus proche du point origine était toujours le point d'arrêt; et si Chiò a envisagé la question, en 1868, sept ans après moi, il ne l'a en tout cas pas résolue.

Quant à M. Rouché, qui a en effet étudié la question sous toutes ses faces, il me disait il y a quelques mois :

« Il est certain que vous êtes le premier qui ayez vu clair dans la série de Taylor. » Comme j'attache un grand prix à ce témoignage, je prie M. Darboux de me permettre de l'opposer au sien.

Le rapport de M. Puiseux avait achevé de me cuirasser contre toutes les méchancetés dont on voudrait bien m'honorer, et je n'ai pas songé un instant à répondre publiquement à M. Genocchi. Cependant je ne pouvais pas laisser passer son article sans protestation. Je lui écrivis à la fin de mars.

« Monsieur, l'énoncé que vous voulez bien me communiquer des conditions de convergence de la série de Taylor, d'après Cauchy, est aussi faux que tous ceux que je connaissais de lui, de M. Puiseux, de MM. Briot et Bouquet.

« Cauchy admet qu'une racine cesse d'être développable à partir du moment où elle cesse d'être simple. C'est complétement faux. Ainsi

$$y = (x - \varepsilon)\sqrt{x - 1}$$

est développable, par la série de Maclaurin, de 0 à 1, quelque petit que soit ε, quoique les deux valeurs de cette fonction se confondent pour $x = \varepsilon$. Cela tient à ce que les dérivées des deux valeurs de la fonction restent toutes distinctes pour $x = \varepsilon$. Si en effet y cessait d'être développable au delà de $x = \varepsilon$, $\frac{dy}{dx}$ cesserait aussi de l'être, quoique $x = \varepsilon$ ne fût pas une valeur critique de $\frac{dy}{dx}$ de sorte que les points d'arrêt de la convergence du développement d'une fonction ne seraient plus les points critiques relatifs à cette fonction, d'où résulterait l'écroulement de toute la théorie !

« Outre cette erreur matérielle, que M. Puiseux a bien été obligé de reconnaître dans son Rapport, l'énoncé contient aussi un non-sens, car ce n'est rien dire que de dire : la fonction cessera d'être développable au moment où elle cessera d'être simple, si on ne sait pas quand cela arrivera.

« Il arrive toujours que quelques valeurs de la fonction deviennent égales en un point vraiment critique, mais si celle qu'on développe n'est pas comprise parmi celles-là, le point en question n'est pas critique pour elle.

« Au fond, Cauchy croyait, comme en témoigne tout ce qui a été écrit par lui et par ses disciples, que le point critique le plus proche du point origine arrêtait toujours la convergence, quelle que fût celle des valeurs de la fonction qu'on développât. Cette absurdité n'est pas expressément reproduite dans l'énoncé que vous voulez bien m'adresser, mais elle y est d'intention, ou bien le texte n'a pas de sens, car ce serait une pure naïveté que de dire que la série, qui n'a jamais qu'une valeur, ne pourrait pas représenter toutes celles de la fonction qui se sépareraient les unes des autres après être un instant devenues égales.

« J'ai lu votre lettre insérée dans le numéro de février des *Nouvelles Annales* et je vous demande la permission de vous en dire franchement mon avis, ainsi que de votre note insérée dans les *Comptes rendus*.

« Les extraits que vous citez de mes lettres ne rendent que très-imparfaitement ma pensée, car j'ai bien reconnu que M. Chiò avait entrevu la vérité d'une façon à peu près nette, mais j'ai constaté en même temps qu'il ne l'a dite ni assez haut, ni assez clairement pour se faire entendre, puisque les disciples de Cauchy, eux-mêmes, ne l'ont pas vue dans le Rapport où Cauchy approuvait M. Chiò, en s'attribuant d'ailleurs ses idées, sans probablement s'en rendre bien exactement compte, puisqu'il approuvait ensuite, de même, le Mémoire de M. Puiseux.

« En réalité, c'est sur moi seul qu'a porté le poids de la discussion.

. . . .

« J'aurais été heureux que vous me rendissiez justice à cet égard.

« Je vous disais aussi : « Il n'y a de mérite pour personne à ce que « Cauchy ait dit des bêtises, et cinq minutes de réflexion suffisaient « amplement à reconnaître son erreur, aussi ne fais-je dater mes travaux « sur la série de Taylor que du moment où j'ai pu déterminer le point « d'arrêt parmi les points critiques. »

« J'ai bien été obligé, avant de poser la question de la détermination du point d'arrêt, de crier sur les toits que le théorème de Cauchy était faux, mais si je n'étais parvenu à aucun résultat nouveau, je n'aurais même pas songé à relever l'erreur par trop évidente de Cauchy et de ses disciples.

« Ce sont les exemples que j'ai donnés, dans le journal de M. Liouville, de la détermination du point d'arrêt, parmi les divers points critiques, et les preuves qui en sont résultées que le point critique le plus proche du point origine n'était pas toujours le point d'arrêt, qui ont enfin triomphé de préjugés trop enracinés pour tomber devant une timide et insaisissable protestation.

« J'aurais attaché un grand prix à un mot d'éloge de votre part au sujet de l'important progrès que j'avais fait faire à la question en déterminant, par exemple, pour chaque système de valeurs initiales de la variable et de la fonction, le point d'arrêt de la convergence du développement de la fonction y, dans l'exemple

$$y^3 - 3axy + x^3 = 0,$$

où se présentent quatre points critiques. — Cet éloge n'eût nui en rien à la mémoire de M. Chiò, au contraire, car enfin ce que j'ai pu dire en faveur de M. Chiò n'a de valeur qu'en raison de ma compétence dans la question.

« En résumé, je crois que si vous relisez vos deux articles et votre *Richiamo*, vous y verrez : 1° que je ne compte pas dans la question de la série de Taylor ; — 2° que Cauchy ne s'est pas trompé au sujet de cette question et que M. Chiò partageait ses opinions, ce qui me paraît contraire à votre thèse, car si M. Chiò n'avait fait qu'approuver les opinions de Cauchy, il ne serait même pas question de lui aujourd'hui.

« M. Chiò a eu un mérite, que j'ai reconnu, celui d'avoir contredit Cauchy sur les points où il avait tort, mais pour que ce mérite ne soit pas imaginaire, il faut au moins que Cauchy se soit trompé. Comment donc pouvez-vous plaider à la fois l'infaillibilité de Cauchy et le mérite de M. Chiò?

« Il me semble que vous plaidez de façon à perdre votre procès et celui de M. Chiò devant toutes les juridictions possibles et imaginables. La réponse de M. Puiseux vous en est du reste une preuve. Il n'a eu qu'à ramasser les atouts que vous lui aviez mis dans la main pour gagner la partie en cinq lignes.

« Vous me disiez dans une de vos lettres : « Il me répugnait d'accuser M. Cauchy de mauvaise foi. » Il faudrait pourtant prendre parti dans un sens ou dans l'autre.

« En un mot, voici ce qui s'est passé. M. Chiò a relevé une erreur de Cauchy; Cauchy dans son Rapport s'est approprié l'opinion de M. Chiò, en noyant l'emprunt dans une phraséologie qui permît au public de se faire illusion, but qui fut si bien atteint qu'on n'aperçut même pas la rectification; et là-dessus vous dites : Chiò et Cauchy étaient du même avis, c'est M. Marie qui est le trouble-fête ! Cela me serait égal en ce qui me concerne, mais, dans votre hypothèse, je le répète, je ne vois plus le mérite de M. Chiò.

« Je vous demande pardon d'insister si fort sur un point qui, en réalité, me tient fort peu au cœur, mais comment voulez-vous, après ce que vous avez écrit, que je rétablisse M. Chiò dans ses droits ?

« Vos deux articles m'ont donné l'envie de voir celui de M. Picart, dont je n'avais pas encore entendu parler. M. Picart ne dit de moi que deux mots rappelant un fait de notoriété publique, et je n'ai rien vu dans son article qui explique l'à-propos de votre réponse.

« J'avais été averti par M. Brisse de l'envoi de votre lettre à M. Gérono, avant que vous m'en eussiez parlé et je lui avais dit que peut-être j'aurais à y ajouter quelques mots, qui n'eussent pu être qu'en faveur de M. Chiò ; mais, en l'état de la question, je préfère garder le silence, ne voulant ni vous contredire, ni me charger moi-même de mon panégyrique.

« Si les raisons que je vous donne dans cette lettre vous convainquent, vous pourrez mieux que moi remettre les choses en un état satisfaisant pour vous, pour M. Chiò et pour moi.

« Agréez, je vous prie, Monsieur, l'expression nouvelle de mes meilleurs sentiments. »

Le but que je m'étais proposé dans cette lettre est indiqué dans les conclusions. Je voulais obtenir de M. Genocchi une détermination nette dans un sens ou dans l'autre. Je n'y suis pas parvenu.

Quelques termes de sa réponse m'ont fait vaguement supposer que je l'avais blessé, je lui en ai d'autant plus volontiers exprimé mes regrets, qu'il avait été bien loin de ma pensée d'avoir l'intention de le faire, mais je n'en persiste pas moins à penser que les intérêts de M. Chiò et la justice auraient gagné à être défendus comme je l'entendais.

Quoi qu'il en soit, je citerai deux parties de la réponse de M. Genocchi, l'une qui peut intéresser le public et l'autre qui me concerne.

M. Genocchi débutait par ces mots :

« Je ne suis pas heureux dans mes citations. Je croyais vous donner des énoncés exacts, et vous trouvez qu'ils sont complétement faux. Il faudrait pourtant apporter un peu d'indulgence dans la discussion. *Summum jus, summa injuria*. Il y a deux questions : la question des racines multiples et celle de la valeur infinie de la fonction et de ses dérivées. Le Mémoire de 1854 que je vous ai cité se rapporte à la première question et les exemples que vous me citez se rapportent à la seconde ; mais pour celle-là, vous savez qu'il y a un Mémoire plus ancien de Cauchy et très-explicite, celui de 1844, dont j'ai parlé dans mon *Richiamo* et dans lequel on détermine les valeurs critiques en supposant infinie quelqu'une des dérivées. » (*Comptes rendus*, tome XIX, page 142.)

Il me semble que cette explication ne prouve que la confusion des idées de l'auteur des deux Mémoires de 1844 et de 1854. Je ne vois en tout cas pas les deux questions. Il s'agit, je crois, de la convergence de la série de Taylor : or, l'énoncé de 1854 étant faux, que peut être celui de 1844 ? S'il était exact, ce que je ne pense pas, la correction qui y aurait été faite démontrerait qu'il ne l'était que par hasard.

Voici la seconde partie :

« En ce qui touche M. Chiò, j'avais pensé que l'article de M. Picart vous devait offrir l'occasion de rendre justice à mon ami et j'attendais. Après avoir attendu plusieurs mois, je me suis décidé à parler moi-même. »

Ceci est presque un reproche ; mais comment aurais-je pu songer à répondre à l'article de M. Picart, dont je n'avais jamais entendu parler ? Il est vrai que si j'en avais eu connaissance, je n'aurais songé qu'à une seule chose, remercier M. Picart, ce que j'ai fait depuis. Mais au lieu d'attendre que je m'insurgeasse contre un article que je ne connaissais pas, pourquoi M. Genocchi ne me le signalait-il pas?

Lorsque j'avais expliqué à M. Bonnet ma méthode de classification des intégrales d'origine algébrique, il m'avait appris que M. Hermite s'occupait depuis quelques années de cette même question, dans ses leçons à l'École Polytechnique, et que la première partie de son cours, qui venait de paraître, comprenait précisément le développement de ses idées au sujet de la question dont je m'étais occupé.

Je pris connaissance de cet ouvrage aussitôt que je le pus.

J'ai été étonné, en le feuilletant, d'y trouver cité avec approbation, comme extrait du *Cours de calcul différentiel et intégral* de M. Serret, cet énoncé bizarre du théorème de Cauchy, relatif à la série de Taylor :

« Toute fonction sera développable en série convergente, suivant les puissances entières et croissantes de la variable, si le module de cette variable est inférieur au plus petit module des valeurs qui rendent la fonction discontinue. »

Cet énoncé a d'autant plus lieu d'étonner que l'ouvrage de M. Hermite a paru en 1873, mai ou juin.

J'y remarquai aussi cette phrase de la note des pages 382 et 383 :

« On voit ainsi dans les parties élevées du calcul intégral toute l'im-
« portance de la considération des points doubles, et comment elle de-
« vient l'un de ces liens que la science de notre époque, et surtout les
« beaux travaux de M. Clebsch, ont révélés entre la géométrie supérieure
« et l'analyse. »

Cette note se rapporte à l'abaissement qui se produit dans le nombre et la nature des périodes de la quadratrice d'une courbe algébrique de degré donné, à la suite de la formation de points doubles dans cette courbe ; or la *Theorie der Abelschen functionen* a paru en 1866 et le Mémoire où j'ai consigné, comme une simple remarque, dérivant de ma théorie des intégrales simples, que la quadratrice d'une section plane d'une surface algébrique perd une de ses périodes, par annulation, au moment où le plan sécant devient tangent à la surface, ce Mémoire, que M. Hermite a eu le premier entre les mains, est de 1853.

Mais je ne m'émeus pas pour si peu de chose.

Je lus avec un vif intérêt la théorie des courbes unicursales, c'est-à-dire des courbes dont les coordonnées x et y, en raison de la forme de leur équation, peuvent s'exprimer en fonction rationnelle d'une même variable.

Comme je l'avais écrit dans les *Comptes rendus*, la méthode des conjuguées avait l'avantage sur celle de M. Clebsch, ou de M. Hermite, tant par rapport aux moyens employés que par rapport aux résultats obtenus.

Toutefois, je fus véritablement surpris qu'on eût pu pousser les découvertes si loin, à l'aide seulement de transformations de calcul, dont, au reste, on aperçoit si peu le motif *à priori*, qu'il semblerait que toute cette théorie ne soit qu'un assemblage de *Réciproques*.

Je m'étais proposé de déterminer les conditions les plus générales dans lesquelles une courbe algébrique devient quarrable algébriquement, par les fonctions circulaires, ou par les fonctions elliptiques; et j'y étais arrivé.

Au lieu de cela, la théorie de M. Clebsch se réduit à deux théorèmes, concernant deux hypothèses en deçà ou au delà desquelles on ne sait plus rien :

Si une courbe de degré n a $\frac{1}{2}n(n-3)$ points doubles, ses coordonnées peuvent s'exprimer en fonctions rationnelles d'une nouvelle variable θ et d'un radical carré portant sur un polynome du quatrième degré en θ; d'où résulte que cette courbe est quarrable par les fonctions elliptiques.

Si une courbe de degré n a $\frac{1}{2}(n-1)(n-2)$ points doubles, ses coordonnées peuvent s'exprimer en fonctions rationnelles d'une nouvelle variable θ et, par suite, cette courbe est quarrable par les fonctions circulaires.

Dans ce dernier cas, si les périodes cycliques s'évanouissent, la courbe est quarrable algébriquement.

Mais les conditions d'évanouissement des dernières périodes de la quadratrice d'une courbe unicursale étaient fournies par la théorie, sous une forme si compliquée, que M. Hermite s'y était trompé, pour les courbes du troisième degré seulement; ou, du moins, n'avait pas pu obtenir l'équation la plus générale de la courbe du troisième degré quarrable algébriquement, et avait pris le cas le plus général pour un cas particulier.

La lecture de son livre, ou du moins des passages qui m'intéressaient, m'amena à lui écrire la lettre suivante en date du 30 juillet 1873.

LETTRE A M. HERMITE

SUR

LES COURBES ALGÉBRIQUES QUARRABLES ALGÉBRIQUEMENT

« Monsieur, j'ai présenté il y a quelques mois à l'Académie des sciences un Mémoire intitulé : *Classification des intégrales quadratrices des courbes algébriques*, qui a paru par extraits dans les comptes rendus relatifs aux séances des 17 et 24 mars, 7 et 14 avril 1873, et dont j'avais annoncé la publication à M. Chasles et à M. Puiseux, par lettres datées du 8 et du 14 juillet 1872

« L'une des conclusions de mon Mémoire, était que les courbes de degré m quarrables algébriquement sont celles qui ont $\frac{(m-1)(m-2)}{2}$ points doubles et que toutes leurs asymptotes rencontrent en trois points situés à l'infini.

« Je savais déjà, par M. Laguerre, que je m'étais rencontré avec M. Clebsch et vous, quoique par une méthode toute différente, sur la définition des courbes unicursales, ou quarrables par les fonctions circulaires, mais j'ignorais que vous fussiez allé plus loin.

« Je viens de voir, ce soir même, avec le plus grand plaisir, que vous vous étiez préoccupé aussi de déterminer les courbes quarrables algébriquement, et alors, naturellement, mon attention s'est trouvée encore plus particulièrement excitée.

« Pour déterminer la courbe du troisième degré quarrable algébriquement, vous prenez l'équation de la courbe unicursale de cet ordre, vous cherchez les expressions des périodes cycliques ou résidus et vous les égalez à zéro.

« J'avais procédé autrement :

« Les périodes de la quadratrice d'une courbe donnée devant être indépendantes du choix des axes, puisque les aires des segments relatifs à un même arc ne diffèrent les uns des autres que par celles de deux triangles et d'un trapèze, j'avais supposé qu'on rendît l'axe des y parallèle à l'une des asymptotes et qu'on prît, en tenant bien entendu compte du nouvel angle des axes, le résidu relatif à l'abscisse de cette asymptote, résidu qui resterait une période cyclique de la quadratrice de la courbe, lorsque les axes reprendraient leur situation première.

« Or il est facile de voir que ce résidu s'annule quand l'asymptote coupe la courbe en trois points situés à l'infini.

« D'où résulte le théorème que j'ai énoncé :

« Pour qu'une courbe qui a $\frac{(m-1)(m-2)}{2}$ points doubles et dont la quadratrice a, par conséquent, déjà perdu ses périodes ultracycliques, devienne quarrable algébriquement, il faut que toutes ses asymptotes la coupent chacune en trois points situés à l'infini.

« La comparaison des trois périodes cycliques de la courbe unicursale du troisième ordre, vous montre aisément que l'une d'elles est égale à la somme des deux autres, ou, ce qui revient au même, puisque chacune d'elles a le double signe, que la somme des trois est nulle.

« Le théorème analogue ne m'a pas échappé, mais je l'ai présenté d'une manière plus générale.

« J'ai fait voir que si l'on dirigeait successivement l'axe des y parallèlement aux m asymptotes d'une courbe de degré m et que, chaque fois, on calculât le résidu de l'intégrale $\sin \mathrm{Y'X'} \int y'dx'$, relatif au pied de l'asymptote correspondante sur l'axe des x resté fixe, ces m résidus seraient liés entre eux par une relation telle que si $(m-1)$ d'entre eux étaient rendus nuls, ce qui arriverait dès que chacune des $(m-1)$ asymptotes correspondantes rencontrerait la courbe en trois points situés à l'infini, le $m^{ième}$ résidu, dès lors, serait aussi nul.

« Les résultats suivants continuent naturellement à concorder.

« Toutefois, vous dites, page 404 :

« Nous appliquerons ce résultat à un exemple particulier, en considérant la courbe connue sous le nom de folium de Descartes. »

« Il me semble que le folium (1) ne constitue pas un exemple particulier, mais que si l'on rétablit le paramètre linéaire et qu'on ne suppose plus les axes rectangulaires, on aura la courbe la plus générale du troisième degré quarrable algébriquement.

« L'équation de la courbe la plus générale du troisième degré, quar-

(1) J'appelle ici folium, comme au reste le fait aussi M. Hermite dans sa réponse, non pas la courbe particulière

$$y^3 + x^3 - 3axy = 0,$$

rapportée à des axes rectangulaires, mais la courbe de même nature

$$y^3 + k^3x^3 - 3ak^2xy = 0,$$

rapportée à des axes quelconques.

rable algébriquement, telle que je l'avais donnée dans les *Comptes rendus*, est

$$y = \frac{ax}{2m}\sqrt{\frac{x+3m}{x-m}}.$$

« Le choix des axes auxquels je l'avais rapportée résultait de cette remarque que le point double de la courbe quarrable du troisième ordre est le centre de gravité du triangle formé par les asymptotes, et que chacune des médianes de ce triangle est le diamètre de la courbe correspondant aux cordes parallèles à la troisième asymptote. Dans mon équation, $3m$ représente l'une des médianes, et $3a$ la base correspondante du triangle formé par les asymptotes.

« Cette équation ayant été obtenue directement en exprimant les conditions que la courbe devait remplir est bien l'équation la plus générale des courbes du troisième ordre quarrables algébriquement.

« Cependant les trois asymptotes du folium sont :

$$\begin{aligned} y &= -x-1, \\ y &= -\alpha x-\alpha^2, \\ y &= -\alpha^2 x-\alpha; \end{aligned}$$

et chacune des trois rencontre bien la courbe en trois points situés à l'infini.

« Il semblerait donc qu'il y eut deux courbes du troisième ordre quarrables algébriquement, mais elles sont conjuguées l'une de l'autre et n'en font réellement qu'une.

« En effet, si l'on rapporte le folium à son axe de symétrie et à la perpendiculaire, son équation devient

$$y = \frac{\sqrt{-1}\,x}{\sqrt{3}}\sqrt{\frac{x-\frac{3}{\sqrt{2}}}{x+\frac{1}{\sqrt{2}}}},$$

qui, au facteur $\sqrt{-1}$ près, rentre bien dans le type

$$y = \frac{ax}{2m}\sqrt{\frac{x+3m}{x-m}}.$$

« Toute la différence est que ma courbe a ses trois asymptotes réelles et que le folium en a deux imaginaires.

« Ce qui précède n'a d'autre objet que de servir d'introduction à ce que je me proposais de vous dire.

« Vous ne donnez pas les conditions que doivent remplir les courbes unicursales d'ordres supérieurs au troisième, pour qu'elles deviennent quarrables algébriquement. Il me semble cependant que votre méthode y conduirait. Peut-être avez-vous pensé que l'expression en serait trop compliquée. Mais peut-être aussi que, sachant qu'elles se réduisent à ce que les m asymptotes rencontrent chacune la courbe en trois points situés à l'infini, la recherche directe, par votre méthode, vous en paraîtra moins inabordable, et comme je serais très-désireux de vous voir ajouter ce complément à votre théorie, j'ai pris la liberté de vous soumettre la question.

« Dans ma théorie, l'équation de la courbe quarrable de degré m se forme toujours aisément : si l'on ajoute au produit de m facteurs $(y - a_1 x - b_1), \ldots (y - a_m x - b_m)$, un polynôme de degré $(m-3)$, on a l'équation la plus générale des courbes de degré m, que leurs m asymptotes coupent chacune en trois points situés à l'infini.

« On exprime ensuite que la courbe a $\frac{(m-1)(m-2)}{2}$ points doubles donnés, ce qui donne des relations très-symétriques entre les coefficients des termes des divers degrés. »

Voici la réponse de M. Hermite, elle est datée du 6 août 1873.

« Monsieur, je ne puis répondre que bien succinctement à la lettre que vous m'avez fait l'honneur de m'écrire, étant sur mon départ, mais je ne veux pas tarder à vous dire que vous avez grandement raison à l'égard des courbes du troisième degré quarrables algébriquement. En donnant les expressions rationnelles

$$x = \varphi(\theta), \quad y = \psi(\theta),$$

j'ai omis d'observer qu'on pouvait, sans changer l'équation en x et y, remplacer θ par $\frac{a\theta + b}{\alpha\theta + \beta}$, substitution qui laisse d'ailleurs $\varphi(\theta)$ et $\psi(\theta)$, fonctions rationnelles du troisième degré, mais en y introduisant trois constantes qui permettent de ramener tous les cas au seul et unique cas qui existe en réalité ; ceux que je m'étais figurés différents n'ayant de différence que l'apparence des fonctions $\varphi(\theta)$ et $\psi(\theta)$.

« Devant très-prochainement partir en vacances, je ne puis entrer plus à fond dans l'étude de la question à laquelle vous vous êtes attaché et qui m'intéresse beaucoup, mais j'emporte votre lettre pour l'étudier à loisir plus tard.

« En vous remerciant, Monsieur, de votre communication qui m'a fait grand plaisir, je vous prie d'agréer l'assurance de mes sentiments les plus distingués. »

Ch. Hermite.

M. Transon se vit obligé d'interrompre ses examens d'admission à l'École Polytechnique, le 20 août 1873, et je fus brusquement appelé à le remplacer, comme examinateur suppléant.

J'achevai les examens de Paris et je fis la tournée de province avec mon camarade M. Tissot et M. Debray, que je n'avais pas l'honneur de connaître, mais dont l'esprit, le caractère et la bienveillance me charmèrent.

J'avais pris la suite des examens de M. Transon le 24 août; il ne restait à interroger à Paris que 64 élèves externes, appartenant pour la majeure partie à Sainte-Barbe, à l'école des jésuites et à l'école Monge.

M. Bouquet, directeur de l'école préparatoire de Sainte-Barbe, et M. Godart, directeur de l'école Monge m'avaient exprimé leur satisfaction sur ma manière d'interroger et de juger les candidats, et le général Riffault, qui commandait alors l'École Polytechnique, avait reçu des Pères jésuites l'expression d'impressions également favorables.

Mais j'éprouvai encore plus de satisfaction en province.

Au reste, M. Debray étant le contemporain et le camarade de presque tous les professeurs dont nous avions à examiner les élèves, leurs témoignages, qu'il recueillait, étaient d'autant plus probants qu'ils étaient plus libres; aussi, avaient-ils d'autant plus de prix à mes yeux.

A Douai, à Nancy, à Besançon, M. Debray n'avait reçu que des témoignages flatteurs pour moi. A Lyon, j'avais reçu les compliments du général Favé et le professeur de spéciales avait pris ma défense près du proviseur, qui avait craint un insuccès plus caractérisé que ne le comportait la faiblesse avouée des candidats, cette année-là.

Les professeurs de Moulins, de Clermont-Ferrand et de Grenoble, qui avaient accompagné leurs élèves à Lyon, avaient manifesté leur satisfaction.

A Toulouse, M. Forestier avait dit que j'avais classé ses élèves comme il l'eût fait lui-même et avait ajouté qu'il avait relevé dans mes examens des remarques très-fines, dont il ferait profiter ses élèves.

A Bordeaux, M. Debray m'avait dit : tout le monde est content, élèves et professeurs. On trouve que vous êtes très-clair, et on ajoute que vous posez des questions très-intéressantes, sur lesquelles on peut bien juger les élèves.

A Rennes, ç'avait été le même concert de la part des professeurs de Rennes, de Nantes, de Brest et de Lorient.

A notre retour, M. Debray, qui, en qualité de président du jury d'examen, devait naturellement rendre compte de nos faits et gestes, s'exprima de la façon la plus explicite en ma faveur vis-à-vis du général commandant l'école et du directeur des études.

Il avait mis une grâce si parfaite à me transmettre ce qu on lui avait rapporté, que l'affection que je lui avais vouée dès le début, n'avait fait qu'augmenter.

Son mérite et l'influence légitime dont il jouit me suggérèrent l'idée de lui demander un service.

Je songeais depuis longtemps à réunir en volumes tous mes Mémoires, mais je ne pouvais guère entreprendre sans aide une publication si onéreuse.

Je savais M. Debray lié avec M. Henri Sainte-Claire-Deville, président de la Commission des encouragements aux sciences-lettres, je le priai de me présenter à son ami et de le prévenir de ce que j'aurais à lui demander.

M. Sainte-Claire-Deville me reçut avec la grâce charmante qu'il met à toutes ses bonnes actions et me demanda seulement une lettre d'un savant en renom, pour mettre sa responsabilité à couvert.

Je m'adressai à M. Bonnet, qui me remit la note suivante pour être présentée par M. Sainte-Claire-Deville au ministre de l'instruction publique.

« La *Théorie des fonctions de variables imaginaires* que M. Marie, répétiteur à l'École polytechnique, se propose de publier, a fait l'objet de rapports favorables présentés à l'Académie des sciences par MM. Cauchy et Sturm en 1854 et par MM. Bertrand, Bonnet et Puiseux en 1873.

« Le *Rapport sur les progrès de l'Analyse en France*, qui fut rédigé sur la demande du ministre de l'instruction publique, à l'occasion de l'Exposition de 1867, contient d'ailleurs un éloge spécial de l'ensemble de ce travail.

« Il serait désirable que cet ouvrage pût être publié avec les développements que comporte l'exposition de la méthode entièrement neuve de l'auteur.

« Malheureusement, l'entreprise d'une pareille publication présente de grandes difficultés matérielles.

« Je pense que l'État rendrait un grand service à la science en aidant autant que possible à la solution de ces difficultés.

« Je pense aussi qu'il y aurait un grand intérêt à ce que l'ouvrage de M. Marie pût être mis à la disposition des élèves de nos grandes écoles scientifiques et de nos Facultés des sciences.

« Les jeunes professeurs de mathématiques y trouveraient un nouveau champ d'études et de recherches. »

M. Sainte-Claire-Deville me dit qu'avec cette déclaration il pourrait demander ce qu'il voudrait et me donna un mot d'introduction près de M. O. de Watteville, directeur de la section des sciences-lettres au ministère de l'instruction publique, que mon affaire concernait.

Je remis à M. de Watteville la lettre de M. Sainte-Claire-Deville, la note de M. Bonnet, et ma demande au ministre.

Je pensais bien qu'un ami de M. Sainte-Claire-Deville ne pouvait être qu'un charmant homme, mais M. de Watteville dépassa mon attente.

La jolie lettre de M. Bonnet le décida instantanément, il me demanda seulement, pour être mieux armé près du ministre, de la faire apostiller par quelques autres savants.

M. Liouville devait être le premier à qui je m'adressasse; mais étant allé à l'Académie pour le voir, j'appris qu'il était encore à Toul.

Je rencontrai M. Serret dans la salle des Pas-Perdus.

Je pense, contrairement à l'opinion générale des fonctionnaires, en France, qu'un fonctionnaire est chargé de remplir la fonction dont il est investi; et je crois avoir le droit, comme public, de requérir poliment un fonctionnaire de remplir sa fonction vis-à-vis de moi quand j'ai besoin de lui.

Je dis donc à M. Serret, en lui présentant la lettre de M. Bonnet, que M. de Watteville, désirant de nouvelles lumières, je croyais pouvoir le prier de donner son avis.

Il écrivit au bas : « Je pense, comme mon confrère M. Bonnet, qu'il serait à désirer que M. Marie fût mis à même de pouvoir publier ses travaux. »

Je crus aussi devoir m'adresser à M. Bertrand, parce qu'il était nommé dans la lettre de M. Bonnet, mais il refusa.

M. Bonnet avait eu l'obligeance de parler d'avance à M. Hermite, qui, me rencontrant quelques instants après, me demanda ce que je désirais.

Il écrivit très-gracieusement : « Je me joins à mes deux confrères. »

Enfin M. Liouville, de retour huit jours après, ajouta : « J'apprécie les beaux travaux de M. Marie et j'appuie de tout cœur la demande. »

Ainsi nanti, je revins trouver M. de Watteville, qui me fit obtenir quelques jours après, de M. de Fourtou, une souscription à trois cent quinze exemplaires de mon livre, de façon que tous les frais fussent couverts.

Je crois devoir consigner ici l'expression de ma bien vive reconnaissance envers M. Debray, M. Sainte-Claire-Deville, M. Bonnet et M. de Watteville.

Le manuscrit était prêt, mais j'y ai fait diverses additions et modifications pendant l'impression.

J'y ajoutai le chapitre relatif à la courbure des surfaces imaginaires, dont je n'avais jamais eu le temps de m'occuper; puis le paragraphe relatif aux plans asymptotes et à leur enveloppe.

C'est en écrivant ce dernier article que l'espoir me vint de pouvoir faire pour les intégrales doubles l'équivalent de ce que j'avais fait peu avant pour les intégrales simples, c'est-à-dire de déterminer le nombre de leurs périodes, les circonstances dans lesquelles elles disparaissent, et les conditions pour qu'une surface algébrique puisse être cubée algébriquement. Je dirai quelques mots de ce travail un peu plus loin.

Les Mémoires sur les intégrales, que j'avais donnés par extraits dans les *Comptes rendus*, en 1872, bien que je n'en voulusse pas conserver le texte, puisque, pour les raisons que j'ai dites plus haut, j'en avais écarté le point de vue le plus intéressant, devaient néanmoins me servir à compléter la théorie. Je les fondis avec les anciens qui avaient paru dans le journal de M. Liouville, de façon à utiliser la démonstration que j'avais récemment donnée de l'indépendance de la valeur d'une intégrale envers la loi de progression des variables indépendantes, les limites restant les mêmes; à compléter la définition d'une intégrale double, et surtout à améliorer la théorie des intégrales d'ordre quelconque.

C'est dans le cours de ce travail que j'arrivai à l'expression définitive des faits en ce qui concerne l'intervention de l'enveloppe imaginaire dans l'interprétation des périodes.

Comme je l'ai déjà dit, j'avais d'abord rejeté cette intervention, dans le cas où l'équation considérée aurait ses coefficients réels.

J'avais plus tard considéré l'enveloppe imaginaire des conjuguées d'un lieu représenté par une équation à coefficients imaginaires, comme une transformée de l'enveloppe réelle que représentait l'équation avant que ses coefficients devinssent imaginaires, ce qui m'avait amené à restituer à l'enveloppe imaginaire une partie de l'importance qu'elle a dans la question.

Mais dans le cas d'un lieu réel, pourvu même du nombre maximum de branches réelles, l'enveloppe imaginaire joue encore, dans la question des périodes, un rôle important, que je n'avais pas aperçu plus tôt et qu'il fallait lui restituer, ce que je réussis à effectuer.

C'est au milieu de ces travaux que j'eus à m'occuper de ma candidature à la place d'examinateur d'admission, vacante par suite de la démission de M. Transon.

J'ai rapporté les impressions des professeurs dont j'avais eu à interroger les élèves.

M. Liouville avait écrit à M. Serret le 7 avril 1874 :

«Mon cher confrère, permettez-moi de vous recommander bien vivement la candidature de M. Marie à la place d'examinateur d'admission à l'École polytechnique. Il a déjà rempli ces fonctions à la satisfaction générale. Quant à ses titres scientifiques, qui sont très-sérieux, vous n'avez pas besoin que je vous les rappelle. Je serais personnellement heureux qu'on lui rendît justice et j'appelle sur lui votre bienveillante attention.»

Il avait écrit à M. de Loménie le 14 avril :

«Monsieur et cher collègue, permettez-moi de vous recommander bien vivement la candidature de M. Marie à la place d'examinateur d'admission à l'École polytechnique, place qu'au reste il a déjà remplie l'année dernière très-convenablement, comme pourra vous le dire au besoin M. le Directeur des Études. Quant à moi, j'attache surtout de l'importance au succès de M. Marie parce que j'y vois une récompense naturelle et bien méritée de ses beaux travaux mathématiques.»

Il avait parlé en ma faveur à tous ceux de ses Collègues à l'Académie à qui il le pouvait faire.

Six à huit professeurs de spéciales des lycées de province avaient écrit à la direction des études pour demander qu'on me conservât dans les fonctions d'examinateur.

D'un autre côté, mon ancienneté à l'École et mon âge devaient m'être comptés.

Quant à mes titres scientifiques, si tant est qu'il dût en être question, à propos des fonctions d'examinateur d'admission à l'École, ils étaient, je crois, suffisants.

Enfin, j'avais la possession, ce qui est beaucoup, car ne pas me nommer équivalait à me destituer.

Je croyais donc pouvoir dormir tranquille; mais les savants se rangèrent contre moi, et leurs obsessions finirent par triompher des scrupules des administrateurs.

Les membres qui votèrent pour moi sont, au Conseil d'instruction : M. le général Durand de Villers, commandant l'École, M. Bonnet, Directeur des Études, M. Phillips, M. Bresse, M. Cahours et M. de Loménie; au Conseil de perfectionnement, M. Durand de Villers, M. Bonnet, M. Rolland et M. Bresse.

Je prie ces Messieurs d'agréer l'expression de ma reconnaissance.

Pendant ce temps, je donnais la dernière main à mon Mémoire intitulé : *Classification des intégrales quadratrices des surfaces algébriques.*

L'Académie de Belgique avait proposé comme sujet de prix à décerner en 1874 de *perfectionner, en quelque point important, soit dans ses principes, soit dans ses applications, la théorie des fonctions d'une variable imaginaire*, je lui adressai mon Mémoire sous cette devise : *Ne rien faire contre la conscience et philosopher sans souci des sots ni des méchants.*

Le jugement du Concours devait être publié dans la séance du 15 décembre 1874.

J'avais vainement recherché à Paris le bulletin que devait publier l'Académie de Belgique, j'écrivis à M. Catalan, vers le 15 janvier 1875, pour lui demander de me dire ce qu'avait produit le concours. Il me répondit le 23 janvier.

« Mon cher camarade, l'*unique* Mémoire reçu au secrétariat a été fort remarqué. Entre autres choses, il contient un très-beau théorème. Malheureusement, ce théorème n'est pas démontré, ou il l'est incomplétement. En outre, la rédaction, qui semble avoir été faite avec une extrême pétulance, laisse *énormément* à désirer.

« En conséquence, dans la séance du 15 décembre, sur les conclusions conformes de MM. de Tilly, Steichen et Catalan, l'Académie a décidé que :

« 1° Une mention honorable serait accordée à l'auteur ;

« 2° La question suivante serait mise au concours de 1876 :

« *Perfectionner, en quelque point important, la théorie des fonctions de* VARIABLES IMAGINAIRES.

« Si, comme je le suppose, vous connaissez l'auteur du Mémoire (c'est moi qui, il y a deux ou trois ans, vous envoyai le programme), dites-lui qu'il peut prendre connaissance, au secrétariat, des *Annexes*, très-développées, à nos rapports.

« Salut cordial. »

Je lui répondis le 25 :

« Mon cher camarade, je ne savais pas que vous fussiez de l'Académie de Belgique, je vous en fais mon compliment.

« Puisque votre Académie n'a reçu qu'un Mémoire d'analyse, celui-là est le mien, sans ambiguïté.

« Ignorant encore que le verdict fût prononcé, je ne devais pas me faire connaître et vous vous êtes sans doute expliqué mon silence par ce motif.

« L'empêchement n'existant plus, je ne vois aucun motif de ne pas vous dire tout simplement : *adsum qui feci.*

« Toutefois, ne connaissant pas encore les termes du rapport, je ne vous fais qu'une confession auriculaire, non destinée à la publicité, même en Belgique, c'est-à-dire que je vous prie de rester dépositaire du secret, jusqu'à nouvel ordre.

« Je vais faire demander à Bruxelles le compte rendu relatif à la séance du 15 décembre, de votre Académie. Quant à l'annexe dont vous me parlez, je serais heureux d'en avoir une copie, si je puis l'obtenir sans me nommer, et à cet égard je vous demande vos bons offices.

« Je ne veux pas discuter vos conclusions, n'en connaissant pas les considérants, et je ne doute aucunement de la loyauté que la commission a dû mettre dans son examen. Mais je pense et, du reste, j'en avais déjà le pressentiment en envoyant mon Mémoire, que mes travaux antérieurs ne vous étaient pas suffisamment connus pour que vous pussiez juger de ce dernier qui, naturellement, se réfère à tous les autres.

« Quoi qu'il en soit, je vous serais bien obligé de me dire ce que vous avez pensé que j'avais voulu démontrer et quels points de la démonstration vous ont paru faibles, ou présenter des lacunes qui sont certainement comblées dans d'autres Mémoires déjà publiés. »

Voici le jugement de l'Académie, en ce qui me concerne.

« Le Mémoire reçu en réponse à la question mathématique porte comme devise : *Ne rien faire contre la conscience et philosopher sans souci des sots ni des méchants.* Il a été soumis à l'examen de MM. Catalan de Tilly et Steichen.

Rapport de M. Catalan.

« Nous avons eu beaucoup de peine, M. de Tilly et moi, à tomber d'accord relativement aux propositions que nous devions soumettre à la Classe, touchant le Mémoire dont elle nous a confié l'examen. Il y a plus : à l'heure qu'il est, nous sommes divisés sur certains principes d'Algèbre et de Géométrie analytique. Si un tiers n'était en cause, j'indiquerais ici en quoi consistent ces divergences d'opinions. Mais, comme le dit fort bien mon savant confrère : « l'auteur aurait le droit « de se plaindre si l'on divulguait, sous prétexte de Rapport, une bonne « partie du contenu de son Mémoire. » Renvoyant donc à une *Annexe* l'exposé de mes principales objections, je résume ainsi les réflexions que m'a suggérées la lecture du Mémoire :

« 1° L'auteur paraît être un profond Géomètre;

« 2° Il n'a pas démontré, ou il a démontré incomplétement, les propositions au moyen desquelles il prétend établir le *très-beau théorème* énoncé vers la fin de son travail ;

« 3° Le Mémoire, qui semble avoir été écrit avec précipitation, est fort mal rédigé ;

« 4° Néanmoins, l'auteur mérite un encouragement.

« En conséquence, j'ai l'honneur de proposer à la Classe :

« 1° Qu'elle accorde une mention honorable au Mémoire ayant pour devise : *Ne rien faire contre la conscience et philosopher sans souci des sots ni des méchants;*

« 2° Que la question suivante soit inscrite au programme du concours de 1876 :

« Perfectionner en quelque point important, soit dans ses principes, « soit dans ses applications, *la théorie des fonctions de variables imagi-« naires.*

« Que, eu égard à l'importance et à la difficulté de la question, le prix décerné (s'il y a lieu) ait une valeur de *huit cents francs.* »

Rapport de M. de Tilly.

« Conformément au règlement de l'Académie , j'avais fait une analyse sommaire du Mémoire portant pour devise : *Ne rien faire contre la conscience et philosopher sans souci des sots ni des méchants.* J'avais conclu provisoirement à l'approbation du Mémoire, mais en la subordonnant toutefois à la solution de quelques points douteux que je signalais et que j'espérais voir éclaircir avant l'époque du jugement du concours, soit par moi, soit par mes savants confrères, les deux autres commissaires. Cet espoir ne s'est pas réalisé et les doutes que j'avais éprouvés à la première lecture subsistent encore, si même ils ne sont pas devenus plus sérieux.

« Dans cette situation, je dois me borner à déclarer que l'auteur du travail soumis à la classe a fait preuve d'un mérite incontestable, et à proposer de lui accorder une *mention honorable,* tout en maintenant la question au concours.

« A cause de cette dernière proposition, j'ai supprimé l'analyse que j'avais faite du travail présenté, car l'auteur aurait le droit de se plaindre si l'on divulguait, sous prétexte de Rapport, une bonne partie du contenu de son Mémoire. Toutefois, les objections faites doivent être connues de l'Académie. Elles sont indiquées dans l'Annexe ci-jointe, dont je demande le dépôt aux Archives. Il serait aussi très-désirable que ces objections fussent connues de l'auteur. C'est à lui de trouver un moyen d'obtenir la communication de l'Annexe *sans se faire connaître,* si toutefois il désire continuer à prendre part au concours, comme je l'espère. Dans tous les cas, les objections faites peuvent se résumer en quelques lignes :

« L'auteur, plein de son sujet, admet, soit comme évidentes, soit comme démontrées, un certain nombre de propriétés qui, pour moi, ne le sont pas. Je m'empresse d'ajouter que je ne suis pas en mesure d'en contester formellement une seule. Au contraire, j'incline à penser qu'elles sont toutes exactes, mais on ne peut exiger de moi, ni que je les admette de confiance, ni que je recommence le travail pour le compléter et pour en justifier toutes les parties. L'auteur renvoie, il est vrai, à un Mémoire inséré dans les *Comptes rendus* de l'Académie des sciences de Paris, mais ce Mémoire lui-même, sauf en un point signalé dans l'Annexe, me paraît un tissu d'assertions sans preuves (1).

« En proposant de maintenir la question au concours, j'émets le vœu que l'auteur complète son œuvre et démontre rigoureusement, soit dans le texte, soit dans une Introduction, toutes les propositions qu'il invoque ; ou, tout au moins, qu'il renvoie les lecteurs et les commissaires à des démonstrations connues et *rigoureuses*. Si, en même temps, il améliorait son travail sous le rapport de la *forme*, un peu négligée en certains endroits, ce travail deviendrait bien certainement digne du prix. J'estime qu'il ne faudrait pas longtemps à l'auteur pour faire les modifications que je demande et, si je ne consultais que cette considération, c'est pour le concours de 1875 que je voudrais voir reproduire la question ; mais cela est impossible : une question remise au concours doit l'être *pour tout le monde* et non uniquement pour le concurrent actuel.

« Je propose donc d'inscrire cette même question au programme du concours de 1876, mais, en même temps, d'augmenter le prix qui est affecté à sa solution. »

« Conformément aux conclusions de ces rapports, auxquelles a souscrit M. Steichen, troisième commissaire, la classe a voté une *mention honorable* à l'auteur du Mémoire et elle a décidé, en même temps, que la question serait remise au concours pour 1876. »

Dès que j'eus connaissance de ce rapport, j'écrivis, le 14 février 1875, au Président de l'Académie de Belgique :

« Monsieur le Président, l'auteur du Mémoire adressé à l'Académie sous la devise : *Ne rien faire contre la conscience et philosopher sans souci des sots ni des méchants*, n'a qu'à se louer des termes dans lesquels il est

(1) L'auteur dit que l'étude de ce Mémoire préliminaire suffit pour suivre la lecture du travail qu'il présente. Je l'ai étudié, ainsi que plusieurs autres, relatifs à la même question, sans parvenir à dissiper tous mes doutes.

parlé de lui dans les rapports de MM. de Tilly et Catalan, et il n'a pas à s'étonner beaucoup que son Mémoire n'ait pas paru très-clair, la question qu'il y traitait se mêlant à une foule d'autres en cours d'élaboration en Allemagne et en France.

« Mais la résolution que l'Académie, dans l'embarras où elle se trouvait, a cru devoir prendre, n'est pas celle qu'il lui paraît que la situation comportait ; il lui semble que l'Académie aurait du dire :

« L'Académie ignorant les sources où a puisé l'auteur et ne pouvant « refaire les preuves des assertions, en apparence gratuites, qu'il émet, « déclare : « *Si l'auteur, en se faisant connaître, se soumet aux questions qui « lui seront adressées, et y répond victorieusement, il aura satisfait aux « conditions du programme.* »

« Quant à la résolution adoptée par l'Académie, l'auteur anonyme vous demande la permission, monsieur le Président, de vous en faire remarquer le danger.

« L'auteur concourra ou ne concourra pas en 1876 ; mais quant à son Mémoire, il sera certainement publié en 1875.

« L'auteur le publiera sans y faire d'additions qui seraient inutiles, et en en retranchant au contraire des longueurs qui le déparent. Mais tel quel, il ne faudra certainement, aux personnes compétentes, que le temps nécessaire pour lire les quatre pages qui paraîtront dans le *compte rendu* des séances de l'Académie des sciences de Paris pour juger de l'exactitude du théorème qui constitue tout son Mémoire.

« Du reste, peu au courant des choses académiques, l'auteur, pour s'assurer que son Mémoire était digne d'être présenté à l'Académie de Belgique, l'avait montré, en secret, à l'un des membres de la section de géométrie de notre Académie des sciences, lequel avait trouvé ce Mémoire très-beau et très-clair, parce qu'il était au courant des questions dont j'ai parlé plus haut. (C'est à M. Bonnet que je l'avais montré).

« Le jugement qui serait porté par les savants sur mon travail ne saurait donc être douteux.

« C'est là un danger que je signale à l'Académie de Belgique.

« Si l'Académie partage mes appréhensions, et croit bon de prendre la décision que j'ai indiquée plus haut et qui, au reste, était celle que M. de Tilly était sur le point de formuler, elle n'a qu'à rompre le cachet et à m'écrire. Je me mettrai à ses ordres et j'espère m'entendre bien facilement avec des géomètres tels que MM. Catalan, de Tilly et Steichen.

« Je crois au reste, monsieur le Président, que la solution que j'ai l'honneur de vous indiquer est de toute justice à mon égard, c'est la seule qui ne me prive pas arbitrairement d'un droit acquis, en substituant une date à une autre pour le concours.

« M. Catalan qualifie la principale proposition contenue dans mon

Mémoire de *très-beau théorème*, le prix doit donc m'être accordé si ce théorème est exact; or la démonstration en est juste ou fausse dès maintenant, et cette question doit être vidée maintenant, parce qu'elle peut l'être.

« Les Académies ont bien remis de tout temps au concours, des questions à peine ébauchées, mais jamais on n'a remis l'examen de démonstrations mathématiques. »

J'écrivis à M. Catalan par le même courrier.

« Mon cher camarade, j'ai lu le compte rendu de la séance du 15 décembre de votre Académie, et je vous remercie du bien que vous avez dit de moi, anonyme.

« Mais je demande, au lieu de celle qui a été adoptée, une solution véritable; je demande que le président rompe mon cachet et me mette en demeure de prouver que mes démonstrations sont justes, auquel cas il serait déclaré que j'ai satisfait aux conditions du programme.

« Vous avez trop le sentiment de la justice, mon cher camarade, pour ne pas voir que ce que je demande n'est après tout que ce qui m'est dû, et j'espère que vous appuierez ma proposition, lorsqu'elle paraîtra devant l'Académie. — Je vous le demande.

« Quant au motif qui ne me permet pas d'attendre 1876, date qui ne saurait du reste m'être imposée, c'est que mon Mémoire doit paraître en 1875, dans le second volume de ma *Théorie des fonctions de variables imaginaires*, dont j'ai déjà trois feuilles.

« Confiant dans votre équité, mon cher camarade, et reconnaissant de votre jugement déjà porté, je me dis, d'autant plus, votre bien dévoué, etc.

« *P.-S.* Je pense que la question que je soulève pourra être traitée en comité secret. Quant à moi, je n'ai rien dit à personne. Je suis au lit depuis le 1er février avec une fluxion de poitrine qui vient seulement, depuis trois jours, de tourner du bon côté.

« En cas de refus par l'Académie de ma proposition, voulez-vous me permettre d'espérer que vous m'en aviseriez directement? »

M. Catalan me répondit le 20.

« Mon cher camarade, ce que vous demandez est absolument impossible : vous allez le comprendre. Comment voulez-vous que l'Académie, *après avoir remis la question au concours*, déclare que l'auteur du Mémoire non couronné a mérité le prix? Comment voulez-vous que, contrairement à tous les règlements possibles, elle retire du concours la question proposée pour 1876? Pourquoi ne vous êtes-vous pas donné la peine de faire un travail *clair*, *bien rédigé?* Pourquoi n'avez-vous pas donné les démonstrations des lemmes (non tombés dans le domaine public) nécessaires pour établir ce théorème, qui me paraît très-beau : *pour que le volume d'un corps soit exprimable algébriquement, il suffit que les aires de toutes les sections planes le soient* (je cite de mémoire)? Vous parlez, je crois, d'*asymptotes ayant avec la courbe* (algébrique), *trois points communs à l'infini*. Je crois avoir démontré que ce nombre de points communs est nécessairement *pair*. Mais, probablement, il n'y a là que des différences de points de vue.

Quant à la *forme* de votre travail, elle est si négligée, si défectueuse, que ce manuscrit a l'air d'une *composition pour les prix*, écrite sur le genou ! Pour moi, qui ai eu affaire aux Académies et qui n'en ai pas toujours été bien traité (tant s'en faut !) je n'aurais jamais *osé* leur adresser un pareil griffonnage ! Toutes ces remarques, et bien d'autres encore, sont dans les *annexes* aux deux rapports.

« Maintenant, mon brave camarade, que voulez-vous que je fasse? Voulez-vous qu'à la première séance (6 mars), je donne communication de votre lettre? Aimez-vous mieux écrire directement au général Liagre, secrétaire perpétuel? Voulez-vous que je vous fasse envoyer une copie des annexes? Je suis tout à votre disposition. »

Les reproches de M. Catalan n'étaient aucunement fondés : le Mémoire avait été rédigé avec le soin que j'apporte à tous mes travaux et, du reste, on peut aisément en juger, car je l'ai publié tel que je l'avais adressé à Bruxelles, sauf, comme je le dis plus loin, en ce qui concerne l'application de la théorie aux surfaces du troisième ordre ; la copie en avait été faite très-lisible, sur du papier écolier parfaitement propre et cousu de fil bien blanc.

Mais l'objection de M. Catalan relative aux asymptotes des courbes algébriques, qui les coupent toujours en un nombre pair de points à l'infini, rapprochée de cette phrase de son rapport : « Il y a plus, à l'heure qu'il est, nous sommes divisés sur certains principes d'algèbre et de géométrie analytique », semblait indiquer que le fond avait plus embarrassé que la forme.

Je répondis, le 21 février, à M. Catalan.

« Mon cher camarade, je ne demande aucunement que l'Académie retire la question proposée pour 1876, qui est assez large pour pouvoir rester au concours au delà de cent ans, après le couronnement de cinquante Mémoires à raison de un pour deux ans. Non-seulement je ne le demande pas, mais si l'inspiration ne me fait pas défaut, je concourrai en 1876.

« D'un autre côté, ce n'est pas mon théorème que l'Académie a remis au concours; par conséquent rien ne s'oppose à ce que l'Académie, après avoir entendu l'auteur dans les explications qu'il aura à donner sur la demande des commissaires, déclare que le Mémoire non jugé a mérité le prix.

« Ce que je dis, c'est que la solution que l'Académie a adoptée n'est pas celle qui eût dû intervenir. L'Académie, ayant besoin d'éclaircissements, devait, à mon sens, dire : Si l'auteur du Mémoire veut autoriser la rupture de son cachet, s'il veut répondre aux objections qui lui seront faites et s'il lève tous les doutes, sans rien ajouter d'essentiel à son Mémoire, il aura le prix.

« Cette solution était la seule équitable envers l'auteur et la seule que l'Académie eût le droit de prendre (je ne suppose pas que vous admettiez la théorie de l'omnipotence des assemblées et de leurs droits contre le droit), je demande qu'on y revienne et je fais remarquer en même temps qu'il y a danger pour l'Académie à ne pas y revenir, car le Mémoire publié d'ici deux à trois mois sera jugé par toute l'Europe, et le jugement de l'Académie sera, par suite même, soumis lui-même au jugement du monde savant.

« Vous trouvez ma rédaction mauvaise, obscure, etc. J'ai relu mon Mémoire et je l'ai trouvé semblable à tout ce que j'écris. Toutefois la partie intitulée application aux surfaces du troisième ordre pouvait être énormément simplifiée et le sera, mais je ne crois pas que je change rien au reste. Je crois que l'ennui de ne pas saisir le fond vous a fait paraître la forme plus vicieuse qu'elle n'est. Mais enfin je passerai condamnation si vous voulez. Quand il s'agit d'un très-beau théorème, il importe peu que la rédaction en soit plus ou moins défectueuse.

« Quant à l'écriture, c'est celle de mon fils, elle ne m'avait pas paru mauvaise, il me semblait même que le manuscrit était très-lisible.

« Les lemmes nécessaires pour établir mon Mémoire sont tous tombés dans le domaine public, mais ils peuvent n'être pas connus et je ne suis pas étonné qu'ils ne le soient pas. Ces lemmes, énoncés dans mon Mémoire intitulé *Classification des intégrales quadratrices des courbes algébriques*, auquel j'avais eu soin de renvoyer, sont explicitement établis (sauf le dernier qui se rapporte aux résidus relatifs aux asymptotes, mais qui est très-complétement démontré dans mon Mémoire), dans le premier volume du *Cours d'analyse de l'École polytechnique* de M. Hermite, qui a paru il y a plus d'un an (voir chapitre des *Courbes unicursales*).

« Je n'ai pas expressément indiqué cette source, parce que je l'avais fait dans celui de mes Mémoires auquel je renvoyais. — (Je vous prie d'accepter ce Mémoire, qui a paru avec beaucoup d'autres dans le dernier cahier du journal de l'École polytechnique et que je fais mettre à la poste avec cette lettre.)

« Cela posé, je vous prie de me permettre les quelques explications qui me paraissent les plus utiles pour l'intelligence de mon Mémoire.

« Si l'on rapporte une courbe du degré m à une de ses asymptotes prise pour axe des y, l'équation de cette courbe prend la forme

$$xy^{m-1} + (ax^2 + bx + c)\, y^{m-2} + (dx^3 + ex^2 + fx + g)\, y^{m-3} + \ldots = 0;$$

si c est nul et que g ne le soit pas, l'axe des y coupe la courbe en trois points situés à l'infini et en trois seulement.

« Donc vous n'avez pas pu démontrer que le nombre des points de rencontre à l'infini d'une courbe avec une de ses asymptotes est *nécessairement pair*.

« c, dans l'exemple, est ce que Cauchy appelle le résidu relatif à l'origine. C'est le quotient par $2\pi\sqrt{-1}$ de la valeur de l'intégrale $\int y dx$, prise dans un contour infinitésimal entourant l'origine, de sorte que $2\pi c\sqrt{-1}$ est la valeur de cette intégrale et cette valeur est l'une des périodes logarithmiques ou cycliques de la quadratrice de la courbe.

« Mais tandis que dans la théorie de Cauchy cette période ne se manifeste ou ne peut être signalée qu'autant que l'axe des y a une direction parallèle à l'asymptote considérée, au contraire, d'après ma théorie, les périodes sont permanentes, elles dépendent de la courbe à quarrer et nullement du choix des axes. (Rapport de Cauchy et Sturm, du 8 mai 1854, sur mon Mémoire de 1853, relatif aux intégrales simples et doubles et à leurs périodes.) Le fait est d'ailleurs en quelque sorte évident, puisque les aires des segments correspondant à un même arc d'une courbe, rapportée à des axes différents, ne diffèrent que par un trapèze et la différence de deux triangles, de sorte que les quadratrices d'une même courbe, rapportée à des axes différents ne différant, que par des parties algébriques, ont nécessairement mêmes périodes.

« D'après cela, les périodes logarithmiques ou cycliques de la quadratrice d'une courbe sont les résidus relatifs aux asymptotes (j'appelle résidu la valeur même $2\pi c\sqrt{-1}$ de l'intégrale, valeur qui est quelque chose de tangible, au lieu du quotient de cette valeur par $2\pi\sqrt{-1}$, quotient qui tombe des nues).

« Cela posé, on savait par les travaux de Clebsch, reproduits par M. Hermite, dans sa *Théorie des courbes unicursales*, que la quadratrice d'une courbe de degré m qui a le nombre maximum, $\frac{(m-1)(m-2)}{2}$, de points doubles, n'a que des périodes logarithmiques, en nombre $m-1$, (j'ai démontré de mon côté que si les résidus relatifs à $m-1$ asymptotes sont nuls, le $m^{ième}$ l'est également), et M. Hermite se donnait un mal infini pour exprimer leur évanouissement, lorsque je suis venu dire : Pour que les périodes logarithmiques disparaissent et que la courbe soit, par suite, quarrable algébriquement, il suffit que chacune des asymptotes de cette courbe la coupe en trois points situés à l'infini, c'est-à-dire que son équation rentre dans le type

$$(y - a_1 x - b_1)(y - a_2 - b_2) \ldots\ldots (y - a_m x - b_m) + \Phi_{m-3}(x, y) = 0$$

Φ_{m-3} désignant un polynôme complet du degré $(m - 3)$.

« Non-seulement M. Hermite a reconnu l'excellence de cette solution en disant hautement que j'avais exprimé de la façon la plus élégante la condition d'évanouissement des périodes logarithmiques, mais dans une lettre que j'ai de lui, il a reconnu l'erreur qu'il avait commise, dans son chapitre des Courbes unicursales, et que je lui avais signalée, en citant comme exemple de courbes du troisime degré quarrables algébriquement, le folium de Descartes, tandis que cette courbe et sa conjuguée, sauf les courbes paraboliques, dont on ne parle pas, sont les seules courbes du troisième ordre qui se quarrent algébriquement.

« Je n'énoncerais pas mon théorème comme vous le faites, car j'aurais pu prendre pour point de départ évident que pour qu'une surface algébrique puisse être cubée algébriquement, il faut que toutes ses sections planes soient quarrables algébriquement, puisque si la quadratrice S de la section par un plan parallèle à un plan donné, mené à la distance u de l'origine, était transcendante et périodique, la cubatrice

$$\int S\, du$$

ne serait assurément pas algébrique.

« Mon théorème consiste dans l'intégration des conditions (B), (C) et (D), qui jointes à celle que la surface ait une courbe double de l'ordre $\frac{(m-1)(m-2)}{2}$, expriment que toutes les sections planes de la surface sont quarrables algébriquement.

« Sans cette intégration, le théorème n'aurait que la valeur d'un énoncé presque évident, il ne pourrait pas être appliqué. Avec cette intégration, il permet de dire que les surfaces de degré m, cubables algébriquement, ont leurs équations comprises dans le type

$$(a_1 x + b_1 y + c_1 z + d_1) \ldots (a_m x + b_m y + c_m z + d_m) + \Phi_{m-3}(x, y, z) = 0$$

et présentent d'ailleurs une courbe double de degré $\frac{(m-1)(m-2)}{2}$, condition qu'il est possible d'exprimer en quantités finies.

« Quant à la suffisance de ces conditions, j'y crois sans hésitation, mais je ne l'ai pas démontrée. Je n'y ai pas même essayé.

« J'ai écrit au président de l'Académie de Belgique pour lui demander de faire prévaloir la solution que je vous ai indiquée. Je vais lui écrire de nouveau, en rompant l'anonyme, qui n'a plus aucune raison d'être, et j'écrirai aussi à M. de Tilly. — Mais je vous demande de plus en plus de plaider ma cause, prenant la liberté de vous faire remarquer que si justice ne m'est pas rendue par l'Académie, elle me le sera certainement par l'opinion, aux dépens de l'Académie, ce qu'il faut éviter dans l'intérêt de tous.

« Je vous remercie de vos souhaits de meilleure santé. Grâce à la force de ma constitution, j'ai heureusement échappé. Il n'y a eu qu'amélioration continue depuis le premier jour de la maladie, et je suis depuis dix jours au moins en pleine convalescence ; seulement le temps est si mauvais que je resterai encore quelque temps astreint aux plus grandes précautions. »

J'écrivis à M. de Tilly, le 22 février.

« Monsieur, je ne puis que vous remercier des termes flatteurs dans lesquels vous parlez de moi, dans votre rapport du 15 décembre dernier et, surtout, des soins consciencieux que vous avez apportés à l'étude de mon Mémoire.

« Je regrette la peine qu'il vous a donnée.

« Les théorèmes connus ou du moins tombés dans le domaine public, sur lesquels je m'appuyais, sont établis dans la *Theorie der Abelschen Functionen* de Clebsch, de 1866, que je cite dans mon mémoire intitulé : *Classification des intégrales quadratrices des courbes algébriques*, mais qui, j'en conviens, est d'une lecture presque impossible, et dans le premier volume du *Cours d'analyse de l'École polytechnique* de M. Hermite, chapitre des Courbes unicursales, qui a paru il y a plus d'un an, mais que vous ne connaissez peut-être pas.

« Comme je citais M. Hermite dans le mémoire auquel je renvoyais je n'ai pas cru nécessaire d'indiquer spécialement son ouvrage. Je le regrette, parce que vous y auriez trouvé les énoncés, dans lesquels vous eussiez pu avoir confiance, de toutes les propositions qui paraissent vous avoir embarrassé dans la lecture de ma *classification des intégrales quadratices des courbes algébriques*, et par conséquent de toutes celles non démontrées dans mon Mémoire soumis à l'Académie de Belgique, qui étaient nécessaires pour en faciliter l'intelligence.

« Vous comprendrez, Monsieur, je l'espère, que je pouvais supposer connus de l'Académie tous les ouvrages suffisamment recommandés par les noms de leurs auteurs, qui se rapportaient à la question mise au concours.

« Quoi qu'il en soit, je vous prie de me permettre quelques observations au sujet de la résolution adoptée par l'Académie, résolution qui ne me paraît pas pouvoir être maintenue, tant parce qu'elle viole l'équité à mon égard que parce qu'elle engage d'une façon trop grave la responsabilité de l'Académie.

« Il me semble que l'Académie, dans l'embarras où elle se trouvait, devait dire : Si l'auteur autorise la rupture de son cachet, qu'il se soumette aux demandes d'explications qui lui seront faites et qu'il réponde victorieusement, il obtiendra le prix ; c'est la solution que l'on voit que vous avez eu au bout de la plume. C'était la seule admissible.

« J'ai écrit à M. le Président de l'Académie pour le prier de proposer à l'Académie de revenir à cette solution, lui montrant combien la décision prise était contraire au droit, en ce qui me concerne, et combien elle pouvait être préjudiciable à l'Académie, si mon Mémoire, publié tel quel, dans quelques mois (il doit faire partie du second volume de ma *Théorie des fonctions de variables imaginaires,* qui est sous presse) était jugé bon par tous les hommes au courant des derniers progrès de la science.

« Je vous prie également, Monsieur, de peser ces considérations et, si elles vous paraissent justes, d'appuyer ma réclamation lorsqu'elle viendra devant l'Académie.»

J'écrivis peu de jours après à M. le Président de l'Académie de Belgique.

« Monsieur le Président, je ne sais pourquoi j'ai conservé l'anonyme dans la lettre que j'ai eu l'honneur de vous écrire il y a huit jours; l'Académie d'une part ayant rendu son jugement et moi de mon côté renonçant à reporter mon Mémoire pour le concours de 1876, il vaut mieux à tous égards que je me fasse connaître.

« Je ne veux du reste rien ajouter à ma dernière lettre, dont j'espère que le contenu aura frappé votre esprit.

« Mais je tiens à vous faire connaître les motifs qui me font renoncer à profiter des offres bienveillantes (quoique arbitraires) de l'Académie à mon égard. Mon Mémoire doit paraître dans le second volume de ma *Théorie des fonctions de variables imaginaires,* dont la publication a été promise aux souscripteurs pour le mois de mars 1875 et dont j'ai déjà six bonnes feuilles.

« Je serais heureux, monsieur le Président, que vous voulussiez bien me faire savoir si mes raisons vous ont paru fondées et si vous me ferez l'honneur de défendre ma proposition devant l'Académie.

« Je vous ferai remarquer qu'en l'adoptant, l'Académie ne s'obligerait en rien à modifier les termes du concours pour 1876, le sujet étant assez vaste pour rester utilement à l'étude, pendant bien des années, après avoir donné lieu à bien des récompenses. »

M. de Tilly me répondit le 26 février 1875.

« Monsieur, je viens de recevoir aujourd'hui l'ouvrage que vous m'annonciez il y a quelques jours et je m'empresse de vous remercier pour cet envoi.

« La lettre que vous m'avez fait l'honneur de m'écrire renferme des considérations relatives, d'une part, à la décision prise par l'Académie; d'autre part, à la question même qui était et est de nouveau mise au concours.

« Je ne pourrais guère discuter la décision prise sans mettre en cause, ou bien les autres commissaires, ce qui ne serait pas convenable, ou bien les règlements de l'Académie, ce qui paraît inutile, tout concurrent étant censé les connaître et en accepter les conséquences.

« Je me bornerai à une simple observation : si la lecture des rapports vous a fait croire que l'un des commissaires avait au bout de la plume une solution autre que celle qu'il a proposée, vous auriez dû logiquement en conclure qu'il s'est trouvé devant une impossibilité. L'Académie se trouvera, je pense, devant la même impossibilité lorsqu'elle recevra la lettre que vous avez adressée à son président.

« Quant au fond de la question, je dois m'en référer à mon Rapport. Il est vrai que sa partie la plus importante n'a pas été publiée, mais c'est uniquement pour la raison loyalement exprimée dans l'autre partie, que vous avez lue. Du moment qu'il sera prouvé que cette raison n'existe pas ou n'existe plus, soit par votre déclaration, soit par la publication de votre travail, en dehors de l'Académie, je serai tout prêt à demander que mon Rapport soit complété par la reproduction textuelle au *Bulletin*, de l'Annexe actuellement déposée aux Archives. Alors la discussion du fond sera possible. Si elle doit avoir lieu, elle prouvera, sans aucun doute, votre compétence et même votre supériorité dans la question dont il s'agit, mais elle prouvera en même temps, j'espère, que les conclusions des Rapports ont été mûrement réfléchies, et par des hommes moins arriérés que vous ne paraissez le supposer dans votre lettre, écrite, d'ailleurs, avec une courtoisie de forme que je me plais à reconnaître. Veuillez agréer, Monsieur, l'expression de mes sentiments de respect et de sincère sympathie. »

Croyant devoir aller jusqu'au bout, je répondis à M. de Tilly le 27 février.

« Monsieur, je n'ai rien dit, je crois, qui pût donner à penser que je supposasse arriérés les honorables membres de la commission appelée à juger mon Mémoire.

« Vous avez dit dans votre rapport :

« L'auteur renvoie, il est vrai, à un mémoire inséré dans les *Comptes rendus* de l'Académie des sciences de Paris, mais ce mémoire lui-même,

« sauf en un point signalé dans l'Annexe, me paraît un tissu d'assertions « sans preuves. »

« J'ai bien dû conclure de là que vous ne connaissiez pas les théorèmes, très-connus aujourd'hui, que renferme ce Mémoire, mais j'ai d'autant moins songé à vous en faire un reproche que je ne les connaissais pas moi-même, il y a deux ans, et que je les ignorerais peut-être encore si je n'avais pas eu à produire un travail personnel sur la matière.

« Seulement, le fait étant constant, j'ai cru pouvoir dire : Vous trouverez dans l'ouvrage de M. Hermite les démonstrations *rigoureuses* que vous demandez et auxquelles je n'ai songé à apporter que des éclaircissements ; et je crois que vérification faite vous jugerez bon vous-mêmes de revoir votre jugement.

« Maintenant, Monsieur, je vous prie de me permettre de vous poser une dernière fois la question, avant que la discussion ne vienne devant l'Académie : à quoi pourra-t-il servir de refuser de m'entendre? A quoi pourra-t-il servir de maintenir un jugement que, d'après son aveu même, la commission n'a formulé qu'à son corps défendant, parce qu'il fallait bien en rendre un, et, au fond, en évitant de se prononcer, faute d'avoir la certitude de ne pas se tromper? Je prendrai la parole quand je le voudrai, et il est bien clair que l'opinion me donnera d'autant plus raison qu'on m'aura plus opiniâtrément refusé une chose juste, naturelle et simple. Pourquoi ne pas éviter ces tiraillements? A quoi bon me forcer à porter devant le public une question qui peut se résoudre sans éclat, par l'application la plus simple des principes les plus élémentaires de la justice?

« Vous me parlez de règlements de l'Académie, mais la première règle du juge (c'est le premier article du Code civil) est de juger, dans les affaires qui lui sont soumises ; or vous n'avez pas jugé dans celle dont il s'agit, vous avez remis votre jugement à deux ans. Comme plaideur, je réclame, mais, plaideur de bonne foi, je n'en appelle qu'à mes premiers juges, les priant seulement de ne pas repousser les preuves qui peuvent porter la lumière dans leur conscience.

« Je ne puis pas m'empêcher d'espérer, tant ma cause me paraît juste, d'obtenir votre assentiment personnel.

Je crois que l'Académie de Belgique se serait fait honneur et eût donné un bon exemple en consentant à reviser mon procès. Tous les hommes se trompent, et à plus forte raison les groupes d'hommes, mais une erreur réparée grandit ; maintenue, elle amoindrit au carré.

Le rejet de ma demande me fut annoncé par les deux lettres suivantes de M. de Tilly et de M. Liagre.

Bruxelles, le 8 mars 1875.

« Monsieur, je dois une réponse à la dernière lettre que vous m'avez fait l'honneur de m'écrire. J'ai présenté votre demande à l'Académie qui a entendu d'ailleurs la lecture de la lettre que vous avez adressée à son président), mais, après y avoir mûrement et consciencieusement réfléchi, je n'ai pu l'appuyer formellement, ce qui du reste eût été parfaitement inutile. Jamais la classe n'y eût consenti. Elle a déclaré maintenir sa première décision. Vous traitez trop légèrement les questions réglementaires et l'exemple que vous empruntez au droit civil n'est nullement concluant. La première règle du juge est de juger, dites-vous. Oui, mais en se conformant aux lois et au Code de procédure. Certains modes de recherche de la vérité, qui seraient quelquefois très-efficaces, sont cependant interdits à cause des abus graves auxquels ils pourraient donner lieu.

« C'est ici le cas. Nous avons jugé d'après ce que nous savions.

« La discussion entre l'auteur et les commissaires est admise pour les Mémoires ordinaires. Elle est formellement interdite dans les concours. L'auteur doit prendre ses précautions pour que les commissaires trouvent aisément les sources auxquelles il a puisé. Reste à savoir si ces commissaires ont fait preuve, dans l'examen du Mémoire tel qu'il est, de négligence, de mauvais vouloir ou d'ignorance. J'attendrai que cela soit dit pour y répondre. Mais je dois vous faire observer que la phrase que vous extrayez de mon Rapport ne prouve pas que je n'aie fait aucune objection en dehors des points pour lesquels vous renvoyez aux comptes rendus.

« Je regrette, Monsieur, que cette affaire n'ait pas pu aboutir à un résultat plus satisfaisant pour vous, et j'espère bien sincèrement pouvoir mieux vous prouver, dans une autre occasion, l'estime que m'inspirent vos travaux.

« J'ai l'honneur d'être, avec respect, votre bien dévoué serviteur. »

JH DE TILLY.

Bruxelles, le 9 mars 1875.

« Monsieur, dans sa séance du 6 de ce mois, la classe des sciences de l'Académie royale de Belgique a pris connaissance des observations que vous lui avez adressées au sujet du jugement qu'elle avait porté sur votre Mémoire de concours.

« La classe a cru devoir maintenir sa décision, et la question relative aux fonctions d'une variable imaginaire continuera par conséquent à figurer au programme du concours de 1876.

« Veuillez agréer, Monsieur, l'expression de mes sentiments les plus distingués.

« Le secrétaire perpétuel de l'Académie,

J. Liagre.

« Je saisis cette occasion pour vous offrir les remercîments de l'Académie au sujet de votre travail imprimé que j'ai offert, en votre nom, à la classe des sciences, lors de la séance mensuelle de samedi dernier. »

Dès que j'eus connaissance de la décision prise à Bruxelles, j'adressai mon Mémoire à l'Académie des sciences de Paris.

L'extrait que j'envoyai, en même temps, pour le *Compte rendu* et qui parut dans le numéro correspondant à la séance du 22 mars 1875, contenait seulement la démonstration de ce théorème que, pour qu'une intégrale double $\int\int zdxdy$ n'ait aucune période, il faut que la surface dont les coordonnées sont x, y et z contienne une courbe double de degré $\frac{(m-1)(m-2)}{2}$, m désignant le degré de cette surface, que son équation puisse se mettre sous la forme du produit de m fonctions linéaires, augmenté d'un polynôme de degré $(m - 3)$ et que les asymptotes des sections parallèles aux m plans représentés par les équations à zéro des m fonctions linéaires, ne coupent ces sections qu'en $(m - 4)$ points à distance finie.

Voici le préambule de cet extrait.

Classification des intégrales cubatrices des volumes terminés par des surfaces algébriques. Définition géométrique des surfaces capables de cubature algébrique.

« Ne pouvant aborder dans cet extrait toutes les questions traitées dans mon Mémoire, je me bornerai au point le plus saillant.

« Pour qu'une surface algébrique puisse être cubée algébriquement, il faut évidemment que toutes ses sections planes soient quarrables algébriquement. Or, pour qu'une courbe algébrique de degré m soit quarrable algébriquement, il faut que cette courbe présente $\frac{(m-1)(m-2)}{2}$ points doubles, ce qui résulte des travaux de M. Clebsch, et que toutes ses asymptotes la coupent chacune en trois points situés à l'infini, ce que j'ai établi dans mon Mémoire intitulé : *Classification des intégrales quadratrices des courbes algébriques.*

« Pour que toutes les sections planes d'une surface aient $\frac{(m-1)(m-2)}{2}$

points doubles, il faut que cette surface présente une ligne double de degré $\frac{(m-1)(m-2)}{2}$. Cette condition s'exprimera par des équations en quantités finies que l'on sait former.

« Quant aux autres conditions, elles s'expriment par des équations aux différences partielles du second ordre dont il s'agissait d'obtenir les intégrales générales, ce à quoi je suis parvenu, ce qui me permet de formuler le type le plus général des équations des surfaces algébriques, capables de cubature algébrique. »

L'article se terminait par ces mots :

« En appliquant la méthode aux surfaces du troisième ordre, on trouve que, en dehors des surfaces qui auraient partie de leurs plans asymptotes à l'infini, les seules qui soient capables de cubature algébrique sont les cylindres à base de folium et à base de trèfle,

$$y = \pm \frac{ax}{2m}\sqrt{\frac{x+3m}{x-m}} \quad \text{et} \quad y = \pm \frac{ax}{2m}\sqrt{\frac{3m+x}{m-x}}$$

conjugués l'un de l'autre. »

J'ai déjà dit qu'au moment de donner la fin de la copie pour mon second volume, j'avais voulu déterminer la relation qui devait exister entre les m périodes cycliques, ou résidus, de la quadratrice de la courbe la plus générale du $m^{ième}$ degré.

La question, en raison de l'état d'avancement de la théorie et des avantages de la méthode dont je me sers, était beaucoup plus simple qu'elle ne le paraissait et je la résolus aisément. J'en adressai la solution à l'Académie des sciences, avec la lettre suivante pour le président.

« Monsieur le Président, j'ai démontré, dans mon Mémoire intitulé : *Classification des intégrales quadratrices des courbes algébriques*, que si les résidus relatifs à $(m-1)$ asymptotes d'une courbe de degré m venaient à s'annuler, le $m^{ième}$ s'annulerait aussi; ou que les m périodes cycliques de la quadratrice d'une courbe de degré m sont liées entre elles par une relation telle que, si $(m-1)$ d'entre elles s'annulaient, la $m^{ième}$ devrait s'annuler également.

« Cette proposition permettait de préjuger que les m périodes cycliques devaient être liées entre elles par une relation linéaire.

« Cette relation, au reste, était déjà connue dans le cas particulier des courbes unicursales. M. Hermite a démontré, en effet, d'après M. Clebsch, je pense, que, dans ce cas particulier, la somme des m périodes cycliques est nulle.

« La même relation lie entre elles les *m* périodes cycliques de la quadratrice de la courbe la plus générale de degré *m*, je le démontre dans la note ci-jointe. J'espère que vous voudrez bien autoriser l'insertion de cette note aux *Comptes rendus*, en raison de l'intérêt qui s'y attache, au point de vue des progrès ultérieurs des théories les plus générales du Calcul intégral. »

Ma note parut dans le numéro des *Comptes rendus* relatif à la séance du 5 avril 1875.

En voici le préambule.

Relation entre les m périodes cycliques de la quadratrice d'une courbe algébrique de degré m.

« J'ai démontré, dans mon Mémoire intitulé : *Classification des intégrales quadratrices des courbes algébriques*, que si les résidus relatifs à $(m - 1)$ asymptotes d'une courbe de degré *m* venaient à s'annuler, le $m^{ième}$ s'annulerait aussi ; ou que les *m* périodes cycliques de la quadratrice d'une courbe de degré *m* sont liées entre elles par une relation telle que, si $(m - 1)$ d'entre elles s'annulaient, la $m^{ième}$ s'annulerait également.

« Cette proposition permettait de préjuger que les *m* périodes cycliques devaient être liées entre elles par une relation linéaire.

« Cette relation, au reste, était déjà connue, dans le cas particulier des courbes unicursales. M. Hermite a démontré, en effet, d'après M. Clebsch, je pense, que, dans ce cas particulier, la somme des *m* périodes cycliques est nulle.

« Il est facile de voir que la même relation lie entre elles les *m* périodes cycliques de la courbe la plus générale du degré *m*.

Suivait la démonstration, telle que je l'ai donnée dans le chapitre XXXVII.

Le premier volume de cet ouvrage a paru au commencement de septembre 1874, le second en juin 1875 et le troisième va paraître en janvier 1876. Ces intervalles étaient prescrits par la teneur de la décision ministérielle, qui avait réparti la souscription du département de l'Instruction publique sur les trois exercices 1874, 1875 et 1876, mais leur longueur m'a permis d'apporter plus de soins aux dernières retouches.

L'aide puissante que m'avait accordée le Gouvernement m'avait permis de réduire le prix fort de l'ouvrage à la faible somme de vingt francs.

Mais je désirais répondre à la confiance des premiers souscripteurs, en abaissant encore ce prix en leur faveur. J'ai pu le réduire à 15 francs.

Au mois de juin 1875, 118 souscripteurs avaient répondu à mon appel, et mes espérances étaient de beaucoup dépassées.

Depuis cette époque le nombre des souscriptions s'est élevé à 175.

FIN DU TOME TROISIÈME ET DERNIER.

www.ingramcontent.com/pod-product-compliance
Ingram Content Group UK Ltd.
Pitfield, Milton Keynes, MK11 3LW, UK
UKHW020305230726
13925UKWH00001B/233